Studien zu einer Geschichte der Gesellschaftswissenschaften

Band 1

JÜRGEN KUCZYNSKI

Studien
zu einer Geschichte der Gesellschaftswissenschaften

Band 1

JÜRGEN KUCZYNSKI

Geburt und Tod einer Wissenschaft – die bürgerliche Politische Ökonomie

2. Auflage

Akademie-Verlag · Berlin
1979

Erschienen im Akademie-Verlag, 108 Berlin, Leipziger Str. 3—4

Lizenznummer: 202 · 100/295/78
Herstellung: VEB Druckerei „Thomas Müntzer", 582 Bad Langensalza/DDR
Einband und Schutzumschlag: Rolf Kunze
Bestellnummer: 752 746 7 (6271/1) · LSV 0105
Printed in GDR
DDR 16,— M

Inhalt

Vorbemerkung *7*

Einleitung *9*

I. Prolegomena zu einer Geschichte der Wissenschaft *11*

II. Wissenschaftliche Methodologie und Weltanschauung *24*

I. TEIL

Zur Vorgeschichte des historischen Materialismus *37*

Montesquieu *38*

1. Die Methodologie *38*
2. Die Weltanschauung *49*
3. Neue Erkenntnisse *53*
4. Die gesellschaftlichen Verhältnisse *54*
5. Einschätzung des Phänomens Montesquieu *58*

Turgot *63*

1. Zur Weltanschauung *63*
2. Die Methodologie *76*
3. Neue Erkenntnisse *82*
4. Die Überleitung der Erkenntnisse *84*

Die Historiker der Restaurationsperiode *87*

1. Vorbemerkung *87*
2. Thierry *93*
3. Michelet *100*

II. TEIL

Wie eine Wissenschaft entsteht — dargestellt am Beispiel der Politischen Ökonomie *109*

1. Vorgeschichte *109*
2. Der Monetarismus *116*
3. Der Merkantilismus – Die Entdeckung objektiver ökonomischer Gesetze *127*
4. William Petty – Schöpfer eines Systems *155*

III. TEIL

Wie eine Wissenschaft verkommt – dargestellt am Beispiel der bürgerlichen Politischen Ökonomie *175*

1. Vorbemerkung *175*
2. Malthus *176*
3. Allgemeiner Niedergang *187*
4. Bastiat *200*
5. Die Endkrise *205*
6. Keynes *212*
7. Absolute Resignation *230*

Namenregister *239*

Vorbemerkung

Obgleich die Gesellschaftswissenschaften an 2500 Jahre alt sind, besitzen wir noch keine Geschichte der Gesellschaftswissenschaften, weder unter dem spezifischen Gesichtspunkt der Geschichte von Gedankensystemen der großen Gesellschaftswissenschaftler noch unter dem des Fortschritts (bzw. Rückschritts) in der Annäherung an die Erfassung der gesellschaftlichen Realität.

Wohl gibt es eine ganze Reihe von Geschichten der sich zeitlich folgenden Gedankensysteme auf Einzelgebieten – etwa dem der Philosophie oder Politischen Ökonomie, der Geschichtswissenschaft oder der Rechtswissenschaft. Aber noch keine Gesamtgeschichte. Einige Ansätze dazu finden wir bei Dilthey (idealistische Versuche) oder auch in marxistischen Werken, die eine kurze Epoche wie etwa „Die Aufklärung" behandeln. Doch ist das alles noch sehr ungenügend, quantitativ und qualitativ. Wie ungenügend sei nur angedeutet mit dem Hinweis darauf, daß es noch keine Geschichte des Denkens über gesellschaftliche Gesetze gibt!

Doch, und das hängt natürlich zusammen, besitzen wir nicht nur keine Geschichte der Gesellschaftswissenschaften, wir haben auch noch wenig darüber nachgedacht, welches die Prinzipien einer solchen Geschichtsschreibung sein müssen.

Im folgenden fasse ich eine Reihe kleiner Bruchstücke, Mosaikstücke, Bausteine zu einer Geschichte der Gesellschaftswissenschaften, denen ich zwei Vorträge mit einigen prinzipiellen Überlegungen voranstelle, zusammen. Ihnen sollen weitere folgen.

Es sind wirklich nicht mehr als Versuche und recht verschiedenen Charakters. In der Studie über Montesquieu interessiert uns sein Gedankensystem nur, insofern es als Weltanschauung Bedeutung oder Nicht-Bedeutung für seine Ausführungen über gesellschaftliche Gesetze hat – den Lettres Persanes schenken wir keine Aufmerksamkeit. Überhaupt hat der ganze erste Teil nur ein Ziel: Einblick zu geben in einige wichtige Abschnitte der Vorgeschichte des Historischen Materialismus als Methodologie der Erfassung der gesellschaftlichen Wirklichkeit. Der zweite und dritte Teil haben eine ganz andere Problematik; sie beschäftigen sich damit, wie eine Wissenschaft entsteht und wie sie niedergeht – am Beispiel der bürgerlichen Politischen Ökonomie, von der wir nur die ersten Anfänge ihres Aufstiegs untersuchen, also die Vorgeschichte ihres ersten Höhepunktes, ihrer endgültigen Konstituierung als Wissenschaft durch Marx, und deren Niedergang nur die Theorien bürgerlicher Denker betrifft.

Wie aber sind andere Wissenschaften entstanden? Ihr Ursprung liegt bisweilen so weit zurück, daß wir ihn nur schwer untersuchen können; oft aber sind sie doch genügend spät entstanden, um ihn genauer verfolgen zu können. Was für Ähnlichkeiten ergeben sich dann für die Anfänge verschiedener Wissenschaften? Und wie steht es mit den Untergängen? Für die letztere Frage haben wir ja reichlich Material in der Gegenwart der Welt des Kapitals – aber geht dieser Untergang wirklich so uniform und einfach vor sich, wie es in unseren Schriften oft den Eindruck macht? Hat es nicht große Bedeutung für den Niedergang einer Wissenschaft, inwieweit sie zumindest Teile der Methodologie des Historischen Materialismus übernimmt, ohne deswegen im mindesten an ihrer Feindlichkeit gegen den Sozialismus oder allgemein gegen die Menschheit einzubüßen ... wieviele monopolhörige Denker erkennen doch die Geschichte praktisch als Geschichte von Klassenkämpfen an!

In wievieler Beziehung stehen wir noch ganz am Anfang einer Geschichtsschreibung der Gesellschaftswissenschaften als eines Gesamtgedankensystems!

Berlin-Weißensee
Parkstraße 94

Jürgen Kuczynski

Einleitung

I. Prolegomena zu einer Geschichte der Wissenschaft

Schon über 2500 Jahre alt ist die Wissenschaft im engeren Sinne, die Wissenschaft als Suche nach notwendigen Zusammenhängen, nach Gesetzen, zunächst in der Natur und später in der Gesellschaft. Doch noch gibt es keine einer solchen Benennung würdige geschriebene Geschichte der Wissenschaft.

Konnte es auch nicht geben, bevor Karl Marx, dessen Name die heutige Vorlesung trägt, die Grundlagen auch für ein solches Unternehmen in seinem gewaltigen philosophischen Gedankenwerk gelegt hatte.

Spät, mag man meinen, erhebt sich die Eule der Minerva zu ihrem Fluge. Aber nicht, weil sie die Dämmerung liebt wie ihre Urgestalt in der Natur, auch nicht, wie Hegel meinte, weil sie nur erwacht, wenn die Gestalt der Gesellschaft alt geworden. Sie setzt so spät erst zum Fluge an, weil sie so lange auf die Morgenröte des Marxismus warten mußte.

Und so entspricht es andererseits auch durchaus den Gesetzen der Entwicklung, daß kaum ein Dutzend Jahre nach der Großen Sozialistischen Oktoberrevolution sowjetische Wissenschaftler auf den zweiten Internationalen Kongreß für die Geschichte von Wissenschaft und Technologie, der vom 29. Juni bis 3. Juli 1931 in London stattfand, den ersten großen internationalen Durchbruch zum wahrlich einsichtigen und tiefer schürfenden Studium der Geschichte der Wissenschaft erzielten – aufbauend auf den Grundlehren von Marx.

Und so ist es auch wahrlich zeitgemäß, daß im 25. Jahre unserer Deutschen Demokratischen Republik in unserem sozialistischen Staate eine Reihe von Wissenschaftlern über die Erfordernisse einer wissenschaftlichen Geschichte ihrer Tätigkeit nachdenken, um in Gemeinschaft mit den Marxisten in aller Welt die Menschheit auch auf diesem Gebiet vorwärtszubringen.

Die folgenden Überlegungen und Ausführungen mögen als ein Beitrag zu diesen Bemühungen betrachtet werden.

1. Bausteine der Erkenntnis

Die Geschichte der Wissenschaft ist die Geschichte des Fortschritts in der Erkenntnis von Natur und Gesellschaft sowie deren wechselseitiger Beziehungen. Im Gegensatz etwa zur Geschichte der Kunst läßt sich der Fortschritt in der Wissenschaft exakt erkennen – wir sprechen von dem wachsenden Umfang und der zunehmenden Tiefe unserer Erkenntnisse, die beide durch die logische Interpretation und die ihr folgende Meisterung von Natur und Gesellschaft bestätigt werden.

Fast von Anbeginn ihrer Tätigkeit haben die Wissenschaftler, gewissermaßen um sich auszuweisen, auf das Neue, das sie an Erkenntnis gewonnen zu haben glaubten, hingewiesen, zumeist auch auf Vorgänger, die sie übertroffen, die sie richtig gestellt, von denen sie sich distanziert haben, hindeutend.

Bisweilen entstanden auf diesem Wege auch ganze Geschichten der Entwicklung von Erkenntnissen – man denke etwa an Goethes „Materialien zur Geschichte der Farbenlehre".

Wenn also die Darstellung der Geschichte der Wissenschaft ausschließlich erforderte, den Fortschritt der Erkenntnisse in die Breite und die Tiefe zu untersuchen, dann hätten wir überreichlich Material, um eine solche Geschichte zu schreiben. Zwar könnten wir dabei nicht einfach die subjektiven Urteile der einzelnen Wissenschaftler über die Originalität, Richtigkeit und Größe ihrer wissenschaftlichen Leistungen übernehmen. Aber unsere Übersicht ist heute groß genug, um für die Zeit von Anbeginn bis, sagen wir, ein halbes Jahrhundert zurück, ein ausgewogenes Urteil als Marxisten abgeben zu können.

Eine Geschichte der Wissenschaft zu schreiben, verlangt jedoch weit mehr als ein solches Aneinanderreihen von Bausteinen der Erkenntnis.

2. Ursachen der Erkenntnis

Schon in sehr frühen Zeiten, sowohl in der europäischen Antike wie auch im alten China, hatten gebildete Menschen bisweilen das Gefühl besonderer Blüte oder des Stillstands oder gar des Rückgangs wissenschaftlicher Tätigkeit. Und auch über die Ursachen solcher Veränderungen im Stande der Wissenschaft hatten sie nachgedacht. Schienen sie zunächst mit dem Charakter der Herrscher, mit Kriegen und Frieden zusammenzuhängen, so fand man später auch Beziehungen etwa zur Blüte des Handels und der Produktion oder zu deren Niedergang. Jedoch waren das alles äußere Beziehungen der Gunst und Ungunst – so wie etwa das Wetter den Pflanzenwuchs begünstigt oder hemmt.

Da aber all solche Faktoren in der Tat eine Rolle spielten, wäre es falsch, sich über solche Erklärungen als oberflächlich hinwegzusetzen und sie nicht in eine Geschichte der Wissenschaft mit aufzunehmen.

Doch natürlich müssen wir weit tiefer schürfen, um die wichtigsten Ursachen für die Entwicklung der Wissenschaft aufzuspüren.

Wenn Goethe dachte, daß ein ausgedehnter Handel mit anderen Ländern der Entwicklung der Wissenschaft günstig sei, dann meinte er das, weil sich mit der Kenntnis anderer Länder, Sitten und Gedanken der Blick und die Interessen der Menschen weiteten.

Wenn wir den Handel und mit ihm die Schiffahrt als wissenschaftsfördernd betrachten, dann doch vor allem, weil Handel und Schiffahrt sehr bestimmte Bedürfnisse nach der Entwicklung der Wissenschaft äußern – und Wissenschaftler wie Thales als Mathematiker und Herodot als Geograph, oder zur Zeit der englischen Renaissance die Mathematiker John Dee und sein Freund und Schüler Thomas Digges diese Bedürfnisse auch zu befriedigen suchten.

Marx hat einen engen Zusammenhang zwischen der Entwicklung der altägyptischen Astronomie und der vom Wasserstand des Nildeltas abhängigen Landwirtschaft gesehen. Er hat ausdrücklich auf die Bedeutung der Wissenschaft als Produktivkraft hingewiesen.

Das heißt, allgemein gesprochen: die Entwicklung der Wissenschaft hängt entscheidend von den Ansprüchen der Praxis des gesellschaftlichen Lebens ab.

Ein Historiker der Wissenschaft hat darum, nachdem er die erste Aufgabe, die Ansammlung von Materialien zur Darstellung des Wachstums der Erkenntnisse, erfüllt hat, als zweite Aufgabe, die Ursachen des Wachstums zu untersuchen, in erster Linie die Anforderungen der Praxis des gesellschaftlichen Lebens.

Dabei wird er etwa auf die interessante Tatsache stoßen, daß, da die vorkapitalistischen Gesellschaftsordnungen hinsichtlich der Entwicklung der Produktivkräfte, wie Marx und Engels es nennen, konservativ waren und entsprechend nur wenige drängende und präzise Bedürfnisse äußerten, erst im Kapitalismus die Wissenschaft als Produktivkraft umfassendere Bedeutung erlangte.

Marx hat sich mit den gesellschaftlichen Ursachen der Entwicklung der Wissenschaft vor allem im Zusammenhang mit der Gestaltung der materiellen Produktion und Reproduktion beschäftigt. Und diese ist in der Tat die entscheidende Ursache für die Entwicklung der Wissenschaft.

In der Frühgeschichte der Menschheit, als noch kein Mehrprodukt erzeugt wurde, als noch kein Arbeitsfähiger von der Tätigkeit in der materiellen Produktion freigestellt werden konnte, da konnte natürlich noch keine Wissenschaft betrieben werden. Erst als die Erfahrung reich genug geworden, um die Produktivität so zu heben, daß ein Mehrprodukt erzeugt wurde, das groß genug war, um einer Minderheit zu erlauben, anderen Tätigkeiten als der Produktion nachzugehen, entstand im Laufe der Zeit auch die Wissenschaft.

Damit aber wurde ein Element in der Geschichte der Menschheit entwickelt, das nun wieder dialektisch rückwirkend auch die Produktivität steigerte. Da es aber nicht gelang, Produktionsverhältnisse zu schaffen, die auf die Dauer den wachsenden Produktivkräften entsprachen, mußten mit der, unter anderem auch durch die Wissenschaft, immer stärkeren Förderung der Produktivkräfte in immer kürzeren Abständen neue Gesellschaftsordnungen geschaffen werden. Die Zeit des Feudalismus etwa dauerte kürzer als die der Sklaverei und die Zeit des Kapitalismus weit kürzer als die des Feudalismus.

So sehen wir, wie die Geschichte der Wissenschaft gleichzeitig eine Geschichte der steigenden Ansprüche der materiellen Produktion an die Wissenschaft – Ursachen der Wissenschaftsentwicklung – und auch eine Geschichte der Wirkungen der Wissenschaftsentwicklung auf die Produktivkräfte, der Wissenschaft als Produktivkraft sein muß.

Jedoch wäre es völlig ungenügend, die Wissenschaft allein als Produktivkraft, und so aus den Bedürfnissen der Praxis der materiellen Produktion erwachsend, zu betrachten.

Es gibt noch eine zweite Hauptursache der Entwicklung der Wissenschaft, und das ist die gesellschaftliche Herrschaftspraxis.

Es ist doch nicht so, daß die Menschen, die durch die Schaffung eines Mehrprodukts von der Arbeit in der materiellen Produktion freigestellt wurden, sich nun voller Eifer der Kunst oder Wissenschaft widmeten. Ihr Hauptgeschäft war doch die immer effektivere Gestaltung der Ausbeutung und deren Sicherung durch entsprechende Herrschaftsverhältnisse: durch die Herausbildung eines Staates mit entsprechender Bürokratie, durch die Schaffung von propagandistischen Institutionen und militärischen Einrichtungen, und manches andere mehr.

All diese neuen gesellschaftlichen Erscheinungen begannen ebenfalls Anforderungen an die Wissenschaft zu stellen. Verwaltungs- und Rechtslehre, Kriegsstrategie und Geschichtswissenschaft, Theologie und Moralwissenschaft entstanden auf Anforderung der gesellschaftlichen Herrschaftspraxis, und so wurde die Wissenschaft (wie die gesamte Ideologie) auch zu einer Herrschaftskraft – allgemein gesprochen, wobei in den Ausbeutergesellschaften die Herrschaftskraft den spezifischen Charakter der Unterdrückungskraft annimmt und die Wissenschaft in den Niedergangszeiten vielfach zur reinen Apologetik entartet, während sie in der klassenlosen Gesellschaft des Kommunismus als Ordnungskraft der Gesellschaft wirkt.

Produktivkraft und Herrschaftskraft zu sein – das sind bis heute die beiden Hauptfunktionen der Wissenschaft, so wie die Bedürfnisse der materiellen Produktion und der Herrschaft einer oder mehrerer Klassen die Hauptursachen für die Entwicklung der Wissenschaft sind.

Setzen wir nun die zweite Aufgabe des Wissenschaftshistorikers zur ersten in Beziehung, dann erkennen wir, daß erst die Erfüllung der zweiten Aufgabe eine sinnvolle Deutung dessen, was die Erfüllung der ersten Aufgabe gebracht hat, ermöglicht. Erst wenn wir die laufende Gestaltung der Ursachen der wissenschaftlichen Entwicklung untersucht haben, die wechselnde Intensität und Verschiedenartigkeit der Forderungen der gesellschaftlichen Praxis, sei es der materiellen Produktion oder der Herrschaft, sei es an die Wissenschaft als Produktivkraft oder als Herrschaftskraft, erst dann werden wir verstehen, warum die wissenschaftlichen Erkenntnisse gerade auf diesem oder auf jenem Gebiet schneller zunahmen oder langsamer wuchsen, auch warum es Zeiten besonderer Blüte, sei es der Naturwissenschaften, sei es der Gesellschaftswissenschaften, gab, warum vielleicht auch die einen länger stagnierten als die anderen, kurz wie die Bewegungen von Ebbe und Flut, von Stagnation und Sturm in der Geschichte der Wissenschaft zu erklären sind.

So wird aus der Darstellung der Geschichte der Wissenschaft zugleich auch eine Darstellung der Wissenschaft in der Geschichte. So erkennen wir auch und können schildern, wie die Wissenschaft gleich einem Baum wächst, immer stärker werdend und höher ragend, reicher an Überblick und Kraft des Schauens, den Sternen zustrebend und immer tiefer in die Erde dringend – und zugleich auch einer Kriechpflanze ähnelnd, die die ganze Fläche des gesellschaftlichen Lebens durchdringt, da alle Breiten und Ebenen, sei es die Landwirtschaft, die Industrie oder der Verkehr, sei es der Staat, die Ideologie oder die private Sphäre des Familienlebens nach ihr rufen.

So erkennen wir auch, wie die Wissenschaft als Element aller Sphären der Gesellschaft – der Produktivkräfte, der Produktionsverhältnisse und auch des Überbaus – heranwächst. Der Wissenschaftler lebt und wirkt als Teil der Gesellschaft, und seine Arbeit ist mit der Arbeit aller Mitglieder der Gesellschaft dialektisch verbunden.

Man mag dazu bemerken, daß die Wissenschaft auch eine Eigenbewegung hat, sich streckenweise aus Eigenem, ohne gesellschaftlichen Anstoß weiterentwickeln kann. Das ist natürlich richtig. Die Einsamkeit, die Wilhelm von Humboldt für den Wissenschaftler fordert, damit er zeitweise ungestört nachdenken kann, sei es, um gesellschaftliche Faktenmaterialien in Probleme zu verwandeln, sei es, um gereifte Probleme zu lösen, sei es, um logisch, ohne „Anstoß von Außen" weiterzudenken, logisch weiterzuarbeiten, ist durchaus notwendig für den wissenschaftlichen Fortschritt. Jedoch schrumpft und erstarrt der Wissenschaftler, genau wie jeder andere Mensch, wie der einsam Trauernde, wie der der Umwelt entrückte Träumer, wenn er zu lange in Einsamkeit verharrt und nicht zur Gesellschaft zurückkehrt, in das tätige Allgemeinleben, das allein ihm auf die Dauer Lebens- und Schaffenskraft geben kann.

3. Die Methodologie des Erkennens

Marx und Engels haben die Methodologie des Erkennens, die Methodologie des dialektischen und historischen Materialismus als System geschaffen. Wir Marxisten sagen mit Recht, daß der dialektische und historische Materialismus die einzig mögliche, die einzig fruchtbare Methodologie zur Gewinnung von Erkenntnissen ist. Und wir haben auch den überzeugenden Beweis für diese unsere Behauptung: nur die Methodologie des dialektischen und historischen Materialismus ermöglicht eine Erklärung der Entwicklung von Natur und Gesellschaft, der Geschichte der Vergangenheit, der Begebnisse der Gegenwart und der Gestaltung der Zukunft. Keine Erkenntnis von Bewegungen und Zusammenhängen in Natur und Gesellschaft, sagen wir, ohne Anwendung der Methodologie des dialektischen und historischen Materialismus.

Nun haben aber zweifellos Jahrtausende hindurch vor Marx und Engels Wissenschaftler großartige Erkenntnisse von Natur und Gesellschaft erlangt. Niemand wird die gewaltigen Erkenntnisse auf dem Gebiet der Naturwissenschaften, die kluge und wissenschaftlich richtige Erfassung zahlreicher gesellschaftlicher Realitäten vor Marx und Engels leugnen. Euklids und Newtons Lehren, das römische Rechtssystem und die Arbeitswerttheorie Ricardos sind vormarxistische Erkenntnisse von größter wissenschaftlicher Bedeutung. Wie konnte es zu diesen Erkenntnissen kommen?

Doch offenbar nur dadurch, daß die Wissenschaftler zumindest Elemente der Methodologie des dialektischen und historischen Materialismus anwandten.

Wenn es richtig ist, daß die Realität sich dialektisch bewegende Materie ist, dann sind Erkenntnisse der Realität nur möglich, wenn man die Realität als Materie sieht oder als sich dialektisch bewegend erkennt oder gar als dialektisch sich bewegende Materie nimmt. Andernfalls wäre es unmöglich gewesen, die Erkenntnisse, die in den letzten 2500 Jahren gewonnen wurden, zu erzielen.

Es scheint mir, soweit ich die Geschichte der Wissenschaft überblicken kann, nicht möglich zu entscheiden, ob die mechanistischen Materialisten oder die dialektischen Idealisten die größeren Erfolge als Wissenschaftler gehabt haben. Sicherlich waren die deutschen dialektischen Idealisten Kant und Hegel größere Philosophen als die mechanistischen Materialisten D'Holbach und Helvetius, aber mit gleicher Sicherheit übertrafen die englischen zum Teil recht mechanistischen Materialisten der Politischen Ökonomie des Merkantilismus ihre deutsch-österreichischen dialektisch-idealistisch denkenden Kollegen wie Johann Joachim Becher und andere in der Erkenntnis der wirtschaftlichen Realität. Und ebenso zweifellos ist es, daß dialektisch denkende Materialisten in der Methodologie der Erfassung der Realität wie Feuerbach oder Ricardo weiter auf dem Wege der Erkenntnis vordringen konnten als die zuvor genannten. Das heißt nicht notwendigerweise, daß sie immer größere Denker waren. Man wird vielleicht sagen können, daß Hegel das Größte erreicht hat, was man mit der Methodologie des dialektischen Idealismus erreichen konnte, während Feuerbachs Leistungen mit Hilfe der Methodologie des dialektischen Materialismus schnell übertroffen wurden. Das heißt aber, daß Feuerbach weiter in der Erkenntnis gehen konnte als Hegel. Darum ist es auch nicht verwunderlich, daß Marx den Weg zu seinem System der Methodologie, ausgehend von Hegel, sodann ein Stück mit Feuerbach weiterschreitend und ihn schließlich dann weit hinter sich lassend, vollendete.

Wenn wir nun im Vorangehenden gesagt hatten, daß es die erste Aufgabe eines Historikers der Wissenschaftsentwicklung ist zu zeigen, wie jede neue Erkenntnis auf dem vorangehend Erreichten aufbaute, und daß es seine zweite Aufgabe ist, den Ursachen dieser Entwicklung nachzugehen, dann erscheint es mir als eine dritte Aufgabe, zu untersuchen, mit welchen methodologischen Mitteln der Fortschritt der Wissenschaft erzielt wurde, ob mit der Methodologie der dialektischen Erfassung, ob unter der Voraussetzung der Materialität der Erscheinung bzw. ihrer entscheidenden Beeinflussung durch die materiellen Verhältnisse – etwa wenn Montesquieu die Entwicklung des Rechtssystems vom Klima, aber auch von ökonomischen Verhältnissen abhängig macht –, oder ob die Methodologie sich bewußt oder unbewußt, mehr oder weniger präzise der des dialektischen und historischen Materialismus – des dialektischen etwa bei Newton, des historischen etwa bei Mignet – annähert. Dabei darf man selbstverständlich Methodologie und Weltanschauung des Wissenschaftlers nicht verwechseln!

Untersuchen wir unsere bisherigen Bemühungen um eine Geschichte der Wissenschaft, dann können wir feststellen:

In der Erfüllung der ersten Aufgabe haben die Wissenschaftler aller Zeiten einiges geleistet, vor allem aber die Wissenschaftler der Bourgeoisie, die direkt an die großartigen Bemühungen der Renaissance und der frühen Aufklärung anknüpften;

in der Erfüllung der zweiten Aufgabe haben wir Marxisten, den grundlegenden Hinweisen und auch detaillierten Einzeldarstellungen von Marx und Engels folgend, unsere Arbeit begonnen, an der sich seit jener schon erwähnten Wissenschaftlerkonferenz in London auch fortschrittliche bürgerliche Wissenschaftler beteiligen;

in der Erfüllung der dritten Aufgabe, der Untersuchung des Zusammenhanges zwischen der angewandten Methodologie – wiederum sei vor einer Verwechselung von Methodologie und Weltanschauung gewarnt! – und dem Erfolg auf dem Wege zur Erkenntnis, stehen wir jedoch noch so am Anfang, daß selbst der Ausdruck Anfang fast übertrieben klingt.

Eine Geschichte der Wissenschaft unter Ausschluß einer genauen Untersuchung der jeweils bei der Gewinnung neuer Erkenntnisse angewandten Methodologie erscheint mir so unvollständig, daß wir nicht von einer wirklich umfassenden Geschichte, daß wir wohl nur von einer verstümmelten, einer arg invaliden Geschichte sprechen können. Den Ursachen der Entwicklung der Wissenschaft in dieser oder jener Richtung aufgrund der gesellschaftlichen Verhältnisse nachzugehen, gleichzeitig aber sich nicht im mindesten um die Wege des wissenschaftlichen Fortschritts zu einer neuen Erkenntnis, nämlich um die Untersuchung der angewandten Methodologie zu kümmern, muß doch als recht borniert, recht beschränkt in der Blickweite und Neugierde erscheinen. Darum möchte ich auf das dringendste für die Aufnahme solcher Untersuchungen der angewandten Methodologie plädieren. Muß es nicht auch jeden Marxisten mit Stolz erfüllen zu sehen und zu zeigen, welch enger Zusammenhang zwischen der Breite oder Tiefe der wissenschaftlichen Erkenntnis in allen Zeiten der Geschichte und dem Grad der (bewußten oder unbewußten) Annäherung an die Methodologie des dialektischen und historischen Materialismus besteht!

4. Weltanschauung und Methodologie

Es gibt Philosophen, die behaupten, daß ein untrennbarer inhaltlicher Zusammenhang zwischen Methodologie und Weltanschauung des Wissenschaftlers besteht. Faktisch ist genau das Gegenteil in der ganzen Geschichte der Wissenschaft vor Marx und Engels der Fall gewesen. Die Geschichte der Wissenschaft wäre völlig unverständlich, wenn man nicht Methodologie und Weltanschauung trennen könnte. Ist es doch auch die entscheidende Leistung von Marx und Engels, daß erst sie eine völlige Harmonie zwischen wissenschaftlicher Methodologie und Weltanschauung geschaffen haben – eine objektive Notwendigkeit für die Vertreter einer Klasse, die als solche ein fundamentales Interesse an einer wissenschaftlich begründeten Weltanschauung haben muß. Erst für den Marxisten sind Methodologie und Weltanschauung zu einer notwendigen Einheit geworden, die aber natürlich weiterhin begrifflich und auch praktisch insofern zu trennen sind, als viele marxistische Wissenschaftler auch heute noch zum Beispiel, nun drücken wir es primitiv aus, bessere Marxisten in ihrem Wirken als Methodologen, und vielleicht ebenso viele Andere bessere Marxisten in ihrer Weltanschauung sind.

Viel schärfer aber ist die Trennung in der Vergangenheit gewesen – und ist sie auch heute noch unter den Wissenschaftlern der Bourgeoisie. Lenin hat auf diese scharfe Trennung, die wir zwischen Methodologie und Weltanschauung machen müssen, in einer viel zitierten Äußerung so hingewiesen: „*Keinem einzigen* dieser (bürgerlichen – J. K.) Professoren, die auf Spezialgebieten der Chemie, der Geschichte, der Physik die wertvollsten Arbeiten liefern können, *darf man auch nur ein einziges Wort glauben,* sobald er auf Philosophie zu sprechen kommt."

Das heißt, durch Annäherung an die Methodologie des dialektischen und historischen Materialismus können auch Wissenschaftler, die eine reaktionäre, mystische oder sonstwiegeartete Weltanschauung (Philosophie) haben, und denen wir kein

Wort glauben dürfen, wenn sie ihre wissenschaftlichen Erkenntnisse weltanschaulich einbauen wollen, glänzende wissenschaftliche Ergebnisse erzielen. Und Lenin hat das auch dadurch unter Beweis gestellt, daß er Analysen und aufgedeckte Beziehungen innerhalb der Welt des Monopolkapitals durch Ideologen des Monopolkapitals oder liberale Vertreter der Bourgeoisie wörtlich und sie billigend etwa in sein Werk über den Imperialismus aufgenommen hat.

Ich glaube, daß eine Trennung, eine häufige Diskrepanz, eine völlige Inkongruität zwischen Methodologie und Weltanschauung geradezu charakteristisch für die Wissenschaftler, sagen wir bis an das Ende des 19. Jahrhunderts, sind. Es scheint mir über jeden Zweifel erhaben, daß die überwiegende Mehrzahl der Naturwissenschaftler bis 1900, die in ihrer Methodologie zumindest naive Materialisten waren, religiös und damit weltanschaulich Idealisten waren, an Götter oder einen Gott glaubten, der auf den verschiedensten Gebieten des gesellschaftlichen und natürlichen Lebens und erst recht nach dem Tode eingreifen kann. Materialismus in der Methodologie und Idealismus in der Weltanschauung, Dialektik der Bewegung in der Methodologie und willkürliches Eingreifen in der Weltanschauung, Suchen nach Gesetzen in Natur und Gesellschaft als Methodologie und Suchen nach Gnade in der Weltanschauung begegnen uns immer wieder in der Geschichte der Wissenschaftler.

Während nun die Weltanschauung den Wissenschaftler wohl niemals hindern konnte, durch die Anwendung einer irgendwie richtigen Methodologie zu bisweilen ganz großartigen wissenschaftlichen Resultaten zu kommen, hat die Weltanschauung dem Fortschritt der Erkenntnis zumeist doch jeweils auch bedeutende Hindernisse gesetzt. Für die Naturwissenschaften hat uns dazu Jürgen Treder als Beispiel Einsteins weltanschauliche Begünstigung gegenüber Poincaré gegeben und damit erneut den großen Vorteil der die Welt marxistisch-leninistisch anschauenden Naturwissenschaftler aufgezeigt.

Zahlreich sind auch die Beispiele, die ich auf dem Gebiete der Gesellschaftswissenschaften geben könnte. Man denke etwa an die großartige Gruppe junger französischer Historiker in den zwanziger Jahren des 19. Jahrhunderts, an den jungen Thiers oder Thierry, an den jungen Mignet oder Guizot, die zu der Erkenntnis kamen, daß die Geschichte der Menschheit eine Geschichte von Klassenkämpfen ist. Als Ideologen der Bourgeoisie aber betrachten sie, übrigens genau wie Hegel, die Geschichte der Menschheit als ein geschlossenes System, das mit der bürgerlichen Gesellschaft und ihrem Staat das Ende seiner Entwicklung erreicht hätte, und so würden ihrer Meinung nach jetzt auch die Klassenkämpfe aufhören. Man vergleiche diese Weltanschauung mit der des Marxismus-Leninismus, nach der zwar auch die Klassenkämpfe aufhören werden, nämlich nach der Sicherung eines sozialistischen Weltsystems, damit aber gerade erst im Grunde die Geschichte der Menschheit beginnt, da nun erst die kümmerliche Zwischenperiode, in der die Menschen zwar schon fähig waren, ein Mehrprodukt zu gewinnen, sie aber noch nicht verstanden, es zum Nutzen aller zu verteilen, überwunden ist. Die Dialektik und der Materialismus in der Methodologie reichten bei den genannten Historikern völlig aus, um die Geschichte als eine Geschichte von Klassenkämpfen zu verstehen; die Mechanik sowie die Teleologie als wichtige Elemente ihrer Weltanschauung verhinderten sie jedoch, die Erkenntnis der Vergangenheit zu einer realistischen Philosophie der Geschichte zu erhöhen.

Ein ganz ähnliches Phänomen begegnet uns auf dem Gebiete der Politischen Ökonomie bei Ricardo. Wie großartig weit ist er in der Aufdeckung der Beziehungen zwischen Arbeit und Kapital gekommen, auch in der Analyse der Konkurrenz unter den Kapitalisten und unter den Arbeitern. Wie lebendig schildert er den Kampf zwischen Kapital und Arbeit um das Produkt der Industrie. Und doch, so stark das Element der Dialektik in der Methodologie der Untersuchung, hindert ihn der teleologische Mechanismus seiner bourgeoisen Weltanschauung (genau wie Hegel und die genannten französischen Historiker) daran, eine gesellschaftliche Weiterentwicklung über die bürgerliche Gesellschaft hinaus zu sehen, und so kommt er auch zum Ehernen Lohngesetz, nach dem die Arbeiter nie mehr als das, was sie zur Aufrechterhaltung ihrer Arbeitskraft und zur Aufzucht neuer Arbeitskräfte brauchen, erhalten können. Wie anders wieder wir Marxisten, die eine Zukunft voraussehen, in der die Menschen nach ihren Bedürfnissen erhalten werden, eine Zukunft, von der wir zugleich aber sagen, daß wir heute in unserem Blick viel zu beschränkt sind, um die Bedürfnisse der Menschen auch nur in 100 Jahren, gar nicht zu reden von einer Zukunft, von der uns 1000 oder 100 000 Jahre trennen, voraussehen können.

Leicht ist es bisweilen, festzustellen, inwieweit Methodologie und Weltanschauung sich entsprachen oder, was weit häufiger der Fall war, im Widerspruch zueinander standen. Viel schwerer schon, inwieweit solch Entsprechen den Weg der wissenschaftlichen Erkenntnis konkret förderte oder inwiefern ein Widerspruch den Fortschritt konkret behinderte.

Aber zweifellos scheint es mir, daß wir dem Historiker der Wissenschaft als vierte Aufgabe die Untersuchung des Verhältnisses von Methodologie und Weltanschauung stellen müssen. Dabei darf eine solche Untersuchung sich nicht auf eine Darstellung des Verhältnisses im Sinne einer Charakterisierung beschränken, sondern der Wissenschaftshistoriker hat zugleich den Einfluß der Weltanschauung auf die Ergebnisse der wissenschaftlichen Erkenntnis, die mit einer bestimmten Methodologie erzielt wurden, zu prüfen. Bisweilen wird sich ein solcher Einfluß auch gar nicht feststellen lassen. Kann man wirklich sagen, daß die religiöse Weltanschauung Plancks einen Einfluß auf die Erkenntnis der Quantentheorie gehabt hat? und wenn, welchen? Was sich leicht für Ricardo beobachten läßt, mag schwer bei Newton zu bemerken sein.

5. Weltanschauung und Anwendung der wissenschaftlichen Erkenntnisse

Wir sprachen zuvor davon, daß wir die Wissenschaft vor allem als eine Produktivkraft und als eine Herrschaftskraft betrachten müssen. Das heißt im Grunde aber auch, daß wir die Geschichte der Wissenschaft nicht nur als eine Geschichte immer neuer Erkenntnisse sondern auch als eine Geschichte der Anwendung dieser Erkenntnisse vor allem in der materiellen Produktion und in der Ordnung der gesellschaftlichen Herrschaftsverhältnisse sehen müssen.

Und weiter: aus den vorangehenden Überlegungen ergab sich, daß der Fortschritt der Erkenntnis von der Methodologie abhängt, während die Weltanschauung des Wissenschaftlers im Grunde nur als fördernder oder hemmender oder unter Umständen auch als neutraler Faktor auftritt – es sei denn, der Wissenschaftler betrete das Gebiet der Philosophie.

Untersuchen wir nun aber nicht die Erzielung wissenschaftlicher Erkenntnisse sondern ihre Anwendung, das heißt die Geschichte der Wissenschaft als Realisierung ihrer Produktivkraft und ihrer Herrschaftskraft, dann beginnt die Weltanschauung eine ganz überwältigende Rolle zu spielen.

Zwar nicht in erster Linie die Weltanschauung des einzelnen Wissenschaftlers, wohl aber die Weltanschauung der gesellschaftlichen Kräfte, die sich der wissenschaftlichen Erkenntnisse als Produktivkraft oder als Herrschaftskraft bemächtigen.

Allgemein anerkannt ist heute von Marxisten und fortschrittlichen Wissenschaftlern, daß unter den gegenwärtig in der Welt herrschenden gesellschaftlichen Verhältnissen praktisch alle neuen Erkenntnisse von denen, die die Weltanschauung des Monopolkapitals vertreten, zum Schaden der Menschheit, von denen, die die Weltanschauung des Sozialismus vertreten, zum Nutzen der Menschheit angewendet werden können.

Natürlich war die Scheidung der Weltanschauungen niemals in der Geschichte so scharf und klar wie heute. Aber sie hat immer bestanden, im internationalen Maßstab der Verbreitung und Anwendung wissenschaftlicher Erkenntnisse wie im nationalen Maßstab.

Und daher scheint es mir die fünfte grundlegende Aufgabe des Historikers der Wissenschaft zu sein, die Beziehungen zwischen Weltanschauung der gesellschaftlichen Kräfte und Anwendung der wissenschaftlichen Erkenntnisse zu untersuchen.

Man glaube nicht, daß diese Untersuchung praktisch identisch sei mit der der Verursachung wissenschaftlicher Erkenntnisse durch die Bedürfnisse der Produktion und der Gestaltung der Herrschaftsverhältnisse. Denn einmal hat die Wissenschaft, oft als Nebenprodukt der von ökonomischen und Herrschaftsbedürfnissen geforderten Forschung, viele unerwartete Erkenntnisse gebracht, für die man entsprechend keine vorbedachte Verwendung hatte, und hier gilt es dann zu überprüfen, wie die Weltanschauungen gesellschaftlicher Kräfte auf diese unerwarteten Erkenntnisse reagierten, ob mit Gleichgültigkeit oder sie zum Schaden oder Nutzen der Menschheit verwendend.

Sodann begegnet uns auch in der Geschichte nicht selten der Fall, daß schon vertraute Erkenntnisse, die das Produkt von Anforderungen der ökonomischen und Herrschaftsverhältnisse einer Gesellschaftsformation bzw. einer ihrer Etappen waren, von den gesellschaftlichen Kräften der nächstfolgenden Etappe oder Formation entsprechend deren gewandelter Weltanschauung auch eine andere Verwendung fanden.

Auch folgende Problematik wird man in diesem Zusammenhang untersuchen müssen: Die Anwendung auch einer nur relativ richtigen Methodologie kann zu wissenschaftlichen Erkenntnissen führen, die weit vorprellen, den Rahmen der Weltanschauung und, was viel wichtiger ist, den Rahmen der Produktionsverhältnisse, auf denen die Weltanschauung beruht, sprengend – und so diese Erkenntnisse zur gesellschaftlichen Impotenz verurteilen. Die Dampfmaschine wurde schließlich in der Antike konstruiert – aber weder bei Heron war diese großartige wissenschaftliche Leistung mit einer Weltanschauung, die eine Gesellschaft ohne Sklaven forderte, in der sie nützlich verwandt werden konnte, verbunden, noch gab es Klassen oder Schichten der Gesellschaft, die sich ihrer mit einer solchen Forderung bemächtigten. Gerade auch heute, in der Gesellschaft des sterbenden Kapitalismus, finden wir großartige Resultate der Anwendung der Methodologie des dialektischen und historischen Materialismus – man denke dabei nicht nur an Erkenntnisse der Naturwissenschaften sondern auch an solche der Gesellschaftswissenschaften, etwa an Herbert Marcuses zum Teil so eindringliche Analysen des Verfalls des gegenwärtigen Kapitalismus –, ohne daß diese, mangels einer entsprechenden marxistisch-leninistischen Weltanschauung des Wissenschaftlers, durch richtige Schlußfolgerungen von ihm gesellschaftlich in Richtung einer fortschrittlichen Veränderung wirksam eingesetzt werden.

Natürlich hängt der wirksame gesellschaftliche Einsatz nicht in erster Linie von dem einzelnen Wissenschaftler ab. Wie steht es aber mit dem Einsatz etwa gesellschaftswissenschaftlicher Erkenntnisse weltanschaulich nicht fortschrittlicher oder verwirrter Wissenschaftler durch allgemein fortschrittliche und spezifisch durch marxistisch-leninistisch geschulte gesellschaftliche Kräfte? Man kann nur sagen: schlecht, da diese aus wahrlich begründeter Ablehnung der Weltanschauung eines Gesellschaftswissenschaftlers wie etwa Marcuse sich scheuen, sich die wissenschaftlichen Resultate seiner Benutzung einer relativ richtigen Methodologie anzueignen – ganz im Gegensatz zur Praxis von Lenin, ganz im Gegensatz auch zu ihrer eigenen Praxis Naturwissenschaftlern gegenüber. Während natürlich kein Marxist-Leninist es ablehnen würde, die naturwissenschaftlichen Erkenntnisse eines religiösen Wissenschaftlers gesellschaftlich wirksam einzusetzen, scheut er völlig unberechtigterweise a priori davor zurück, die gesellschaftswissenschaftlichen Analysen eines weltanschaulich quasi-marxistisch oder monopolistisch bestimmten Gelehrten anzuerkennen und gesellschaftlich anzuwenden.

Wir sehen, wie außerordentlich wichtig für eine Wissenschaftsgeschichte (wie auch für unsere eigene Einsatz- und Anwendungspraxis) ein Studium der Beziehungen zwischen Weltanschauung wie Methodologie und der gesellschaftlichen Anwendung der wissenschaftlichen Erkenntnisse ist.

6. Wissenschaftstechnologie

Unter dem Begriff der Wissenschaftstechnologie, der sicherlich durch ein besseres Wort ersetzt werden kann, möchte ich all die Momente zusammenfassen, die das Arbeiten des Wissenschaftlers, seine schöpferische Tätigkeit, erleichtern.

Wenn ich nun als sechste und letzte grundlegende Aufgabe des Historikers der Wissenschaft stelle, daß er sich mit der Geschichte der Wissenschaftstechnologie beschäftigt, dann handelt es sich um eine Aufgabe auch von allergrößter aktueller Bedeutung.

Von größter aktueller Bedeutung deswegen, weil wir in der Ausarbeitung und

Praxis einer geeigneten Wissenschaftstechnologie noch so sehr weit zurück sind und das Studium der Geschichte, der Erfahrungen der Vergangenheit uns sicher weit schneller vorwärtsbringen kann, als wenn wir allein auf unser Nachdenken und unsere Erfahrungen angewiesen wären.

Natürlich können wir nicht an der Spitze einer jeden Akademie einen Plato oder Aristoteles haben, doch können wir mit weit mehr Erfolg, als wir es tun, die sokratischen Methoden und den an den Akademien Athens so intensiven Meinungsstreit üben.

Natürlich können wir weder an unserer Berliner noch an anderen Universitäten mit einem Lehrkörper, der innerhalb eines Jahrzehnts Niebuhr, Savigny, Fichte, Schleiermacher, Karl Ritter, Hufeland, Boeckh und Hegel umfaßte, rechnen – solche Konglomerationen sind Glückszeiten der Wissenschaften –, aber was wir können, ist, uns einige Grundsätze des Schöpfers der Berliner Universität, Wilhelm von Humboldts, nicht vielfach nur als Lippenbekenntnisse sondern in der Praxis anzueignen – zum Beispiel, daß Lehre und Forschung untrennbar miteinander verbunden sein müssen, das heißt, daß der Universitätslehrer Zeit zum Forschen haben muß und daß der Akademieforscher auch lehren muß.

Natürlich können wir nicht einen wissenschaftlichen Briefwechsel von dem Niveau der Großen der Renaissance, oder wie ihn Marx und Engels, Einstein und Born hatten, von unseren Wissenschaftlern erwarten, aber ein regerer schriftlicher Gedankenaustausch, der jeden der Briefschreiber fördert, würde uns sicherlich schneller vorwärtsbringen.

Natürlich sind wir nicht in der Lage, in Eile gesellschaftliche Zusammenkünfte wie die Salons der französischen Aufklärung oder der deutschen Romantik aufleben zu lassen, aber es ist unverzeihlich, daß wir in einer sozialistischen Gesellschaft, die einmal die höchste Form kollektiven Wirkens entwickeln wird, auf diesem Gebiet so weit zurück sind.

All dies sind nur einige Beispiele der Wissenschaftstechnologie vergangener Zeiten, die, in sozialistischer Form belebt, unsere wissenschaftliche Entwicklung sichtlich fördern, das wissenschaftliche Leben verschönern und so manche Begabung, sei es auch nur die des Reparties, wecken würde.

7. Schlußbemerkung

Groß erscheint die Aufgabe, eine Geschichte der Wissenschaft zu schreiben – groß in so vieler Beziehung: wie umfassend muß sie die Realität des gesellschaftlichen Lebens, wie detailliert den Prozeß des Erkenntniswachstums in sich aufnehmen; welch komplizierte Beziehungen, welch erstaunliche Wechselwirkungen zwischen Basis und Überbau sowie innerhalb des letzteren, zwischen Methodologie und Weltanschauung, zwischen Weltanschauung des einzelnen Wissenschaftlers und der an den Resultaten der Wissenschaft interessierten gesellschaftlichen Kräfte hat sie aufzuzeigen und zu verfolgen! So groß und schwer aber die Aufgabe auch erscheint, so stark und schön wird diese Leistung von der Gesellschaft empfunden, so freudig eine Geschichte der Wissenschaft von ihr empfangen werden.

Ich glaube nicht, daß ich die Aufgabe des Historikers der Wissenschaft zu weit gefaßt, ihm zu viele Forschungspflichten aufgelegt habe. Doch noch viel Vorarbeit wird zu leisten sein, bevor wir an das Werk einer solchen Geschichte gehen können. Vorarbeit, die heute vor allem „Fachwissenschaftler" schaffen müssen. Wenn wir uns so in erster Linie an die „Fachwissenschaftler" wenden, um auf dem Gebiete der Wissenschaftsgeschichte vorwärts zu kommen, dann aus einem doppelten Grunde: Einmal muß jeder „Fachwissenschaftler" die Geschichte seiner eigenen Wissenschaft kennen, um das Beste auf seinem Gebiet, nicht zum wenigsten auch in der Anleitung und Leitung leisten zu können. Sodann aber auch, da wir nur über wenige Kräfte verfügen, die über ihre eigene Wissenschaft hinaus schon Wissenschaftsgeschichte treiben können.

Vielleicht erscheint manches, was ich gesagt habe, neu und auch praktisch nützlich. Ich hoffe, daß es so ist.

Neu aber nur in dem Sinne, daß ich diese oder jene Bemerkung in dem Werke von Marx zu einer kleinen Studie ausgebaut, diese oder jene Andeutung von Marx ausführlicher behandelt habe.

Neu also in dem Sinne, wie es einer Vorlesung zu Ehren von Karl Marx geziemt.

II. Wissenschaftliche Methodologie und Weltanschauung

Welch schöne Einrichtung hat unsere Universität mit den Humboldt-Vorlesungen geschaffen! die erste, gesellschaftswissenschaftliche, dem Gedenken Wilhelm von Humboldts, die zweite, naturwissenschaftliche, dem seines Bruders Alexander gewidmet.

Und welche Ehre ist es für einen marxistisch-leninistischen Wissenschaftler unserer Republik, die erste solche Humboldt-Vorlesung halten zu dürfen!

Es ist heute viel die Rede davon, daß man sich das Erbe fortschrittlicher Kultur kritisch aneignen müsse. In der Tat, wir müssen das Erbe kritisch sichten und entscheiden, was wir uns aneignen können; aber dann werden wir gar manches finden, das wir ohne jede Kritik aufnehmen können und wollen.

Wie sollten wir uns

> Über allen Gipfeln
> Ist Ruh,

kritisch aneignen? Und ich wünsche auch unserer Universität, daß sie sich Wilhelm von Humboldts Prinzip der Einheit von Lehre und Forschung ganz unkritisch aneignet und es verwirklicht in der Weise, wie es Humboldt sich gewünscht hat: daß der gesamte Lehrkörper auch reichlich Zeit zur Forschung hat. Lehre ohne genügende Forschung ist für eine Universität fast genau so gefährlich wie Forschung ohne genügende Lehre. Denn auch das Letztere ist bisweilen in der Geschichte der Universitäten der Fall: wie wenig Nutzen hatte etwa die Universität Cambridge von dem Vater der modernen Computer gehabt, als sie Charles Babbage 1827 auf den Lucasian Lehrstuhl für Mathematik berief und dieser in den zehn Jahren seiner dortigen Professur keine einzige Vorlesung hielt. Allerdings wissen wir nur, daß er Alexander von Humboldt gekannt hat; vielleicht hatte er sich aber auch Wilhelm von Humboldts Prinzip der Einheit von Lehre und Forschung allzu kritisch angeeignet?

Ganz unkritisch sollte man sich auch Humboldts Rat aneignen, daß Wissenschaft auf der Universität immer als eine Reihe noch nicht ganz gelöster Probleme zu lehren sei, als, wie er sagt, „noch nicht ganz Gefundenes und nie ganz Aufzufindendes", mit welcher Formulierung Lenins Lehre von den Beziehungen zwischen relativer und absoluter Wahrheit voll übereinstimmt.

Das Thema meiner Vorlesung „wissenschaftliche Methodologie und Weltanschauung" hat, wenn auch nicht in dieser Formulierung, in Humboldts Schriften keine unbedeutende Rolle gespielt. Man denke nur an seine schöne und gedankenreiche „Vorerinnerung über Schiller und den Gang seiner Geistesentwicklung", die er der Herausgabe seines Briefwechsels mit ihm vorausschickte. Doch bedürfte es eines sehr kritischen Ganges durch Humboldts Werk, um zu dieser Problematik für uns fruchtbare Gedankensplitter zu einem gebrechlichen Ganzen zusammenzufügen, das überdies nur ein winziges Gebiet des so weiten Feldes beherrschen könnte.

Mit dem ihm eigenen Sinn für Tradition und Würde der Wissenschaft hätte uns Wilhelm von Humboldt, weilte er gegenwärtig unter uns, vielmehr daran erinnert, daß an diesem Tage, dem 21. Januar, 50 Jahre verflossen sind, seit der Mann, der auch der größte Gesellschaftswissenschaftler unseres Jahrhunderts ist, von uns gegangen, und daß gerade Lenin zur Thematik dieser Vorlesung etwas gesagt hat, das der beste Ausgangspunkt für uns ist. Das folgende Zitat aus „Materialismus und Empiriokritizismus" ist Ihnen wohl bekannt – ich hoffe jedoch, daß Sie im Laufe meiner Ausführungen, genau wie es mir kürzlich erging, ihm neue Einsichten abgewinnen werden.

Lenin polemisiert an dieser Stelle gegen Mach, Ostwald, Poincaré wie ihre Jünger in Rußland und bemerkt dann: *„Keinem einzigen* dieser Professoren, die auf Spezialgebieten der Chemie, der Geschichte, der Physik die wertvollsten Arbeiten liefern können, *darf man auch nur ein einziges Wort glauben,* sobald er auf Philosophie zu sprechen kommt."

Man hat diese Bemerkung von Lenin bisweilen dahin ausgelegt, daß es bei den „wertvollsten Arbeiten" dieser großen Gelehrten nur um Tatsachenfeststellungen geht, zumal Lenin im folgenden auch von dem „Gebiet spezieller Tatsachenforschung" spricht. Das aber ist von Lenin nur als Beispiel gemeint und würde den Wert der Leistung dieser Forscher viel zu stark einengen. Wir brauchen nur Lenins „Imperialismus" zu lesen mit seinen zahlreichen Zitaten aus Schriften bürgerlicher Professoren, die sich mit Problemen des Monopolkapitals, wie allgemeiner des Imperialismus als gesamtgesellschaftliche Erscheinung beschäftigen, um zu erkennen, daß Lenin tiefe Einsichten in das Wesen des Monopolkapitals und des Imperialismus allgemein billigend von ihnen zitiert. So etwa Heymanns Ausführungen zur Konzentration des Kapitals – Lenin nennt ihn einen „ausnahmsweise gewissenhaften bürgerlichen Ökonomen" – oder Kestners Erkenntnis, daß es sich bei den Beziehungen zwischen monopolisierter und nichtmonopolisierter Industrie um ein Herrschaftsverhältnis handelt – Lenin unterstreicht in dem Zitat aus Kestners Buch „Der Organisationszwang" das Wort Herrschaftsverhältnis mit der Begründung, daß es „das Wesen der Sache aufdeckt" – das Wesen der Sache! nicht irgendeine Tatsachenfeststellung. Und zu Hobsons tiefgehender Analyse des Parasitismus als Charakteristikum des Imperialismus sagt Lenin: „Der Verfasser hat völlig recht".

Doch gehen wir weiter zurück in der Geschichte der Gesellschaftswissenschaften: Denken wir an Plato und seine, wie Marx es im „Anti-Dühring" ausdrückt, „für seine Zeit geniale Darstellung der Teilung der Arbeit".

Denken wir an die großen merkantilistischen Denker und Profitjäger des 17. Jahrhunderts, an Thomas Mun, Josiah Child und Charles Davenant, die als erste Gesellschaftswissenschaftler ökonomische Gesetze als objektiv wirkende erkannten.

Denken wir an Montesquieu, der diese Erkenntnis auf die Gesellschaft als Ganze ausdehnte.

Denken wir an die französischen Physiokraten, die die Ökonomie als entscheidenden Faktor des gesellschaftlichen Lebens erkannten, und an Mignet wie Michelet, Thierry, Thiers und Guizot, die vor 150 Jahren die Geschichte als eine Folge von Klassenkämpfen sahen.

Denken wir an Petty, der im 17. Jahrhundert als erster die Arbeitswerttheorie entwickelte, die dann Ricardo soweit vollendete, wie es einem bürgerlichen Denker nur möglich war.

Was für große und tiefe Einsichten von Denkern, von Wissenschaftlern, die begeisterte Ideologen von Ausbeutergesellschaften so verschiedener Art wie der der Sklavenhalter und des Kapitalismus waren!

Und nun bedenken wir, was wir unseren Schülern und erst recht unseren Studenten sagen: Die Lehre des Marxismus ist die einzig richtige, weil sie die einzig wahre ist, weil sie als einzige uns zur Erkenntnis der Wirklichkeit, zur Meisterung von Natur und Gesellschaft führt.

Was aber ist der Inhalt dieser so allmächtigen Lehre, wie kann man sie allgemein und zugleich treffend charakterisieren? Wir tuen das mit den Worten „Dialektischer und Historischer Materialismus als Methodologie und Weltanschauung" – „als Methodologie und Weltanschauung", was so oft vergessen wird hinzuzufügen und was so entscheidend zum Verständnis der ganzen Vergangenheit der Wissenschaft und auch unseres Ausgangspunktes, des Zitats aus Lenins „Materialismus und Empiriokritizismus", ist. Wie sagt Lenin dort: „Keinem einzigen dieser Professoren ... darf man auch nur ein einziges Wort glauben, sobald er auf Philosophie zu sprechen kommt", das heißt, sobald seine Weltanschauung ins Spiel kommt. Aber sie können, wieder Lenin, die „wertvollsten Arbeiten auf Spezialgebieten liefern", das heißt dort, wo es auf die Methodologie ankommt.

Plato war in seiner Methodologie vielleicht der größte Dialektiker vor Hegel, und Montesquieu stellt in dieser Beziehung einen wunderbar soliden Brückenpfeiler zwischen ihnen dar. In seiner Weltanschauung jedoch war Plato ein konservativer Elite-Verehrer, Montesquieu ein reaktionärer, zum 13. Jahrhundert zurückstrebender Feudaler, Hegel ein reiner Idealist.

Was war die Weltanschauung des Begründers der Arbeitswerttheorie Petty und die der Entdecker objektiver ökonomischer Gesetze? Schon das Wort Weltanschauung ist zumindest für Petty und Child – von den anderen wissen wir nicht genug – zu hochtrabend. Sie waren rücksichtslose Profitjäger, Betrüger, Räuber, primitive Akkumulateure von Kapital, begabt mit seltener Gerissenheit und Geschicklichkeit, amoralisch bis in die letzte Faser ihres Wesens, und wenn sie an einen Gott glaubten, dann an einen, der mit der einen Hand Profite scheffelte und in der anderen statt der Leier einen Abakus hielt, um die Profitsummen richtig auszurechnen.

Und die genialen Physiokraten Quesnay und Turgot, die methodologisch bereits einen Großteil des Historischen Materialismus vertraten, waren in ihrer Weltanschauung radikale Bürger kapitalistischer Prägung, die glaubten, gute, ehrliche Feudale zu sein, die das absolute Königtum der Bourbonen befürworteten, allerdings mit dem Zusatz, das Beste wäre, wenn der König sich um absolut nichts kümmerte, da die von Gott inspirierten objektiven Gesetze schon alles von sich aus regeln würden.

Welch Durcheinander von Weltanschauungen und Methodologien, welche Gegensätze zum Teil – bisweilen so scharfe wie Lenins Trennung von wertvollsten Spezialarbeiten und unsinniger Philosophie.

Und immer in einer Person. Auch in Newton, der so groß in der Wissenschaft der Physik und soviel von seiner Zeit theologischem Spintisieren gewidmet hat. Auch, um von Genie zum Talent, um aus der Zeit des späten 17. Jahrhunderts in unsere Zeit des sterbenden Kapitalismus herabzusteigen, in Herbert Marcuse, der so wertvolle Teilanalysen des amerikanischen und westeuropäischen Imperialismus gegeben hat, und weltanschaulich solch ein Stümper ist, daß man ihm als Philosophen kein Wort glauben darf.

All diese Denker von Plato bis zu den von Lenin zitierten Heymann, Hobson und Kestner konnten bedeutende Erkenntnisse erringen, zur Meisterung von Natur und Gesellschaft beitragen, weil sie sich irgendwie der Methodologie des Dialektischen und Historischen Materialismus bedienten. Keiner von ihnen hatte schon ein methodologisches System. Die Ausarbeitung des Systems des Dialektischen und Historischen Materialismus ist die gigantische Leistung von Marx und Engels. Aber Teile dieses Systems hatten jene Denker ausgearbeitet oder benutzt.

Sagt doch Lenin gar von einer Äußerung Heraklits: „Eine sehr gute Darlegung der Prinzipien des dialektischen Materialismus".

Und wenn Montesquieu formuliert: „Die Gesetze in der weitesten Bedeutung des Begriffs sind die notwendigen Beziehungen, welche sich aus der Natur der Dinge ergeben" oder „Da wir sehen, daß die Welt, welche aus der Bewegung der Materie entstanden ist und der Vernunft entbehrt, immer besteht, so müssen ihre Bewegungen unveränderlichen Gesetzen unterliegen", und an anderer Stelle über die positiven Gesetze aussagt: „Man muß die Geschichte durch die Gesetze und die Gesetze durch die Geschichte erklären", dann spricht hier ein Methodologe des Dialektischen und Historischen Materialismus von hohem vormarxistischen Niveau. Und niemanden wird es verwundern, daß er tief in das Wesen der menschlichen Gesellschaft eingedrungen ist. Ein weltanschaulich feudaler Methodologe des Dialektischen und Historischen Materialismus!

Wie paradox muß uns das scheinen, die wir im Marxismus-Leninismus eine so volle Einheit von Methodologie und Weltanschauung besitzen! Aber diese unsere Einheit von Weltanschauung und Methodologie darf uns, wenn wir zurückblicken, nicht daran hindern zu erkennen, wie getrennt und widerspruchsvoll oft in der Vergangenheit und auch gar nicht selten in der Gegenwart des Kapitalismus noch Methodologie und Weltanschauung sind.

Darum hat auch Lenin stets genau zwischen der Methodologie und der Weltanschauung des Marxismus unterschieden.

Die Methodologie ist eine Problematik der Analyse. Vom „Kapital" sagt Lenin schon in den „Volksfreunden", daß es „ein Musterbeispiel wissenschaftlicher Analyse einer einzelnen – und zwar der kompliziertesten – Gesellschaftsformation mittels der materialistischen Methode" ist. Die Formulierung „materialistische Methode" ist natürlich wörtlich dem „Kapital" entnommen. Auch so formuliert Lenin in der gleichen Schrift die Bedeutung der Methodologie des Marxismus: „Die Marxisten entlehnen der Marx'schen Theorie vorbehaltlos nur die wertvollen Methoden, ohne die eine Aufhellung der gesellschaftlichen Verhältnisse unmöglich ist."

Was aber die Weltanschauung, die Ideologie, die natürlich weit umfassender als eine Theorie ist, betrifft, so wird sie im Rahmen der wissenschaftlichen Forschung vor allem in der Haltung zum Untersuchungsgegenstand und in den Schlußfolgerungen aus der Analyse offenbar. Darum sagt Lenin auch schon in seiner Schrift über die Volkstümler gegen Struve, daß der Materialist dazu verpflichtet ist, „bei jeder Bewertung eines Ereignisses" – und das Resultat einer Analyse ist ein solches Ereignis – „direkt und offen den Standpunkt einer bestimmten Gesellschaftsgruppe einzunehmen", also seine Weltanschauung einzusetzen.

Wir wissen wahrhaftig nicht allzuviel über die innere Geschichte der Wissenschaft und der Wissenschaftler in der Vergangenheit. Aber eines können wir sagen: Es kann keine wissenschaftliche Einsicht in Natur und Gesellschaft, keine Entdeckung von Gesetzen, von Zusammenhängen unter der Oberfläche von Natur und Gesellschaft gegeben haben, die sich nicht der dialektischen Methode bedient hat oder von der Welt als sich bewegender Materie ausging oder, am besten natürlich, die Welt als sich dialektisch bewegende Materie zumindest zu methodologischen, zu Erkenntniszwecken wie auch die Gesellschaft historisch-materialistisch sah. Bewußt oder unbewußt, ganz grob oder auch schon im Einzelnen recht verfeinert – immer als Teil des oder Annäherung an den Dialektischen und Historischen Materialismus, den Marx und Engels als System der Methodologie ausgearbeitet haben. Keine echte wissenschaftliche Erkenntnis ohne eine Methodologie, die, sagen wir, der Methodologie des Dialektischen und Historischen Materialismus irgendwie ähnelt. Und auch so können wir sagen: mit der Geburt der Wissenschaft wurde die Methodologie des Dialektischen und Historischen Materialismus in Elementen, stückweise geboren. Das ist die selbstverständliche Schlußfolgerung aus der tausendfach in der Praxis der letzten 126 Jahre bewiesenen Tatsache, daß nur der Dialektische und Historische Materialismus es uns erlaubt, in das Wesen der Dinge einzudringen.

Und weil das stets so war, konnten ja auch Marx und Engels wie Lenin auf so zahlreichen Erkenntnissen der Natur und Gesellschaft, der Weltschatzkammer der Wissenschaft aus Jahrtausenden aufbauen – und sie kritisch verarbeiten, kritisch überall dort, wo die Methodologie der Untersuchung zwar materialistisch aber undialektisch oder zwar dialektisch aber idealistisch oder überhaupt verwirrt war, oder der historische Entwicklungsprozeß noch kein tieferes Eindringen in die Problematik erlaubt hatte.

Die wunderbare Leistung des Aristoteles in der Unterscheidung von Gebrauchswert und Tauschwert konnte Marx ebenso übernehmen, wie er des Aristoteles historisch bedingt so beschränkte Unterscheidung von Ökonomie und Chrematistik ablehnen mußte.

Betrachten wir nun unsere eigene Einschätzung der Wissenschaftler in aller Vergangenheit, dann machen wir eine sehr merkwürdige Beobachtung.

Denken wir zuerst an die Naturwissenschaftler der Vergangenheit. Sie erscheinen uns bedeutend oder weniger bedeutend auf Grund ihrer Erkenntnisse mit Hilfe der Methodologie des Dialektischen Materialismus. Man denke etwa an Newton, der in allen marxistischen Handbüchern, Lexiken usw. ein großer Physiker genannt wird – nirgends fand ich ihn, obgleich er sich im letzten Vierteljahrhundert seines Lebens vor allem mit weltanschaulichen Fragen beschäftigte, etwa auf Grund seiner „Bemerkungen zu den Prophezeiungen Daniels und zur Apocalypse des Heiligen Johannes" als mystischen Träumer charakterisiert. Daß Planck fromm war und Einstein an einen Gott glaubte, wird gelegentlich als mehr oder weniger liebenswürdige Schwäche bzw. von sehr strengen Materialisten als ein Kavaliersdelikt angesehen – aber nirgendwo habe ich sie, was doch richtig, wenn wir sie nach ihrer Weltanschauung charakterisieren würden, als Idealisten verzeichnet gefunden. Ja, im Gegenteil: da man sich vielfach nicht vorstellen kann, daß ein großer Naturwissenschaftler als Methodologe ein dialektischer Materialist und in der Weltanschauung genau das Gegenteil sein kann, kommt man bei dem weltanschaulich so mystischen Idealisten Newton etwa in unserem „Meyers Neues Lexikon" zu der Formulierung „Bei der Lösung philosophischer Fragen erwies sich Newton im wesentlichen als Materialist, wenn auch als inkonsequenter. Er vertrat einen mechanischen, metaphysischen Materialismus". Was nicht sein darf, nicht sein kann: Er darf kein Idealist sein, also macht man ihn zum metaphysischen Materialisten.

Das heißt, wir sind gewohnt, die Naturwissenschaftler nach den ihrer Methodologie entspringenden Leistungen zu beurteilen.

Ganz anders gehen wir bei den Gesellschaftswissenschaftlern vor. Sie können auf Grund einer Annäherung an die Methodologie des Historischen Materialismus die größten Einzelleistungen vollbringen – wir beurteilen sie jedoch nach ihrer, so oft ihrer Methodologie entgegengesetzten, Weltanschauung.

Das hat natürlich seinen praktisch völlig berechtigten Grund und hat seine Erklärung darin, daß so viele Gesellschaftswissenschaftler ihre methodologisch oft hervorragenden Analysen direkt in weltanschauliche Schlußfolgerungen auslaufen lassen. Und wenn sie es nicht selbst tun, so ziehen andere entsprechende Schlußfolgerungen. Natürlich mit Recht. Die Gesellschaftswissenschaften sind par excellence parteilich, die Naturwissenschaften vielfach erst im Zustand der Überleitung, weil sie viel häufiger bei der Analyse stehen bleiben – finden wir doch in Newtons Philosophiae naturalis principia mathematica auch nicht einen Hauch seiner Überlegungen zu den Prophezeiungen Daniels.

Darum muß man sich gerade bei der Untersuchung gesellschaftswissenschaftlicher Werke davor hüten, von der Konzeption einer „Methodologie an sich" auszugehen. Nur allzu häufig dringt die Weltanschauung in die Analyse ein und zerstört schon von vornherein die möglichen Erfolge der Anwendung einer irgendwie historisch-materialistischen Methodologie. Darum ist heute auch die Zahl der bürgerlichen Autoren, denen wir über oft großartige Tatsachensammlungen hinausgehende wirklich tiefere Einsichten in gesellschaftliche Prozesse verdanken, doch relativ sehr klein.

Aber diese Tatsachen sind keine Entschuldigung für die mangelnde Unterscheidung von Methodologie und Weltanschauung eines Gesellschaftswissenschaftlers bzw. die völlige Vernachlässigung seiner Methodologie gegenüber seiner Weltanschauung. Nehmen wir uns wieder den „Meyer“ und zwar den Artikel über Plato vor. Wir erfahren, daß er ein Aristokrat, Reaktionär und Idealist war, daß er den Materialismus bekämpfte, allerdings auch stilistisch und künstlerisch hervorragte, Und dann, Wunder über Wunder, endet der Artikel: „Trotz des aristokratisch-konservativen Charakters sind Einzelzüge in Platos Pädagogik hervorzuheben: er trat ein für die gleichberechtigte Erziehung der Geschlechter“ usw.

Kein Wort der Erklärung, wie er zu seinen großen Einzelerkenntnissen kam. Das Wort Dialektik erscheint bei der Charakterisierung dieses großen Dialektikers nur einmal und zwar so: „Platos Werke enthalten mystische Spekulationen, Züge einer ausgeprägten subjektiven Dialektik und aristokratisch-ethische Gedankengänge“.

Daß Plato in seiner Methodologie oft ein materialistischer Dialektiker war, fand ich in keiner unserer Veröffentlichungen erwähnt.

Hören wir dagegen Marx im ersten Band des „Kapital“: „Plato entwickelt die Teilung der Arbeit innerhalb des Gemeinwesens aus der Vielseitigkeit der Bedürfnisse und der Einseitigkeit der Anlagen der Individuen. Hauptgesichtspunkt bei ihm, daß der Arbeiter sich nach dem Werk richten müsse, nicht das Werk nach dem Arbeiter ... Muß das Werk, sagt Plato, auf den Arbeiter warten, so wird oft der kritische Zeitpunkt der Produktion verpaßt und das Machwerk verdorben ... Dieselbe platonische Idee findet man wieder im Protest der englischen Bleichereibesitzer gegen die Klausel des Fabrikakts, die eine bestimmte Eßstunde für alle Arbeiter festsetzt ... ‚Das Erzwingen derselben Essensstunde für alle Arbeiter kann gelegentlich wertvolle Güter dadurch in Gefahr bringen, daß der Arbeitsprozeß nicht beendet wird‘ “. Und Marx fügt hinzu: Le platonisme où va-t-il se nicher!“ wo wird der Platonismus sich noch überall einnisten!

Methodologisch geht Plato hier natürlich rein materialistisch vor, und von einer sogenannten subjektiven Dialektik ist hier auch gar nichts zu bemerken. Kein Wunder, daß Marx die Darstellung der Teilung der Arbeit durch Plato als „naturwüchsige Grundlage der Stadt“ mit dem Wort genial bezeichnet.

Das alles, was wir hier über die Behandlung Platos zitiert haben, scheint mir ein Musterbeispiel für die ganz grundlegende Bedeutung der Unterscheidung von Methodologie und Weltanschauung und für die differenzierte Einschätzung eines Wissenschaftlers entsprechend seiner Ideologie (Weltanschauung) und seiner Methodologie.

Und mehr: Wenn wir so unterscheidend vorgehen, dann werden wir endlich auch zu einer Geschichte der Methodologie kommen.

Und noch mehr: Wenn wir so differenzierend zwischen Methodologie und Weltanschauung verfahren, und nur wenn – dann werden wir verstehen, warum so manche Wissenschaftler, deren Weltanschauung uns nichts mehr zu sagen hat, uns wirr oder falsch oder auch, brutal formuliert, einfach kindisch erscheint, hoch bedeutende und bedeutsame Erkenntnisse sowohl der Natur wie auch der Gesellschaft erzielen konnten.

Solche Unterscheidung wird jedoch nicht nur große Bedeutung für die Geschichte der Wissenschaft haben, für den historischen Rückblick, sondern auch für die Gegenwart. Sie wird uns auch zu der gleichen Haltung Gesellschaftswissenschaftlern gegenüber führen, die Marx und Engels und Lenin stets eingenommen haben.

Wie unendlich viel haben wir noch über das gesellschaftliche Leben, sein Funktionieren, seine Gesetze zu lernen und stets zu lernen gehabt. Mit welcher Intensität haben Marx und Engels und Lenin darum auch die bürgerliche und die ihr vorausgehende Literatur gelesen – und oft auch aus dem weltanschaulich feindlichsten oder dümmsten Buch wertvolle Spezialresultate, die der Wissenschaftler dank seiner Methodologie erzielte, sich angeeignet oder kritisch übernommen. Und mehr: als echte Wissenschaftler haben sie stets diese methodologischen Leistungen weltanschaulicher Gegner anerkannt.

Hören wir Marx über Malthus etwa so: „Grundgemeinheit der Gesinnung charakterisiert den Malthus; eine Gemeinheit, die nur ein Pfaffe sich erlauben kann, der in dem menschlichen Elend die Strafe für den Sündenfall erkennt und überhaupt ‚ein irdisches Jammertal' braucht, zugleich aber, mit Rücksicht auf die von ihm bezogenen Pfründen und mit Hilfe des Dogmas von der Gnadenwahl, es durchaus vorteilhaft findet, den herrschenden Klassen den Aufenthalt im Jammertal zu ‚versüßen'.

Die Gemeinheit dieser Gesinnung zeigt sich auch wissenschaftlich. Erstens in seinem schamlos und handwerksmäßig betriebenen Plagiarismus. Zweitens in der rücksichtsvollen, nicht rücksichtslosen Konsequenz, die er aus wissenschaftlichen Vordersätzen zieht."

Und doch – beim Studium der Schriften von Malthus erinnert sich Marx an die eigene schwere Denkarbeit, die er hatte, um seine vielleicht größte Leistung auf dem Gebiete der Politischen Ökonomie, die Erklärung, wie der Mehrwert entsteht, zu vollbringen. Er findet, daß Malthus hier in seinen Gedanken über Ricardo hinausgeht, die Problematik, zwar fern von der Lösung, doch klarer sieht, als der Politökonom, dem Marx am meisten verdankt, dem er sich theoretisch am nächsten fühlt, für den er die größte Bewunderung zeigt, als David Ricardo. Und darum spricht er offen und klar von dem „eigentlichen Verdienst" des Malthus.

Warum untersuchten die Klassiker des Marxismus-Leninismus die Schriften auch der weltanschaulich feindlichsten oder wirrsten und untauglichsten Wissenschaftler? Die eine, uns wohl vertraute Antwort lautet natürlich: um sie im Klassenkampf zu schlagen, um sie vor den Werktätigen zu entlarven. Aber so wichtig dieser Grund, war er doch nicht der einzige.

Warum verfolgen die Wissenschaftler und Technologen der sozialistischen Länder heute die wissenschaftlichen und technischen Leistungen in den Ländern des Imperialismus mit solchem Interesse? ganz gleichgültig, was die Weltanschauung der Wissenschaftler und Technologen dort. Und mehr: warum übernehmen sie diese Leistungen, auch wenn – und hier spielt natürlich die Ideologie, spielen die gesellschaftlichen Verhältnisse in den imperialistischen Ländern die entscheidende Rolle –, auch wenn diese Leistungen der Wissenschaft und Technik dort zum Schaden der Menschen verwandt werden.

Doch aus dem ganz einfachen Grunde, weil jede neue wissenschaftliche Erkenntnis für uns von Bedeutung in unserem Klassenkampf gegen das Weltkapital und zum Aufbau einer den Menschen Wohltat bringenden sozialistischen Gesellschaft ist.

Jede neue wissenschaftliche Erkenntnis, die der Feind mit Hilfe einer Methodologie erzielt, die der des Dialektischen und Historischen Materialismus zumindest ähnlich ist – denn ohne eine solche Methodologie hätte er sie nie erzielen können –, verwandelt sich in unseren Händen in eine Waffe gegen den Feind, weil wir es verstehen, weil wir unter dem historischen und gesellschaftlichen Zwang stehen, weil wir die Einsicht in die Notwendigkeit haben, sie in ein Werkzeug zum Wohle der Menschheit zu verwandeln.

Das aber bedeutet, daß wir die Schriften unserer weltanschaulichen Feinde oder von weltanschaulichen Kümmerlingen sehr genau auch daraufhin lesen müssen, was sie an wissenschaftlichen Erkenntnissen etwa auf gesellschaftlichem Gebiet enthalten. Tun wir das, dann folgen wir dem Beispiel von Marx, Engels und Lenin, die reichlich Schriften der Ideologen des Kapitals, der liberalen Großbourgeoisie wie des Monopolkapitals, gelesen haben und oft zumindest ein Tröpfchen Honig aus ihnen herausgefiltert haben.

Natürlich müssen wir ständig, so wie es die Klassiker des Marxismus-Leninismus getan haben, die Ideologie, die, wie Lenin es nennt, Philosophie, die Systemtheorie der Verbreiter monopolistischer oder den Monopolen genehmer Weltanschauungen bekämpfen. Auch wenn diese selbst im Grunde noch so langweilig sind, weil sie sich im Grunde trotz aller Variationen so wenig verändern. Denn sie sind immer noch wirksam und halten große Massen von Werktätigen ab von der Erfüllung ihrer historischen Aufgabe: vom Sturz der Herrschaft des Kapitals. Solch unermüdliche Auseinandersetzung mit der Ideologie des Feindes ist auch eine unschätzbare Hilfe, die wir in den sozialistischen Ländern den Kommunistischen und Arbeiterparteien in der Welt des Kapitals geben können. Und wenn wir tausendmal den Kampf, den Marx gegen Proudhon, Engels gegen Dühring, Lenin gegen Struve führen mußte, in dieser oder jener Form wieder kämpfen müssen, und wenn unsere Feinde oft auch nur geistige Zwerge im Vergleich zu den Gegnern der Klassiker sind, müssen wir diesen Kampf stets unermüdlich und mit vollem Einsatz unserer Kräfte auf dem jeweiligen Schlachtfeld führen – zumal auch Zwerge, wie wir schon aus alten Sagen wissen, sehr gefährlich sein können, insbesondere, wenn sie in solchen Massen auftreten, wie heute in der Welt des Monopolkapitals.

Doch gleichzeitig mit dem Schwert müssen wir gegenüber den Gesellschaftswissenschaftlern stets auch den kleinen Honiglöffel zu handhaben wissen. Wieviel haben wir Marxisten aus bürgerlichen soziologischen, historischen oder politökonomischen Spezialarbeiten oder aus speziellen Abschnitten allgemeiner Arbeiten zu entsprechenden Themen lernen können! und mehr, wieviel mehr, wieviel schneller hätten wir so manches von ihnen lernen können – wenn wir uns nicht oft durch die Feindlichkeit oder wirre Untauglichkeit ihrer Weltanschauungen hätten davon abbringen lassen. So als ob ein kleinbürgerlicher Tischler nicht gute Stühle fertigen, ein großbürgerlicher Weltbeschauer nicht nützliche Einsichten in die soziale Zusammensetzung der Ehen in einem Pariser Viertel oder in den Konzentrationsprozeß der englischen Spiegelindustrie geben könnte. Welche Fundquelle sind amerikanische Kongreßberichte, nicht etwa für unsere Analyse des Wirkens des amerikanischen Monopolkapitals, denn eine solche Analyse wird gar nicht selten schon in den Berichten selbst vorgenommen, sondern zur Synthese, zu Schlußfolgerungen für uns – und wie viele Bestellungen solcher Berichte liegen in unserer Staatsbibliothek vor – doch nein, stellen wir nicht eine solch traurige Frage, zumal wir sie uns selbst beantworten können.

Es ist richtig: In den letzten Jahren beobachten wir beachtliche Fortschritte in der Gewinnung von Honig aus wertvollen Spezialarbeiten weltanschaulich uns feindlicher oder fremder Gesellschaftswissenschaftler – doch wie wenig Freude erfüllt die meisten, wenn sie solchen Honig gefunden haben, manche haben fast ein schlechtes Gewissen, so ganz im Gegensatz zur Haltung von Marx, der glücklich über jeden solchen Fund war und selbst einem Malthus ganz offen ein gewisses Verdienst zusprach.

Wenn wir Arbeiten von Max Weber oder Herbert Marcuse, Thorstein Veblen oder Kenneth Galbraith, Emile Durkheim oder Raymond Aron, der Webbs vor 1935 oder von Aldous Huxley lesen, ihnen so viele kluge Gedanken oder wirkungsvolle Analysen entnehmen können, sollte es nicht auch unsere Klassenkampfaufgabe sein, gerade auf diese ihre Verdienste hinweisend zu zeigen, wie sie an der vollen, rein der Menschheit nutzenden Ausschöpfung ihrer Fähigkeiten scheitern mußten, weil sie weltanschaulich versagten.

Liegt nicht darin die größte Tragödie der Gesellschaftswissenschaftler in der Welt des Kapitals heute, daß das Kapital oft gar nicht erst polizeilichen oder politischen Zwang auf sie ausüben muß, daß vielmehr die ihnen seit der höheren Schule eingetrichterte und von ihnen so willig und kritiklos übernommene Weltanschauung allein schon genügt, um sie, bei aller Fruchtbarkeit auf Spezialgebieten, letztlich zur völlig ungenügenden Entwicklung ihrer Möglichkeiten, zur historischen Impotenz zu verurteilen?

Es wäre doch falscher Biologismus zu glauben, daß unsere Gesellschaftswissenschaftler fähiger, intelligenter, talentierter wären als die in der Welt des Kapitalismus. So manche dort stellen ihre Begabung durch wertvollste Spezialarbeiten unter Beweis – aber ihre Weltanschauung, selbst wenn diese dem Establishment, den gesellschaftlichen Kräften an der Macht kritisch oder gar feindlich gegenübersteht, hindert sie, zu allgemein gesellschaftlich nützlichen wissenschaftlichen Persönlichkeiten zu werden.

Das aber können wir ihnen und uns nur aufzeigen, indem wir auf ihre positiven Leistungen, auf den von ihnen produzierten Honig offen und durchaus auch erfreut hinweisen, und sie nicht allein auf Grund ihrer Weltanschauung, wie es so oft geschieht, durch und durch verdammen, ja uns scheuen, wegen ihrer Weltanschauung den Honig zu genießen, den sie mittels ihrer Methodologie, die der unseren zumindest ähnlich, gewonnen haben.

Gehen wir so, mit dem kleinen Löffel zur Abschöpfung des Honigs vor, dann erfüllen wir die doppelte Aufgabe, die im Grunde für uns nur eine sein kann: wir fördern den eigenen wissenschaftlichen Fortschritt und führen auf unserem ureigenen Schlachtfeld den Klassenkampf wesentlich wirksamer.

Voraussetzung dafür ist natürlich Festigkeit sowohl in der Methodologie wie in der Weltanschauung des Marxismus-Leninismus.

Nur wenn wir diese Festigkeit haben, werden wir bourgeoise Erfolge durch Methodologie richtig einschätzen können, ohne uns durch die Weltanschauung, deren Äußerungen wir kein Wort glauben dürfen, verwirren zu lassen.

Nur wenn wir diese Festigkeit haben, werden wir den ideologischen Inhalt bourgeoiser Weltanschauungen mit aller Schärfe entlarven können, ohne deswegen die methodologischen Leistungen der gleichen Wissenschaftler zu übersehen.

Nur wenn wir diese Festigkeit haben, können wir zugleich tüchtige Streiter im Klassenkampf und würdige Erben bei der Fortentwicklung der Wissenschaft sein.

Nur wenn wir diese Festigkeit haben, werden wir auch die hier angedeutete Problematik weiter und tiefer durchdenken können. Denn das, was ich heute hier vorgetragen habe, sind Anfangsüberlegungen.

Anfangsüberlegungen, deren Fortführung beitragen kann zur Erfüllung der vom VIII. Parteitag der Sozialistischen Einheitspartei gestellten Forderung nach höherer Effektivität unserer wissenschaftlichen Arbeit. So erkennen wir die ganze Bedeutung, die die Problematik „wissenschaftliche Methodologie und Weltanschauung“ hat, eine großartige, zugleich so einfache und so komplizierte, Problematik.

Bedeutung nicht nur in der Geschichte sowie im Klassenkampf mit den Gesellschaftswissenschaftlern, die Ideologen oder Verwirrte des Monopolkapitals sind.

Bedeutung auch ganz direkt für unsere pädagogische Wirksamkeit in unserem Lande. Für uns, ganz konkret für unsere Humboldt-Universität, kommt es doch darauf an, Menschen zu erziehen, die gleich gute Marxisten-Leninisten in der Methodologie wie in der Weltanschauung sind.

Wissenschaftler, die es ausgezeichnet verstehen, den Dialektischen und Historischen Materialismus als Methode der Untersuchung zu handhaben, die aber weltanschaulich nicht wirklich Marxisten-Leninisten sind, können in unserer akademischen Welt vielleicht zeitweilig leuchten, aber sie werden nicht ständig Licht verbreiten oder bestenfalls nur einen winzigen Raum der akademischen Welt erhellen.

Menschen, die durch und durch Marxisten-Leninisten in ihrer Weltanschauung sind, aber die wissenschaftliche Methodologie des Marxismus-Leninismus ungenügend beherrschen, werden an vielen Stellen unserer Gesellschaft Nützliches leisten können – nicht jedoch auf dem Gebiete der Wissenschaft.

Natürlich wird es heute noch selten sein, daß beide Seiten eines Wissenschaftlers gleich gut ausgebildet sind: Der eine wird in der Weltanschauung fester sein, der andere in der Methodologie geschickter und klüger. Leben wir doch noch in einer Übergangszeit. Die Grundlagen sind jedoch geschaffen für eine gleichmäßige, sich gegenseitig dialektisch fördernde Entwicklung von Weltanschauung und Methodologie.

Und darum können wir im 25. Jahre unserer Deutschen Demokratischen Republik auch sagen: Wir haben Großes geleistet.

Sicher würden dieser Einschätzung auch Wilhelm und Alexander von Humboldt, die so klug und weise und human mit den Fortschritten ihrer Zeit mitgingen, zustimmen.

Sodaß, wie ich hoffe, meine Ausführungen mit Recht die Bezeichnung „Humboldt-Vorlesung“ tragen dürfen.

I. Teil

Zur Vorgeschichte des historischen Materialismus

In diesem Teil sind drei Studien zur Entwicklung des historischen Materialismus vor Marx und Engels vereinigt.

Marx und Engels begründeten den dialektischen und historischen Materialismus als System der Methodologie und Weltanschauung. Das heißt aber selbstverständlich nicht, daß es nicht auch vor ihnen schon dialektische und historische Materialisten gab.

In seinem Artikel „Drei Quellen und drei Bestandteile des Marxismus" formuliert Lenin über den Marxismus: „Seine Lehre entstand als direkte und unmittelbare *Fortsetzung* der Lehren der größten Vertreter der Philosophie, der politischen Ökonomie und des Sozialismus."[1]

Fortsetzung von Lenin unterstrichen! Was wurde von Marx und Engels fortgesetzt? Auf dem Gebiete der Lehre von den allgemeinen Bewegungs- und Entwicklungsgesetzen der Gesellschaft natürlich das Werk der besten Gesellschaftswissenschaftler vor ihnen. Deren Werk war eine Quelle des Marxismus und wurde zum Bestandteil des Marxismus, soweit es richtig war, das heißt, soweit es historisch-materialistisch war.

Die erste der drei Studien handelt von Montesquieu, wohl dem ersten Denker, der auf stark materialistischer Basis nach dialektisch wirkenden Gesetzen der Gesellschaft als Ganzer suchte. Die zweite beschäftigt sich mit dem Werk Turgots, der wohl als erster die Bedeutung der Ökonomie und ihrer Wandlungen für die Entwicklung der Gesellschaft konkret erkannte. Die dritte untersucht die Leistung einer Gruppe von französischen Historikern, die die Bedeutung „des Volkes" und des Klassenkampfes für den Verlauf der Geschichte herausarbeiteten. Drei enorme Fortschritte auf dem Wege zur Entwicklung des Systems des historischen Materialismus!

Wohl kein großer Wissenschaftler hat so wie Marx die Leistungen seiner Vorgänger gewürdigt. Ärgerlich wehrt er etwa in einem Brief vom 5. März 1852 an Weydemeyer die Idee ab, daß er der „Entdecker des Klassenkampfes" sei.[2] Es ist richtig, daß Marx, der der generöseste aller Wissenschaftler war, eine Neigung hat, die Bedeutung der Leistungen seiner Vorgänger zu übertreiben – ein Genie liest leicht in den großen Vorgänger mehr hinein als dieser zu sagen vermochte. Aber auch bei Berücksichtigung dieser Tatsache können wir mit der gleichen großen Achtung, mit der gleichen Bewunderung wie Marx auf die Leistungen seiner großen Vorgänger als historische Materialisten zurückblicken und sie als Wegbereiter, als Quellen und Schöpfer von Bestandteilen des Systems des historischen Materialismus werten.

1 *W. I. Lenin,* Werke Bd. 19, Berlin 1962, S. 3.

2 *Marx/Engels,* Werke Bd. 28, Berlin 1963, S. 507 f.

Montesquieu

De l'Esprit des lois, Vom Geist der Gesetze ist das Hauptwerk Montesquieus betitelt. An 20 Jahre hat er es bearbeitet, gedanklich und dann schreibend und immer wieder umschreibend. Im Juni 1747 ist das Manuskript für den Druck reif, Ende Oktober 1748 erscheint es; ein Vierteljahr später ist sein Autor 60 Jahre alt. Als Montesquieu am 10. Februar 1755 stirbt, weiß die gebildete Welt Europas, daß ein Großer sie verlassen. Er selbst ist schon während der Niederschrift von der Bedeutung seines Werkes überzeugt. Am 20. Dezember 1741 schrieb er an seinen alten Freund Jean Barbot: „Ich bin von meiner Arbeit ganz begeistert; ich bin mein erster Bewunderer; ich weiß nicht, ob ich der letzte sein werde." Wie vielen Wissenschaftlern ist es bei ihnen schöpferisch erscheinender Arbeit so gegangen wie Montesquieu – wie viele aber waren auch der letzte Bewunderer ihres Werkes!

Ein englischer Publizist, auf den Robert Shackleton in seiner Biographie Montesquieus aufmerksam macht[1], Richard Tickell, schrieb in der Dedication von The Project, a Poem, 1778: „Nachdem ich vergeblich Grotius, Burlamaqui und Pufendorf durchgegangen war, las ich die ersten 13 Bücher von Montesquieu De l'esprit des lois, ohne auch nur eine einzige Entdeckung zu machen. Aber dann endlich entschädigte mich das 14. Buch für alle meine Mühen".

Doch so bedeutsam das 14. Buch, auf das wir noch zu sprechen kommen werden – viel entscheidender und wunderbarer erscheinen mir das Vorwort und die drei ersten Kapitel des ersten Buches. Denn sie führen in die Methodologie, die Montesquieu entwickelt hat, so großartig ein, daß sie zu den wichtigsten gesellschaftswissenschaftlichen Leistungen aller Zeiten gehören.

1. Die Methodologie

Im Vorwort heißt es etwa:[2]

„Ich habe mir zunächst die Menschen angesehen und bei mir gedacht, daß sie bei all der unendlichen Verschiedenheit in ihren Gesetzen und Sitten nicht einzig und allein von ihren Launen geleitet würden.

Ich habe Grundursachen festgelegt und gesehen, wie die besonderen Fälle sich ihnen wie von selbst unterordnen, wie die Geschichte aller Völker ihnen nur folgt

[1] *R. Shackleton*, Montesquieu, A critical biography, Oxford 1961, S. 302.

[2] Im folgenden gebe ich die Übersetzung von *A. Fortmann*, Der Geist der Gesetze von Montesquieu, Leipzig 1891, künftig zitiert als *Fortmann*. Ich habe mich jedoch nicht gescheut, Fortmanns Übersetzung ohne spezielle Kennzeichnung zu verbessern, wann immer mir das angebracht erschien.

und wie jedes einzelne Gesetz mit einem anderen in Verbindung steht oder von einem anderen allgemeineren abhängt...

Viele Wahrheiten werden sich hier erst bemerklich machen, nachdem man die Kette gesehen hat, die sie mit anderen verbindet."[3]

Und gleich im ersten Satz des ersten Kapitels des ersten Buches definiert Montesquieu, was er unter „Grundursachen" oder Gesetzen versteht, in so erstaunlicher Weise, daß die Wissenschaft der Zukunft eigentlich nur noch einen entscheidenden Schritt weitergehen mußte, um an das Ende des Weges zum Verständnis dessen, was Gesetze sind, zu kommen:

„Die Gesetze in der weitesten Bedeutung des Begriffs sind die notwendigen Beziehungen, welche sich aus der Natur der Dinge ergeben; und in diesem Sinne haben alle Wesen, die Gottheit, die materielle Welt, die dem Menschen überlegenen geistigen Wesen, die Tiere und die Menschen ihre eigenen Gesetze."[4]

Diese Definition ist ein bedeutsamer Fortschritt gegenüber der Gesetzesauffassung der englischen Merkantilisten insofern, als diese – genau wie übrigens auch Thukydides – sich mit der Feststellung objektiv wirkender Gesetze auf dem von ihnen untersuchten Gebiete begnügen. Thukydides erklärt den „Imperialismus" der alten Staaten, ihren Trieb nach Ausdehnung und Herrschaft für gesetzmäßig, die englischen Merkantilisten stellen die Gesetzmäßigkeit bestimmter ökonomischer Bewegungen fest. Montesquieu verallgemeinerte für die Gesellschaft als Ganze – jedoch noch ohne die Möglichkeit von Veränderungen, ja des Absterbens von Gesellschaftsgesetzen auf Grund von Wandlungen in den Produktionsverhältnissen zu erkennen. Vielfach fehlt auch noch eine Unterscheidung von Natur- und objektiven Gesellschaftsgesetzen.

Verfolgen wir nun die Gedankengänge Montesquieus weiter, der in einer viel schwierigeren Situation ist als Thukydides oder Mun, Child und Davenport. Denn durch seine Verallgemeinerung muß er sich auch mit der Religion auseinandersetzen.

Zunächst folgt noch eine weitere Begründung der Existenz der von ihm entdeckten allgemeinen Gesetze:

„Diejenigen, welche gesagt haben, daß ein blindes Schicksal alle Wirkungen hervorgerufen habe, die wir in der Welt sehen, haben etwas sehr Widersinniges gesagt; denn was ist widersinniger als ein blindes Schicksal, das vernunftbegabte Wesen hervorgebracht hätte?"

Das ist natürlich ein Beweis, der aus der Logik kommt und überdies nicht im mindesten überzeugend ist, denn warum soll ein blindes Schicksal nicht auch einmal etwas Vernünftiges tun?

Auch die nächsten beiden Absätze sind noch recht unbefriedigend – aber sie sind offenbar zum Teil notwendig, um die nachfolgenden Ausführungen vor der Kirche zu schützen:

„Es gibt also eine ursprüngliche Vernunft, und die Gesetze sind die Beziehungen, die zwischen ihr und den verschiedenen Wesen und zwischen diesen verschiedenen Wesen untereinander bestehen." Fast reiner Hegel!

[3] *Fortmann*, S. III.

[4] *Fortmann*, S. 2.

„Gott hat Beziehung zum Weltall als Schöpfer und Erhalter; die Gesetze, nach denen er geschaffen hat, sind dieselben, nach denen er erhält: er handelt diesen Gesetzen gemäß, weil er sie kennt; er kennt sie, weil er sie gemacht hat; und er hat sie gemacht, weil sie zu seiner Weisheit und Macht in Beziehung stehen."[5]

Uff, möchte man sagen. Gott ist untergebracht und zwar gar nicht so bequem für ihn. Und wenn man daran denkt, daß einige Zeit hindurch sogar Marxisten glaubten, daß die ökonomischen Gesetze ihre eigenen subjektiven Schöpfungen im Sozialismus seien und sie, umgekehrt, sich diesen subjektiven Schöpfungen unterzuordnen hätten, als ob sie objektive Gesetze wären, werden einem diese Ausführungen Montesquieus nicht mehr so absurd erscheinen. Im Gegenteil, man wird direkt seine Art, mit Gott im Rahmen der Gesetze fertig zu werden, bewundern.

Doch jetzt ist Montesquieu von Gott befreit, auch wenn er noch öfter, sogar sehr bald wieder, auf ihn zurückkommt. Nun kann er unbekümmert durch das Vorangehende zu einer erstaunlichen Formulierung kommen:

„Da wir sehen, daß die Welt, welche aus der Bewegung der Materie entstanden ist und der Vernunft entbehrt, immer besteht, so müssen ihre Bewegungen unveränderlichen Gesetzen unterliegen, und wenn man sich eine andere Welt als diese denken könnte, so würde auch sie beständige Regeln haben oder sie würde zu Grunde gehen."[6]

Die Welt sich nach Gesetzen bewegende Materie! Und daß die Bewegung eine dialektische ist, ist wahrlich schon aus dem vorangehenden klar! Ist doch selbst, wie wir schon zitiert haben, das Verhältnis Gottes zu den Gesetzen ein dialektisches; „er handelt nach diesen Gesetzen, weil er sie kennt; er kennt sie, weil er sie gemacht hat, und er hat sie gemacht, weil sie zu seiner Weisheit und Macht in Beziehung stehen."

Aber natürlich ist alles über Gott Formulierte Unsinn, denn der nächst-zitierte Satz besagt ja, daß die Welt als sich bewegende Materie der Vernunft entbehrt. Sie entspricht also nicht einmal dem Weltbild der Deisten.

Zwar kommt Montesquieu im folgenden Absatz wieder auf Gott zu sprechen. Aber Gott ist jetzt zu einem ganz konstitutionellen Monarchen degradiert:

„So setzt denn die Schöpfung, die eine willkürliche Handlung zu sein scheint, ebenso unveränderliche Regeln voraus, wie das ‚Schicksal' der Atheisten. Es wäre absurd zu sagen, daß der Schöpfer die Welt ohne diese Regeln regieren könnte, denn ohne sie würde die Welt nicht bestehen."[7]

Methodologisch ist es also, meint Montesquieu, völlig gleichgültig, ob man an Gott glaubt oder ein Atheist ist, man muß in gleicher Weise an die Untersuchung der Welt herangehen.

Und dann im folgenden Absatz, wieder weg von Gott und zu einer erstaunlich klaren Formulierung voll dialektischem Materialismus:

„Diese Regeln", an die im vorigen Absatz auch Gott gebunden war, „sind eine beständig vorhandene Beziehung. Zwischen zwei bewegten Körpern werden alle Bewegungen nach den Verhältnissen von Masse und Geschwindigkeit geboren, vergrö-

[5] *Fortmann*, S. 2.

[6] Ebendort.

[7] Ebendort.

ßert, vermindert oder vernichtet: Jede Verschiedenheit ist *Gleichförmigkeit,* jede Veränderung *Beständigkeit.*"[8]

Welche Dialektik! bis zur Einheit der Gegensätze!

Doch nun ein erstaunlicher Sprung von den objektiven Gesetzen zu den menschengemachten Gesetzen:

„Die einzelnen vernunftbegabten Wesen können Gesetze haben, die sie selbst gemacht haben; aber sie haben auch solche, welche sie nicht gemacht haben.

Vernunftbegabte Wesen waren möglich, bevor es deren gab: sie hatten also mögliche Beziehungen und folglich mögliche Gesetze. Bevor es gemachte Gesetze gab, gab es mögliche Rechtsbeziehungen. Die Behauptung, daß nichts gerecht oder ungerecht sei, als was die gegebenen Gesetze befehlen oder verbieten, ist dasselbe wie zu behaupten, daß nicht alle Halbmesser gleich wären, bevor man einen Kreis gezogen hätte."[9]

Hier wird in aller Deutlichkeit gesagt, daß alle menschengemachten Gesetze eine objektive Basis haben, daß sie gewissermaßen objektiven Gesetzen entsprechen.

Aber dieses Entsprechen ist in der Gesellschaft keineswegs ein mechanisches. Wie wir sagen würden: Der Plan muß den objektiven Gesetzen entsprechen, aber leider braucht der Plan darum noch nicht unbedingt richtig zu sein. Warum?

„Aber die vernunftbegabte Welt wird lange nicht so gut regiert wie die physische Welt. Denn obwohl auch jene ihre Gesetze hat, welche ihrer Natur nach unveränderlich sind, so befolgt sie dieselben doch nicht so beständig, wie die physische Welt die ihren. Der Grund liegt darin, daß die einzelnen vernunftbegabten Wesen ihrer Natur nach beschränkt und infolgedessen dem Irrtum unterworfen sind, während es andererseits in ihrer Natur liegt, selbständig zu handeln. Sie befolgen daher nicht beständig ihre ursprünglichen Gesetze; und selbst die, welche sie sich selbst gegeben haben, befolgen sie nicht immer."[10]

Hier wird in aller Deutlichkeit auf den subjektiven Faktor, der im Gegensatz zur Natur in der Gesellschaft auftritt, hingewiesen. Und noch deutlicher die folgende Formulierung, in der allerdings plötzlich wieder Gott auftritt:

„Als physisches Wesen wird der Mensch ebenso wie die anderen Körper durch unabänderliche Gesetze regiert; als vernunftbegabtes Wesen verletzt er fortwährend die Gesetze, welche Gott gegeben hat, und ändert diejenigen, welche er sich selbst gegeben hat. Er muß sich selbst leiten, und ist doch ein beschränktes Wesen, wie alle geistigen Wesen, der Unwissenheit und dem Irrtum unterworfen."[11]

Von irgendeinem mechanischen Determinismus kann also trotz aller Strenge der Gesetzmäßigkeiten bei Montesquieu nicht die Rede sein.

Im 2. „Von den Naturgesetzen" überschriebenen Kapitel bemerkt Montesquieu einleitend:

[8] Ebendort.

[9] Ebendort, S. 2 f.

[10] Ebendort, S. 3.

[11] Ebendort.

„Allen diesen (den von den Menschen wie auch von Gott für das Verhalten der Menschen gemachten – J. K.) Gesetzen voran gehen die Naturgesetze, so genannt, weil sie einzig und allein aus der Beschaffenheit unseres Wesens entspringen. Um sie recht zu erkennen, muß man den Menschen vor der Gründung der Gesellschaft betrachten. Es sind die Naturgesetze, denen er in einem solchen Zustande folgt.“[12]

Montesquieu sieht also in eine Vergangenheit zurück, in der die Menschen noch wie die Tiere „reine Naturwesen“ waren, noch keinen gesellschaftlichen Gesetzen unterlagen sondern ausschließlich Naturgesetzen.

Dieser Gedankengang wäre uninteressant, wenn er nicht eine höchst bedeutsame Ausführung erführe. In schärfstem Gegensatz zu Hobbes, für den der Zustand der Menschen ein fortwährender Kampf und Krieg gegeneinander ist, stellt Montesquieu, da die Menschen in der Natur Furcht voreinander haben, fest:

„In diesem Zustand fühlt jeder sich unterlegen und kaum dem anderen gleich. Man würde sich also nicht anzugreifen suchen, und der Friede würde das erste Naturgesetz sein.“[13]

Die übrigen drei Naturgesetze, von denen dies Kapitel handelt, sind:

„Mit dem Gefühl seiner Schwäche verbindet sich beim Menschen das Gefühl seiner Bedürfnisse. Ein zweites Naturgesetz veranlaßt ihn daher, sich Nahrung zu suchen.

Ich habe gesagt, daß die Furcht die Menschen veranlassen würde, sich gegenseitig zu fliehen; aber gerade die Anzeichen einer gegenseitigen Furcht würden sie bald dazu veranlassen, sich einander zu nähern, und das Vergnügen, das ein lebendes Wesen bei der Annäherung eines anderen empfindet, würde dies befördern. Jener Reiz endlich, den die beiden Geschlechter durch ihre Verschiedenheit einander einflößen, würde dieses Vergnügen vermehren, und das natürliche Verlangen, das sie immer für einander empfinden, würde ein drittes Gesetz sein.“[14]

Man beachte die Dialektik und den Widerspruch, wie die Furcht der Menschen voreinander und ihre Neigung sich zu fliehen, den Frieden sichert, und zugleich ihr Vergnügen an der gegenseitigen Annäherung, einschließlich der geschlechtlichen, sie zu einander führt.

Und schließlich das vierte Naturgesetz:

„Außer den Empfindungen, die die Menschen anfänglich haben, erwerben sie allmählich auch Kenntnisse, und so verknüpft sie ein zweites Band, das den übrigen Geschöpfen fehlt. Sie haben also einen weiteren Grund, sich zu vereinigen; und der Wunsch, in Gesellschaft zu leben, ist ein viertes Naturgesetz.“[15]

Von diesen Naturgesetzen sind die von Menschen gemachten Gesetze scharf zu unterscheiden. Die von Menschen gemachten Gesetze werden von Montesquieu im dritten Kapitel so abgeleitet:

„Sobald die Menschen in Gesellschaft leben, verlieren sie das Gefühl ihrer Schwäche; die Gleichheit, die unter ihnen bestand, hört auf, und der Kriegszustand beginnt.

[12] Ebendort, S. 4.

[13] Ebendort.

[14] Ebendort, S. 4 f.

[15] Ebendort, S. 5.

Jede einzelne Gesellschaft gelangt zum Gefühl ihrer Kraft, und dadurch wird ein Kriegszustand von Volk zu Volk hervorgerufen. Die einzelnen in jeder Gesellschaft fangen an, ihre Kraft zu fühlen, sie suchen sich die Hauptvorteile dieser Gesellschaft zu Nutze zu machen, und daraus entsteht ein Kriegszustand unter ihnen.

Diese beiden Arten von Kriegszustand veranlassen die Einführung von Gesetzen unter den Menschen. Als Bewohner eines Planeten, der so groß ist, daß es notwendig verschiedene Völker darauf geben muß, haben die Menschen Gesetze, die sich auf das Verhältnis dieser Völker zu einander beziehen. Diese bilden das Völkerrecht. Als Glieder einer Gesellschaft, die aufrecht erhalten werden soll, haben sie Gesetze, die sich auf das Verhältnis der Regierenden zu den Regierten beziehen. Diese bilden das Staatsrecht. Schließlich haben sie Gesetze, die sich auf das Verhältnis aller Bürger zu einander beziehen, und diese bilden das bürgerliche Recht."[16]

Wir würden sagen: Die menschengemachten Gesetze werden nach Montesquieu eine Notwendigkeit, sobald Mehrprodukt produziert wird, und ihr wichtigstes Ziel ist, dem ersten Naturgesetz Montesquieus, daß Friede unter den Menschen herrsche, trotz aller Komplikationen, die die Schaffung von Mehrprodukt, von Herrschaftsverhältnissen usw. verursacht hat, zur vollen Geltung zu verhelfen – ebenso wie natürlich auch den übrigen Naturgesetzen.

Um tiefer in die Methodologie von Montesquieu einzudringen, ist es notwendig, sich noch etwas ausführlicher mit dem Begriff des nicht von Menschen gemachten Gesetzes, mit dem Naturgesetz, dem loi naturelle, loi de la nature oder droit naturel – Montesquieu gebraucht alle drei Formulierungen – auseinanderzusetzen.

Der Begriff des nicht von Menschen gemachten Gesetzes geht bis weit in die Antike zurück. Naturgesetze als astronomische oder mathematische wurden früh in Griechenland und China entdeckt. Auch gesellschaftliche Gesetze wurden anerkannt, jedoch fast ausschließlich als Normen, sei es von Göttern oder von der Vernunft als abstraktem Geist gesetzt, bisweilen, wie bei Thukydides, auch als gesellschaftlicher Trieb formuliert.

Das heißt, der Begriff der, sagen wir, Notwendigkeit jenseits von menschlichen Beschlüssen, ist alt. Und er wurde sowohl auf die Natur wie auf die Gesellschaft angewandt. Bei letzterer insbesondere im Zusammenhang mit „Gesetzen" moralischen Verhaltens, vor allem auch zur Rechtfertigung von Eigentums-, von Herrschaftsverhältnissen.

Nachdem dann (wie zuvor auch bei den Juden und anderswo) in der Feudalzeit die Religion durch die Konzeption eines Gottes als transzendentem Gesetzgeber die ganze Problematik außerordentlich simplifiziert hatte, trat eine neue Wendung mit der Renaissance ein:

Für die Naturwissenschaften wurde es methodologisch einfach, ein System von Gesetzen aufzubauen, die unabhängig von Menschen und Gott funktionierten, die also methodologisch objektiven Charakter hatten – selbst wenn sie, wie noch bei

[16] Ebendort, S. 5.

Descartes, von Gott gesetzt waren. Denn irgendwelche Wertungen spielten – außer wenn die Erkenntnisse etwa mit Erzählungen der Bibel, wie im Falle der Beziehungen zwischen Erde und Sonne kollidierten – bei Naturgesetzen keine Rolle.

Und die Beziehungen zwischen Methodologie und Weltanschauung konnten relativ leicht formalisiert werden, indem man Gott für die physische Welt die Funktion eines Rentiers zuwies, der die Welt der Natur mit ihren objektiven Gesetzen geschaffen hatte und sich nun an ihrem Funktionieren passiv freute. Das Hauptgebiet seiner Tätigkeit blieb die Welt der Seele, der Moral und vor allem die transzendente Welt des Himmels, in der die Naturgesetze nicht wirksam waren.

Jedoch machte sich auch mehr und mehr das Bedürfnis nach „Naturgesetzen" für die Gesellschaft bemerkbar. Man wollte „Ordnung" in sie hineinbringen, Schicksal und Gnade durch Vernunft und Gestaltung ersetzen. Und so begann man mit Grotius, Pufendorf, Burlamaqui und vielen anderen ein System von „gesellschaftlichen Naturgesetzen" zu entwickeln, die sich klar von menschengemachten Gesetzen unterschieden. Das waren, wie man sie auch nannte, unverrückbare Gesetze – aber ursprünglich geschaffen von Gott. Wiederum die scharfe Unterscheidung zwischen Objektivität der Gesetze in der Methodologie und Subjektivität der Gesetze in der Weltanschauung.

Jedoch ist all diesen „gesellschaftlichen Naturgesetzen" eine Eigenschaft gemeinsam. Sie haben, genau wie die menschengemachten Gesetze, normativen Charakter.

Und hier bringt Montesquieu den entscheidenden Fortschritt. Die Gesellschaftsgesetze sind für ihn Gesetze von Beziehungen, die erklärenden Charakter haben, die die Beziehungen als (oft) widerspruchsvolle notwendige Zusammenhänge aufdecken.

Darum hatte der Naturwissenschaftler Charles Bonnet in gewisser Weise völlig recht, als er am 14. November 1753 an Montesquieu schrieb: „Newton hat die Gesetze der materiellen Welt entdeckt: Sie, mein Herr, haben die Gesetze der intellektuellen Welt gefunden."

Völlig recht insofern, als Montesquieu entdeckt hat, daß es Gesetze der Gesellschaft gibt, die in ihrem Charakter den Gesetzen der Natur entsprechen, denn auch sie sind objektive Gesetze, die sich dialektisch durchsetzen, Gesetze von widerspruchsvollen Beziehungen.

In gewisser Weise recht, denn die entscheidenden Gesellschaftsgesetze hat nicht Montesquieu, haben vielmehr Marx und Engels entdeckt. Auch handelt es sich bei Montesquieu nicht nur oder in der Hauptsache um die Gesetze der intellektuellen Welt, wie Bonnet idealistisch meint, sondern um die Gesetze der Gesellschaft als unterschieden von denen der Natur.

Eigenartig war die Entwicklung des echt wissenschaftlichen Begriffs der Gesellschaftsgesetze.

Sie begann mit den englischen Merkantilisten[17], die sich ausschließlich mit den ökonomischen Gesetzen des Handels als ausgesprochen objektiv, von den menschengemachten Gesetzen unterschieden, beschäftigten. Sie hatten jedoch nicht die Meinung, daß sie sich mit gesellschaftlichen Gesetzen beschäftigten und hatten geradezu

[17] Vgl. dazu Teil II dieses Bandes.

den Wunsch, sie als Naturgesetze betrachtet zu sehen. Und dieser Wunsch ist verständlich, da sie diese ökonomischen objektiven Gesetze nicht nur von den ökonomischen Parlamentsgesetzen unterschieden, sondern sie ihnen entgegensetzten, denn die parlamentarischen Gesetze enthielten noch viele feudale Überreste. So entwickelten sie in der zweiten Hälfte des 17. Jahrhunderts geradezu eine Kampagne gegen irgendwelche menschengemachten Gesetze auf dem Gebiet des Handels und vertraten die Auffassung, der Handel würde sich am besten entwickeln, wenn die objektiven ökonomischen Gesetze ohne jede Störung durch menschengemachte Gesetze wirken könnten. Für sie bestand daher nur eine negative Problematik zwischen ökonomischen und menschengemachten Gesetzen. Auch fühlten sich die Merkantilisten, alle Männer der Praxis, nicht veranlaßt, nach objektiven Gesellschaftsgegesetzen auf anderen Gebieten als dem, auf dem ihre Profitinteressen engagiert waren, zu suchen. Aber auf diesem engen Gebiet sind die von ihnen entdeckten Gesetze objektive, die notwendige Beziehungen – etwa zwischen dem Saldo der Außenhandelsbilanz und der Bewegung von Gold und anderen Edelmetallen – erklären.

Mir ist kein Gesellschaftswissenschaftler zwischen dem ersten dieser Merkantilisten, Thomas Mun, und Montesquieu bekannt, der neue gesellschaftliche Gesetze als Gesetze von Beziehungen erkennt oder das gar noch ausdrücklich, wie es zum ersten Male Montesquieu tut, ausspricht:

Hume, der ein großer Bewunderer Montesquieus war, schrieb 1751 ausdrücklich gegen die Definition von gesellschaftlichen Gesetzen als Notwendigkeit von Beziehungen:

„Dieser bedeutende Schriftsteller (Montesquieu – J. K.) geht von einer anderen Theorie aus und nimmt an, daß alles Recht auf gewissen Zusammenhängen und Beziehungen (also nicht auf Normen – J. K.) beruht; das ist ein System, das sich meiner Ansicht nach nicht mit wahrer Philosophie vereinen läßt. Vater Malebranche war, soweit ich sehe, der erste, der diese abstrakte Moraltheorie begann, die später von Dr. Clarke und anderen übernommen wurde; und da sie jedes Gefühl ausschließt und alles auf der Vernunft aufzubauen behauptet, hat es ihr in diesem philosophischen Zeitalter nicht an Anhängern gemangelt.“[18]

Montesquieu hatte in der Tat eine große Bewunderung für Malebranche, und in seiner Bibliothek fanden sich Bücher aus dem Besitz dieses großen Philosophen. Vielleicht hat Hume auch insofern recht, daß Malebranche in seinem Traité de morale (1684) nahe an eine Definition von Gesetzen als Bestimmungen notwendiger Zusammenhänge kommt, aber niemals spricht er so ausdrücklich von ihnen, und überdies fehlt diesen Gesetzen insofern ein objektiver Charakter, als diese ihre letzte Rechtfertigung dadurch erhalten, daß Gott sie liebt.[19]

Was Samuel Clarke (1675–1729) betrifft, – wir sind nicht sicher, ob Montesquieu ihn gekannt hat –, so ist er zwar Montesquieu nahe insofern als auch Gott den Gesetzen der Güte, Wahrheit und Gerechtigkeit – also nur moralischen Gesetzen –

[18] *D. Hume*, An enquiry concerning the principles of morals, London 1751, S. 54 f.

[19] *N. Malebranche*, Traité de morale, Paris 1953, S. 6.

unterworfen ist, aber Clarkes Gesetze haben normativen, keinen objektiv-sachlichen Charakter.[20]

Natürlich hatte Montesquieu seine unmittelbaren Vorgänger, die oft nahe an seine Entdeckung objektiver Gesetze, die notwendige, dialektische, widerspruchsvolle Beziehungen und Zusammenhänge zum Ausdruck bringen, herankommen, so wie Poincaré nahe an die Relativitätstheorie Einsteins herankam. Aber der Durchbruch gelang erst Montesquieu, gelang erst Einstein.

Und so können wir vielleicht Bonnet folgen, der meinte, daß Montesquieu auf gesellschaftswissenschaftlichem Gebiet gelang, was Newton für die Naturwissenschaften geleistet hatte – ähnlich wie Engels mehr als hundert Jahre später die Leistungen von Marx und Darwin verglich.

Selbstverständlich war Montesquieu in der Anwendung der Methodologie, in seinen konkreten Ausführungen nicht immer konsequent. Bisweilen verwandelt sich für ihn zum Beispiel das objektive Gesetz plötzlich in ein normatives und statt ‚ist' und ‚ist nicht' kommt er auf ein ‚sollte' oder ‚sollte nicht'.[21]

Doch nicht solche Einzelschwächen galt es hier herauszuarbeiten, sondern auf das große Prinzip in der Methodologie gesellschaftswissenschaftlicher Erkenntnis, das er gefunden und aufgestellt hat, die Suche nach Gesetzen als Ausdruck notwendiger Zusammenhänge und widerspruchsvoller Beziehungen, mußte hingewiesen werden.

Und nun kommen wir zu dem gleich schon am Anfang unserer Betrachtungen erwähnten Buch 14 des Werkes. Sein Titel lautet: „Gesetze in ihrer Beziehung zur Natur des Klimas".

Nachdem Montesquieu nämlich die Grundgesetze, die „Naturgesetze", die das Leben aller menschlichen Gesellschaften bestimmen, untersucht hat, und nachdem er dann die menschlichen Gesellschaften und ihre menschengemachten Gesetze dargestellt hat, stellt er sich die Aufgabe, die Ursachen für die Verschiedenartigkeit der Völker, ihrer Geschichte und ihrer menschengemachten Gesetze zu finden.

Das Klima im Sinne von Wetter (climat steht bei anderen häufig nur für Gegend) ist nun für Montesquieu wohl der wichtigste spezifische Einfluß auf die Gestaltung, auf die Formierung des Menschen als soziales Wesen. Es gibt aber auch noch andere wichtige Ursachen. Montesquieu nennt sie im 4. Kapitel des 19. Buches:

„Die Menschen werden durch verschiedene Dinge wie Klima, Religion, Gesetze, Regierungsgrundsätze, Beispiele der Vergangenheit, Sitten und Gebräuche regiert und daraus bildet sich schließlich ein allgemeiner Geist.

Je kräftiger in einem Volke eine dieser Ursachen wirkt, umso mehr treten die anderen zurück. Die Wilden werden fast allein von der Natur und dem Klima beherrscht; die Gewohnheit regiert die Chinesen, die Gesetze tyrannisieren Japan; die

[20] Siehe *S. Clarke*, A Discourse concerning the being and attributes of God, London 1705.

[21] Auf diese Gefahr hat allgemein schon *D. Hume* in seinem A treatise of human nature, Oxford, 1955, S. 469, aufmerksam gemacht.

Sitten gaben früher in Lakedämon, die Regierungsgrundsätze und alten Sitten in Rom den Ausschlag."[22]

Hiernach sind es, abgesehen von dem materiellen Faktor des Wetters, also vor allem Überbauerscheinungen, die den Menschen in den verschiedenen Gesellschaften formen.

Zuvor aber, im 18. Buch, hat Montesquieu weniger allgemein von der Gesellschaft, vielmehr sehr konkret „Von den Gesetzen in ihrer Beziehung zu der Natur des Bodens" gehandelt, und da sind die Abhängigkeiten recht anderen Charakters. So lesen wir etwa im 8. Kapitel:

„Die Gesetze haben eine sehr wichtige Beziehung zu der Art und Weise, wie die verschiedenen Völker sich den Unterhalt verschaffen. Ein Volk, das sich mit Handel und Schiffahrt befaßt, muß ein umfassenderes Gesetzbuch haben, als ein Volk, das sich damit begnügt, seine Ländereien zu bebauen. Letzteres braucht ein größeres, als ein Volk, das von seinen Herden lebt, und dieses wieder ein größeres, als ein Volk, das von der Jagd lebt."[23] Das heißt, je entwickelter die ökonomische Basis, desto größer das Gesetzbuch.

Weiter im 13. Kapitel: „Der Umfang des bürgerlichen Gesetzbuches nimmt hauptsächlich durch die Teilung des Grund und Bodens zu. Bei den Völkern, welche diese Teilung noch nicht vorgenommen haben, wird es sehr wenige bürgerliche Gesetze geben."[24]

Oder (Kapitel 16): „Wenn ein Volk den Gebrauch des Geldes nicht kennt, dann kennt man bei ihm fast nur die Ungerechtigkeiten, die aus Gewalttätigkeit entspringen; und die schwachen Leute verteidigen sich gegen die Gewalt, indem sie sich vereinigen. Es kommen dort fast nur politische Regelungen vor. Bei einem Volke dagegen, das das Geld fest eingeführt hat, ist man den Ungerechtigkeiten ausgesetzt, die aus der Arglist entspringen; und diese Ungerechtigkeiten können auf mannigfache Weise verübt werden. Man muß deshalb dort gute, bürgerliche Gesetze haben; und diese entstehen in dem Maße, wie die Mittel und Wege, ein schlechter Mensch zu sein, zunehmen und mannigfaltiger werden."[25]

Hier haben wir ausschließlich ökonomische Ableitungen der Gesetzgebung.

Doch kehren wir noch einmal zu der vorangehenden Sammlung von Faktoren, die den „Geist der Gesetze" bestimmen, zurück. Nehmen wir Faktoren wie Religion, Sitten und Gebräuche. Im 14. Buch erklärt uns Montesquieu, wie auch diese durch den materiellen Faktor des Klimas bestimmt werden. So macht nach Montesquieu zum Beispiel die Hitze des Klimas die Menschen körperlich und geistig träge. Diese sei (4. Kapitel) der „Grund der Unveränderlichkeit der Religion, der Sitten, Gebräuche und Gesetze in den Ländern des Orients".[26]

Das heißt, wenn diese Überbaufaktoren den „Geist der Gesetze" mitbestimmen, dann tuen sie es vor allem in Seitenwirkung, letztlich selbst bestimmt durch materielle Faktoren, vor allem durch das Klima.

[22] *Fortmann*, S. 257 f.

[23] Ebendort, S. 240.

[24] Ebendort, S. 241.

[25] Ebendort, S. 242 f.

[26] Ebendort, S. 196.

So groß erschien den Zeitgenossen die Rolle des Klimas bei Montesquieu, daß der freche Literat René de Bonneval dichtete:

> In unserem Jahrhundert kann man
> allein aus den Graden der Sonne
> den Wert der Menschen berechnen.

So groß war der Einfluß der Klima-Theorie Montesquieus, daß wir ihren Einfluß noch bei Hegel, Buckle, Adam Ferguson, Comte und Taine finden.

Doch nicht die Klima-Theorie Montesquieus ist hier entscheidend sondern die Tatsache, daß er als Materialist den „Geist der Gesetze" letztlich auf materielle Faktoren, vor allem das Klima, aber auch auf die Entwicklung der Ökonomie zurückführt.

Ohne dabei jedoch in flachen, mechanischen Determinismus zu verfallen. Ganz im Gegenteil!

Gleich im 14. Buch, das das Klima als entscheidenden Faktor einführt, findet sich ein Kapitel (5), das die Überschrift trägt: „Schlechte Gesetzgeber haben die Laster des Klimas begünstigt, gute sich denselben entgegengestellt." Nachdem Montesquieu in diesem Kapitel von der Verherrlichung der Ruhe und des Nichtstuns unter dem Einfluß der Hitze in Indien und Siam gesprochen, bemerkt er: „Die Gesetzgeber Chinas waren klüger, insofern als sie ihre Religion, ihre Philosophie, ihre Gesetze alle ganz auf Praxis ausrichteten, da sie die Menschen nicht in dem friedlichen Zustande, in welchem sie einst sein werden, sondern in ihrer Tätigkeit, die sie zur Erfüllung der Pflichten des Lebens geeignet macht, vor sich sahen. Je mehr die physischen Umstände die Menschen zur Ruhe hinziehen, desto mehr müssen die sittlichen Gründe sie davon zu entfernen suchen."[27]

Auch Montesquieu ist der Auffassung, daß die Menschen ihre Geschichte bzw. ihre Gesetze selbst machen – im Rahmen gegebener materieller Umstände und auf der Basis von objektiven Natur- wie Gesellschaftsgesetzen.

Albern wäre es, „kritisch festzustellen", daß die materiellen Gewichte nicht richtig verteilt sind, daß die ökonomischen Verhältnisse noch eine ungenügende Rolle spielen. Staunend sollte man vielmehr vermerken, wie weit Montesquieu in der materialistischen Methodologie fortgeschritten.

Und dazu war er ein erstaunlich begabter Dialektiker. Dafür nur noch einige großartige Beispiele. Zunächst nur Formulierungen:

„Man muß die Geschichte durch die Gesetze und die Gesetze durch die Geschichte erklären."[28]

„Die Vaterlandsliebe erzeugt Sitten von hoher Qualität, und Sitten von hoher Qualität führen zur Vaterlandsliebe."[29]

„In der Demokratie ist das Volk in gewisser Hinsicht Monarch und in gewisser Hinsicht Untertan."[30]

[27] Ebendort, S. 196 f.
[28] Ebendort, S. 549.
[29] Ebendort, S. 36.
[30] Ebendort, S. 8.

Wichtig ist der Widerspruch, der eine positive Funktion hat: „Für eine Republik ist es ein Unglück, wenn es keine Interessenkämpfe gibt; und das kommt vor, wenn das Volk durch Geld bestochen ist. Alsdann wird es kühl, gewinnt das Geld lieb und findet keinen Gefallen mehr daran, sich mit den öffentlichen Angelegenheiten zu befassen; unbekümmert um die Regierung und deren Pläne erwartet es ruhig seinen Lohn.“[31]

Fügen wir hinzu, daß Montesquieu eine Hierarchie von Gesetzen kennt, von solchen, die von fundamentaler Bedeutung sind und anderen, die ihnen unterstehen, sei es daß sie abgeleitet oder von geringerer Wirkungskraft sind, dann rundet sich das Bild einer Methodologie, die wahrhaft dialektisch und materialistisch ist, und die von echtem Historismus durchdrungen ist.

Fragen wir abschließend, fast persönlich, nach den Gründen, warum Montesquieu soweit in der Erfassung der gesellschaftlichen Realität methodologisch vorstoßen konnte, so darf, zumindest als Hilfserklärung, nicht unerwähnt bleiben, daß er, der von Anfang an für die Laufbahn eines Juristen bestimmt war, sich stets auch mit naturwissenschaftlichen Problemen beschäftigt hat. In frühen Jahren schrieb er über die Ursachen des Echos, über den Nutzen der „Nierendrüsen“, über Ursachen und Wirkungen des Donners, experimentierte unter Verwendung des Mikroskops mit Tieren und Pflanzen, zerschnitt lebende Frösche. Auch war er ein guter Kenner ökonomischer Probleme – Marx setzte sich mit seiner Quantitätstheorie des Geldes auseinander –, schrieb über Staatsschulden und den Reichtum Spaniens sowie über Bergwerke in Ungarn. Er war Historiker, Versemacher und Philosoph, Kritiker seiner Gesellschaft und Freund oder Feind der großen Geister seiner Zeit.

Vor allem aber war er ein kühner und schöpferischer Denker, der stolz war, Neuland zu betreten – Neuland, was die Methodologie der wissenschaftlichen Arbeit betrifft.

2. Die Weltanschauung

Gehen wir bei der Betrachtung der Beziehungen von Methodologie und Weltanschauung im Falle von Montesquieu von einer merkwürdigen und zufälligen Erscheinung der Jahre nach dem zweiten Weltkrieg aus:

Zwei überaus begabte Physiker, Teller in den Vereinigten Staaten von Amerika und Sacharow in der Sowjetunion, hatten, ganz unabhängig voneinander arbeitend, einen besonders großen Anteil an der Schaffung der Wasserstoffbombe. Beide waren hochtalentiert in der Handhabung der Methodologie des dialektischen Materialismus, der von Engels und Marx zu höchster Vollendung gebrachten Methodologie der naturwissenschaftlichen Erkenntnis. Beide leisteten ihrer Gesellschaftsordnung damit einen bedeutsamen Dienst, Teller dem amerikanischen Monopolkapital, Sacharow der sozialistischen Sowjetunion.

Betrachten wir aber ihre Ideologie, ihre Weltanschauung, dann stellen wir fest, daß sie der von ihnen verwandten Methodologie völlig fremd ist. Teller ist ein aus-

[31] Ebendort, S. 11.

gesprochener Ideologe des aggressiven, monopolistischen Imperialismus, Sacharow Vertreter eines wirren und primitiven sowjetfeindlichen bourgeoisen Liberalismus.

Wir sehen, wie berechtigt und notwendig die Fragestellung nach der Weltanschauung von Montesquieu ist, nachdem wir seine Methodologie untersucht haben.

Was war nun die Weltanschauung von Montesquieu?

In allen Gesellschaftsordnungen gibt es während ihrer Niedergangszeit rechtschaffene, ehrlich-saubere Gestalten, die ganz dieser Ordnung verhaftet sind, jedoch voller Empörung über ihre Deformationen, voller Abscheu vor den Erscheinungen der Dekadenz. In Frankreich gehörten zu dieser Gruppe von Menschen der Duc de Saint Simon, berühmt durch seine zeitkritischen Memoiren, Boisguillebert, der bedeutende Politökonom, und auch Montesquieu.[32]

Alle drei waren erschrocken über den Verfall Frankreichs, seiner Sitten, seiner Ökonomie, seines politischen Zustands, der Lage der Massen der Bevölkerung, der eine dieses, der andere jenes Moment stärker hervorhebend. Alle drei dachten an vergangene Feudalzeiten als „die gute alte Zeit" zurück und suchten sie von neuem zu beleben oder zu retten und wieder auszubauen, was noch von ihr vorhanden.

Montesquieu verfügte über beträchtlichen feudalen Besitz, den er – auch durch seine Frau bei seinen häufigen, bisweilen mehr als ein Jahr dauernden Abwesenheiten – streng feudal verwaltete und nutzte. Streng gegenüber dem kleinsten Schuldner von feudalen Abgaben, sorgte er patriarchalisch in Notzeiten für seine Untertanen. „Reichtum ist ein Stand, nicht ein Gut" schrieb er echt feudal seinem Enkel.[33]

Sein politisches Ideal war die durch den Adel gezügelte Monarchie. Zwar meinte er, daß die Demokratie die bessere Regierungsform, aber diese eignete sich nur für die Antike. „In den Monarchien sind die Sitten nie so rein wie unter den republikanischen Regierungen."[34] In den Republiken herrscht die Liebe zu Gesetzen und Vaterland, „welche eine beständige Bevorzugung der öffentlichen Interessen vor den eigenen verlangt".[35] Aber mit den Republiken kann man in der Gegenwart nichts mehr anfangen, und soweit noch solche bestehen, taugen sie nichts.

Ganz anders die feudale Monarchie, die die bestmögliche Staatsform der neuen Zeit sei. Ihr, der Monarchie, gilt auch das Hauptinteresse Montesquieus und seine berühmte Theorie der Gewaltenteilung bedeutete ihm im Grunde die Ausarbeitung eines gesicherten Systems der feudalen Monarchie, die dem Despotismus ebenso fern ist wie der Demokratie – der Demokratie, die nicht mehr zeitgemäß ist, und dem Despotismus, der nur allzu gegenwärtig ist und der mit allen Mitteln bekämpft werden muß.

Das beste Mittel glaubte Montesquieu in der englischen Verfassung gefunden zu haben. In ihr sah er (natürlich zu Unrecht) eine Trennung der Gewalten, der Exeku-

32 Vgl. dazu auch *J. Kuczynski*, Die Geschichte der Lage der Arbeiter unter dem Kapitalismus, Bd. 34, Berlin 1968, S. 5 ff.

33 Pensées et fragments inédits de Montequieu publiés par le Baron Gaston de Montesquieu, Bd. I, Bordeaux 1899, S. 29.

34 *Fortmann*, S. 26.

35 Ebendort, S. 29.

tive, der Legislative und der Gerichte, die sich gegenseitig in Schach hielten: Einheit der Herrschaft durch Gegensätze! Widerspruch als entscheidendes Element der Herrschaft!

Da aber in Frankreich sowohl die Legislative wie die Gerichtsbarkeit in den Händen des Adels war, wird der Adel für Montesquieu zum entscheidenden Widerspruch zu den despotischen Elementen der Monarchie.

Im 4. Kapitel des 2. Buches findet sich folgendes über die Monarchie:[36]

„Das Wesen der monarchischen Regierung, das heißt derjenigen, in der ein Einzelner nach Grundgesetzen regiert, besteht in den Zwischengewalten", das heißt in der Legislative, der Gerichtsbarkeit, dem Verwaltungsapparat usw.

So im Manuskript. Doch dann verbessert er für den Drucker aus Furcht, zu offensichtlich die Macht des Königs einschränken zu wollen, und fügt vor Zwischengewalten das Wort „untergeordnete" ein. Und als er die Korrekturen liest, fügt er noch „abhängige" nach „untergeordnete" ein, so daß der Satz jetzt von „untergeordneten und abhängigen Zwischengewalten" spricht. Und der nächste Satz lautet: „Ich sage untergeordnete und unabhängige Zwischengewalten, denn in der Tat, in der Monarchie ist der Fürst die Quelle aller politischen und bürgerlichen Gewalt."

Aber nun ist auch endgültig Schluß mit der Verbeugung vor dem König. Jetzt spricht der aufrechte alte Feudalherr Charles Louis de Secondat, Baron de la Brède et de Montesquieu, der mütterlicherseits englische Könige vom Geschlecht der Plantagenets zu seinen Vorfahren zählt, der also keineswegs, wie man so oft liest, der Repräsentant des Beamtenadels (noblesse de Robe) sondern wahrlich des Adels überhaupt war, einer Kombination von Beamten- und Schwertadel. Er fährt fort:

„Jene Grundgesetze erfordern notwendig vermittelnde Kanäle, durch welche die Macht strömt, denn wenn im Staate nur der augenblickliche, eigensinnige Wille eines Einzelnen gilt, so kann nichts fest und bestimmt sein, und folglich kein Grundgesetz bestehen. Die natürlichste untergeordnete Zwischengewalt (das Wort abhängig ist verschwunden – J. K.) ist die des Adels. Er gehört gewissermaßen zum Wesen der Monarchie, deren Grundsatz lautet: ‚Ohne Monarchen kein Adel, ohne Adel kein Monarch'. Ohne Adel hat man einen Despoten."[37]

Kein Wunder, daß dieser stolze feudale Adlige die beiden letzten Kapitel seines großen Werkes der Geschichte der Lehnrechte der Franken widmet.

So sehr begeistert sich Montesquieu für die echt feudale Monarchie, die er in der frühen Zeit Frankreichs verwirklicht sieht, daß er plötzlich alles, was er über die Republiken in der Antike geschrieben hat, vergißt, und sie über alle anderen Regierungen, die es je gegeben hat, stellt.[38]

Montesquieu vertrat die Welt des feudalen Adels in seinen politischen Anschauungen, in seinen Gedanken über die Einrichtung der Gesellschaft. Und es ist eines der vielen Paradoxe, die uns die Geschichte der Ideologie, allgemein des Überbaus – die Basis enthält keine solchen Paradoxe oder zumindest doch viel weniger –, liefert,

[36] Vgl. zu folgenden auch *R. Shackleton*, a. a. O. S. 279.

[37] *Fortmann*, S. 13.

[38] Ebendort, S. 142.

daß Montesquieu im kapitalistischen England ein System der Drei-Gewalten-Teilung zu finden glaubte, daß er es auf Frankreich übertragen wollte, um die alte, „vom Adel gezügelte“ feudale Monarchie wieder herzustellen, und daß ein wirkliches – natürlich von einer Klasse beherrschtes – System der Drei-Gewalten-Teilung in der revolutionärsten Verfassung der Bourgeoisie, der der jungen Vereinigten Staaten von Amerika, eingeführt wurde. –

Montesquieu war als frommer Katholik erzogen worden und starb auch als solcher. Die Zeit dazwischen aber lebte er als Deist, der an einen Gott glaubte, der aber durchaus Verständnis dafür hatte, daß es verschiedene Religionen gab, daß man Gott auf sehr verschiedene Weise sehen konnte. Sicherlich trug zu dieser religiösen Offenheit auch die Tatsache bei, daß seine Frau eine Hugenottin war.

Schon das Klima verhindert seiner Ansicht nach, daß alle Religionen gleich sind, weshalb auch christliche Missionare in orientalischen Ländern zum Mißerfolg verurteilt seien.

Gott erscheint Montesquieu als ein Herrscher über die Welt, dem alle Völker, jedes mit seiner Religion, Tribut zollen.

Scharf wendet er sich aber gegen alle Varianten des Atheismus.

Man darf in dieser religiösen Toleranz keine Wendung gegen den Feudalismus sehen. Nicht nur waren viele Feudalherren der katholischen Kirche nur formell oder als Versicherung für das Leben nach dem Tode ergeben. Es gab bekanntlich auch ausgesprochene Vertreter des Feudalismus, die protestantisch gesinnt waren, und auch einige, die solch weise, humane Haltung gegenüber der Religion hatten wie Montesquieu. Entscheidend war nur der Glaube an Gott, und den hatte Montesquieu. –

Und noch auf eine Seite seiner feudalen Haltung sei zum Schluß eingegangen.

So aufklärerisch-rational sein Denken auf der Spur wissenschaftlicher Erkenntnisse, falsch wäre es in seiner Weltanschauung dem Gefühl einen zu kleinen Platz einzuräumen – in seiner Weltanschauung, die hier wörtlich als Anschauen der Welt zu nehmen ist.

Als Beispiel für das, was hier gemeint ist, seien Montesquieus Ausführungen über die Sklaverei im 8. Kapitel des 15. Buches angeführt.

Er spricht dort davon, daß man überall die Sklaverei abschaffen könnte. Zuerst habe man in Europa geglaubt, in den Bergwerken die Sklaverei aufrecht erhalten zu müssen, da die Arbeit so beschwerlich sei. Seine Reisen zu den Bergwerken im Harz und in Ungarn aber hätten ihm gezeigt, daß man durch kleine Vorrechte durchaus auch freie Menschen für diese Arbeit gewinnen könnte. Und dann schließt er:

„Ich weiß nicht, ob der Verstand oder das Herz mir folgenden Satz diktiert: Es gibt vielleicht keinen Himmelsstrich der Erde, wo man freie Menschen nicht zur Arbeit veranlassen könnte. Weil die Gesetzgebung schlecht war, hat man träge Menschen gefunden, und weil die Menschen träge waren, hat man sie in die Sklaverei gebracht.“[39]

In der Methodologie hat das Herz nichts zu suchen. Auch nicht in der Weltanschauung der Bourgeoisie. Dem Feudalherrn aber ist sowohl Konsumverschwen-

[39] Ebendort, S. 210.

dung wie auch Herzverschwendung erlaubt. Und wie die Konsumverschwendung zu seinem Stand gehört, so darf die Herzverschwendung seine Anschauung von der Welt mitbestimmen, ja mehr, sich sogar in seine Analyse eindrängen.

Kein bürgerlicher Wissenschaftler darf bekennen, daß er nicht weiß, ob eine wissenschaftliche Analyse – und um eine solche handelt es sich hier – von seinem Verstand oder seinem Herzen bestimmt ist. Für einen feudalen Denker aber ist ein solch offenes Bekenntnis eine natürliche Aussage.

Durch und durch feudal war die Weltanschauung Montesquieus, dessen Methodologie der unseren in vielem so nah. Und so ist es nicht verwunderlich, daß der Strom der Gedanken plötzlich eine gefühlsmäßige Erwärmung erfährt. Statt einer wissenschaftlichen Weltanschauung, die wir Marxisten haben, finden wir bei Montesquieu gelegentlich sogar eine gefühlsbestimmte Methodologie – keine Seltenheit bei feudalen Denkern.

3. Neue Erkenntnisse

Montesquieu besaß eine schöne Bibliothek und hatte viele Bücher gelesen. Aber ein eigentliches Quellenstudium hat er kaum getrieben. Alle möglichen Reiseberichte, ob glaubwürdig oder nicht, genügten ihm, um Beziehungen zwischen einem angeblichen Klima (der ganze Orient war für ihn heiß), den Sitten, Gesetzen, der Herrschaftsform, der Religion und dem „Volkscharakter" herzustellen. Was seine Studien über Rom und England betrifft, so schlägt Shackleton mit Recht vor[40], auf sie das Urteil anzuwenden, das Montesquieu über den Comte Henri de Boulainviellier, einen führenden Rechtshistoriker seiner Zeit, fällte: „Ich will sein Werk daher hier nicht näher überprüfen, sondern nur bemerken, daß er mehr Geist als Verstand und mehr Verstand als Wissen besaß; dieses Wissen war aber nicht zu verachten, denn die Hauptsachen unserer Geschichte und unserer Gesetze kannte er sehr gut."[41] Größer als Rom und England betreffend waren Montesquieus Kenntnisse auf dem Gebiet der feudalen Geschichte Frankreichs; hier war sein Quellenstudium etwas ausgedehnter, hier gelangen ihm auch einige neue Tatsachenerkenntnisse.

Im Ganzen aber sind seine Erträge an neuen Sachkenntnissen klein.

Um so größer die Zahl der Visionen für Sachbezüge, die er uns mittels seiner Methodologie geschenkt hat.

Wenn auch diese Sachbezüge vielfach nicht der Realität entsprechen, wenn sie auch, auf ungenügendem Tatsachenmaterial beruhend, zu falschen Schlüssen geführt haben, so ist das nicht entscheidend.

Entscheidend ist vielmehr, daß Montesquieu die Menschen gelehrt hat, neu zu sehen, so zu sehen, wie man die Wirklichkeit erfassen kann. Daß man, um richtig zu erkennen, die Tatsachen schärfer ins Auge fassen muß, als es Montesquieu getan hat oder tun konnte, weniger die ratende Phantasie, die brillant rätselnde Kombinationsgabe spielen lassen darf, ist offenbar. Aber fast gleichgültig ist es, ob der Erfinder der Brille richtig sieht, solange die Gläser unsere Sehkraft objektiv erhöhen und wir gelehrt werden, die Brille so aufzusetzen, daß wir hindurchsehen können.

[40] *R. Shackleton*, a. a. O. S. 333. [41] *Fortmann* S. 510.

Es gibt Gelehrte, die unseren Wissensfundus nur wenig erweitern, uns aber den Weg zeigen, wie wir ihn, durch neue Art zu sehen, gewaltig steigern können. Zu ihnen gehört Montesquieu, der große Methodologe, den wir als den ersten großen Gesellschaftswissenschaftler der Neuzeit bezeichnen können, denn er war der erste, der eine „Philosophie der Gesellschaftsgesetze" entwickelte. Darum bewunderte ihn Hegel, darum sahen Comte und Durkheim in ihm den ersten großen Soziologen. Darum enttäuschte er auf der anderen Seite auch alle die, die ihn lasen, um „neue Tatsachen" bei ihm zu finden.

Von großartiger Einseitigkeit war dieser Gelehrte, der in seiner Weltanschauung so ganz in die Gesellschaft des Feudalismus paßte. So großartig in seiner Einseitigkeit als Methodologe, daß seine Weltanschauung ganz bedeutungslos war – und darum, wenn auch bei seinem Begräbnis nur ein einziger Philosoph anwesend war, dieser Philosoph eben Denis Diderot hieß.

4. Die gesellschaftlichen Verhältnisse

Inwiefern kann man sagen, daß Montesquieu mit seinem Werk die Aufgaben seiner Zeit zu erfüllen half? Inwiefern dienten seine wissenschaftlichen Leistungen gesellschaftlichen Interessen und welchen?

Überlegen wir:[42] 1715, als Ludwig XIV. starb und Montesquieu 26 Jahre alt war, hatte die französische Gesellschaft Jahre der Agonie hinter sich. Die herrschenden feudalen Kräfte hatten das Land heruntergewirtschaftet, ein langdauernder Krieg hatte zu keinem der vorgesehenen Ziele geführt, man hielt sich von Tag zu Tag ohne Ahnung und Plan, wie man wieder bessere Verhältnisse schaffen könnte. Die herrschende Klasse glich einem kraftlosen Greise, den jeder Gedanke, jede Handlung überanstrengte.

Doch war die Nachfolgeklasse, die Bourgeoisie noch zu schwach – zu schwach, um sich von den Feudalkräften, mit denen sie sich irgendwie, doch vom feudalen Bürgertum herkommend, noch verwandt fühlte, zu trennen und diese zu vernichten. Die Massen der Bauern aber, die größte unterdrückte Klasse in der feudalen Gesellschaft, war führerlos ohne die Bourgeoisie und zu geschwächt durch die allgemeine feudale Verelendung ihres Daseins, zu der noch die spezifische Kriegsnot gekommen war, um auch nur zu einer größeren Anzahl lokaler, anarchistischer Aufstände fähig zu sein.

So schleppte sich, mangels einer revolutionären Situation, das feudale Regime weiter hin. Ja, mit der Entfernung vom Kriege besserten sich sogar die wirtschaftlichen Verhältnisse wieder und mit ihnen auch die gesellschaftliche Stärke der Feudalkräfte.

Zugleich aber begann, gerade auf Grund der wirtschaftlichen Erholung, nicht nur die Kraft des modernen Bürgertums, nennen wir es ruhig schon Bourgeoisie, zu

[42] Vgl. zum folgenden auch *J. Kuczynski*, Die Geschichte der Lage der Arbeiter unter dem Kapitalismus, Bd. 32, Berlin 1967, S. 26 ff.

wachsen, sondern auch sein Ärger über die Abschöpfung eines nicht unbeachtlichen Teiles seines Mehrprodukts durch die parasitären Teile des Feudaladels und den feudalen Staat. Damit entwickelte sich aber auch ein stärkeres Selbstbewußtsein von Teilen der Bourgeoisie.

Und ebenfalls unter dem Einfluß einer gewissen Erholung der Landwirtschaft von der Not des Krieges reagierten die Bauern auf Mißernten sowie Erhöhungen feudaler Lasten nicht mehr zumeist mit nur noch tieferem Beugen des so noch stärker belasteten Rückens, sondern mit zahlreicher werdenden lokalen Aufständen.

Vielleicht kann man formulieren: den Jahren negativen Niedergangs der feudalen Gesellschaft in dem Vierteljahrhundert von 1690 bis 1715 folgten nun Jahrzehnte des positiven Niedergangs, positiv, weil die Kräfte, die 1789 die Gesellschaftsverhältnisse revolutionieren werden, an Kraft und Bewußtsein langsam wachsen.

Montesquieu wurde in dem Jahre geboren, von dem man vielleicht sagen kann, daß es noch gerade von den letzten Strahlen der untergehenden Sonne eines späten Feudalherbstes gewärmt wurde. Montesquieu schrieb sein großes Werk in den Jahren, in denen sich merklich spürbar die Kräfte der Zukunft zu regen begannen. Es hat symbolische Bedeutung, daß die letzte Arbeit, die er vollendete, sein Essay über den Geschmack, auf Anregung von D'Alembert für die Encyclopédie fertiggestellt und nach seinem Tode dort auch veröffentlicht wurde. Symbolische Bedeutung – nicht mehr, denn niemand wird behaupten können, daß sich in ihm eine Wandlung der Weltanschauung zur Bourgeoisie hin zeigte – handelt es sich doch auch nur um die Fertigstellung eines Manuskripts, das er bereits vor 1728 begonnen hatte.

Es ist selbstverständlich, daß in einer solchen Zeit, wie sie das zweite Viertel des 18. Jahrhunderts darstellte, die Herrschaftsinteressen ebenso wie die zur Herrschaft strebenden Interessen starke Anforderungen an die Gesellschaftswissenschaften wie auch allgemein an die sich mit gesellschaftlichen Fragen beschäftigende Publizistik stellten. Die feudalen Kräfte verlangten nach Mitteln zur Erhaltung ihrer Herrschaft, die bürgerlich-bourgeoisen Kräfte zumindest nach solchen, die ihren Einfluß stärken, die Stärke der feudalen Kräfte mindern würden.

Und beide Seiten fanden einen Mann von überragender Geisteskraft: die feudalen Montesquieu, die bürgerlich-bourgeoisen Voltaire. Beide, Montesquieu und Voltaire, waren einander abgeneigt, anerkannten jedoch die großen Qualitäten des anderen.

Montesquieu erfüllte die Aufgabe, die ihm die Zeit und die Interessen seiner Klasse stellten, nach besten Kräften und mit gutem Gewissen. Die Idee einer ganz neuen Ordnung der Verhältnisse lag ihm völlig fern, bourgeoise Interessen berührten ihn nicht. So konnte er sich umso energischer den Gedanken an eine Wiederordnung der alten, bestehenden feudalen Verhältnisse widmen. Die Lösung sah er, wie schon bemerkt, in einer vom Adel kontrollierten feudalen Monarchie, für die er ein Beispiel in den Verhältnissen Frankreichs in ferner zurückliegenden Feudalzeiten fand. Damit hatte er seinen gesellschaftlichen Auftrag erfüllt.

Doch galt es, einen solchen Vorschlag der adelsgezügelten Monarchie zu begründen, logisch und praktisch-historisch. Eine Selbstverständlichkeit für einen solchen Wissenschaftler.

Erinnern wir uns einen Augenblick an einen ganz anderen Auftrag, den insbesondere die christliche Kirche oft ihren ‚Wissenschaftlern', den Theologen, gestellt hat: die Existenz Gottes zu beweisen. In diesem Fall ist uns der Schluß: also existiert Gott, noch viel gleichgültiger als der Schluß Montesquieus für die Rettung des Feudalsystems. Aber die Beweisführung selbst, die Methodologie, etwa die Herausarbeitung der Unterscheidung von Glauben und Wissen und viele andere methodologische Stationen auf dem Wege zum Gottesbeweis, sind noch heute von bedeutendem philosophischem Interesse, und man kann sich leicht vorstellen, mit welcher Begeisterung über jeden kleinen Schritt, jeden neuen Baustein in ihrem methodologischen Systembau die Theologen jener fernen Zeit arbeiteten. Und auch uns kann noch gelegentlich ein Staunen über die Kraft ihres Denkens überkommen, ja nicht wenige Mosaikstückchen ihrer Methodologie finden wir in unserer Philosophie wieder. Die Methodologie jener frommen Sucher nach einem Gottesbeweis hat ihren eigenen Wert, ganz unabhängig vom Schluß des Gottesbeweises, bekommen, so wie sich die Methodologie auch in ihren gesellschaftlichen Verwendungsmöglichkeiten völlig von den gesellschaftlichen Kräften, die den Auftrag zur Findung immer besserer Gottesbeweise gaben, trennte. Tertullians methodologisch so bedeutsames Credo quia absurdum kann doch kaum irgendwelchen Interessen der Kirche direkt entsprungen sein und gilt doch auch noch heute als eine geradezu klassische Formulierung, um in extremster Form den grundlegenden Unterschied zwischen Glauben und Wissen herauszuarbeiten.

Und in gewisser Weise verhält es sich auch so mit dem Werk von Montesquieu. Der Nachweis der Möglichkeit und Notwendigkeit des Fortbestandes der feudalen Gesellschaft als vom Adel gezügelter Monarchie, als der denkbar besten Herrschaftsform, das heißt der Auftrag seiner Klasse an Montesquieu ist uns heute völlig gleichgültig geworden, hat jede Bedeutung verloren. Aber die Methodologie des Nachweisens, die Art wie der Beweis geführt wird, erregt bis heute die Bewunderung der Gesellschaftswissenschaftler.

Mit der Methodologie in der Geschichte ist es ähnlich wie mit den Produktionsinstrumenten. In gewisser Beziehung sind diese abhängig von der Gesellschaftsformation – die Maschine ist nicht denkbar in der Sklavenhalterformation oder in der feudalen Gesellschaft. Der Hammer aber hat allen Gesellschaftsformationen dienen können. Und auch die neuen Produktionsinstrumente bauen stets in dieser oder jener Weise ihrer Art nach auf den alten auf. Auch kann es geschehen, daß ganz neue, geradezu revolutionär wirkende Produktionsinstrumente wie etwa die heute konstruierten elektronisch gesteuerten automatischen Maschinensysteme in einer Gesellschaftsordnung erfunden werden, für die sie historisch gesehen gar nicht bestimmt sind, in der sie die Widersprüche nur verschärfen und so den Untergang der Gesellschaftsordnung nur beschleunigen – waren es doch dem Monopolkapital ergebene Wissenschaftler, die den Hauptanteil an der Erfindung dieser neuen Produktionsinstrumente hatten und die damit nur den Auftrag der herrschenden Klasse, die Produktivität auf das höchste zu steigern, erfüllten. Faktisch aber werden die komplexe und die Vollautomatisierung des Produktionsprozesses erst in der sozialistischen Gesellschaft zur vollen Anwendung kommen.

Ist es nicht ähnlich mit der Methodologie von Montesquieu, deren Sinn er darin sah, besser als es jeder andere zuvor konnte, den Auftrag seiner Klasse, die Erhaltung des feudalen Herrschaftssystems durch Rekonstruktion zu sichern, zu erfüllen, die aber ihren tiefen Sinn erst erhalten konnte gerade durch die Zerstörung des auftraggebenden Systems, gerade dadurch, daß die Gegner des Systems des Feudalismus sich ihrer bemächtigten, sie verbesserten und so zu Schlüssen, zu Erkenntnissen kamen, die denen Montesquieus in Bezug auf das Feudalsystem genau entgegengesetzt waren.

Und erklärt sich so nicht auch die ganz unsinnig erscheinende „Harmonie der Gegensätze" des historischen Phänomens Montesquieu: ein Feudaler, der weltanschaulich-praktisch und ohne jedes Gefühl eines Gegensatzes der feudalen Gesellschaft treu dient, und der für diesen Dienst eine Methodologie entwickelt, die von der feudalen Klasse genau so bewundert wird wie von den Monopolherren eine vollautomatisierte Fabrik, eine Bewunderung, die geteilt wird von Diderot und D'Alembert, von der neuen Bourgeoisie, genau wie auch Sozialisten die Leistung der Schaffung eines vollautomatisierten Betriebes in den USA bewundern können. Die Bewunderung von D'Alembert und Diderot oder der Sozialisten aber gilt nicht einer Leistung der feudalen Kräfte oder des Monopolkapitals, sondern einer Leistung der Wissenschaft, von der sie wissen, daß nur sie fähig sind, diese zum Fortschritt der Menschheit zu verwenden. So wie D'Alembert eine Eloge auf Montesquieu verfaßt hat, so hat auch Lenin einen bewundernden Artikel für die Leistung von William Ramsay, der die ersten Versuche zur direkten Vergasung von Kohle gemacht hat, geschrieben[43] – aber unendlich viel gesellschaftsbewußter als D'Alembert hat er zugleich darauf hingewiesen, daß erst die sozialistische Gesellschaft Ramsays Erfindung zum Nutzen der Werktätigen verwenden kann und wird.

Aus diesen Überlegungen über die „Harmonie der Gegensätze" bei Montesquieu ergibt sich auch die ganze Schwierigkeit der Lösung der Frage: Inwiefern hat Montesquieus Weltanschauung seinem Werk Grenzen gesetzt? Der Ausarbeitung seiner Methodologie sicherlich nicht, denn er konnte kaum weitergehen und die „philosophes", die Philosophen, die in der Folgezeit die Interessen der vorrevolutionären französischen Bourgeoisie vertraten, blieben methodologisch eher hinter ihm zurück. Der Phantasie in der Erklärung des Überbaus aus Natur und Basis sicherlich auch nicht. Seiner Staatstheorie der Drei-Gewalten-Teilung, die der feudalen Monarchie dienen sollte, und die von der amerikanischen Bourgeoisie, welche gerade einen siegreichen Krieg gegen koloniale Unterdrückung beendet hatte, übernommen wurde, wahrlich ebenfalls nicht. Das heißt, auf den Gebieten, auf denen Montesquieu so Großes geschaffen hat, ist es schwer, eine Behinderung der Leistung durch seine Weltanschauung zu entdecken. Das heißt nicht, daß eine solche nicht in tausend Kleinigkeiten zu beobachten ist, und das heißt auch nicht, daß sie ihn nicht gelegentlich, und vielleicht ganz bewußt, vom Pfade der Wissenschaft abbringt – etwa wenn er plötzlich glaubt, daß seine Gedanken dem Schlag eines warmen Herzens folgen. Aber die Frage des tausendfachen Einflusses über kleinste Kanäle und die Frage

[43] *W. I. Lenin*, Ein großer Sieg der Technik, Werke Bd. 19, Berlin 1962, S. 42 f.

der Behinderung des großen Stromes seines methodologisch-wissenschaftlichen Gedankenganges sind doch zwei sehr verschiedene Fragen, von denen in einer Geschichte der Wissenschaft, in der Montesquieu erscheint, nur die letztere zu beantworten ist, und diese muß meiner Ansicht nach verneint werden.

Was aber die Frage der Beziehung der Weltanschauung der gesellschaftlichen Kräfte zu dem Werk von Montesquieu betrifft, so haben sich die feudalen Kräfte ebenso wie die bürgerlichen in seiner Zeit für dieses interessiert. Letztlich aber – genau wie die Vollautomatisierung heute – konnte das Werk nur der fortschrittlichen Klasse wirklich dienen, und darum blieb sein Einfluß, lange nachdem seine Klasse untergegangen war.

Blieb viel länger als historisch berechtigt. Darum finden wir auch, im Gegensatz zu den ganz frühen Arbeiten von Marx, später bei ihm nur gelegentliche ärgerliche Hinweise auf Montesquieu – abgesehen von der speziellen Auseinandersetzung mit der Quantitätstheorie des Geldes, die Marx als Leistung aber wohl auch höher eingeschätzt hätte, wenn sie ihm nicht 100 Jahre später als immer noch aktuell begegnet wäre. Ein ähnliches Phänomen beobachten wir übrigens in der Einschätzung von Sismondi durch Lenin.[44] Scharf und fast abfällig ist oft Lenins Urteil über ihn – ganz im Gegensatz zu der Hochachtung von Marx und Engels –, weil Lenin sich mit Bastardschülern Sismondis, die ihn wieder ausgruben, auseinandersetzen mußte, genau wie Marx und Engels sich in ihrer Zeit mit dem von politischen Schwächlingen exhumierten Montesquieu als politischer Autorität für das 19. Jahrhundert herumstreiten mußten.

Doch damit sind wir schon an unsere Schlußbetrachtung herangekommen, die sich mit der posthumen Rezeption von Montesquieu beschäftigen und zu einer Einschätzung des Phänomens Montesquieu in der Geschichte der Ideologie auf dem Wege zu einer wissenschaftlichen Aneignung der gesellschaftlichen Realität kommen soll.

5. Einschätzung des Phänomens Montesquieu

Werner Krauss bemerkt über die dem Tode von Montesquieu folgende Einschätzung und Nutzung seines Werkes mit tiefer Einsicht in den weltanschaulichen Charakter der Ausführungen von Montesquieu und in die Strategie und Taktik der zur Revolution drängenden Ideologen der Bourgeoisie:

„Die Staatsreform, die eine Verwirklichung von Montesquieus Gedanken gefordert hätte, würde den Boden der ständisch privilegierten Gesellschaftsordnung nicht verlassen haben. Trotz dieser konservativen Grundtendenz war das Schicksal dem Nachruhm des Werkes in der Aufklärung überaus günstig. Durch ihre Ziellosigkeit und Mißwirtschaft hatten die wechselnden Regierungen unter Ludwig XV. immer mehr an Kredit verloren. Seit der Jahrhundertmitte übertönt das Schlagwort des zu beseitigenden Despotismus die weit radikalere und eigentlich geschichtlich fällige

[44] Vgl. dazu *J. Kuczynski*, Die Geschichte der Lage der Arbeiter unter dem Kapitalismus, Bd. 34, Berlin 1968, S. 64 f.

Forderung nach Gleichheit und Beseitigung aller ständischen Privilegien. So kam es, daß Voltaire mit seinen vom Standpunkt der Aufklärung sehr begründeten Einwänden gegen die Grundintention des Esprit des lois den propagandistischen Bedürfnissen der Stunde ins Gesicht schlug. Die Aufklärung mußte versuchen, aus einem so erfolgreichen Werk Kapital zu schlagen, ohne freilich den Punkt zu übersehen, auf dem sich ihr Weg von dem Montesquieus trennte.

Als Voltaire mit seinen Angriffen auf Montesquieus Esprit des lois fortfuhr, sah sich der zur Führung der aufgeklärten Fraktion ersehene Condorcet veranlaßt, bei allem schuldigen Respekt den Patriarchen auf das Unzweckmäßige dieser Polemik hinzuweisen.

Die Aufklärung konnte es sich nicht leisten, ein Werk, das zum Idol der Nation geworden war, von sich zu stoßen und es dem Gegner zu überlassen."[45]

Und die Philosophen, die Ideologen der Bourgeoisie taten recht so. Nicht nur aus taktischen Gründen: Montesquieu der Methodologe war der ihre, auch wenn der die Welt anschauende Politiker auf der anderen Seite der Barrikade stand.

Als dann die Revolution ausgesprochen war – Sorel schildert die Situation so: „Jeder gebildete Franzose hatte gegen Ende des Jahrhunderts in seiner Bibliothek einen Montesquieu, einen Voltaire, einen Rousseau und einen Buffon. Als die Generalstände einberufen wurden (8. August 1788 – J. K.) und jeder Franzose aufgefordert war, seine Ideen über die Reform des Staates bekannt zu geben, eilte ein jeder zu seinen Büchern und verlangte von seinen Lieblingsautoren, ihm Ideen oder Argumente für die Prinzipien, die er durchsetzen wollte, zu liefern. Am häufigsten wurden Rousseau und Montesquieu konsultiert. Rousseau hatte mehr Schüler, Montesquieu aber lieferte mehr Zitate."[46]

Mit der Zuspitzung der Widersprüche während der Revolution wurde Montesquieu jedoch mehr und mehr zur Autorität von Reaktion und Emigration – die jedoch später, 1814, wieder die politische Macht (eines allerdings in Basis und Staatsapparat recht veränderten Frankreich) übernahm und Montesquieu in ein in greifbarer Nähe befindliches Fach ihrer Bücherregale stellte.

Ganz anders in dem politisch viel weiter zurückgebliebenen Deutschland. Hier findet sich kein Robespierre, der Montesquieu nur als Feind sieht. Alle bedeutenden fortschrittlichen Kräfte sehen ihn als einen der ihren – von Herder, der 1774 in seiner „Auch eine Philosophie der Geschichte zur Bildung der Menschheit" von Montesquieus „edlem Riesenwerk" spricht[47] ... unter dem gewaltigen Eindruck seiner Methodologie ... bis zu Hegel, ebenfalls zutiefst von seiner Methodologie beeindruckt, der 1821 in seinen „Grundlinien der Philosophie des Rechts" hervorhebt: Montesquieu hat „die wahrhafte historische Ansicht, den echt philosophischen Standpunkt, angegeben, die Gesetzgebung überhaupt und ihre besonderen Bestimmungen nicht isoliert und abstrakt zu betrachten, sondern vielmehr als abhängiges Moment *einer* Totalität, im Zusammenhange mit allen übrigen Bestimmungen, welche

[45] *W. Krauss,* Studien zur deutschen und französischen Aufklärung, Berlin 1963, S. 271.

[46] *A. Sorel,* Montesquieu, Paris 1907, S. 149.

[47] *Herders* sämliche Werke, Hg. von B. Suphan, Bd. 5, Berlin 1891, S. 565.

den Charakter einer Nation und einer Zeit ausmachen; in diesem Zusammenhange erhalten sie ihre wahrhafte Bedeutung, sowie damit ihre Rechtfertigung."[48]

Es ist vor allem seine Methodologie, die Montesquieu bis heute zu den wenigen ganz großen Gesellschaftswissenschaftlern zählen läßt. Und da es seine Methodologie ist, sind sich bourgeoise Ideologen und Marxisten oft völlig einig in der Einschätzung.

Der bourgeoise französische Soziologe Raymond Aron sieht in Montesquieu den Begründer der Soziologie[49] und der sowjetische Romanist Wolgin spricht ganz selbstverständlich von den „soziologischen Ansichten" Montesquieus.[50]

Dilthey sieht in Montesquieu den ersten hervorragenden Gesellschaftswissenschaftler, den Wissenschaftler der Gesellschaft als ganzer.[51] Wolgin bemerkt: „In seinem Vorhaben – die allgemeinen Gesetze des sozialen Lebens aufzudecken – eilt Montesquieu zweifellos seiner Zeit voraus."[52]

Der Marxist Louis Althusser sieht in Montesquieu den ersten Vertreter der modernen Science politique, Political Science, Wissenschaft von der Politik[53], und wiederholt damit nur ein Urteil Frederick Pollocks, der ihn in seiner 1890 erschienenen „An introduction to the history of the science of politics" ähnlich rühmt.

Natürlich nehmen ihn auch Meinecke („Die Entstehung des Historismus" Bd. 1) als Vorläufer des relativierenden positivistischen Historismus, Cassirer („Die Philosophie der Aufklärung") als Vorläufer der Entwicklung des Max Weberschen „Idealtypus" und andere für anderen Unsinn in Anspruch. Aber dafür kann Montesquieu ebensowenig wie Marx für seine Interpretation durch Quasi-Marxisten.

Entscheidend ist vielmehr, daß kluge bourgeoise Denker ebenso wie Marxisten durch seine enormen, vorwärtsweisenden, den höchsten wissenschaftlichen Forderungen seiner Zeit entsprechenden, ja oft weit über sie hinausgehenden Leistungen in der Entwicklung einer Methodologie zur Untersuchung der gesellschaftlichen Verhältnisse zutiefst beeindruckt sind.

Soweit recht einfach. Aber Montesquieu war ja nicht nur Methodologe. Er hatte auch eine Weltanschauung. Und die war reaktionär.

Wurde sie auch allgemein als reaktionär anerkannt?

Die zweite Auflage der Großen Sowjetischen Enzyklopädie nennt in den ihm gewidmeten Artikel Montesquieu einen Ideologen der liberalen Bourgeoisie und seine Ansichten fortschrittlich. Auch nach Klemperer vertritt Montesquieu den Standpunkt des „wägenden Liberalismus"[54]. Wie sind solche Urteile von marxistischer Seite möglich, wo doch ein bourgeoiser Ideologe wie Aron klar erkennt, daß Montesquieu politisch ein Reaktionär war[55], und auch der westdeutsche Wissenschaftler Martin

[48] *G. W. Fr. Hegel*, Grundlinien der Philosophie des Rechts, Berlin 1956, S. 22.

[49] *R. Aron*, Les étapes de la pensée sociologique, Paris 1967, S. 27.

[50] *W. P. Wolgin*, Die Gesellschaftstheorien der französischen Aufklärung, Berlin 1965, S. 41.

[51] *W. Diltheys* gesammelte Schriften, VII. Bd., Leipzig und Berlin 1942, S. 86.

[52] *W. P. Wolgin*, a. a. O. S. 38.

[53] *L. Althusser*, Montesquieu, La politique et l'histoire, Paris 1964, S. 31.

[54] *V. Klemperer*, Geschichte der französischen Literatur im 18. Jahrhundert, Bd. I, Berlin 1954, S. 207.

[55] *R. Aron*, a. a. O. S. 63.

Göhring stellt richtig fest: „so diente sein Werk in erster Linie zunächst dem Kampf der feudalen Gewalten gegen den Absolutismus.“[56]

Ich glaube, zwei wichtige Ursachen für das Mißverständnis Klemperers und anderer liegen:

erstens in einer Verwechselung der ungeheuren fortschrittlichen Nutzungsmöglichkeiten der Methodologie von Montesquieu und seiner reaktionären Weltanschauung;

zweitens in dem völligen Mißverständnis seiner politischen Theorie der Gewaltenteilung, die Montesquieu in England gefunden zu haben glaubte.

Zu dem letzteren sei Krauss zitiert, da er eine Seite der zu zweit genannten Ursache der Fehlleistung in der Beurteilung Montesquieus als liberalen Vertreters der Bourgeoisie aufklärt:

„Trotz aller einzelnen Divergenzen war die vergangene Forschung zu einer einheitlichen Beurteilung der Grundbedeutung Montesquieus und seiner Hauptwerke gekommen. Als geschichtliche Errungenschaft wurde immer wieder die Klimatheorie, der geographische Materialismus herausgestellt. In politischer Hinsicht aber wurde Montesquieu als der begeisterte Herold der konstitutionellen englischen Regierungspraxis angesehen. So sagt Hettner in seiner berühmten Literaturgeschichte der Aufklärung: ‚Der Republikaner der Persischen Briefe ist ein englischer Whig geworden. Die Erkenntnis und Bewunderung des englischen Staatslebens und das glühende Streben, diese Erkenntnis auch für das Festland fruchtbar zu machen, ist seitdem Montesquieus tiefstes Denken und Wirken. – Was sich naturwüchsig durch den Lauf der Geschichte gestaltet hatte, faßte Montesquieu in Begriffe. Montesquieu ist der Begründer der konstitutionellen Staatslehre‘.

Für diese Forscher war es ausgemacht, daß Montesquieu in den englischen Verfassungsinstitutionen das Vorbild für die in Frankreich wünschenswerten Reformen erkannte. Weder Jellinek noch Dilthey hegen den leisesten Zweifel, daß Montesquieus Hauptwerk den englischen Institutionen und der Praxis des englischen Verfassungslebens in Frankreich Eingang gewähren wollte. Für die Datierungsfrage war damit eine klare Lösung gefunden: Das Datum von Montesquieus englischer Reise (1729) wäre demnach der Ausgangspunkt für die Konzeption seines Esprit des lois gewesen ...

Während sich die deutsche Geistesgeschichte in solchen Kapriolen gefiel, war in Frankreich schon längst das entscheidende Buch erschienen, mit dem ein ganz neuer Ausgangspunkt für die künftige Montesquieuforschung gesichert war. Carcassonnes Montesquieu et le problème de la constitution française (1926) ist der durchaus gelungene Versuch, die politischen und geschichtlichen Theorien des 18. Jahrhunderts aus der verschiedenartigen gesellschaftlichen Situation ihrer Träger zu erklären. Zugleich hat Carcassonne den Nachweis erbracht, daß sich im 18. Jahrhundert alle politischen Zukunftsforderungen auf das französische Mittelalter beriefen.“[57]

Natürlich hat Ely Carcassonne recht, daß sich die politischen Zukunftsforderungen Montesquieus auf das Mittelalter beriefen, sogar auf das relativ frühe, denn für Mon-

[56] *M. Göhring,* Montesquieu. Historismus und moderner Verfassungsstaat. Wiesbaden 1956, S. 32.
[57] *W. Krauss,* a. a. O., S. 242 f.

tesquieu beginnt die Monarchie bereits unter Ludwig XI. (1423–1483) despotische Züge anzunehmen, der letzte „echte" Monarch war für ihn Karl VII. (1403–1461). Montesquieu möchte also das Rad der Geschichte um 300 Jahre zurückdrehen –

aber mit einem Trick: mit dem, was er für die englische Verfassung hält. Und darum hat der Aufenthalt Montesquieus in England eine weit größere Bedeutung als Carcassonne meint. Für Montesquieu ist die Verfassung Englands (eines kapitalistischen Landes also) eine reine „Methodologie des Regierens", die sich durchaus auf ein feudales Frankreich nach Art des 14. Jahrhunderts anwenden ließe. Wenn D'Alembert meinte, daß England für Montesquieu bedeutet hätte, was Kreta für Lykurg war, so übertreibt er, aber nicht mehr.

Wiederum Verwirrung im Grunde durch Verwechslung von Methodologie und Weltanschauung!

Selbstverständlich hat Werner Krauss, wie auch schon zuvor zitiert, nicht die mindesten Illusionen über den reaktionären Charakter des politischen Engagements von Montesquieu, ebensowenig wie Althusser oder Wolgin, der auch interessanterweise auf die Sympathie Montesquieus für das englische Oberhaus hinweist.[58]

Es ist an der Zeit, zu einem Urteil über Montesquieu zu kommen – und zwar einem Urteil über Montesquieu als Wissenschaftler, denn nur auf ein solches kommt es in einer Geschichte der Wissenschaft, auch in einer beschränkten Geschichte der Gesellschaftswissenschaft an.

Wie sollen wir den weltanschaulich feudal-reaktionären Montesquieu, der keinen Fortschritt in der Geschichte wünscht und sich 300 Jahre oder noch weiter zurücksehnt, in einer Geschichte der Gesellschaftswissenschaft beurteilen?

Natürlich einzig und allein nach seiner wissenschaftlichen Leistung, sowohl als Rezeption der Wirklichkeit wie auch in ihrer Rückwirkung auf die Realität der Gesellschaft, in der er lebte und die seiner Zeit folgte.

Und da wird man wohl sagen können: er war der größte Gesamtgesellschaftswissenschaftler vor Hegel.

Es hat weit größere vormarxistische Politökonomen, Historiker und Rechtswissenschaftler, auch größere Philosophen vor ihm gegeben. Aber keiner hat unser Studium der Gesellschaft als ganzer, und unterschieden von der Natur, seit Aristoteles so gefördert wie Montesquieu, und sein gesamtgesellschaftlicher Blick ging weit, weit tiefer als der von Aristoteles, dem es im Grunde noch sehr fern lag, gesamtgesellschaftliche Gesetze auf der Basis des dialektischen Materialismus zu suchen.

[58] *W. P. Wolgin*, a. a. O., S. 49.

Turgot

Fünf Genies der Politischen Ökonomie vor Marx kennen wir: Petty, Quesnay, Turgot, Adam Smith und Ricardo; nur eines nach ihm: Lenin. Unter den fünf großen Politökonomen vor Marx war nur einer auch bedeutend als Gesellschaftswissenschaftler allgemein: Turgot; die philosophische Leistung von Smith wird mit Recht nicht besonders hoch geschätzt.

Turgot war hervorragend sowohl als Politökonom, wie auch als Methodologe der Gesellschaftswissenschaften allgemein, wie auch als Mann der gesellschaftlichen Praxis. Für einen Mann der gesellschaftlichen Praxis in höchster politischer Funktion, der zugleich ein ganz großer Theoretiker war, spielt natürlich die Weltanschauung in seinem Schaffen eine andere Rolle als für einen genialen Methodologen wie Montesquieu, dessen gesellschaftliche Praxis vor allem im sich Drücken vor juristischer Tätigkeit und im Besuch von Salons geistvoller Frauen bestand.

Es ist daher nur natürlich, daß, während unsere Montesquieu-Studie mit einem ausführlicheren Abschnitt über die Methodologie begann, einer Turgot-Studie zunächst eine Behandlung von Fragen der Weltanschauung zugrunde gelegt wird.

1. Zur Weltanschauung

Turgot war als Politökonom Physiokrat, das heißt glaubte, daß der entscheidende, allein Mehrwert bringende Wirtschaftszweig die Landwirtschaft sei; darum sei es auch sinnvoll, allein nur die Landwirtschaft zu besteuern. Die Physiokraten waren die erste bürgerliche Schule der kapitalistischen Politischen Ökonomie in Frankreich. Im Bündnis mit so manchen Enzyklopädisten wirkten sie für die erstarkende Bourgeoisie in der ihrem Ende entgegengehenden feudalen Gesellschaft.

Soweit erscheint alles recht einfach. In Wirklichkeit ist alles unendlich kompliziert.[1] Nicht dadurch, daß eine so junge kapitalistische Wissenschaft, geboren und genährt in der alten Gesellschaftsordnung, noch zahlreiche, insbesondere auch oberflächliche, nicht tief in ihr System eindringende, gewissermaßen „nur als Etikette“ wirkende feudale Elemente enthält. Aber wohl durch folgendes von Marx beobachtete Phänomen: „Die Etikette eines Systems unterscheidet sich von der andrer Artikel u. a. dadurch, daß sie nicht nur den Käufer prellt, sondern oft auch den Verkäufer. Quesnay selbst und seine nächsten Schüler glaubten an ihr feudales Aushängeschild. So bis zur Stunde unsre Schulgelehrten.“[2]

[1] Vgl. zum folgenden *J. Kuczynski,* Die Geschichte der Lage der Arbeiter unter dem Kapitalismus, Bd. 34, Berlin 1968, S. 22 ff.

[2] *K. Marx,* Das Kapital. Bd. II, in Marx/Engels, Werke Bd. 24, Berlin 1963, S. 360.

Das heißt, wir haben hier das außerordentliche Phänomen, daß eine im Schoße der alten Gesellschaft heranreifende neue, nämlich die kapitalistische Gesellschaft eine politökonomische Theorie entwickelt, die der neuen zur Macht drängenden Klasse selbstverständlich dient, eine Klassentheorie, eine parteiliche Theorie ist, eine der alten, herrschenden Klasse feindliche Theorie, eine sie zum Tode verurteilende Theorie, eben eine kapitalistische und darum antifeudale Theorie – daß aber gleichzeitig diese wirklich großen Denker zum Teil nicht nur klassenunbewußt sind, sondern ganz ehrlich meinen, eine politökonomische Theorie zu entwickeln, die der herrschenden, der feudalen Klasse dient, sie verherrlicht, eine feudale und keine kapitalistische Theorie ist.

Wie erklären sich diese auf den ersten Blick geradezu unsinnig erscheinenden Feststellungen? Wie ist es möglich, die fortschrittlichste kapitalistische Theorie der Zeit zu entwickeln und dabei zu glauben, es handele sich um eine feudale Theorie, eine Theorie, die der alten zum Sterben verurteilten Klasse und Ökonomie dient?

Marx, der als erster dieses Rätsel, dieses Knäuel von Widersprüchen festgestellt hat, hat auch die Lösung gegeben. Und zwar wie folgt: Nachdem er zunächst bemerkt hat, daß die Physiokraten den großen Fortschritt gemacht haben, „den Wert und den Mehrwert nicht aus der Zirkulation, sondern aus der Produktion abzuleiten", erklärt er dann von dem Lehrsystem der Physiokraten, weil diese unter Produktion, die Mehrwert bringt, ausschließlich die landwirtschaftliche Produktion verstehen: dieses Lehrsystem der Physiokraten „erscheint ... vielmehr als eine bürgerliche Reproduktion des Feudalsystems, der Herrschaft des Grundeigentums; und die industriellen Sphären, innerhalb deren das Kapital sich zuerst selbständig entwickelt, erscheinen vielmehr als ‚unproduktive' Arbeitszweige, bloße Anhängsel der Agrikultur ... Der Feudalismus wird so sub specie der bürgerlichen Produktion reproduziert und erklärt wie die Agrikultur als der Produktionszweig, worin sich die kapitalistische Produktion – d. h. die Produktion des Mehrwerts – ausschließlich darstellt. Indem so der Feudalismus verbürgerlicht wird, erhält die bürgerliche Gesellschaft einen feudalen Schein ... Das physiokratische System ... entspricht ... also der bürgerlichen Gesellschaft in der Epoche, worin sie aus dem Feudalwesen herausbricht."[3] Dabei müssen wir auch immer die Analyse des absolutistisch-feudalen Systems durch die Klassiker des Marxismus-Leninismus im Auge behalten als der Herrschaft des absoluten Königtums, die so entstand, daß sich der König gleichzeitig auf feudale aristokratische und bürgerliche Schichten stützte und sie gegeneinander ausspielte.

Das erste grundlegende Täuschungselement hinsichtlich des Klassencharakters des physiokratischen Systems besteht also darin, daß es denjenigen Wirtschaftszweig, der die wirtschaftliche Produktionsbasis des feudalen Systems bildet, die Landwirtschaft, zur entscheidenden Basis aller wirtschaftlichen Tätigkeit erklärt. Dadurch wird scheinbar das feudale System theoretisch als das einzig mögliche und zugleich beste erklärt. Alle Aktivitäten der Bourgeoisie, vor allem Manufaktur und Handel, wer-

[3] *K. Marx*, Theorien über den Mehrwert, I. Teil in *Marx/Engels*, Werke Bd. 26, 1, Berlin 1965, S. 19 f.

den als abgeleitete, im Grunde unfruchtbare, keinen Mehrwert bringende Aktivitäten angesehen. Also wird scheinbar die am stärksten ausgebildete Grundlage der wirtschaftlichen Aktivität der kapitalistischen Elemente innerhalb der feudalen Gesellschaft für zweitrangig und letztlich bedeutungslos für das gesellschaftliche Leben erklärt. Wahrhaftig, ein recht breites und solides feudales Aushängeschild, das für viele, einschließlich zahlreicher physiokratischer Politökonomen selbst, wie ein Brett vor dem Kopf wirken konnte und mußte.

Aber nun setzt hinter diesem feudalen Aushängeschild der folgende erstaunliche dialektische Prozeß der Verneinung des Feudalismus ein: Da nach Ansicht der Physiokraten die Landwirtschaft die einzig solide, wirklich Mehrwert schaffende Grundlage aller wirtschaftlichen Tätigkeit ist, so soll auch nur sie besteuert werden. Denn die Steuer soll da einsetzen, wo wirklich etwas zu besteuern ist, da, wo Mehrwert geschaffen wird, der besteuert werden kann, da, wo wirklich die Quellen des Reichtums sind. Was aber bedeutet diese Lehre des Physiokratismus, daß nur der Grundbesitz zu besteuern ist, daß das Steueraufkommen allein aus der Landwirtschaft stammen soll? Marx erläutert, was hier vor sich geht: Die Steuerlehre des Physiokratismus führt dazu, daß, „die scheinbare Verherrlichung des Grundeigentums in [dessen] ökonomische Verneinung und Bestätigung der kapitalistischen Produktion umschlägt. Einerseits werden alle Steuern auf die Grundrente verlegt, oder das Grundeigentum wird in andren Worten partialiter konfisziert ... Indem die Steuer ganz auf die Grundrente gewälzt wird, weil sie der einzige Mehrwert ist – daher jede Besteuerung andrer Einkommensformen nur auf einem Umweg, daher nur auf ökonomisch schädlichem Wege, in einer die Produktion hemmenden Weise das Grundeigentum besteuert –, wird die Steuer und damit alle Staatsintervention von der Industrie selbst entfernt und diese so von aller Staatsintervention befreit."[4]

Das heißt, die besondere Vorzugsstellung, die die Landwirtschaft im physiokratischen System einnimmt, die ehrenvolle Rolle als einzig fruchtbares, Mehrwert bringendes Wirtschaftsgebiet, kommt sie recht teuer zu stehen. Sie muß dafür zahlen und zahlen, während die sogenannten unfruchtbaren bürgerlichen Produktionszweige, in denen die kapitalistischen Elemente schnell an Macht zunehmen, eben wegen ihrer angeblichen Unergiebigkeit und Zweitrangigkeit, fröhlich und unbeschwert von den Eingriffen des feudalen Staates, seien sie finanzieller oder anderer Art, heranwachsen können.

Überdies ist, die ideologische Verwirrung noch steigernd, zu beachten, daß die Physiokraten in ihren Betrachtungen im Grunde von einer kapitalistisch betriebenen Landwirtschaft ausgehen. Marx bemerkt: „Der Repräsentant des industriellen Kapitals – die Pächterklasse – leitet die ganze ökonomische Bewegung. Der Ackerbau wird kapitalistisch betrieben, das heißt als Unternehmung des kapitalistischen Pächters auf großer Stufenleiter; der unmittelbare Bebauer des Bodens ist Lohnarbeiter."[5]

Aber das ist den Physiokraten nicht klar. Die gesellschaftliche Situation, die Überbauverhältnisse bieten ein Bild wirklich ganz außerordentlicher Verwirrung. Wahr-

[4] Ebendort, S. 22 f.

[5] *K. Marx*, Das Kapital. Bd. II, a. a. O.

lich, hier gehen die Menschen nicht nur, wie Marx in anderem Zusammenhang bemerkt, „von ihrem Willen unabhängige Verhältnisse ein“, sondern sie bauen von ihren Anschauungen unabhängige theoretische Systeme auf. „Die List der Entwicklung der Theorie“, wie Hegel sagen würde, bringt hier die merkwürdigsten Erscheinungen. Man muß sich doch darüber klar sein, daß treue Diener eines feudalen Staates ihrer eigenen Ansicht nach kluge, feudale, politökonomische Theorien entwickeln und in ihrer vermeintlichen Auffassung, daß sie treue Diener der feudalen Gesellschaft sind, noch bestärkt werden durch den Beifall, den sie in feudalen Kreisen finden, und durch die Gleichgültigkeit, der sie oft in der neuen, werdenden, zur Herrschaft drängenden Klasse der Bourgeoisie begegnen. Ja, um dieses wirklich alles Ausmaß der Widersprüchlichkeit der Entwicklung übertreffende Geschehen noch weiter zuzuspitzen, finden wir, daß Turgot, in dessen Lehre, wie Marx sagt,[6] der feudale Schein „vollständig verschwindet“, als einziger aller Physiokraten unter Ludwig XVI. eine Stelle von größtem Einfluß auf die Wirtschaftsgestaltung des Landes erhält, Minister eines feudalen Königs wird, ganz klare antifeudale Maßnahmen durchführt, aber deshalb keineswegs in Feudalkreisen oder in bürgerlich-kapitalistischen Kreisen als Repräsentant einer neuen zur Macht drängenden Klasse gilt. Und als er dann gestürzt wird, hat kaum jemand in Frankreich, ganz gleich, ob er im feudalen oder im kapitalistischen Lager steht, das Gefühl bzw. äußert es, daß hier der Repräsentant einer bestimmten Klasse gestürzt wird und daß dieser Sturz irgendwelche unmittelbare politischen Folgen haben könnte; und er hat auch keine.

Aber verfolgen wir die Widersprüchlichkeit des Systems der Physiokraten und den Mangel an Klassenbewußtsein, der diese Politökonomen kennzeichnet, noch weiter, denn hier handelt es sich wirklich um ein nie wieder in der Geschichte politökonomischen Denkens dagewesenes Phänomen:

Die Steuermaßnahmen, die auf die Landwirtschaft begrenzt werden und die auf der Verherrlichung des Grundeigentums als der Mutter aller Fruchtbarkeit beruhen, werden nach der Auffassung der Physiokraten zum Wohle der feudalen, der Grundbesitzergesellschaft getroffen. Wenn Marx sagt: „Angeblich geschieht dies zum Besten des Grundeigentums, nicht im Interesse der Industrie“[7], so bezieht sich das „angeblich“ auf den sachlichen Kern der Theorie, nicht etwa auf die Ehrlichkeit der Überzeugung der Physiokraten. Was für Konsequenzen hat nun diese ausschließliche Beschränkung des staatlichen steuerlichen Eingriffes auf die Landwirtschaft? Marx sagt: „Damit zusammenhängend: Laissez faire, laissez aller; die ungehinderte freie Konkurrenz, Beseitigung aller Staatseinmischung, Monopole usw. von der Industrie. Da die Industrie nichts schafft, nur verwandelt in andre Form die ihr von der Agrikultur gegebnen Werte, denen sie keinen neuen Wert zusetzt, sondern als Äquivalent nur in andrer Form die ihr gelieferten Werte zurückgibt, so ist es natürlich wünschenswert, daß dieser Verwandlungsprozeß ohne Störungen vor sich geht und in der wohlfeilsten Weise; und dies wird nur durch die freie Konkurrenz bewirkt, indem die kapitalistische Produktion sich selbst überlassen wird. Die Emanzipation der

[6] K. *Marx*, „Theorien“, a. a. O., S. 20.

[7] Ebendort, S. 23.

bürgerlichen Gesellschaft von der auf den Trümmern der Feudalgesellschaft* errichteten absoluten Monarchie findet also nur im Interesse des in einen Kapitalisten verwandelten und auf bloße Bereicherung bedachten feudalen Grundeigentümers statt. Die Kapitalisten sind nur Kapitalisten im Interesse des Grundeigentümers, ganz wie die weiter entwickelte Ökonomie sie nur Kapitalisten im Interesse der arbeitenden Klasse sein läßt."[8]

Man könnte meinen, daß in einer Satire irgendein „teuflischer Vertreter raubgieriger Kapitalisten", der mit all der kühnen Frechheit, über die die bürgerliche Klasse in ihrer Jugend verfügte, einer Gruppe feudaler Kretins einreden möchte, daß der kommende Kapitalismus die Position ihrer Klasse für immer sichern würde. Aber nein: all dies ist gesellschaftliche Wirklichkeit, und dem guten Quesnay oder gar dem feudalen Baron Mirabeau lag wahrlich alles Mephistophelische fern. Sie waren das unbewußte Sprachrohr kommender großer historischer Bewegungen und vertraten die Interessen der Klasse der Kapitalisten – auch wenn Quesnay der Sohn eines Kleinbauern war und Mirabeau zur Klasse der Feudalen gehörte und persönlich feudale Interessen hatte.

Darum sagt Marx auch: „Man begreift zugleich, wie der feudale Schein dieses Systems, ganz wie der aristokratische Ton der Aufklärung, eine Masse von feudalen Herren zu Schwärmern und Verbreitern eines Systems machen mußte, das wesentlich das bürgerliche Produktionssystem auf den Ruinen des feudalen proklamierte."[9]

Es ist offenbar, daß eine so merkwürdige ideologische Situation nur in Frankreich damals entstehen konnte. Denn Frankreich war auf der einen Seite ein Land, dessen Gesellschaft einen feudalen Charakter trug – und darin war es ähnlich Deutschland und anderen Ländern. Auf der anderen Seite aber waren in Frankreich die kapitalistischen Elemente bereits so stark entwickelt, daß in der Basis die Voraussetzungen für die Schaffung einer kapitalistischen Politischen Ökonomie gegeben waren – und darin unterschied es sich von den übrigen feudalen Ländern des Kontinentes, darin stand es dem kapitalistischen England viel näher als diese –, ohne jedoch wie England eine klassische Entwicklung des Kapitalismus durchzumachen. Während Frankreich die klassische bürgerliche Revolution vollzog, war der der Revolution voran-

[8] Ebendort.

* Wenn Marx von Ruinen des feudalen Systems, von seinen Trümmern spricht, so heißt das nicht etwa, daß die Gesellschaft Frankreichs im 17. und 18. Jahrhundert nicht eine feudale war. Das feudale System Frankreichs war im 15. und 16. Jahrhundert durch die frühe kapitalistische Entwicklung so weit erschüttert und geschwächt worden, daß man das 16. Jahrhundert eine „kapitalistische Ära" (Marx) nennen und nur noch von Trümmern einer Feudalgesellschaft sprechen kann – ohne daß auf diesen Trümmern bereits eine kapitalistische Gesellschaft errichtet worden war. Das Wiedererstarken der feudalen Kräfte im 17. und 18. Jahrhundert war jedoch so bedeutend, daß man die französische Gesellschaft des 17. und 18. Jahrhunderts eine feudale nennen muß. Darum sagt auch Marx, daß diese Widersprüche der physiokratischen Lehre „Widersprüche der kapitalistischen Produktion, die sich aus der feudalen Gesellschaft herausarbeitet", sind. Bekanntlich haben auch die preußischen Junker bewiesen, daß man sich auch noch auf Ruinen recht lange halten und seine Macht von einer schon recht zertrümmerten Burg aus ausüben kann – J. K.

[9] Ebendort.

gehende Prozeß der teilweisen Umwandlung der Produktionsverhältnisse voller Eigenarten und äußerst kompliziert. Darum auch die entsprechenden Widersprüche in Inhalt und Form der Lehre des Physiokratismus.

Frankreich brachte aber noch eine weitere entscheidende Voraussetzung für die Entwicklung dieser Lehre mit, die in gewisser Weise gerade mit dem feudalen Charakter seiner Wirtschaft in Verbindung stand. Und auf dieser Voraussetzung beruht gerade der fortschrittliche, weit über das Niveau der englischen Politischen Ökonomie hinaus fortschrittliche Charakter dieser kapitalistischen Politischen Ökonomie. Marx sagt, daß die Theorie des Physiokratismus gerade „in Frankreich, in einem vorherrschend ackerbauenden Lande (das heißt einem noch feudal gebundenen Lande, denn ein kapitalistisches Land wäre nicht als „vorherrschend ackerbauendes Land" bezeichnet worden – J. K.), nicht in England, einem vorherrschend industriellen, kommerziellen, seefahrenden Land" entstehen mußte. Und fügte hinzu: „Hier (in England – J. K.) ist natürlich der Blick auf die Zirkulation gerichtet, daß das Produkt erst als Ausdruck der allgemein gesellschaftlichen Arbeit – [als] Geld – Wert erhält, Ware wird ... Soll aber das Schaffen des Mehrwerts in der Produktionssphäre selbst nachgewiesen werden, so muß zunächst zum Arbeitszweig zurückgegangen werden, worin er sich unabhängig von der Zirkulation darstellt, zur Agrikultur. Diese Initiative ist daher in einem Lande vorherrschender Agrikultur geschehn."[10]

So wird klar, warum es gerade Frankreich war, wo sich das physiokratische System der Politischen Ökonomie entwickelte, und zugleich, warum dieses System eine so komplizierte Rolle im Überbau spielte.

Wenn wir an die gleichzeitige Entwicklung in England denken, wird aber auch klar, warum diesem großen Fortschritt im politökonomischen Denken nur eine so kurze Zeit der Blüte beschieden war. Denn kaum hatte sich das physiokratische System entwickelt, als die kapitalistische Basis in England soweit fortgeschritten war, daß sich auch dort das Interesse von der Zirkulation auf die Produktion zu konzentrieren begann – aber nicht, wie im feudalen Frankreich, auf die Landwirtschaft, sondern auf die Industrie, das heißt auf diejenige Sphäre der kapitalistischen Wirtschaft, in der vor allem Mehrwert geschaffen wird. Das heißt, mit dem 1776 erschienenen Werke von Smith über den Wohlstand der Nationen wendet sich die englische Politische Ökonomie nicht nur der Sphäre zu, in der wirklich Mehrwert geschaffen wird, wie es schon die Physiokraten getan haben, sondern auch zur zentralen Sphäre der Mehrwertproduktion, nämlich der Industrie. Diese Entwicklung in England wurde natürlich durch die entsprechenden Veränderungen in der Basis, nämlich das starke Wachstum der Manufaktur im 18. Jahrhundert hervorgerufen.

Das heißt, die Politische Ökonomie des Physiokratismus preßt sich gerade zwischen die Periode des Merkantilsystems und des Manufaktur- und Industriesystems. Keine Generation liegt zwischen dem Erscheinen der ersten grundlegenden Arbeit von Quesnay und dem Erscheinen des epochemachenden Werkes von Adam Smith. Alle physiokratischen Schriften, die nach 1776 erscheinen, haben nur noch geringe Bedeutung. Diese geringe Bedeutung liegt aber nicht nur darin, daß sie – wie man nach

[10] Ebendort, S. 20 f.

dem Erscheinen des Werkes von Smith sagen kann – am entscheidenden Thema vorbeigehen, sondern auch darin, daß sie den Arbeiten der großen französischen Physiokraten nichts von Bedeutung mehr hinzuzufügen haben.

Sie können auch der ganzen Widersprüchlichkeit des physiokratischen Systems nur noch wenig hinzufügen. Diese Widersprüchlichkeit haben wir in dem Sein und in dem objektiven Inhalt dieser Lehre, in den Produktionsverhältnissen, die sie hervorgebracht, und in den Klassen, deren Interessen sie vertritt, auf der einen Seite – und in dem Bewußtsein, in der gesellschaftlichen Interpretation ihrer eigenen Gedanken durch die Physiokraten auf der anderen Seite, herauszuarbeiten gesucht. Wir haben sie in der ehrlich feudalen Neigung dieser objektiv antifeudalen und prokapitalistischen Politökonomen entdeckt. Wir finden sie im Grunde überall, wo wir ihr System näher untersuchen. Darum spricht auch Marx von den „Widersprüchen des ganzen Systems der Ökonomisten"[11] und wählt als besonders grell illustrierendes Beispiel das folgende aus[12]: „U. a. war Quesnay für absolute Monarchie. ‚Die Gewalt soll eine einzige sein ... Das System der Gegenkräfte in einer Regierung ist verderblich; es läßt nur den Zwiespalt unter den Großen und die Unterdrückung der Kleinen erkennen.' (Maximes générales du gouvernement économique d'un royaume agricole.) Mercier de la Rivière: ‚Schon dadurch, daß dem Menschen bestimmt ist, in der Gesellschaft zu leben, ist ihm bestimmt, unter dem Despotismus zu leben'. (L'Ordre naturel et essentiel des sociétés politiques.) Und nun gar der ‚Freund des Volkes', der Marquis de Mirabeau! Mirabeau le père!"

Begeisterte Anhänger der feudalen absoluten Monarchie sind diese Männer, und nichts könnte ihren Äußerungen über die Form der Gesellschaft ferner sein als der geringste Angriff auf die absolute Monarchie. Getreue Diener ihres absoluten Königs – anders kann man sie nicht bezeichnen. Aber wie fährt Marx fort! „Und gerade diese Schule durch das laissez faire, laissez aller wirft den Colbertismus um, überhaupt alle Einmischung der Regierung in das Treiben der bürgerlichen Gesellschaft. Sie läßt den Staat nur noch in den Poren dieser Gesellschaft fortleben, wie Epikur seine Götter in den Poren der Welt."

Das heißt, diese getreuesten Diener ihres feudalen, absoluten Monarchen verlangen, daß dieser seine feudalen Finger aus der kapitalistischen Wirtschaftssphäre des Handels und der Manufaktur herausläßt. Sie beschränken die Macht der allerhöchsten, despotischen Gewalt, die sie als solche anerkennen, auf das schärfste, sobald es sich um bürgerliche Angelegenheiten, um das Wachstum der Kräfte des Kapitalismus, um die Unterhöhlung der feudalen Basis dieser allerhöchsten despotischen Gewalt, ohne die sie, wie sie sagen, nicht auskommen können, handelt.

Welch groteske Ansammlung von Widersprüchen! Aber diese Widersprüchlichkeit wird paradoxerweise von den Physiokraten in einem philosophischen System verankert und begründet. Indem sie für den despotischen Herrscher eintreten, verlangen sie ihrer Ansicht nach nichts anderes als das Wirken der ewigen „natürlichen" Gesetzes-

[11] Ebendort, S. 36 – Der Ausdruck Ökonomisten ist ein anderer für Physiokraten.

[12] Ebendort, S. 36 f.

ordnung durch den despotischen Herrscher. Ihr Ideal ist der Kaiser von China[13], dem sie den französischen König ähnlich machen wollen, da jener spezielles Interesse für die Landwirtschaft zeigt und als Gefäß des göttlichen Willens, dem wieder die „natürliche Ordnung" entspringe, fungiere. Ganz anders steht es nach physiokratischer Ansicht mit den zahlreichen, die Industrie hemmenden Edikten von Colbert. Bei diesen Edikten handelt es sich nämlich nicht um „natürliche", sondern um sogenannte „positive" Gesetze. An sich sollten die „positiven Gesetze" nichts anderes sein als eine Bekräftigung der „natürlichen Gesetze". Wenn die Menschen vernünftig wären, brauchte man übrigens überhaupt keine „positiven Gesetze" zu erlassen. Da nun infolge der Unvollkommenheit der Menschen die „positiven Gesetze" häufig nicht den „natürlichen Gesetzen" entsprächen, sei es das beste, überhaupt möglichst wenige Gesetze zu erlassen. Von der Despotie des feudalen Monarchen bleibt so im Grunde nichts anderes wie seine Funktion, als Sprachrohr der „natürlichen" Ordnung zu wirken und dabei doch möglichst wenig zu sprechen. Fritz Behrens erzählt sehr anschaulich zu dieser Problematik: „Als der Begründer des Physiokratismus, François Quesnay, Hofarzt Ludwig XV., einmal gefragt wurde, was er tun würde, wenn er König wäre, soll er geantwortet haben: ‚Nichts.' Auf die weitere Frage, wer denn regieren würde, antwortete er: ‚Das Gesetz!' Er meinte nicht das subjektive – juristische – Gesetz, sondern das objektive – ökonomische – Gesetz, und das war das Neue! Die Welt läuft automatisch, wenn man sie nur sich selbst überläßt – auf Grund der ihr innewohnenden Gesetze."[14] Jetzt, mit mehr als hundert Jahren Abstand, ist die französische Politische Ökonomie des Physiokratismus dort angekommen, wo die englische Politische Ökonomie seit Mun, dem Merkantilisten, gestanden hatte: auf dem Punkt der Erkenntnis, daß es objektive ökonomische Gesetze gibt, die sich jedem falschen menschgemachten Gesetze gegenüber durchsetzen. Natürlich unter grundlegend anderen Umständen. Eine Formulierung, wie sie Davenant – mit Mun und Child einer der drei großen Erkenner des Charakters objektiver ökonomischer Gesetze – brachte: „Heutzutage werden eigentlich nur noch Gesetze befolgt, die sich sozusagen von selbst durchsetzen"[15], wäre in dem feudalen Frankreich sowohl unter dem herrschenden ideologischen Druck, wie auch vor allem, weil sie nur sehr bedingt der Wirklichkeit entsprochen hätte, unmöglich gewesen. Da muß man mit dem chinesischen Kaiser als Ideal arbeiten. So löst sich für die Physiokraten der Widerspruch zwischen der Begeisterung für das absolute despote Haupt einer feudalen Monarchie und ihrer Forderung, daß man die neue (bürgerlich-kapitalistische) Gesellschaft möglichst ungestört im Schoße der alten (feudalen) Gesellschaft heranreifen lasse.

13 Über China als Ideal der „Aufklärer" wie auch der Jesuiten in dieser Zeit vgl. die kurzen Bemerkungen bei *V. Klemperer*, Geschichte der französischen Literatur im 18. Jahrhundert. Bd. I, Berlin 1954; *P. Martino*, L'orient dans la litérature française au XVIIe et au XVIIIe siècle. Paris 1906; *A. Reichwein*, China und Europa. Geistige und künstlerische Beziehungen im 18. Jahrhundert. Berlin 1923; und *R. Etiemble*, China und das Europa der Aufklärung. In: „Sinn und Form", Jg. 13, Berlin 1961, Heft 4.

14 *Fr. Behrens*, Die Politische Ökonomie bis zur bürgerlichen Klassik, Berlin 1962, S. 154.

15 *Ch. Davenant*, Essay upon the probable methods of making a people gainers in the balance of trade, London 1699, S. 55.

So löst sich auch in gewisser Weise der Widerspruch, daß diese Politökonomen, die vielfach nicht aus der herrschenden feudalen Klasse kommen, und die Leibarzt des Königs (Quesnay), bürgerliche Beamte wie Dupont, kleiner Beamtenadel wie Mercier de la Rivière waren, nicht nur einen feudalen Marquis wie Mirabeau zu den ihren zählten, sondern ein Auditorium von Hofdamen in Versailles und von feudalen Herrschern in ganz Europa hatten – darunter Katharina von Rußland und Joseph II. von Österreich, Stanislaus von Polen und Leopold von Toskana, Karl Friedrich von Baden und Gustav III. von Schweden.

Anne Robert Jacques Turgot, Baron de l'Aulne, aus altem kleinadligen Geschlecht, verbrachte den Hauptteil seines aktiven Lebens als hoher Provinzbeamter des Königs Ludwig XV. Dessen Nachfolger Ludwig XVI. holte sich den ausnehmend tüchtigen und ungewöhnlich sauberehrlichen Beamten bei seinem Regierungsantritt zunächst als Marineminister und wenige Wochen später als Finanzminister.

Gut befreundet mit den Enzyklopädisten, Mitglied (Marx nennt ihn einmal auch „Chef"[16]) der Schule der Physiokraten (auch wenn er sich dagegen wehrte, als Physiokrat bezeichnet zu werden, genau wie Marx sich dagegen wehrte, „Marxist" zu sein), war er, wie Marx es ausdrückt, „einer der intellektuellen Helden, die das alte Regime stürzten"[16a], einer der „direkten Väter der Französischen Revolution"[16b] – auch wenn sein ganzes Wirken als Minister im Kampf gegen eine solche Vaterschaft bestand ... hatte er doch den König ausdrücklich gewarnt: „Vergessen Sie nie, Sire, daß es Schwäche war, die das Haupt Karl I. (von England – J. K.) auf den Richtblock brachte."[17]

Marx spricht, wie schon bemerkt, davon, daß bei Turgot der feudale Schein des physiokratischen Systems „vollständig verschwindet", und nennt ihn etwas später „der radikale Bourgeois*minister*"[18]. Natürlich darum auch die Begeisterung eines der bewußtesten unter den großen Aufklärern jener Jahre, als Turgot Minister wird, seines Freundes Voltaire, der auf die entsprechende Mitteilung von Condorcet diesem antwortet: „Sie haben mein Herz mit heiliger Freude gefüllt."[19] Und an Turgot schreibt er, wie traurig es ihn mache, „nahe dem Tode zu sein, wo ich doch jetzt die Tugend und die überlegene Vernunft ihren ihnen gebührenden Platz einnehmen sehe".[20]

Der neue Minister sammelt seine politischen Freunde um sich. Du Pont de Nemours, der inoffizielle Generalsekretär der Schule der Physiokraten, wird seine Rechte Hand im Ministerium. Der Abbé Baudeau, seit langem der Publizist der Physiokraten, erhält eine Subvention vom Ministerium, um die eingestellte Zeitschrift

[16] *Marx/Engels,* Werke Bd. 15, Berlin 1961, S. 375.

[16a] Ebendort.

[16b] *K. Marx,* „Theorien" a. a. O., S. 319.

[17] Zitiert z. B. bei *E. Faure,* La disgrâce de Turgot, Paris 1961, S. 499, nach dem Tagebuch des Abbé de Véri.

[18] *K. Marx,* a. a. O., S. 37.

[19] Œuvres de *Turgot,* par G. Schelle (künftig zitiert als „Schelle") Bd. 4, Paris 1922, S. 79.

[20] Ebendort.

der Schule, die Ephémérides, wieder veröffentlichen zu können. Den jungen so begabten Enzyklopädisten Marquis de Condorcet macht Turgot zum Generalinspektor. Man hat wahrlich den Eindruck: eine neue Partei ist zur Macht gekommen und besetzt die Kommandohöhen der Wirtschaftsverwaltung.

Den gleichen Eindruck haben wir, wenn wir die Maßnahmen des Finanzministers betrachten: Einführung der Freizügigkeit des Handels, insbesondere des so wichtigen Getreidehandels – etwa die Hälfte des Einkommens eines Arbeiters oder Handwerkers geht in dieser Zeit auf den Kauf von Getreide und Getreideprodukten –, Aufhebung der Privilegien der Zünfte, Aufhebung einiger spezieller Feudallasten, insbesondere der Zwangsarbeit beim Straßen- und Brückenbau.

Fühlt sich Turgot auch als Vertreter des Bürgertums, klarer noch: der künftigen Bourgeoisie? Schon aus früherer Zeit berichtet Madame du Hausset, Kammerdame der Pompadour, von einer Unterhaltung über die Liebe der Franzosen zu ihrem König, in der Turgot erklärt habe: „Diese Liebe ist keineswegs blind, sie basiert vielmehr auf einem tiefen Gefühl und auf der Erinnerung an große Wohltaten. Die Nation, ja, ich möchte mehr sagen, Europa und die Menschheit schulden einem König von Frankreich (ich habe den Namen vergessen*) die Freiheit; er hat die Gemeindeverwaltungen gegründet und damit einer gewaltigen Anzahl von Menschen eine bürgerliche Existenz gegeben. Ich weiß, daß man mit Recht sagen kann, daß der König seinen Interessen diente, indem er sie befreite; daß sie ihm dafür gezahlt haben und daß er schließlich dadurch die Macht der Großen und des Adels schwächen wollte; aber was ergibt sich? Daß diese Tat gleichzeitig nützlich, politisch richtig und menschlich ist."[21]

Hier begründet Turgot also seine Liebe zum König mit den Maßnahmen des Königs, die die Klassiker des Marxismus-Leninismus uns als die historische Voraussetzung für die Schaffung der absoluten Feudalmonarchie aufgezeigt haben. Turgot sieht zwar auch ganz klar, daß der König damals (im 14. Jahrhundert) das Bürgertum nur deswegen förderte, um es gegen die großen Feudalherren ausspielen zu können. Aber, sagt er, nicht die spezifischen Interessen des Königs seien hier das Entscheidende, sondern die historischen Konsequenzen, die sich ergeben hätten. So ist er also nach trefflicher Analyse der Vorgänge, auf die er anspielt, „als Bürger" dem König dankbar.

Formal ist alles in Ordnung. Turgot umgibt sich mit den fortschrittlichsten Vertretern des Bürgertum in seinem Ministerium, er ergreift anti-feudale Wirtschaftsmaßnahmen und hat auch das Gefühl, ein anti-feudaler Bürger zu sein – oder geht das Letztere nicht schon zu weit? Ja, es geht zu weit! Er ist zwar gegen alles Feudale eingestellt: gegen die feudalen Parlamente, gegen die feudalen Zünfte, gegen die feudalen Handelsauffassungen, ein begeisterter Anhänger des Grundprinzips der vormonopolistischen kapitalistischen Wirtschaft, der freien Konkurrenz.

Aber daß er anti-feudal ist, weiß er nicht! Und während Turgot faktisch anti-feudal ist, nimmt das Bürgertum eine solche Haltung ein, daß Georges Weulersse

* Es handelt sich um Philipp V., genannt „der Lange" – J. K.

[21] Mémoires de Madame *du Hausset*. Paris 1824, S. 162.

ein Kapitel seiner Studie über die Physiokratie unter Turgot überschreiben kann: „Die Opposition der Manufakturisten und Händler".[22] Necker, ein bürgerlicher Bankier aus der Schweiz, stellt sich an die Spitze der Publizistik gegen Turgot. Bürgerliche Steuereinnehmer, reiche Handwerker, große Kaufleute, eingebaut in das System feudaler Privilegien, treten gegen ihn auf.

Dazu kam die Empörung der Massen, als bald nach Durchsetzung der Getreidehandelsfreiheit innerhalb Frankreichs eine Mißernte die Getreidepreise herauftrieb. Mit eiserner Strenge und unter rücksichtslosem Aufgebot des Militärs ließ Turgot, sehr zur Zufriedenheit des Königs, die lokalen Getreideaufstände unterdrücken: hatten doch seiner Ansicht nach die (kapitalistischen) Gesetze des Handels recht gegenüber dem Hunger der Massen.

Überhaupt war der König ganz zufrieden mit seinem Minister, der Ordnung in die Mißwirtschaft seines Landes bringen wollte – obgleich zahlreiche dem Hof nahestehende Vertreter feudaler Interessenkreise gegen Turgot auftraten und ihn mit den üblichen Intrigen zu stürzen drohten.

Wen hatte Turgot eigentlich hinter sich außer dem König und dem besten Teil der fortschrittlichen Intelligenz? An sozialen Kräften sonst wohl keine. Und da sollte er eine klassenbewußte anti-feudale Haltung entwickeln?

Er aber ging, fast wie ein tumber Tor, konsequent den Weg der bürgerlichen Gesetzesreform als Minister weiter. Den letzten Stoß gab er sich, als er, ohne die Bourgeoisie organisiert hinter sich gebracht zu haben, gewissermaßen als Partisan der kapitalistischen Interessen, von sich aus dem König ganz kühl den Vorschlag unterbreitete, doch ein bürgerlich-kapitalistisches an die Stelle eines feudalen Verwaltungssystems zu setzen. Und diesmal, noch bevor die Öffentlichkeit irgendwelche ernstere Notiz von diesem Projekt nehmen konnte, antwortete der König durch entsprechende Randbemerkungen und Kommentare als selbstbewußter Vertreter der feudalen Interessen. Dieses schriftlich uns überkommene Zwiegespräch zwischen dem bürgerlichen Finanzminister, der eindeutig die Interessen der aufkommenden kapitalistischen Klasse verficht, und dem feudalen König, der eindeutig die Interessen der feudalen Klasse vertritt, würde wie ein absolut logischer Abschluß der Karriere des bürgerlichen Ministers Turgot erscheinen, wenn nicht der Rahmen, in dem sich das Ganze abspielt, ein so „unlogischer" wäre. Denn wenn Turgot als Vertreter des kapitalistischen Bürgertums auftritt, hat er doch keine organisierte Klasse, nicht einmal eine einflußreichere Interessengruppe hinter sich, sondern handelt gewissermaßen als Individuum, das ebenso selbstherrlich, wie der feudale König durch einen Federstrich den Kopf eines Untertanen rollen läßt, als bürgerlicher Minister eine ganze Gesellschaftsordnung mit einem Federstrich köpfen will. Und wenn auch der feudale König Turgot zahlreiche prokapitalistische Maßnahmen hat durchführen lassen, weil er meinte, es handele sich hier um Versuche, die allgemeine Verwaltung und vor allem die Staatskasse in Ordnung zu bringen, und er zur Erreichung dieses Zieles gerade als absoluter feudaler König zu Zugeständnissen bereit war, so hebt sich

[22] *G. Weulersse*, La physiocratie sous les ministères de Turgot et de Necker (1774–1781), Paris 1950, S. 156.

dieser noch nicht Fünfundzwanzigjährige jetzt auf ein Niveau des Klassenbewußtseins und der Klarheit feudalen Denkens, das wohl einzig in diesem zumeist ziemlich albern verbrachten Leben gewesen ist.

Worum es ging, war eine Reorganisation der Finanzverwaltung auf bürgerlich-kapitalistischer, antiständischer, antifeudaler Grundlage. Das Organisationsprinzip dieser Verwaltung sollte die Schaffung von sogenannten Munizipalitäten sein, zuunterst auf Gemeinde-, dann auf Kreis- und Provinzial- und schließlich auf Landesbasis. Die Munizipalitäten sollten gewählt werden, und zwar sollten als Wähler fungieren dürfen alle Untertanen des Königs mit einem Einkommen aus Grundeigentum von mindestens 600 Livres – ganz gleich, ob Adlige oder Bürger (wer nur 100 Livres hat, ist nur ein Sechstel Bürger). Die Aufgabe der Munizipalitäten sollte die Verteilung der vom König geforderten Steuern sein, wobei die Gemeindemunizipalitäten sich außerdem auch noch um Fragen des Straßenbaues und der Armenpflege kümmern mochten.

Es ist offenbar, daß es sich hier um den Vorschlag einer grundlegenden politischen Wandlung der französischen Gesellschaft handelt, die radikal die alten Stände des Adels und der Geistlichkeit beseitigt, sie ihrer Steuerprivilegien beraubt, und das Bürgertum politisch mit ihnen völlig gleichstellt. Hier sollte die Verwaltungsreform durchgeführt werden, die den vorhandenen kapitalistischen Teilen der Basis entsprach. So sollte die einzige Richtschnur für Wahlrecht und Wählbarkeit das Geld sein, und zwar das Geld in seiner rein kapitalistischen Funktion als Maßstab des gesellschaftlichen Wertes und der politischen Macht des Geldbesitzers – nur das scheinbar feudale, das physiokratische Mäntelchen, daß das Geld aus dem Grundeigentum kommen sollte, flatterte auch hier.

Mit vollem Recht bemerkt dazu der feudale König[23]: „Man braucht nicht sehr gelehrt zu sein, um zu erkennen, daß diese Denkschrift gemacht ist zu dem Zwecke, Frankreich eine neue Regierungsform zu geben und die alten Einrichtungen, welche der Verfasser als das Werk jahrhundertelanger Unwissenheit ansieht, in Verruf zu bringen."

Mit vollem Recht stellt auch der feudale König fest: „Man sieht wieder, daß Herr Turgot der Feind der mannigfaltigen Standesgliederungen in den Pays d'Etat (Provinzparlamenten – J. K.) und ebenso der Hierarchie ihrer Versammlungen ist, durch welche doch in Frankreich die Fähigkeiten und die Ehre der verschiedenen Individuen aufrechtgehalten wird und worin die Form der Rangordnung meiner Untertanen besteht, ohne die kein einziger Teil der Monarchie sein Dasein behaupten kann. Herr Turgot schlägt eine Hierarchie der Gewalten vor. Diese Hierarchie ist chimärisch, wenn ihr nicht eine Hierarchie der Geburt zur Grundlage dient (also nicht des Geldes! – J. K.), wie das in allen Monarchien der Vergangenheit und der Gegenwart sowie in beinahe allen Republiken der Fall ist."

Und noch klarer, ironisch formulierend, sagt der feudale König: „Ich weiß nicht, ob Frankreich, verwaltet von den Erwählten des Volkes und den reichsten Bürgern,

23 Alle Zitate nach der Übersetzung von *Oncken* in seiner „Geschichte der Nationalökonomie. Die Zeit vor Adam Smith", 2. Aufl. Leipzig 1922, S. 453 ff.

tugendhafter sein würde als jetzt, wo es nach dem Rechte der Geburt und durch Ausgewählte des Königs regiert wird."

Die ganze politische Borniertheit des Vorgehens von Turgot, der bis zum äußersten getriebene „Individualismus der Klassenvertretung" Turgots ruft auf der anderen Seite, auf der Seite des Vertreters des absoluten und absterbenden Feudalismus noch einmal eine seltene Klarheit des Klassenbewußtseins, eine seltene Geschlossenheit der Gedankenführung, selbst bei einem der Qualität nach so mittelmäßigen Vertreter feudalen Gedankengutes wie Ludwig XVI., hervor.

Bald nach Übergabe dieses Memorandums wird Turgot entlassen, und die Rolle der Physiokraten in der Regierung ist ausgespielt.

Ausgespielt unter allgemeinem Jubel der feudalen und der bürgerlichen Kräfte. Voltaire aber schrieb ihm, den Schmerz aller fortschrittlicher Geister in der Verhüllung des Greises formulierend: „Ein ganz alter Mann von etwa 83 ist wahrlich bereit zu sterben, wenn er solche Nachrichten erhält, doch wird er die ihm noch verbliebene Zeit dazu benutzen, Ihnen seine Achtung zu zeigen, Sie zu lieben und Frankreich zutiefst zu beklagen."[24]

Noch knapp ein Jahrfünft lebt Turgot nach seinem Sturz. Er beschäftigt sich ein wenig mit naturwissenschaftlichen Problemen und mit der Übersetzung lateinischer Gedichte. Dem politischen Leben hält er sich fern.

Natürlich ist er beunruhigt über den Gang der Politik in Frankreich. Beunruhigt für heute und morgen – aber nicht für später. Denn im Gegensatz zu Montesquieu sieht er die Welt seit Anbeginn fortschreiten. Nicht stetig und ständig. Im Gegenteil: Das Mittelalter ist für ihn ein Rückfall – welch Gegensatz wieder zu Montesquieu! –, ein so umfassender Rückfall in seiner Sicht, daß ihm sogar die gotische Architektur geschmacklos erscheint.

Konnte man die Welt bürgerlicher, anti-feudaler ansehen, als die Gotische Baukunst für geschmacklos zu halten?!

Wie recht hatte Marx, Turgot den radikalen Bourgeoisminister zu nennen, auch vom subjektiven Standpunkt!

Doch bedeutete das noch keineswegs, daß Turgot notwendigerweise ein starkes Klassenbewußtsein hatte oder gar begriff, daß er als Vertreter bürgerlicher Interessen einen Klassenkampf zu führen hatte.

Ja, er scharte seine guten politischen oder sagen wir besser ökonomie-theoretischen und philosophischen Freunde um sich im Ministerium – mobilisierte jedoch nicht die ökonomischen Interessen, die er vertrat ... konnte er auch nicht so einfach, da er deren Interessen nicht nur viel klarer erkannte als sie selbst, sondern da er diese Interessen auf eine Weise sah, die der ihren vielfach noch fremd war. Wieviele bürgerliche Interessenten suchten ihren Profit zu steigern, indem sie ebensoviele, ebenso ergiebige feudale Privilegien suchten, wie sie Adel und Geistlichkeit hatten! Sie dachten genauso wie heute so viele Arbeiter und deren Funktionäre, die in den monopolbeherrschten Ländern glauben, ihr Heil liege in der Mitbestimmung und in einem „Anteil am Profit". Um sich hier durchzusetzen, wäre eine Propaganda-

[24] *Schelle*, a. a. O. Bd. 5, Paris 1923, S. 483.

Kampagne, die nicht darin bestehen konnte, wie Turgot es tat, den einzelnen neuen Gesetzen lange Präambeln voranzusetzen, notwendig gewesen.

Doch stoßen wir mit solchen Überlegungen schon auf das Problem von Weltanschauung und Gesellschaftswissenschaft als Herrschaftskraft, mit dem wir uns erst zum Abschluß dieser Studie beschäftigen werden.

2. Die Methodologie

Turgot machte einen entscheidenden Sprung in der Entwicklung der Methodologie des historischen Materialismus. Er sah die Gesellschaft als dialektisch fortschreitend, mit der Gestaltung der Ökonomie als Basis des Fortschritts. Ja, so stark wurde von den Physiokraten, insbesondere von Turgot, die Ökonomie in das Zentrum der Betrachtung gerückt, daß Wolgin schreiben kann: „Notwendige Voraussetzung für das Glück der Menschheit ist die ökonomische Prosperität. Die Gesellschaftsform selbst wird in bedeutendem Maß durch die Art des Vermögens, über das jedes ihrer Mitglieder verfügt, bestimmt. Diese hohe Bewertung der Bedeutung der wirtschaftlichen Tätigkeit für das Leben der Gesellschaft führt die Physiokraten manchmal zu Formulierungen im Sinne eines eigenartigen ökonomischen Materialismus. Nicht ohne Grund machten einige Kritiker den Physiokraten den Vorwurf, der Mensch sei in ihrer Lehre ein Lebewesen, das ausschließlich von materiellen Interessen bewegt wird.“[25]

Necker, der bedeutende Gegner Turgots, erklärte: „Man will aus der Wissenschaft der Ökonomie die allgemeine Wissenschaft (la science des généralités) machen.“[26]

Wolgin sagt nicht, daß diese Kritiker Unrecht haben. Sie haben unrecht. Turgot hat recht, wenn er bemerkt, daß der ökonomische Reproduktionsprozeß „das Leben des politischen Körpers bestimmt so wie die Zirkulation des Blutes das Leben des physischen Körpers.“[27] Shepherd meint: „Den Ökonomen interessiert an Turgot vor allem dessen Platz in der ökonomischen Interpretation der Geschichte“[28] – doch ist es nicht nur den Ökonomen, den das vor allem interessiert; Turgot als historischer Materialist ist von größtem Interesse auch für den Philosophen, Soziologen und Historiker, ja für jeden Marxisten-Leninisten.

Es ist, meint Turgot, der ökonomische Fortschritt, der den historischen Fortschritt allgemein bestimmt. Mit vollem Recht bemerkt Wolgin: „Turgot hat uns eine der ersten Skizzen einer durchdachten bürgerlichen Fortschrittstheorie hinterlassen. Er stellt die Menschheitsgeschichte der Natur gegenüber. Während in der Natur sich ein Prozeß von immer gleichartigen Veränderungen vollzieht, in denen sich alles erneuert und alles vergeht, sehen wir in der Geschichte der Menschheit eine konsequente Bewegung zu immer größerer Vollkommenheit. Das Menschengeschlecht

[25] *P. W. Wolgin,* a. a. O. S. 57.

[26] *J. Necker,* Sur la législation et le commerce des grains, in: Mélanges, Bd. II, S. 286.

[27] 5. Brief über den Getreidehandel, Schelle, Bd. 3, Paris 1919, S. 286.

[28] *R. P. Shepherd,* Turgot and the six edicts, New York 1903, S. 19.

ist ein unendliches, dem Gesetz des Fortschritts unterworfenes Ganzes. (Discours en Sorbonne: Second Discours sur les progrès successifs de l'esprit humain, 1750)."[29]

Als Turgot diesen Discours schrieb, war er 23 Jahre alt. In dieser frühesten Zeit spielt die Entwicklung der Vernunft noch eine sehr große Rolle bei Turgot. Aber auch schon über diese Jugendarbeit kann Wolgin bemerken:

„Turgot sieht in der Geschichte vor allem ein Fortschreiten der Aufklärung, der Erfolge der Vernunft. Aber gleich Quesnay erkennt er die Bedeutung der Fakten des ökonomischen Lebens und betrachtet in einer Reihe von Fällen Veränderungen in den ökonomischen Verhältnissen als entscheidend für den Fortschritt. Sehr interessant ist in dieser Beziehung bei Turgot das Schema der ersten Entwicklungsetappen der Gesellschaft. Als Ausgangspunkt des wirtschaftlichen Lebens des Menschen betrachtet Turgot die Sammlertätigkeit. Fast gleichzeitig mit ihr entsteht auf Grund der Tatsache, daß die auf diese Weise gewonnenen Nahrungsmittel nicht ausreichen, die Jagd. Die Familien und kleinen Stämme sind die Formen jener gesellschaftlichen Organisation, die für die Lebensweise der Jäger charakteristisch ist. Die Jäger hatten keinen ständigen Wohnsitz und führten ein Nomadenleben. Allmählich gingen sie zur Viehzucht über, da es für sie vorteilhafter war, Herden von Tieren zu halten, die zur Zähmung geeignet waren. Die Hirtenvölker hatten reichlichere und gesichertere Existenzmittel; ihre zahlenmäßige Größe und ihre Reichtümer wuchsen deshalb schneller, bei ihnen festigte sich der Eigentumsgeist. Um ihren größer gewordenen Wohlstand vor möglichen Überfällen zu schützen, brauchten sie eine festere Organisation. Bei den Hirtenstämmen tauchten Führer auf, die in hohem Ansehen standen und von ihren Stammesgenossen Geschenke erhielten. Da die Viehzucht die Möglichkeit gab, mehr Menschen zu ernähren, als die Pflege des Viehs erforderte, wurden bei einem Zusammenstoß zwischen den Stämmen die Besiegten häufig zu Sklaven, die Sieger aber verwandelten sich, von der Notwendigkeit zu arbeiten befreit, in Herren.

Im weiteren ist für Turgot – wie für alle Physiokraten – der Übergang von der Viehzucht zum Ackerbau ein sehr wichtiges Moment in der Entwicklung der Gesellschaft; am frühesten vollzieht sich dieser Übergang dort, wo ihn ein fruchtbarer Boden begünstigt. Turgot mißt aber einer anderen Seite des Prozesses eine noch größere Bedeutung bei. Die Erde, sagt er, ernährt mehr Menschen, als für den Ackerbau nötig war. Das führt zur Arbeitsteilung. Es entstehen Städte, Handel, Handwerk, Künste entwickeln sich und mit ihnen der Reichtum, die Ungleichheit der Existenzbedingungen und der Unterschied in der Erziehung. Die Ungleichheit befreit die Menschen von der ihnen durch die dringendsten Bedürfnisse auferlegten Bürde, gibt ihnen Muße, trägt zur Entwicklung der Vernunft bei, der notwendigerweise ein schneller Fortschritt auf allen Gebieten des Lebens folgt. Turgot erkennt jedoch, daß dieser Fortschritt der Vernunft von einem Zurückbleiben der Mehrheit begleitet wird, die mit schweren und groben Arbeiten beschäftigt ist. Die Städte nehmen allmählich die herrschende Stellung im Lande ein. Wenn die ursprüngliche Regierungsform die Re-

[29] *W. P. Wolgin*, a. a. O. S. 73.

gierung eines einzelnen war, so entstehen jetzt verschiedene Formen der Staatsmacht."[30]

Fügen wir hinzu, daß Turgot auch bereits eine vierte Stufe der Entwicklung sieht, die des kapitalistischen Unternehmers, von der er in den späteren Kapiteln seines ökonomischen Hauptwerkes Les rèflexions sur la formation et la distribution des richesses, den „Betrachtungen über die Bildung und die Verteilung des Reichtums", handelt.

Waren für Montesquieu die ökonomischen Faktoren nicht mehr als wichtig nach dem entscheidenden Faktor des Klimas, so sind jetzt die Gesellschaftsformationen – natürlich noch unklar analysiert und definiert – zum bestimmenden Faktor der Geschichte geworden.

Und natürlich ist dieser Prozeß ein gesetzmäßiger. Als Marx von den Verdiensten der Physiokraten um die Analyse des Kapitals spricht, bemerkt er: „Die Analyse des *Kapitals*, innerhalb des bürgerlichen Horizonts, gehört wesentlich den Physiokraten. Dies Verdienst ist es, das sie zu den eigentlichen Vätern der modernen Ökonomie macht. Erstens die Analyse der verschiedenen *gegenständlichen Bestandteile*, in denen das Kapital während des Arbeitsprozesses existiert und sich auseinanderlegt. Den Physiokraten kann man nicht zum Vorwurf machen, daß sie, wie alle ihre Nachfolger, diese gegenständlichen Daseinsweisen, wie Instrument, Rohstoff etc., getrennt von den gesellschaftlichen Bedingungen, worin sie in der kapitalistischen Produktion erscheinen, kurz, in der Form, worin sie Elemente des Arbeitsprozesses überhaupt sind, unabhängig von seiner gesellschaftlichen Form, als Kapital auffassen und damit die kapitalistische Form der Produktion zu einer ewigen Naturform derselben machen. Für sie erscheinen notwendig die bürgerlichen Formen der Produktion als die Naturformen derselben. Es war ihr großes Verdienst, daß sie diese Formen als physiologische Formen der Gesellschaft auffaßten: als aus der Naturnotwendigkeit der Produktion selbst hervorgehende Formen, die von Willen, Politik usw. unabhängig sind. Es sind materielle Gesetze."[31]

Jedoch fügt er hinzu: „der Fehler nur, daß das materielle Gesetz einer bestimmten historischen Gesellschaftsstufe als abstraktes, alle Gesellschaftsformen gleichmäßig beherrschendes Gesetz aufgefaßt wird."[32]

Hier setzt die bürgerliche Weltanschauung eine Grenze für die Entwicklung der Methodologie. Das wird sehr deutlich auch bei der Formulierung des Lohngesetzes durch Turgot:

„§ 6. Der Lohn des Arbeiters ist infolge der Konkurrenz der Arbeiter untereinander auf seinen notwendigen Lebensunterhalt beschränkt. Er fristet gerade sein Dasein.

Der einfache Arbeiter, der nur seine Arme und seine Betriebsamkeit hat, hat nichts, als insoweit es ihm gelingt, seine Arbeitskraft an andere zu verkaufen. Er verkauft sie mehr oder weniger teuer, aber dieser mehr oder weniger hohe Preis hängt nicht

[30] Ebendort, S. 74 f.

[31] Theorien, a. a. O., S. 12.

[32] Ebendort.

von ihm allein ab: er ergibt sich aus dem Vertrage, den er mit dem schließt, der seine Arbeit bezahlt. Dieser bezahlt sie so wenig teuer, wie möglich; da er die Wahl zwischen einer großen Anzahl von Arbeitern hat, zieht er den vor, der am billigsten arbeitet. Die Arbeiter sind also genötigt, den Preis um die Wette zu drücken. Bei jeder Arbeit muß es demnach dahin kommen und kommt es in der Tat dahin, daß der Lohn des Arbeiters sich auf das beschränkt, was ihm zu seiner Erhaltung unbedingt notwendig ist."[33]

Das ist wohl die erste Formulierung des „Ehernen Lohngesetzes" – nur eben als hinfort ewig gültiges Gesetz; nicht etwa daß es schon in der Vergangenheit das Leben der Hirten und Jäger bestimmte, wohl aber sei es gültig für alle Zukunft, in der es stets bürgerliche Verhältnisse und Arbeiter geben werde.

Trotz dieses traurigen Schicksals der Arbeiter vertritt aber andererseits Turgot die Auffassung, daß es steten Fortschritt (für wen?!), eine stete Verfeinerung der Kultur geben wird – in Abhängigkeit natürlich von der ständig sich entwickelnden Wirtschaft.

Steten Fortschritt natürlich nur in der Gesellschaft, nicht in der Natur. Dort aber bis zur Perfektion. Und da die Ökonomie die Basis dieses Fortschritts ist, ist Turgot als Ökonom gewissermaßen ein Wachstumstheoretiker, objektiv und subjektiv in den Wirtschaftsmaßnahmen, die er trifft. Es kommt ihm nicht allein auf das Blühen sondern auf ein blühendes Wachstum der Wirtschaft an, und damit reflektiert er nur das, was er als objektive Gesetzmäßigkeit zu erkennen glaubt.

Aber sind diese Feststellungen nicht ein völliges Durcheinander von Bemerkungen zur Methodologie, Weltanschauung und Praxis? Ja so ist es – sie alle sind bei Turgot, im Gegensatz zu so vielen anderen Wissenschaftlern, in völliger Harmonie.

Methodologie: Historischer Materialismus, der die Gesellschaft als sich gesetzmäßig dialektisch zur Entfaltung aller ihrer Potentialitäten auf der Basis der ökonomischen Entwicklung bewegende materielle Realität untersucht.

Weltanschauung: Ewiger Fortschritt der Gesellschaft als sich dialektisch entfaltender materieller Realität. Entsprechende Verpflichtung der Menschen als subjektiver Faktor, alles zu tun, um diesen Fortschritt auf allen Gebieten des gesellschaftlichen Lebens, vor allem aber in der Ökonomie, zu fördern. Gesamthaltung: Reiner Optimismus.

Praxis: Alle Hemmnisse des Wirkens der objektiven Gesetze durch Aufhebung aller ihnen widersprechenden menschengemachten Gesetze zu beseitigen. Alle Menschen zur Anwendung und Entwicklung ihrer Vernunft zu veranlassen.

Methodologisch untersucht Turgot auf der Basis des historischen Materialismus zum Beispiel die Entwicklung der Wissenschaften. Etwa so:

„Der Wechsel von Tag und Nacht und die Wandlungen in den Phasen des Mondes waren natürliche Maßstäbe der Zeit; der Wechsel von Hitze und Kälte sowie die Anforderungen der landwirtschaftlichen Arbeit ließen den Pfad der Sonne und des Mondes vergleichen. So entstanden das Jahr, die Monate und die Namen der wichtigsten Sternbilder.

[33] *A. R. J. Turgot*, Betrachtungen über die Bildung und die Verteilung des Reichtums, Jena 1924, S. 42 f.

Dann erzwang die Schiffahrt eine Verbesserung der Astronomie und lehrte, sie zur Geographie in Beziehung zu setzen."[34]

Und auch so: „Die Notwendigkeit, die Felder auszumessen, und auf Grund der Eigenschaft, die die Fläche hat, daß sie auf dem Raum, den sie einnimmt, gemessen werden kann, ließ die ersten Elemente der Mathematik entstehen."[35]

Man versteht, mit welchem Recht wir vom historischen Materialismus bei Turgot sprechen! natürlich noch bei weitem nicht ausgebildet, aber doch schon weit vorangeschritten, ein gutes Erbe, das Marx und Engels kritisch verarbeiten konnten.

Ganz großartig und zugleich wie amüsant auch das Folgende!:

„Die Architektur gibt uns ein Beispiel der gegenseitigen Unabhängigkeit von Geschmack und mechanischen Operationen des Handwerks. Es gibt keine geschmackloseren Gebäude als die gotischen, und zugleich gibt es keine, die haltbarer sind und deren Konstruktion mehr praktisches Wissen in der Ausführung erforderten, wenn sie auch nur das Resultat zahlreicher Versuche sein konnten, denn die mathematischen Wissenschaften standen noch im Anfang ihrer Entwicklung und die Statik der Bögen und Dächer konnte nicht präzis gemessen werden.

Es war notwendig, daß diese Handwerke betrieben und vollendet wurden, damit wirkliche Physik und die höhere Philosophie geboren werden konnten."[36]

Während aber die Entwicklung der Wissenschaften aus der wirtschaftlichen Tätigkeit, aus deren Bedürfnissen und Anforderungen an die menschliche Vernunft gesetzmäßig ist, ist die Unabhängigkeit von Geschmack und wirtschaftlicher Tätigkeit keineswegs gesetzmäßig. Lesen wir doch bei Turgot: „Der Geschmack, der sich durch wiederholten Vergleich schöner Dinge bildet, geht verloren, wenn der Handel zwischen Nationen sie nicht einem vor Augen stellt."[37]

Überhaupt beschäftigt sich Turgot gern mit den Gesetzmäßigkeiten der Entwicklung der Kultur und speziell mit den Unterschieden der Entwicklung zwischen Wissenschaft und Kunst.

„Seien wir deshalb vorsichtig, nicht den Fortschritt in den mechanischen Künsten (in Handwerk, Manufaktur usw. – J. K.) mit dem des künstlerischen Geschmacks und der spekulativen Wissenschaften zu verwechseln.

Künstlerischer Geschmack kann als Folge einer Fülle von rein moralischen Ursachen verloren gehen. Die Verbreitung eines Geistes der Apathie und Weichlichkeit in einer Nation, von Pedanterie, Verachtung für die Intelligenz, Exzentrizität im Geschmack der Fürsten, Tyrannei, Anarchie können ihn korrumpieren.

Anders steht es mit den spekulativen Wissenschaften. Solange die Sprache, in der Bücher geschrieben sind, weiter existiert, und solange noch Mitglieder der Intelligenz leben, wird nichts, was bekannt war, vergessen. Es ist wahr, daß die Wissenschaften dann keinen Fortschritt machen ...

[34] Œuvres de *Turgot,* Plan de deux discours sur l'histoire universelle, Bd. 2, Paris 1844, S. 647 – wir zitieren dieses Werk von Turgot nach der Ausgabe von Daire, aus Gründen, die *R. L. Meek* in seiner Turgot-Ausgabe (Cambridge 1973, S. 4) dargelegt hat.

[35] Ebendort, S. 651.

[36] Ebendort, S. 666.

[37] Ebendort, S. 657.

Die Einfälle der Barbaren im Osten hatten eine schlimmere Auswirkung. Durch Zerstörung der lateinischen Sprache verursachten sie den Verlust der in dieser Sprache niedergeschriebenen Erkenntnisse. Wir würden sie nicht länger haben, wenn die Mönche nicht einen Teil bewahrt hätten.

Die mechanischen Künste (in Handwerk etc. – J. K.) existierten trotz dieser allgemeinen Kalamität weiter. Härtere Schläge als dieser waren nötig, um sie niederzuschlagen. Es waren erst die Türken, die mit der wuchtigen Brutalität ihrer Eroberungen in der Lage waren, sie zum Rückgang zu zwingen."[38]

Und auch hier handelt es sich nur um einen zeitweiligen Rückzug. Allgemein gilt: „Die mechanischen Künste (die Technik – J. K.) haben niemals den gleichen Verfall erlebt, wie schöne Literatur und spekulative Wissenschaften. Ist einmal eine Kunst (Technik – J. K.) erfunden, dann wird sie zu einer Ware, die sich von selbst hält. Man braucht keineswegs zu befürchten, daß die Kunst, Velour-Stoffe zu fertigen, verloren geht, solange es Menschen gibt, die diese Stoffe kaufen. Die mechanischen Künste bleiben also weiter am Leben, auch wenn die schöne Literatur, der Geschmack verfallen; und solange sie am Leben bleiben, werden sie auch immer vollendeter. Keine mechanische Kunst kann über Jahrhunderte benutzt werden, ohne nicht durch die Hände irgendwelcher Erfinder zu gehen. Wir sehen ja, daß trotz der Unwissenheit in Europa und im griechischen Reiche nach dem 5. Jahrhundert, die mechanischen Künste durch tausend neue Entdeckungen bereichert wurden, ohne daß irgendeine bedeutendere verloren gegangen wäre.

Die Kunst der Schiffahrt wurde verbessert und ebenso die des Handels. Diesen Jahrhunderten verdanken wir den laufenden Gebrauch von Handelswechseln, die Wissenschaft der Buchführung, die die beste Abrechnung erlaubt, die Fertigung von Papier aus Baumwolle, die in Konstantinopel, die aus Lumpen, die im Westen erfunden wurde ... und tausend andere in der Antike unbekannte Künste."[39]

Sobald Wissenschaft und Technologie zur Produktivkraft geworden, sind ihre Leistungen als Bestandteil der menschlichen Kultur gesichert – das ist es, was Turgot hier sagt.

Überhaupt ist Turgot großartig, wenn er auf die verschiedenen Formen des Fortschritts in Kunst und Wissenschaft oder Technik zu sprechen kommt. Wer erinnert sich nicht jener wundervollen Stelle in der Einleitung zur Kritik der Politischen Ökonomie, wo Marx über die Einzigartigkeit der griechischen Kunst auf so „unentwickelter Gesellschaftsstufe" spricht, wenn er bei Turgot liest: „Es gibt eine andere Art von Fortschritt des menschlichen Geistes (als in der Wissenschaft – J. K.), der weniger verstanden und anerkannt wird, der doch aber real ist – das ist der Fortschritt im Geschmack, in der Malerei, Dichtung und Musik. Was immer die Bewunderer der Antike dazu zu sagen haben, wir sind in ihnen weitergekommen, ohne jedoch in der Kunst der Form die edle Schönheit, für die Griechenland (für eine sehr kurze Zeit) die Beispiele gab, übertroffen oder auch nur erreicht zu haben."[40]

[38] Ebendort, S. 666 f.

[39] Ebendort, S. 666.

[40] Ebendort, S. 656.

So ist letztlich der Fortschritt auf allen Gebieten des gesellschaftlichen Lebens, in der Ökonomie wie in der Verfeinerung der Vernunft, in den Wissenschaften wie in den Künsten unendlich – auch wenn er in verschiedenen Formen stattfindet und verschieden gemessen werden muß.

Hier wird auch der Unterschied zu Fontenelle und Marivaux, zum Abbé Dubos und anderen jener Zeit deutlich, die wohl die Verschiedenartigkeit der Bewegung von Wissenschaft und Kunst erkennen, jedoch für die Kunst nur Bewegung, keinen Fortschritt, nur ein Auf und Ab, mit verschiedenen Höhepunkten, aber keine Entwicklung von Anbeginn bis zur Gegenwart beobachten. Wie anders Turgot! bei aller Anerkennung der Eigenart des Fortschritts der Kunst zum Unterschied von dem der Wissenschaft.

Großartig hat Turgot die Methodologie des historischen Materialismus weiter entwickelt. Und großartig hat er sie angewandt!

3. Neue Erkenntnisse

Weit, weit mehr neue Erkenntnisse verdanken wir Turgot als Montesquieu. War dieser der erste, der eine dialektische Methodologie auf die ihm materiell erscheinende Realität der Gesellschaft als ganzer bewußt anwandte, der offen als Methodologe aussprach, was große Geister vor ihm unbewußt getan hatten, ohne daß er bei der Anwendung jedoch zu bedeutenden Resultaten kam, gab uns Montesquieu also zahlreiche Werkzeuge in die Hand, ohne selbst mit ihnen schon viel schaffen zu können, so verbesserte Turgot diese Werkzeuge nicht nur erheblich, sondern verstand es auch ganz meisterhaft, sie zu handhaben.

Den Abschnitt über Turgot in meiner „Geschichte der Lage der Arbeiter unter dem Kapitalismus" leitete ich so ein: „Es gibt eine gewisse Ähnlichkeit in dem Verhältnis von Quesnay und Turgot auf der einen und Adam Smith und Ricardo auf der anderen Seite. Quesnay und Smith sind die großen Neuerer politökonomischen Denkens, groß in der Umfassendheit der Behandlung der Probleme, bedeutend in der großzügigen Weisheit, mit der sie formulieren, zugleich aber auch in vielem noch verbunden mit der ihnen vorangehenden Denkweise. Anders Turgot und Ricardo. Beide ragen hervor als die besten Schüler und zugleich als die schärferen Denker, die klarer noch als ihre großen Lehrer das eigentlich Neue ihrer Lehre erkennen, bewußter, darum auch die Interessen der Klasse oder der Gruppe, die sie vertreten, hervorarbeiten."[41]

Die in ihrer Art größere Leistung von Turgot und Ricardo ist auch darauf zurückzuführen, daß sie die größeren Methodologen waren und beide zugleich als Praktiker eine weit größere und tiefere Kenntnis der konkreten Realität hatten, auf die sie diese Methodologie anwenden konnten. Schließlich war Quesnay hauptberuflich Arzt, Adam Smith (wenn auch wirtschaftlichen Verwaltungsfragen seiner Universität nicht fremd) Philosophieprofessor gewesen, Turgot dagegen Verwaltungschef einer Provinz und Ricardo enorm erfolgreicher Börsenspekulant.

[41] *J. Kuczynski*, a. a. O. Bd. 34, S. 39.

Quesnay hatte die geniale Idee, ein Tableau Economique, eine gesamtwirtschaftliche Rechnung aufzustellen und so den ökonomischen Reproduktionsprozeß zu untersuchen. Aber Turgot ist es, der auf Grund dieser genialen Idee dem System der Physiokratie seine Vollendung gibt, weil er tief in das reale Wirken der Kapitalverhältnisse eindringt.

Beobachten wir, wie Marx Quesnay und Turgot im dritten Abschnitt seines Kapitels über die Physiokraten behandelt:

„Wir werden jetzt eine Reihe Stellen durchgehn, teils zur Erläuterung, teils zum Beweis der oben aufgeführten Sätze.

Bei *Quesnay* selbst in der *‚Analyse du Tableau Economique‘* besteht die Nation aus 3 Klassen von Bürgern:

‚die produktive Klasse‘ (agricultural labourers), *‚die Klasse der Grundeigentümer* und *die sterile Klasse‘*, (‚alle die Bürger, die mit anderen Diensten und mit anderen Arbeiten als denen der Agrikultur beschäftigt sind‘). *(‚Physiocrates etc.‘, édit. Eugène Daire,* Paris 1846, I. *partie,* p. 58.)

Als produktive Klasse, als Klasse, die den Mehrwert schafft, erscheinen nur die Agrikulturarbeiter, nicht die Grundeigentümer. Die Wichtigkeit dieser classe des propriétaires, die nicht ‚steril‘ ist, weil sie den ‚Mehrwert‘ darstellt, rührt nicht daher, daß sie diesen Mehrwert schafft, sondern ausschließlich daher, daß sie ihn aneignet.

Turgot am entwickeltsten. Bei ihm wird auch das pur don de la nature stellenweise dargestellt als *Surplusarbeit,* und andrerseits die Notwendigkeit des Arbeiters, das über sein Salair Nötige abzugeben, aus der Loslösung des Arbeiters von den Arbeitsbedingungen [erklärt] und dem ihm Gegenübertreten derselben als Eigentum einer Klasse, die damit Handel treibt.“[42]

Es ist Turgot, der gewissermaßen die Möglichkeiten des physiokratischen Systems voll ausschöpft und bisweilen schon über seine Grenzen hinausstößt.

Umso unverständlicher, allen Einschätzungen von Marx widersprechend, ist es, wenn das Institut für Marxismus-Leninismus diesem Abschnitt die Überschrift gibt: *„Drei Klassen der Gesellschaft bei Quesnay. Weitere Entwicklung der physiokratischen Theorie durch Turgot: Elemente einer tieferen Analyse der kapitalistischen Verhältnisse“*[43]. Was soll heißen „Elemente einer tieferen Analyse ...“? Hier liegt wahrhaftig eine erstaunlich tiefe Analyse durch Turgot vor! eine Analyse, die, auf der Basis der Leistungen von Quesnay, unsere Erkenntnis vom Funktionieren der kapitalistischen Wirtschaft wahrlich weiter gebracht hat.

Doch wäre es falsch zu glauben, daß Turgot allein auf dem Gebiete der Politischen Ökonomie neue Erkenntnisse gebracht hätte. Da er in seiner Methodologie dem ökonomischen Faktor solches Gewicht in der Gestaltung der gesellschaftlichen Beziehungen gegeben hat, konnte er auch in der allgemeinen Gesellschaftslehre, in der allgemeinen Analyse der gesellschaftlichen Entwicklung weit mehr an Erkenntnissen gewinnen und geben als Montesquieu. Waren wir Montesquieu dankbar für die Konstruktion der Brille – und genossen wir die geistreiche und anregende Art,

[42] Theorien, a. a. O. S. 24.
[43] Ebendort.

wie er durch sie sah, ohne das von ihm Gesehene als Tatsachen annehmen zu können, so sieht Turgot vieles mit erstaunlicher Schärfe und entdeckt zahlreiche Neuigkeiten – man denke nur an Turgots Beobachtung des gesellschaftlichen Fortschritts in seinen verschiedenen Strömen.

Turgot ist gleich groß als Methodologe, Erkenner von Tatsachen und in der Konsequenz seiner Weltanschauung. Natürlich war Montesquieu weit bedeutender als Methodologe, Quesnay der genialere als Ökonom, aber die Tatsache, daß Turgot dem ökonomischen Faktor eine solche Bedeutung in der Gesellschaft gab, verbunden mit der Tatsache, daß er weltanschaulich ein Bürger war im Gegensatz zu dem feudalen Montesquieu, ließen ihn weit mehr und tiefere neue Erkenntnisse sammeln, die Realität in der Vergangenheit und Gegenwart wie auch in der nächsten Zukunft viel klarer und deutlicher sehen, als es etwa Montesquieu möglich war.

Und wenn wir nicht an die praktische Arbeit Turgots denken, die sich bis 1776 hinzog, dann war sein Werk im Grunde 1766 beendet. 1727 war er geboren, 1751, drei Jahre nach dem Erscheinen des L'esprit des lois, schrieb der Vierundzwanzigjährige seinen (nie ausgeführten) Plan einer Universalgeschichte, aus dem wir viel zitiert haben, nieder, 1766, 39 Jahre alt, hatte er sein Hauptwerk über die Politische Ökonomie geschrieben. Eine erstaunliche Leistung für einen Gesellschaftswissenschaftler!

4. Die Überleitung der Erkenntnisse

Selten hat ein Gesellschaftswissenschaftler das Glück, so direkt und auf höchster Ebene die Überleitung seiner Erkenntnisse in die Praxis in die Hand nehmen zu können, wie es Turgot beschieden war.

Konnte er schon als Intendant de Limoges, als Präsident der Provinz Limoges (1761–1774) manches in dieser Richtung tun, so hatte er als Minister (1774–1776) natürlich außerordentliche Möglichkeiten, die er auch voll nutzte (im Gegensatz etwa zu dem führenden Grenznutzentheoretiker Eugen von Böhm-Bawerk, der 1895, 1897–1898 und 1900–1904 Finanzminister in Österreich war – allerdings mit seiner unrealistischen Theorie in der Praxis auch wirklich nichts hätte anfangen können).

Jedoch, so brutal und konsequent Turgot auch seine Theorien in die Praxis überleitete, wurde diese Überleitung schnell mit seinem Sturz wieder rückgängig gemacht.

Wie ist das zu erklären?

Doch dadurch, daß die feudalen Interessen, vertreten durch den König, die sich seiner Theorie bemächtigten, zunächst ihren Klasseninhalt nicht begriffen, und sie gewissermaßen als technische Mittel für eigene Zwecke benutzen wollten – sowie dadurch, daß die bürgerlich-bourgeoisen Interessen ihre Bedeutung ebenfalls nicht erkannten, ja sie ablehnten, da sie gegen die feudalen Elemente der bürgerlichen Ideologie und Praxis (Privilegien) gerichtet waren.

Wir haben schon so viele groteske Beobachtungen über die Physiokratie und auch Turgot machen müssen.

Ihnen müssen wir nun noch eine andere hinzufügen. Die Überleitung geschah mit

Hilfe von weltanschaulich, klassenmäßig der Theorie feindlichen Kräften, die die bürgerliche Weltanschauung Turgots mit einer Technik zur Ordnung des Landes verwechselten. Die Überleitung wurde vor allem auch von Kräften bekämpft, die, obgleich weltanschaulich, klassenmäßig auf dem Standpunkt von Turgot, so stark an ihrer Weltanschauung feindlichen Elementen des gesellschaftlichen Lebens (feudale Privilegien zum Beispiel) hingen, daß sie gegen die Überleitung ankämpften.

Die Überleitung erfolgte initiativ durch einen Mann, Turgot, der sich wohl über den Charakter seiner Weltanschauung klar war, aber nicht begriff, daß sie nur im Klassenkampf durchgesetzt werden konnte, und daß er sich für ihre Durchsetzung vor allem die Unterstützung der Klasse, deren Weltanschauung und Interessen er vertrat, sichern mußte.

So wurde die bleibende Überleitung verzögert – bis zur Französischen Revolution, nur wenige Jahre, aber genug, um in diesem Zeitraum Turgot sterben und die ganze Schule der Physiokratie historisch sich überleben zu lassen. Erschien doch schon in dem Jahre, in dem Turgot gestürzt wurde, das auf ökonomischem Gebiet so viel weiter gehende Werk von Adam Smith über den „Reichtum der Nationen".

Doch auch wenn die Physiokratische Schule verblich und Turgot, einer der Väter der französischen Revolution, die Geburt der Herrschaft der Bourgeoisie nicht mehr erlebt hatte und bestimmt auch die Vaterschaft abgeleugnet hätte – schon weil dieses Produkt seiner Vaterschaft so ganz anders aussah als er es sich vorgestellt hatte –, nie dürfen wir vergessen, daß Turgot nicht nur Physiokrat war.

Seine Universalgeschichte wurde ein Jahrfünft vor dem Erscheinen der ersten ökonomischen Arbeiten von Quesnay geschrieben. Die Fortbildung der Methodologie des historischen Materialismus durch Turgot, ein bedeutender Fortschritt gegenüber Montesquieu, war eine Leistung, die erst 70 Jahre später durch eine Gruppe französischer Historiker wirklich weiter entwickelt wurde, als diese, tiefer als Turgot in die Dialektik der gesellschaftlichen Bewegung eindringend, den Klassenkampf als den entscheidenden Widerspruch und Motor der historischen Entwicklung erkannten.

So groß die Bedeutung Turgots als Ökonom, war doch wohl seine Gestalt als Gesellschaftswissenschaftler noch größer. Nicht daß er Montesquieu, der gewissermaßen das ganze Herangehen an die Problematik revolutionierte, im Niveau erreichte. Aber wenn wir die Entwicklung des vormarxistischen historischen Materialismus überblicken, dann können wir vor Montesquieu nur von Einzelelementen sprechen, und nach der Aufstellung eines, natürlich noch sehr brüchigen und fehlerhaft konstruierten, Systems durch Montesquieu nur zwei große Fortschritte vor Marx und Engels beobachten, deren ersten Turgot brachte.

Überlegen wir nun, wie es mit der Überleitung allgemein der wissenschaftlichen Leistung von Turgot stand, dann müssen wir zu einem sehr merkwürdigen Schluß kommen:

Die Überleitung seiner ökonomischen Erkenntnisse geschah unter günstigsten Umständen gewissermaßen sofort – aber zunächst nur in ganz beschränktem Ausmaß im Rahmen einer Provinz und dann auf breitester Ebene in ganz Frankreich, jedoch nur ganz kurzfristig. Was von seinen Erkenntnissen während und nach der Französischen Revolution übernommen wurde, war wieder sehr beschränkt, da Smith, Ricardo und die Realität einer erstarkenden Industriewirtschaft so vieles überholt bzw. „ergänzt“ hatten.

Die Überleitung seiner allgemein gesellschaftlichen Erkenntnisse aber mußte auf deren Vollendung in einem gewaltigen qualitativen Sprung durch Marx und Engels und auf die Bemächtigung dieser Erkenntnisse durch die Arbeiterklasse warten.

Hier besteht ein entscheidender Unterschied in der kritisch verarbeitenden Übernahme des Erbes der ökonomischen und der allgemein gesellschaftswissenschaftlichen Erkenntnisse Turgots durch das Proletariat. Die ökonomischen Erkenntnisse Turgots wurden irgendwie von der Bourgeoisie verwertet, genau wie die von Smith und Ricardo, und als solche von der Arbeiterklasse und ihren Theoretikern kritisch übernommen. Die allgemein gesellschaftswissenschaftlichen Leistungen von Turgot konnten von der Bourgeoisie im Grunde nicht übernommen werden, kamen eigentlich direkt zum Proletariat, jedoch nicht als Erkenntnisse Turgots sondern in der geläuterten und auf ein weit, weit höheres Niveau gehobenen Form, die ihnen Marx und Engels gegeben haben.

Erst marxistische Historiker der Wissenschaft sind darum in der Lage, dem Gesellschaftswissenschaftler Turgot den ihm gebührenden Platz in der Geschichte der Gesellschaftswissenschaften zu geben, weil nur sie seine Größe verstehen können.

Die Historiker der Restaurationsperiode

1. Vorbemerkung

Ganz allmählich tasten wir uns an das heran, was wir die Gesetzmäßigkeiten der wissenschaftlichen Entwicklung nennen. Jedoch hüten wir uns, dabei die zahlreichen und bisweilen so großartigen Zufälle zu übersehen – etwa die Tatsache, daß ein einzelner so Großes, so Gewaltiges leistete wie Marx und es nicht mehrerer Generationen und einer großen Anzahl von Gelehrten bedurfte, um sein Werk zu vollbringen. Zu diesen Zufällen gehört auch die Zusammendrängung so erstaunlicher Erkenntnisfortschritte auf dem Gebiet der Physik in internationalem Maßstab während der „goldenen" zwanziger Jahre unseres Jahrhunderts und auch die „Glückszeit" der Geschichtswissenschaft genau hundert Jahre zuvor in Frankreich.

Vier junge Gelehrte, geboren zwischen 1795 und 1798, und ein etwas älterer des Jahrgangs 1787 brachten eine Umwälzung in der Geschichtsschreibung, die – völlig unberechtigterweise – nur deswegen heute vielfach vergessen ist, da noch kein Vierteljahrhundert später ihnen Marx folgte:

François Pierre Guillaume Guizot (1787–1874)
Jaques Nicolas Augustin Thierry (1795–1856)
François Auguste Marie Mignet (1796–1884)
Louis Adolphe Thiers (1797–1877)
Jules Michelet (1798–1874)

Zufällig, daß es so viele und so junge waren.

Zufällig auch, daß sie alle so großartige Schriftsteller waren, Stilisten erster Ordnung, jeder in seiner Art, die meisten in einfacher und wirkungsvoller Sprache trainiert als Journalisten, zugleich gesegnet in der schönen Kunst des Ausdrucks, weit höher begabt als solide Handwerksmeister der Darstellung.

Marx und Engels haben sie stets als Historiker geschätzt und mehr. Man stelle sich nur vor: Guizot, bald sich in einen üblen Opportunisten und Vertreter der großen Finanz verwandelnd, als Minister Marx auf preußischen Wunsch aus Frankreich ausweisend, bringt 1850 eine Studie über die englische Revolution im 17. Jahrhundert heraus, die Marx in der „Neuen Rheinischen Zeitung. Politisch-ökonomische Revue" bespricht. Bissig-klassenkämpferisch, und doch ... schreibt Marx: „Man sieht aus diesem Pamphlet, wie selbst die tüchtigsten Leute des ancien regime, wie selbst Leute, denen in ihrer Weise historisches Talent keineswegs abzusprechen ist, durch das fatale Februarereignis so vollständig in Verwirrung gebracht worden sind, daß ihnen alles geschichtliche Verständnis, daß ihnen sogar das Verständnis ihrer eigenen früheren Handlungsweise abhanden gekommen ist."[1] Und noch ein Drittel-

[1] *Marx/Engels*, Werke Bd. 7, Berlin 1960, S. 207.

jahrhundert später, am 5. Februar 1884 schreibt Engels an Laura Lafargue anläßlich der Auflösung des Marx'schen Haushalts, daß man einen Teil der Bücher nicht aufheben könnte, darunter „gute und wertvolle französische Bücher"[2] – unter denen, die er mit Titel aufführt, ist „Guizot. Histoire de la civilisation en France"; erschienen 1828/30, gehört dieses Werk Guizots noch nach mehr als einem Halbjahrhundert zu den „guten und wertvollen" Werken der Geschichtsschreibung!

In dem soeben zitierten Artikel von Marx über die Studie von Guizot bemerkt er auch, daß sich für Guizot die englische Geschichte seit 1688 „auf ein angenehmes Wechselspiel zwischen Tories und Whigs, d. h. für ihn auf die große Debatte zwischen Herrn Guizot und Herrn Thiers" beschränkt.[3] In der Tat sind zwei der großen Historiker der zwanziger Jahre, Guizot und Thiers, seit 1830, als Guizot nach der Juli-Revolution Innenminister wird, bis 1873, als Thiers die Präsidentschaft Frankreichs aufgibt, die wichtigsten politischen Opponenten als Vertreter zweier Flügel der Bourgeoisie. Gewissermaßen als Symbol dieser Rolle ist folgendes zu berichten:

Nach der zweiten Niederlage Napoleons, 1815, versuchten diejenigen Kreise der französischen Großbourgeoisie, die dann erst 1830 zur Macht kamen, den König Ludwig XVIII. in ihrem Sinne zu beeinflussen und sandten als vertrauten Boten den siebenundzwanzigjährigen Guizot zu dem noch nicht wieder auf seinem Thron sitzenden König, um ihn zu einer ihrer Richtung günstigen Politik zu bestimmen. Guizot scheiterte in seiner Mission. Erst 1830 kam „sein" Kapital-Flügel zur Macht und Guizot wurde mit einem Ministerposten, dem viele andere folgten, belohnt.

1830, fünfzehn Jahre später, als der Sturz des Nachfolgers Luwig XVIII., Karl X., vorbereitet wird, nennt Thiers in einer Besprechung der politischen Spitzen in Opposition als Nachfolger Karl X. den Duc d'Orléans, der auch bald darauf als Louis Philippe zum König gekrönt wurde. Man arbeitete eine Art Manifest für den künftigen König aus – und es war Thiers, der beauftragt wurde, sie dem Duc d'Orléans zu überreichen. Thiers wurde von dem neuen König mit dem Unter-Staatssekretariat unter Laffitte, dem Financier und Vertrauten des Königs, belohnt.

Dieser Thiers, später der Partner Bismarcks in der Unterdrückung der Volksbewegung und der „Henker der Pariser Kommune", war, wie Guizot, in den zwanziger Jahren ein so bedeutender Historiker, daß ihn Engels noch 1886 in einem Brief an F. D. Nieuwenhuis zum Nachschlagen empfiehlt.[4]

An der gleichen Stelle empfiehlt er auch einen dritten des Fünfgestirns, Mignet. Thierry aber nennt Marx geradezu „le père des ‚Klassenkampfes' in der französischen Geschichtsschreibung"[5].

Und damit kommen wir zum eigentlichen Inhalt der Größe ihrer Leistung: sie entdeckten die Klassenkämpfe als bewegenden Motor der Geschichte und damit „das Volk", „die Massen" zumindest als einen Faktor der Gesellschaft von großer Bedeutung – als Methodologen der Geschichtsschreibung.

2 Ebendort, Bd. 36, Berlin 1967, S. 101.
3 Ebendort, Bd. 7, a. a. O. S. 211.
4 Ebendort, Bd. 36, a. a. O. S. 435.
5 Ebendort, Bd. 28, Berlin 1963, S. 381.

Damit hatten sie den letzten großen methodologischen Schritt getan, der vor Marx als Vertreter der Arbeiterklasse getan werden konnte. Diese fünf Historiker reichten nicht an Montesquieu als Dialektiker heran – aber sie dachten natürlich dialektisch –, sie reichten nicht an Turgot in der Tiefe der Erkenntnis der Bedeutung der ökonomischen Basis im gesellschaftlichen Leben – aber sie vernachlässigten sie nicht. Sie waren Montesquieu weit überlegen in der Reife der Weltanschauung, da sie eine bürgerliche Weltanschauung hatten. Sie waren weltanschaulich auch Turgot überlegen, da ihre Weltanschauung viel klassenbewußter war, da sie erkannten, daß die Bourgeoisie zur Durchsetzung des bourgeoisen Charakters der Gesellschaft kämpfen mußte.

Sie waren historische Materialisten – wenn auch noch nicht voll ausgebildete, keineswegs systematische – als Methodologen, und zeitweise, bis 1830, auch auf dem Wege zumindest, eine unsystematische Weltanschauung und Geschichtsauffassung historisch-materialistischen Charakters sich anzueignen. Engels schrieb an Borgius: „Wenn Marx die materialistische Geschichtsauffassung entdeckte, so beweisen Thierry, Mignet, Guizot, die sämtlichen englischen Geschichtsschreiber bis 1850, daß darauf angestrebt wurde, und die Entdeckung derselben Auffassung durch Morgan beweist, daß die Zeit für sie reif war und sie eben entdeckt werden *mußte.*“[6]

Natürlich waren diese Historiker als Methodologen historische Materialisten – ansonsten hätten sie nicht so große Erkenntnisse erzielen können, nicht so tief in den Verlauf der Geschichte blicken, ihren Gang nicht so klug einschätzen können. Aber daß ihre Weltanschauung, ihre Geschichtsauffassung etwa schon historisch-materialistisch war, davon kann noch nicht die Rede sein – und kann meiner Ansicht nach auch bei Morgan nicht gesprochen werden. Daran hindert sie gerade ihre bürgerliche Weltanschauung. Sogar mit einer feudalen Weltanschauung kann man entscheidende Elemente des historischen Materialismus als Methodologie entwickeln – Montesquieu. Die bürgerliche Weltanschauung fördert die Entwicklung des historischen Materialismus als Methodologie bis zur Erkenntnis, daß die Ökonomie der entscheidende Faktor des gesellschaftlichen Lebens (Turgot) und die Geschichte eine Geschichte von Klassenkämpfen (Thierry) ist. Aber sie macht es unmöglich, ein methodologisches System, wie es Marx und Engels getan, aufzubauen und vor allem den historischen Materialismus zur Weltanschauung zu erheben. Dazu sind nur die Vertreter der Arbeiterklasse fähig, das war die einzigartige Leistung von Marx und Engels.

Immer wieder sollen wir uns an jene Bemerkungen von Lenin erinnern, in denen er von den „wertvollsten Arbeiten“ der Historiker und Politökonomen der bourgeoisen Wissenschaft spricht und eine Reihe von tiefen Einsichten etwa von Ideologen des Monopolkapitals zum Beispiel in seinem Werk über den Imperialismus zitiert – und zugleich davor warnt, ihnen „auch nur ein einziges Wort zu glauben“, wenn sie „auf Philosophie zu sprechen kommen“ oder eine „allgemeine Theorie“ entwickeln[7]. Die „wertvollsten Arbeiten“ können sie natürlich nur mit Hilfe der Methodologie des historischen Materialismus leisten, denn ohne sie keine gesellschaftlichen Wahrheiten

[6] Ebendort, Bd. 39, Berlin 1968, S. 207.

[7] *W. I. Lenin,* Werke Bd. 14, Berlin 1962, S. 347.

und Einsichten. Philosophie, allgemeine Theorien der Gesellschaft aber erfordern stets auch eine historisch-materialistische Weltanschauung, ohne die Wissenschaftler zu keinen wissenschaftlichen Schlüssen über die Gesellschaft kommen können.

Darum konnte es geschehen, daß, lange nachdem sich Thiers als Henker der Commune betätigt hatte, Engels noch positiv auf sein Werk als Historiker hinwies, da er hier, wie Lenin gesagt hätte, wertvollste Arbeit geleistet hatte.

Die großen Methodologen der französischen Geschichtsschreibung, von denen hier die Rede ist, wirkten in der sogenannten Restaurationszeit (1815–1830), das heißt der Zeit, in der feudale oder halbfeudale Überreste versuchten, die „alte Zeit" wieder herzustellen. Ihnen standen die Kräfte vor allem der heranwachsenden Industrie und von Teilen des Finanzkapitals gegenüber. Diese Opposition siegte teilweise 1830, ihr gehörten die fünf Historiker an.

Marx schildert diese Opposition nach ihrem Sieg:

„Nach der Julirevolution, als der liberale Bankier Laffitte seinen compère, den Herzog von Orléans, im Triumph auf das Hôtel de Ville geleitete, ließ er das Wort fallen: ‚*Von nun an werden die Bankiers herrschen.*' Laffitte hatte das Geheimnis der Revolution verraten.

Nicht die französische Bourgeoisie herrschte unter Louis-Philippe, sondern *eine Fraktion* derselben, Bankiers, Börsenkönige, Eisenbahnkönige, Besitzer von Kohlen- und Eisenwerken und Waldungen, ein Teil des mit ihnen ralliierten Grundeigentums – die sogenannte *Finanzaristokratie*. Sie saß auf dem Throne, sie diktierte in den Kammern Gesetze, sie vergab die Staatsstellen vom Ministerium bis zum Tabaksbüro."[8]

Sie gab Guizot und Thiers Ministersitze, sie machte Michelet zum Chef der Historischen Sektion der Nationalarchive, Geschichtslehrer der Prinzessin Clémentine und Nachfolger Guizots als Professor an der Sorbonne, sie brachte dem erblindeten Thierry finanzielle Unterstützung sowie die Ernennung zum Bibliothekar des Palais Royal und Mignet das Amt des Direktors der Archive im Außenministerium.

Mit dem Jahre 1830 war die Wendung gekommen. Engels schrieb 1848 in der „Deutsche-Brüsseler-Zeitung" am 23. Januar: „1830 war der letzte Wendepunkt der Geschichte. Die Julirevolution in Frankreich, die Reformbill in England, sicherten den schließlichen Sieg der Bourgeoisie ..."[9]

Doch bis 1830 – was leisteten diese Fünf an großartigen Werken! Sie fühlten sich alle sehr bestimmt als Söhne der Französischen Revolution, vor allem ihres ersten Teiles – 1793 wurde Guizots Vater enthauptet und Jules Simon nennt ihn einen „begeisterten Freund der Revolution von 1789, einen bitteren Feind der Revolution von 1793"[10]. Sie alle schrieben über Revolutionen. Die ersten beiden Bände der

[8] *K. Marx*, Die Klassenkämpfe in Frankreich 1848 bis 1850, in *Marx/Engels*, Werke Bd. 7, Berlin 1960, S. 12.

[9] *Marx/Engels*, Werke Bd. 4, Berlin 1959, S. 494.

[10] *J. Simon*, Thiers, Guizot, Rémusat, Paris 1885, S. 256.

„Geschichte der Französischen Revolution" des 26jährigen Thiers erschienen 1823, die seines Freundes Mignet im Jahre 1824, Guizot schreibt zunächst über die englische Revolution von 1640 (1828), und ebenso behandelt Thierrys erste historische Arbeit die „Révolutions d'Angleterre" – nur Michelet schreibt eine Geschichte der Französischen Revolution erst 1847 bis 1853, hatte sich aber natürlich verschiedentlich mit ihr schon in früheren Arbeiten beschäftigt.

Sie alle konzentrieren ihre Aufmerksamkeit auf revolutionäre Bewegungen, weil sie die Klassen und die Massen in der Geschichte entdeckt haben und von ihnen handeln wollen.

Natürlich wurde man sich schon vor ihnen klar darüber, daß es Klassen gab. Engels bemerkt im „Ludwig Feuerbach": „Seit der Durchführung der großen Industrie, also mindestens seit dem europäischen Frieden von 1815, war es keinem Menschen in England ein Geheimnis mehr, daß dort der ganze politische Kampf sich drehte um die Herrschaftsansprüche zweier Klassen, der grundbesitzenden Aristokratie (landed aristocracy) und der Bourgeoisie (middle class). In Frankreich kam mit der Rückkehr der Bourbonen dieselbe Tatsache zum Bewußtsein; die Geschichtsschreiber der Restaurationszeit von Thierry bis Guizot, Mignet bis Thiers sprechen sie überall aus als den Schlüssel zum Verständnis der französischen Geschichte seit dem Mittelalter."[11]

Sprechen es aus, daß die Klassenkämpfe der Schlüssel der Geschichte sind – das ist die große Leistung dieser Fünf!

Oft werden sie so als eine Gruppe genannt. Von Marx, von Engels und auch in der Gegenwart etwa von Kon: „Für die Historiker der Restaurationsperiode, die man mit Recht für die Vertreter der höchsten Etappe in der Entwicklung des bürgerlichen Geschichtsdenkens hält, war die Geschichte nicht vom zeitgenössischen politischen Kampf zu trennen. Wie in der Gegenwart so sympathisierten sie auch in der Vergangenheit mit den fortschrittlichen revolutionären Kräften; eben deshalb vermochten sie in der Geschichte den Klassenkampf zu erkennen und in ihm eine ganz bestimmte Gesetzmäßigkeit zu sehen."[12] Ähnlich Alpatow:

„In der Periode der Restauration (1815–1830), als sich die französische Bourgeoisie wiederum vor die Aufgabe der Machteroberung gestellt sah, trat eine ganze Gruppe bürgerlicher Ideologen und Politiker auf. Das war die bekannte Schule der Historiker der Restaurationszeit: A. Thierry, Guizot, Mignet und andere Schöpfer der bürgerlichen Theorie des Klassenkampfes ...

Die bürgerliche Theorie des Klassenkampfes, die in den Jahren des Kampfes der Bourgeoisie gegen die wiederhergestellte Macht des Adels geschaffen wurde, war jener höchste fortschrittliche Standpunkt, über den der bürgerliche Geschichtsgedanke in der Folgezeit niemals hinauskam."[12a]

Diese Fünf stellten den Höhepunkt der bürgerlichen Geschichtsschreibung dar. Und doch ...

[11] *Marx/Engels*, Werke Bd. 21, Berlin 1962, S. 299.

[12] *I. S. Kon*, Die Geschichtsphilosophie des 20. Jahrhunderts, Bd. I, Berlin 1964, S. 19.

[12a] *M. A. Alpatow*, Die reaktionäre Geschichtsschreibung im Dienste der Kriegsbrandstifter. Berlin 1953, S. 8 f.

welcher marxistische Politökonom hat nicht wenigstens Bruchstücke von Quesnay oder Turgot, von Adam Smith oder Ricardo gelesen! und falls er das nicht getan, gibt er es ungern zu –

welcher marxistische Historiker außerhalb Frankreichs aber hat wenigstens je eine Schrift dieser großen Fünf gelesen und würde sich scheuen, wenn Frankreich nicht sein Arbeitsgebiet, zu sagen, daß er sie nur dem Namen nach kenne!

Plechanow hat ihnen ein gesondertes Kapitel in seinem Buche „Zur Frage der Entwicklung der monistischen Geschichtsauffassung" gewidmet. Die deutsche marxistische Literatur kennt keine Monographie, die ihnen gewidmet ist, nicht einmal ein größeres Kapitel! Man sollte dem Kampf gegen die eigenen bourgeoisen Feinde in der Geschichtsschreibung doch nicht so großen Raum geben, daß man das internationale Erbe so vernachlässigt, wie wir es getan haben.

Kon hat mit Recht darauf hingewiesen, daß diese Fünf die Geschichtsschreibung als politische Waffe betrieben – genau so wie ihren Journalismus oder ihre amtliche Tätigkeit.

Auf diese Seite ihrer Geschichtsschreibung ist es wichtig, noch näher einzugehen, zumal sie diese politische Waffe durch ihre große Begabung in Darstellung und Stil so effektiv handhabten.

Fast amüsiert beginnt Marx die schon erwähnte Besprechung der Broschüre von Guizot aus dem Jahre 1850 über die englische Revolution mit dem Satze: „Das Pamphlet des Herrn Guizot bezweckt (! – J. K.) nachzuweisen, warum Louis-Philippe und die Politik Guizots am 24. Februar 1848 eigentlich nicht hätten gestürzt werden dürfen und wie der verwerfliche Charakter der Franzosen die Schuld trägt, daß die Julimonarchie von 1830 nach achtzehnjährigen mühsamen Bestehen schmählich zusammenbrach und nicht jene Dauer erhielt, deren sich die englische Monarchie seit 1688 erfreute."[13]

Schon einmal hatte sich das Gleiche abgespielt. 1818 war Guizot in den Staatsrat berufen worden und 1820 mit der Verstärkung der halbfeudalen Reaktion wieder entlassen worden. So beginnt er seine einflußreichen Vorlesungen über die Geschichte der „parlamentarischen Regierung" (gouvernement représentatif) in Frankreich und schreibt ein Pamphlet „Le gouvernement de la France sous la Restauration". 1822 wird es ihm und Victor Cousin verboten, weitere Vorlesungen zu halten. Und so veröffentlicht er (1827) seine Geschichte der englischen Revolution – ein gewaltiges Pamphlet gegen die Politik Ludwig XVIII. und Karl X. Marx hätte gesagt: um nachzuweisen, warum Ludwig XVIII. ihn nicht als Mitglied des Staatsrats hätte entlassen sollen, warum man seine Vorlesungen nicht hätte verbieten sollen, warum er stattdessen Minister hätte werden sollen – oder auch, weniger persönlich, warum sein Freund und Protektor Laffitte hätte Chef der Regierung werden sollen.

Ähnlich natürlich Thiers. Als der zehnte und letzte Band seiner Geschichte der Französischen Revolution erschienen war, empfand man das Werk als eine schwere

[13] *Marx/Engels*, Werke Bd. 7, a. a. O. S. 207.

und zugleich wunderbar handliche Waffe gegen die Restaurationsregierung. Simon schreibt über das Werk: „Man versteht den Erfolg auch heute, wenn man es liest, denn es hat für uns keine seiner großen Qualitäten verloren; doch es erschien 1827, mitten im Entscheidungskampf zwischen denen, die die Revolution gesetzmäßig konsolidieren, und denen, die sie zerstören wollten. Es war zugleich ein Buch für die Dauer und den Augenblick: ein Werk und eine Tat. Es wirkte wie eine ‚Marseillaise', sagte Sainte-Beuve."[14]

Von Mignets Geschichte der Französischen Revolution sagt der englische Historiker Gooch: „Das Buch war Teil der Kampagne gegen die Dynastie der Bourbonen und nach seiner Vollendung kehrte Mignet zum Journalismus zurück."[15]

Allgemeiner stellt Gooch fest: „Wie Thiers und Mignet die Französische Revolution benutzten, um Karl X. zu stürzen, so gebrauchten Michelet und Lamartine sie, um die Position seines Nachfolgers zu unterhöhlen. Er (Michelet – J. K.) träumte von einem wiedergeborenen Frankreich, frei von Kirche und Monarchie, basierend allein auf den Prinzipien der Gerechtigkeit, ein Frankreich, in dem die Armen und Gedrückten endlich zu ihren Rechten kommen würden. Es war diese Vision, die seine Geschichte der Französischen Revolution erfüllte."[16] Sicher hat Gooch recht sowohl mit der Schilderung des politischen Engagements der Fünf, wie auch damit, in Michelet den längeren Kämpfer zu sehen. Wurde er doch noch 1850 wegen „demokratischer Propaganda" seiner Professur, und da er sich weigerte, den Eid auf die Verfassung vom 14. Januar 1852 abzulegen, auch seiner Position als Chef der historischen Sektion der Nationalen Archive enthoben.

Daß Thierry, einst Schüler und Sekretär von Saint-Simon, „Vater des Klassenkampfes" als politischer Kämpfer Geschichte schrieb, ist selbstverständlich.

So sehen wir diese großen Methodologen des historischen Materialismus zugleich als aktive Kämpfer für die Großbourgeoisie gegen die feudalen Überreste – mit Thierry und Michelet wohl noch weitergehend. Mit diesen beiden wollen wir uns auch im folgenden noch ein wenig eingehender beschäftigen.

2. Thierry

Thierry ist ein Musterbeispiel für den Unterschied, der im Charakter von Methodologie und Weltanschauung auch eines durch und durch bürgerlichen Wissenschaftlers herrschen kann.

Wenn Marx ihn den Vater des Klassenkampfes nennt, seinen Entdecker in der Geschichte, dann erkennen wir, welch bedeutender Methodologe des historischen Materialismus Thierry war.

Was aber die Weltanschauung betrifft, so zeigte sich eigentlich stets, wie fern er dem historischen Materialismus war. Dafür sogleich ein schlagendes Beispiel:

14 *J. Simon*, a. a. O. S. 149.

15 *G. P. Gooch*, History and historians in the nineteenth century. London 1913, S. 195.

16 Ebendort, S. 181 f.

Thierry war als junger Mensch, noch nicht zwanzig Jahre alt, Sekretär Saint-Simons, mit dem er 1814 ein Büchlein über die Reorganisation der europäischen Gesellschaft schrieb. Saint-Simon war damals alles andere als ein utopischer Sozialist. Das wurde er erst spät, in seinem letzten Werke.

Marx bemerkt im „Kapital“: „Man muß überhaupt nicht vergessen, daß erst in seiner letzten Schrift, dem ‚Nouveau Christianisme‘, St. Simon direkt als Wortführer der arbeitenden Klasse auftritt und ihre Emanzipation als Endzweck seines Strebens erklärt. Alle seine früheren Schriften sind in der Tat nur Verherrlichung der modernen bürgerlichen Gesellschaft gegen die feudale, oder der Industriellen und Bankiers gegen die Marschälle und juristischen Gesetzfabrikanten der Napoleonischen Zeit. Welcher Unterschied, verglichen mit den gleichzeitigen Schriften Owens!“[17]

Genau in dem Moment aber, in dem sich bei Saint Simon die ersten Züge der Zuwendung zum utopischen Sozialismus zeigen, die zum „Nouveau Christianisme“ führen werden, wendet sich Thierry von ihm ab. Alles ist Thierry damals und später ferner, als Sozialist zu sein. La Fayette ist sein Held und wird es immer bleiben; und genau wie der vorsozialistische Saint-Simon wird Thierry freundliche Beziehungen zu dem Finanzier Laffitte bzw. seinem Kreis haben, zu Laffitte, dem „Inspirator“ Louis-Philippes. Im Vorwort zu seiner Artikelsammlung Historischer Studien erklärt er: „Zum Haß des militärischen Despotismus, Frucht der Reaktion gegen das kaiserliche Regime, kam bei mir noch eine tiefe Abneigung gegen revolutionäre Tyrannen dazu.“[18] Er wollte „die Revolution im Rahmen des bürgerlichen Gesetzes“ und nach 1830 nur noch einige Reformen.

Man kann als Methodologe des historischen Materialismus selbstverständlich Anti-Sozialist sein, ja kann als solcher Methodologe ein besonders gefährlicher Anti-Sozialist sein. Man kann als Anti-Sozialist aber natürlich niemals die Weltanschauung des historischen Materialismus vertreten – auch wenn man ihr „irgendwie“ sehr nahe kommen kann wie Thierry.

Wie Thierry – nicht etwa weil er ein Schüler Saint-Simons bis vor dessen langsamer Hinwendung zum Sozialismus war, sondern weil er immer auf Seiten der Unterdrückten stand. Man kann ein glänzender Methodologe des Klassenkampfes und seiner Geschichte auf beiden Seiten der Barrikade sein! – man kann aber die Lage der Massen nur auf einer, auf unserer Seite der Barrikade voll eifernden Mitgefühls, voll tiefem Mitleidens erleben und darstellen – und das tat Thierry. Darum kann man sehr wohl sagen, daß Thierry sich unserer Weltanschauung genähert hat, auch wenn er dem historischen Materialismus als Weltanschauung in Entscheidendem ganz fern stand.

Seine Haltung zu den Unterdrückten ist fast von Anfang an fixiert. Mit 22 Jahren wird Thierry Mitarbeiter des „Censeur“, eines führenden Blattes der Opposition. Hinter dem Blatt stehen oppositionelle Wirtschaftskreise, geführt von den Groß-

[17] *Marx/Engels,* Werke Bd. 25, Berlin 1964, S. 618 f. – Wenn Engels in einer Fußnote dazu bemerkt: „Bei der Überarbeitung des Manuskripts hätte Marx diese Stelle unbedingt stark modifiziert“, so erscheint mir das zweifelhaft. Vgl. dazu meine Geschichte der Lage der Arbeiter Bd. 34, a. a. O., S. 79.

[18] *A. Thierry,* Dix ans d'études historiques. Paris 1867, S. 2.

bankiers Laffitte und Casimir Périer, unter den Ökonomen der von Marx so genannte fade Say, und auch La Fayette. Dort veröffentlicht Thierry auch seine erste Revolutionsstudie, in der er die Revolution von 1640 als eine „große nationale Revolution gegen die Gesellschaftsordnung, die 600 Jahre zuvor durch fremde Eroberung etabliert wurde“[19] darstellt. Zugleich bemerkt er: „Das persönliche Unglück Charles Stuarts – was bedeutet es schon gegenüber dem kollektiven Elend des Volkes?“[20]

Plechanow beschäftigt sich mit dieser Studie, die Thierry in die soeben zitierte Artikelsammlung aufnahm und schreibt:

„In seiner ‚Vue des révolutions d'Angleterre‘ stellt Augustin Thierry die Geschichte der englischen Revolutionen als den Kampf der Bourgeoisie gegen die Aristokratie dar. ‚Jeder, dessen Vorfahren zu den Eroberern Englands gehörten‘, sagte er über die erste Revolution, ‚verließ sein Schloß und begab sich ins königliche Lager, wo er das seinem Rang entsprechende Kommando übernahm. Die Bewohner der Städte und der Häfen gingen in hellen Haufen ins gegnerische Lager. Man könnte sagen: Das Feldgeschrei der beiden Armeen war auf der einen Seite *Müßiggang und Macht*, auf der anderen Seite *Arbeit und Freiheit;* denn die Müßiggänger, welcher Schicht sie auch angehörten, jene, die keine andere Beschäftigung im Leben wollten, als ohne Mühe zu genießen, schlossen sich den königlichen Truppen an, um Interessen zu verteidigen, die mit den ihren übereinstimmten; im Gegensatz dazu schlossen sich jene Nachfahren der Eroberer, die ein Gewerbe betrieben, der Partei der Gemeinden an.‘*

Die religiöse Bewegung jener Zeit war nach Thierrys Ansicht nur eine Widerspiegelung der positiven Lebensinteressen. ‚Um diese positiven Interessen wurde der Krieg auf beiden Seiten geführt. Alles andere war äußerer Schein oder Vorwand. Die für die Sache der *Untertanen* kämpften, waren größtenteils Presbyterianer, das heißt, sie lehnten, auch in der Religion, jeden Zwang ab. Die der gegnerischen Partei folgten, waren Anglikaner oder Papisten, das heißt, sie strebten, selbst in den Formen des religiösen Kults, nach Machtausübung und nach Besteuerung der Menschen.‘ Hier zitiert Thierry folgende Worte aus Fox' ‚History of the reign of James the Second‘: „... alle religiösen Ansichten betrachteten die Whigs unter dem Blickwinkel der Politik. Sogar bei ihrem Haß gegen den Papismus ging es ihnen nicht so sehr um den Aberglauben oder die behauptete Götzenanbetung jener unpopulären Sekte als vielmehr um deren Bestreben, die unumschränkte Macht im Staat zu errichten.‘ “[21]

Solch offene Sprache war auf bürgerlicher Seite damals nur möglich, da die Großbourgeoisie in Opposition stand. Später wird sich das ändern. Insbesondere die deutschen Historiker der zweiten Hälfte des 19. Jahrhunderts werden über die „französische Geschichtsschreibung“ herfallen. Noch Fueter wird über Thierrys Hauptwerk, über die „Geschichte der Eroberung Englands durch die Normannen“ (1825), bemerken:

[19] Ebendort.

[20] Vgl. dazu *A. A. Thierry*, Augustin Thierry. Paris 1922, S. 48 f.

* „Dix ans d'études historiques“, im sechsten Band der vollständigen Sammlung von Thierrys Werken, 10. Ausgabe, S. 66.

[21] *G. W. Plechanow*, Zur Frage der Entwicklung der monistischen Geschichtsauffassung, Berlin 1956, S. 30 f.

„Thierry vertrat die Anschauungen eines liberalen Bourgeois aus der Zeit der Restauration. Er wollte sich mit seinen Geschichtswerken an dem Adel für die jahrhundertlange Unterdrückung seiner Vorfahren rächen. Er tat dies, indem er nachzuweisen suchte, daß die Macht des ersten Standes nur auf brutaler, illegitimer Gewalt beruhte. Er war als Stilist ein Romantiker; als Politiker war er von jeder Schwärmerei für das Mittelalter frei. Er leitete alles Unrecht, das die *roture* einst und jetzt zu erdulden hatte, davon her, daß das eingesessene Volk durch fremde Eroberer, den späteren Adel, seiner Unabhängigkeit beraubt worden sei.

Diese erstaunlich einfache, an sich übrigens nicht einmal originelle Theorie muß bei Thierry den Ursprung der Feudalverfassung und des zeitgenössischen Konflikts zwischen dem Adel des *Ancien Régime* und der Bourgeoisie erklären. Es ist daher kein Zufall, daß er seine Arbeitskraft vor allem der Geschichte der normannischen Eroberung zuwandte. Die Geschichte Wilhelms des Eroberers konnte als klassisches Beispiel dienen dafür, wie die Herrschaft einer fremden Rasse über die einheimische Bevölkerung gegründet wurde. Thierry schrieb bewußt vom Standpunkt der Unterdrückten aus (vgl. die ‚Introduction', p. 14): ‚sobald ein Volk unterdrückt ist, wird seine Sache die gute (sa cause deviendra la bonne cause' l. I in fine). Er empfand nicht wie Ranke künstlerische Freude an der Ausbreitung der Macht als solcher: er haßte nicht nur Militärgewalt und Despotismus, sondern er brachte (wie andere Liberale) absolutistische Regierungsweise und militärische Schwäche in einen inneren Zusammenhang (vgl. l. II)."[22]

Dieses erste große Werk Thierrys, das schließlich wahrlich viele Jahrhunderte zurückliegende Ereignisse behandelt, war ein sensationeller Erfolg – Erfolg, wahrlich verdient als Geschichtswerk, ein sensationeller Erfolg aus der politischen Situation von 1825 heraus, denn die Aristokratie wurde mit den Bourbonen identifiziert, die Bourgeoisie oder das Volk mit der Opposition. Es wurde „L'Epopée des vaincus", das Heldenlied der Besiegten genannt. In weniger als drei Jahren erschienen vier Auflagen. Sismondi schrieb in der Revue Britannique vom Oktober 1825: „Herrn Thierry ist es gelungen, aus Leidenschaften, Hoffnungen, Sorgen und Elend, eine Kette von Ursachen und Wirkungen zu enthüllen, die niemand vor ihm geahnt hatte."

(Eine „private" Note sei beigefügt, um die menschlich-persönliche Größe dieses Mannes anzudeuten. Der Triumph seines Werkes beglückte Thierry in dem Moment, in dem die furchtbare Krankheit, die ihn bald erblinden lassen und dann paralysieren, doch nicht an der Schaffung neuer bedeutender Werke hindern wird, ihn zu schlagen begann – schon im Herbst 1824 war er nicht mehr fähig, Texte zu entziffern und eine Feder zu halten.)

Eine Kette von Ursachen und Wirkungen, die man vorher nicht gesehen, fand Sismondi in dem Werk Thierrys. Anknüpfend an Gedankengänge des 18. Jahrhunderts, schreibt Plechanow: „Hätte man Augustin Thierry, Guizot oder Mignet gefragt, ob nun die Sitten eines Volkes seine Staatsordnung schüfen oder, umgekehrt, die Staatsordnung seine Sitten hervorrufe – jeder würde geantwortet haben: So groß und unbestreitbar die Wechselwirkung zwischen den Sitten eines Volkes und seiner

[22] *E. Fueter*, Geschichte der neueren Historiographie. München und Berlin 1911, S. 450.

Staatsordnung auch sein möge, letzten Endes verdanke sowohl das eine als auch das andere seine Existenz einem dritten, tieferen Faktor, der *‚zivilen Lebensweise der Menschen, ihren Eigentumsverhältnissen‘*."[23]

Eine Kette von Ursachen und Wirkungen, die die Größe und Grenze Thierrys sehr deutlich aufzeigen. Sehr klug und einsichtig führt Plechanow aus:

„Augustin Thierry, der den Kampf der religiösen Sekten und politischen Parteien vom Standpunkt der *‚positiven Interessen‘* verschiedener Gesellschaftsklassen betrachtet und der mit dem Kampf des dritten Standes gegen die Aristokratie leidenschaftlich sympathisiert, erklärt die Entstehung dieser Klassen und Stände durch *Eroberungen.* ‚Tout cela date d'une conquête, il y a une conquête là dessous‘ (das alles stammt aus der Zeit der Eroberung, es liegt ihm eine Eroberung zugrunde), sagt er über die Klassen- und Standesverhältnisse bei den neueren Völkern, über die er ja ausschließlich spricht. Diesen Gedanken entwickelt er unermüdlich auf jede Art und Weise, sowohl in publizistischen Aufsätzen als auch in seinen späteren wissenschaftlichen Werken. Ungeachtet dessen, daß die ‚Eroberung‘ – als internationale politische Handlung – Thierry auf den Standpunkt des 18. Jahrhunderts zurückwarf, als das gesamte gesellschaftliche Leben durch die Tätigkeit des Gesetzgebers, das heißt der politischen Macht, erklärt wurde, erweckt doch jede Tatsache einer Eroberung unvermeidlich die Frage: Warum waren die sozialen Folgen gerade diese und nicht andere? Vor dem Einbruch der germanischen Barbaren hatte Gallien schon die römische Eroberung erlebt. Die sozialen Folgen *dieser* Eroberung unterschieden sich wesentlich von jenen, die die *germanische* Eroberung mit sich gebracht hat. Die sozialen Folgen der Eroberung Chinas durch die Mongolen ähneln sehr wenig den sozialen Folgen der Eroberung Englands durch die Normannen. Woher diese Unterschiede? Wenn man sagt: aus der unterschiedlichen sozialen Ordnung verschiedener Völker, die zu verschiedenen Zeiten aufeinanderstoßen, sagt man eigentlich nichts, denn es bleibt nach wie vor unbekannt, was ihre soziale Ordnung bedingt. Wenn man sich in diesem Zusammenhang auf irgendwelche früheren Eroberungen beruft, bewegt man sich nur in einem fehlerhaften Kreis. So viele Eroberungen man auch aufzählt, letztlich gelangt man doch zu der unausbleiblichen Schlußfolgerung, daß es im gesellschaftlichen Leben der Völker irgendein x gibt, irgendeinen unbekannten Faktor, der nicht nur durch Eroberungen bedingt wird, sondern, ganz im Gegenteil, die *Wirkungen* der Eroberungen *selber bedingt* und häufig, vielleicht auch immer, die *Eroberungen als solche* bestimmt, weil er die Hauptursache internationaler Zusammenstöße bildet. Thierry weist in seiner ‚Geschichte der Eroberung Englands durch die Normannen‘ auf Grund alter Zeugnisse selbst auf die Antriebe hin, von denen sich die Angelsachsen in ihrem verzweifelten Kampf um ihre Unabhängigkeit leiten ließen. ‚Wir müssen kämpfen‘, sprach einer ihrer Herzöge, ‚wie groß die Gefahr für uns auch sei; denn es geht hier nicht um die Anerkennung eines neuen Herrn ..., sondern um etwas ganz anderes. Der Normanne hat unseren Grund und Boden bereits an seine Heerführer, Ritter und alle seine Mannen verteilt, und die meisten von ihnen haben ihm dafür bereits gehuldigt. Sie werden ihre Lehen antreten wollen, wenn der

[23] *G. W. Plechanow,* a. a. O., S. 32.

Herzog unser König wird; er aber wird gezwungen sein, ihnen unsere Güter, unsere Frauen, unsere Töchter zu übergeben; das alles hat er ihnen schon im voraus versprochen. Sie wollen nicht nur uns, sondern auch unsere Nachkommen vernichten und uns das Land unserer Ahnen rauben' usw. Wilhelm der Eroberer seinerseits sprach zu seinem Gefolge: ‚Kämpft tapfer und erschlagt sie alle; wenn wir siegen, werden wir alle reich sein. Was ich erwerben werde, erwerbt ihr; was ich erobere, erobert ihr; wenn ich Land nehme, wird es euch gehören.'* Hier wird es mehr als deutlich, daß die Eroberung nicht Selbstzweck war, daß ihr gewisse ‚positive', das heißt *ökonomische, Interessen* ‚zugrunde' lagen. Es fragt sich nur: Was verlieh diesen Interessen die Form, die sie damals besaßen? Warum neigten sowohl die Einheimischen als auch die Eroberer gerade zur feudalen und zu keiner anderen Art des Bodenbesitzes? Die ‚Eroberung' erklärt in diesem Falle nichts.

In der ‚Histoire du tiers état' des gleichen Thierry und in allen seinen Abhandlungen über die Geschichte der inneren Zustände Frankreichs und Englands haben wir schon ein recht vollständiges Bild der historischen Entwicklung der Bourgeoisie. Es genügt, dieses Bild kennenzulernen, um einzusehen, in welchem Maße eine Ansicht unbefriedigend ist, die die Entstehung und Entwicklung einer bestimmten sozialen Ordnung an Eroberungen knüpft – stand doch diese Entwicklung ganz und gar im Gegensatz zu den Interessen und Wünschen der Feudalaristokratie, das heißt der Eroberer und ihrer Nachkommen.

Ohne zu übertreiben, kann man sagen, Augustin Thierry habe selbst dafür gesorgt, daß seine Ansichten von der historischen Rolle der Eroberungen durch seine eigenen geschichtlichen Untersuchungen widerlegt werden."[24]

Plechanow hätte vielleicht zwei Bemerkungen hinzufügen können. Die erste ist, daß Turgot in gewisser Weise weiter war als Thierry in der Erkenntnis der Rolle der ökonomischen Basis und ihrer Wandlungen für die Gestaltung der Gesellschaft, ohne jedoch die Geschichte der Gesellschaft als eine Geschichte von Klassenkämpfen zu erkennen. Nie hätte Turgot wie Thierry in dem schon zitierten Vorwort zu seiner Artikelsammlung sprechen können vom „Antagonismus der verschiedenen Menschenklassen im Schoße der gleichen Gesellschaft."[25] Die zweite ist, daß Marx sowohl die Klassenkampferkenntnis von Thierry wie auch die Erkenntnis der Rolle der Wandlungen in der Ökonomie für die Gesellschaft von Turgot aufnahm. In dem schon zitierten Brief an Weydemeyer, in dem Marx abwehrte, der „Entdecker" der Klassenkämpfe zu sein, bemerkt er ausdrücklich: „Was ich neu tat, war 1. nachzuweisen, daß die *Existenz der Klassen* bloß an *bestimmte historische Entwicklungsphasen der Produktion* gebunden ist; 2. daß der Klassenkampf notwendig zur *Diktatur des Proletariats* führt; 3. daß diese Diktatur selbst nur den Übergang zur *Aufhebung aller Klassen* und zu einer *klassenlosen Gesellschaft* bildet."[26]

Manchmal ist in der Wissenschaft nur der letzte Schritt der entscheidende. Hier

* ‚Histoire de la conquête' usw., Paris, v. I, pp. 295 et 300.

[24] Ebendort, S. 35 ff.

[25] *A. Thierry*, a. a. O., S. 8.

[26] *Marx/Engels* Werke Bd. 28 a. a. O., S. 508.

aber hat Marx mehrere Siebenmeilenschritte tun müssen, um die ganz großen Leistungen seiner Vorgänger zum Bestandteil eines Systems der Methodologie und einer Weltanschauung zu erhöhen.

Doch hat Plechanow eine andere interessante Bemerkung zu seinen Ausführungen über Thierry gemacht, die so lautet: „Interessant ist es, daß schon die Saint-Simonisten *diese* schwache Seite in den Geschichtsansichten Thierrys erkannten. So bemerkt Bazard ..., daß die Eroberung in Wirklichkeit einen viel geringeren Einfluß auf die Entwicklung der europäischen Gesellschaft ausübte, als Thierry glaubt. ‚Jeder, der die Entwicklungsgesetze der Menschheit versteht, sieht, daß die Rolle der Eroberung völlig untergeordnet ist.' In diesem Falle aber kommt Thierry den Ansichten seines einstigen Lehrers Saint-Simon näher als Bazard: Bei Saint-Simon wird die Geschichte Westeuropas seit dem 15. Jahrhundert vom Standpunkt der Entwicklung der ökonomischen Verhältnisse betrachtet, die mittelalterliche Gesellschaftsordnung aber wird einfach als das Ergebnis einer Eroberung erklärt."[27]

Das scheint mir richtig.

Unerklärt aber bleibt der letzte Absatz der vorangehenden Ausführungen Plechanows, den wir noch einmal wiederholen wollen, um dann ein wenig ausführlicher auf ihn einzugehen:

„Ohne zu übertreiben, kann man sagen, Augustin Thierry habe selbst dafür gesorgt, daß seine Ansichten von der historischen Rolle der Eroberungen durch seine eigenen geschichtlichen Untersuchungen widerlegt werden."

Es ist richtig, daß Thierry all seinen großartigen, oft so realistischen Schilderungen der Vergangenheit sein Dogma von der entscheidenden Rolle der Eroberungen aufpflanzt. Doch nicht so, daß dadurch die Darstellung selbst im Wesentlichen verzerrt würde.

Ja vielleicht kann man sogar sagen, daß gerade diese Theorie ihn als Bürger dazu befähigte, unbefangen noch viel schärfer und klarer den Klassenkampf, das Heldentum, die Leiden der Volksmassen herauszuarbeiten – denn so erschienen die Unterdrücker, die Aristokratie, ja zugleich als fremde Eroberer.

Stolz fragt Thierry: „Wer von uns hat nicht gehört von einer Menschenklasse, die, als die Barbaren Europa überfluteten, für die Menschheit die Künste und Bräuche der Industrie bewahrte? Jeden Tag von ihren Besiegern und Herren mit Füßen getreten und ausgeplündert haben sie kümmerlich dahingelebt, von ihrer Arbeit nur das Bewußtsein heranbringend, etwas Nützliches zu tun und für ihre Kinder wie für die Welt die Zivilisation zu retten. Diese Retter unserer Handfertigkeit, das waren unsere Väter; wir sind die Söhne dieser Leibeigenen und Tributpflichtigen, dieser Bürger, die die Eroberer so willkürlich zerfleischten; wir schulden ihnen alles, was wir sind. Sie sind die Vertreter alles dessen, was gut und rühmenswert; doch die Erinnerung an sie leuchtet nur schwach, da die Geschichtsschreibung, die von ihnen berichten sollte, in den Händen der Feinde unserer Väter lag ...

Ich rief zu einer völligen Wiederherstellung der verzerrten oder unbekannten Wahrheit auf, zur Rehabilitierung der mittleren und unteren Klassen, der Ahnen des

[27] *G. W. Plechanow*, a. a. O., S. 37.

Dritten Standes, die durch unsere modernen Historiker der Vergessenheit übergeben waren. Als Bürger geboren, verlangte ich, daß man dem Bürgertum seinen Anteil am Ruhm unserer Geschichte gab, daß man mit achtungsvoller Sorgfalt sammelte die Erinnerungen an plebejische Ehre, an bürgerliche Energie und Freiheit."[28]

Und schon 1817 schrieb Thierry in einem Artikel über die Korrespondenz Benjamin Franklins: „Man spricht uns immer davon, unseren Vorfahren nachzuahmen; warum folgen wir also nicht diesem Rat? Unsere Ahnen, das waren die Handwerker, die die Kommunen gründeten, die von der modernen Freiheit träumten. Unsere Vorfahren waren nicht so fern den gegenwärtigen Bräuchen in Amerika; sie waren einfache Menschen, voll guten Menschenverstandes und Zivilcourage."[29]

Mit welchem Stolz spricht hier der Bürger Thierry, ganz im Geist eines Sohnes der großen Französischen Revolution, eines Erbes des schaffenden Volkes aller Vergangenheit Frankreichs! Kein einziger bürgerlicher Historiker Europas kann in dieser Hinsicht neben ihm bestehen, weder zu seiner Zeit noch später – mit einer Ausnahme: Michelet.

Und wie schrieb Thierry: nicht nur mit solchem Stolz des Sohnes aller unterdrückten Klassen, der jetzt (in den zwanziger Jahren) zur Macht drängt; auch mit großer Kraft der Einfühlung in die Lage der Unterdrückten – und so wundervoll in der Sprache.

Merkwürdig ist es, wie der junge Thierry und der junge Ranke beide ganz stark unter dem Eindruck des großen Romanschreibers Walter Scott standen. Der reifere Ranke trennte sich von diesem Einfluß, weil er ihn für die ihm erstrebenswert erscheinende Nüchternheit und Ausgewogenheit der Darstellung fürchtete. Doch nie wird Ranke Scotts Einfluß und seine Bewunderung für Thierry, der Scott so stark erlegen war, vergessen können. Noch als Neunzigjähriger wird Ranke zur Feier seines Geburtstages seinen Schülern, der Welt anvertrauen: „Ich gestehe, daß Augustin Thierrys erste Bücher durch ihre Form meine Bewunderung erweckten. Ich sagte: So etwas können wir nicht zustande bringen."

3. Michelet

Nur drei Jahre ist Michelet jünger als Thierry. Doch noch in einem vom 29. März 1829 datierten Brief schreibt er an ihn als seinen Meister. Am 3. März 1840 schreibt Thierry an Michelet: „Ich bewundere Sie wegen Ihrer doppelten Gabe und Ihres doppelten Erfolges als Historiker mit der Feder und dem Wort." 4 Jahre später, am 18. Juli 1844, findet Michelet in einem Brief an Thierry Worte, wie er sie voll Verehrung fünfzehn Jahre zuvor an Thierry gerichtet hat. Und wieder 4 Jahre später, am 20. Dezember 1848, nachdem er den zweiten Band von Michelets Geschichte der Revolution gelesen, dankt der Ältere dem Jüngeren für seine Leistung im gemeinsamen Kampf für eine neue Geschichtsschreibung.[30]

28 *A. Thierry*, a. a. O., S. 4 f. und 11.

29 Ebendort, S. 3.

30 Vgl. zu den Briefen *P. Viallaneix*, La voie royale. Essai sur l'idée de peuple dans l'oeuvre de Michelet. Paris 1959, S. 254.

Was Thierry und Michelet eint, ist die Liebe zum Volke ihres Landes und zu den Idealen des humanen Liberalismus von 1830.

Beide sind stolz, Söhne des Volkes, nicht der Aristokratie, nicht der bis 1789 Herrschenden zu sein. Michelet kommt direkt aus noch tieferen Schichten als Thierry. Seine Eltern, aus dem Kleinbürgertum stammend, verfielen zeitweise ins Frühproletariat. Michelet kannte tiefste Not, Hunger und Kälte als Junge, und arbeitete in einer Druckerei. In der Widmung seines Buches Le Peuple, Das Volk, an den Freund Edgar Quinet, bemerkt er:

„Dies Buch habe ich aus mir selbst gemacht, aus meinem Leben, aus meinem Herzen. Es ist das Resultat meiner Erfahrungen weit mehr als meiner Studien. Ich habe mich auf meine Beobachtungen gestützt, auf meine freundschaftlichen Beziehungen, auf die Nachbarschaft; ich habe den Stoff auf den Straßen gesammelt; das Glück liebt es, dem zu dienen, der stets den gleichen Gedanken verfolgt. Schließlich habe ich das Buch vor allem in den Erinnerungen an meine Jugend gefunden. Um das Leben des Volkes zu kennen, seine Arbeiten, seine Leiden, genügte es, meine Erinnerungen zu befragen.

Denn auch ich, mein Freund, habe mit meinen Händen gearbeitet. Den wahren Namen des modernen Menschen, den des Arbeiters, habe ich in mehr als einem Sinne verdient. Bevor ich Bücher schrieb, habe ich sie materiell komponiert; ich habe Buchstaben vor Ideen zusammengesetzt, ich kenne sehr wohl die schweren Stunden in der Werkstatt, die Eintönigkeit langer Arbeit."[31]

Und als Michelet von seinem Lehrstuhl vertrieben wird, 1851 unter Napoléon III., da zieht er sich in engste Verhältnisse zurück. Doch wie hatte er gerade an E. Noël geschrieben: „Ich wünsche mir heftig, herabzusteigen. Denn ich meine, das heißt heraufzusteigen. Meine Frau ist fähig, alle Opfer zu bringen – sowohl für mich wie auch, weil sie das Große liebt."[32] Er zieht, wie er formuliert, die städtischen Stiefel aus und die groben Schuhe des Bauern an.

Immer hat er es vorgezogen, mit dem Volke zu sprechen; „denn die Salons habe ich niemals verlassen, ohne mein Herz kleiner und erkaltet zu finden."[33]

Wie oft begegnen wir ihm auf den Straßen von Paris in den Vierteln, in denen die Handwerker und Arbeiter, die kleinen Händler und das Lumpenproletariat leben – beobachtend und schwatzend, aufmerksam mit ernstem Gesicht und voll Lust lachend und neckend. In Paris und auf dem Lande, in England und in Deutschland. Am 22. August 1834 notiert er in sein Tagebuch, nachdem er einige Städte Englands kennengelernt: „Es ist immer wieder erstaunlich, inmitten dieser großen Kultur und bei diesem Volke, in dem das Erziehungswesen so ausgedehnt, diese nackten Füße und Beine ohne Strümpfe zu sehen. Der Wohlstand hat zugenommen; die Not des Lebens und der Geduld haben sich nicht vermindert."[34] Und seinen Zuhörern in der Vorlesung von 1847 ruft er zu: „Die Welt ist überreich an Schwät-

[31] *J. Michelet,* Le peuple. Paris 1846, S. VI.

[32] *P. Viallaneix,* a. a. O., S. 31.

[33] *J. Michelet,* Le peuple, a. a. O., S. VIII.

[34] *P. Vaillaneix,* a. a. O., S. 41.

zern, an leeren Abstraktionen; wer heute eine neue Idee haben will, der darf sich nicht in Träumereien verfangen, der muß zum Volke gehen ... Gehen Sie auf die Märkte, hören Sie auf die Massen, sehen Sie ihnen zu ... Es gibt dort großes Elend. Alles Bettler? Nein, aber die, die nichts verlangen, werden nichts erhalten. Erinnern Sie sich, daß Molière auf einem Markt geboren wurde, daß Dante sich auf den Markt setzte, beobachtete, die Menschen beurteilte ... Stürzen Sie sich in das Leben, in dieses lebende Meer des Volkes, und erst dann werden Sie die Bücher verstehen oder sie überhaupt nicht mehr brauchen."[35] Und vier Jahre später, in der letzten Vorlesung: „Am Morgen, während Sie noch im Bett liegen, hören Sie auf der Straße die wiederhallende Stimme eines Mannes, einer Frau, die sich vor Tagesanbruch erhoben haben, um Ihnen die Notwendigkeiten des Lebens zu bringen. Sie glauben, das sei die Stimme des Handels. Ich aber sage Ihnen, das ist die Stimme der Brüderlichkeit ... So viele Menschen, die an mich gedacht haben, die sich für mich erhoben haben und in die Nacht, in den Winter gegangen sind!"[36]

Hatte nicht schon Madame de Staël gemeint „die Massen sind heute alles, die Einzelnen nur wenig".[37] So wird für Michelet der Weg des Volkes, la voie royale, zum Weg der Geschichte. Was ist für ihn das Einzigartige an den Juli-Tagen von 1830? „Das Einzigartige an der Juli-Revolution ist, daß sie das erste Modell einer Revolution ohne Heroen, ohne Eigennamen ist; kein Einzelner, in dem sich der Ruhm lokalisieren könnte. Die Gesellschaft hat alles geleistet. Die Revolution des 14. Jahrhunderts verging und resümierte sich in der Jungfrau von Orléans, dem reinen und rührenden Opfer, die das Volk repräsentierte und für das Volk starb. Hier, im Juli, kein Eigenname; niemand hatte die Revolution vorbereitet oder geleitet, niemand hat die anderen überragt. Nach dem Sieg hat man den Helden gesucht und man hat ihn im ganzen Volk gefunden."[38]

Doch dieser Juli 1830 ist kein Einzelereignis. Die ganze Geschichte ist eine Folge von Volkskämpfen, eine permanente Revolution, „ein ewiger Juli"[39]. Darum „ist der Mensch sein eigener Prometheus".[40] Sein eigener Prometheus! darum hat auch „mit dem Entstehen der Welt ein Krieg begonnen, der nur mit der Welt und nicht zuvor enden kann, der Kampf des Menschen mit der Natur, des Geistes mit der Materie, der Freiheit gegen den Fatalismus. Die Geschichte ist nichts anderes als die Erzählung dieses ewigen Kampfes".[41]

Diesen Kampf aber kann man nur „unten" verfolgen. „Ich habe", erklärt Michelet, „die Geschichte unten angepackt, bei den tiefen Massen, bei den Instinkten des Volkes, und ich habe gezeigt, wie es mena ses meneurs, seine Führer führte."[42]

[35] Ebendort, S. 46 f.

[36] Ebendort.

[37] *Mme de Staël*, Considérations sur la révolution française, in Œuvres complètes, Bd. XIV, Paris 1821, S. 81.

[38] *J. Michelet*, Introduction à l'histoire universelle, Paris 1843, S. 66.

[39] *J. Michelet*, Vorwort von 1869 zu L'histoire de France, Bd. 1, Paris 1881, S. 2.

[40] Ebendort, S. 3.

[41] *J. Michelet*, Introduction à l'histoire universelle, a. a. O., S. 5.

[42] *J. Michelet*, Histoire de la révolution française, Bd. 2, Paris 1939, S. 1168.

Wer aber ist dieses Volk, das die Geschichte macht? ist es vor allem die Bourgeoisie und zuvor das Bürgertum, denen Thierry doch wohl den ersten Rang gibt? Wo hat Michelet seine Untersuchungen des Volkes selbst durchgeführt? Wir wissen es schon: bei den Bauern auf dem Lande, bei den Arbeitern und kleinen Handwerkern wie Händlern in der Stadt. Peuple, das Volk ist für ihn vor allem die Plebs, nicht das Volk im allgemeinen Sinne, das alle Schichten oder zumindest alle nichtaristokratischen Schichten umfaßt.

Nein, die Bourgeois haben sich dem Volke entfremdet – isolement, Isolierung des Bourgeois heißt eine Seite in Le peuple.

„Ohne Kontakt mit dem Volke. Der Bourgeois kennt es nur noch aus der Gazette des Tribunaux. Er sieht es in seinem Bediensteten, der ihn bestiehlt und sich über ihn mokiert. Er sieht es, durch die Fenster, in dem Trunkenbold, der unten vorbeigeht, der schreit, fällt und sich in der Gasse siehlt. Er weiß nicht, daß der arme Teufel letztlich ehrlicher ist als die Giftmischer en gros und en détail, die ihn in diesen traurigen Zustand versetzt haben.

Rohe Arbeiten machen die Menschen und ihre Sprache roh ...

Der Reiche, zumeist der, der sich bereichert hat, das ist der Arme von gestern. Gestern war er selbst der Arbeiter, der Soldat, der Bauer, den er heute vermeidet ...

Kennen Sie die Gefahr der Isolierung, sich fest einzuschließen? das heißt, sich in der Leere einzuschließen? ...

Dieser Bourgeois von heute, wir haben ihn schrumpfen sehen, je mehr er sich zu erheben schien. Als Bauer hatte er strenge Sitten, war nüchtern und sparsam; als Arbeiter war er ein guter Kamerad und hilfreich; als Fabrikant war er aktiv, energisch, hatte seinen industriellen Patriotismus, der sich gegen die fremde Industrie bemühte. All das hat er heute verloren und nichts ist an ihre Stelle getreten; sein Haus ist gefüllt, seine Truhen sind geladen, seine Seele ist leer ...

Zu uns, die wir jung und stark sind! Kommt zu uns Ihr Arbeiter. Wir öffnen Euch unsere Arme. Bringt uns neue Wärme, auf daß die Welt, auf daß das Leben, die Wissenschaft noch einmal beginnen.

Was mich betrifft, so hoffe ich stark, daß meine Wissenschaft, mein teures Studium, die Geschichte, sich an diesem Leben des Volkes wieder beleben und auf diesen neuen Wegen die große und gesunde Sache wird, von der ich geträumt habe. Aus dem Volke wird der Historiker des Volkes kommen."[43]

Aus dem Volke wird der Historiker des Volkes kommen! und überhaupt der Wissenschaftler, der Staatsmann, alle Menschen, die schöpferisch sind, weil sie die Geschichte vorantreiben.

Und die Intelligenz, sagt er ein andermal, wird sich mit den Massen verbinden, denn nur so kann sie etwas leisten.[44]

Ja, Michelet war den Massen nahe – auch in seinem privaten Leben ging es einfach zu, und seine Arbeit hatte eine handwerksmäßige Organisation. Die Familie war

[43] *J. Michelet,* Le peuple, a. a. O., S. 109 ff.

[44] *J. Michelet,* Histoire de la révolution française, Bd. 1, a. a. O., S. 4.

miteingespannt – der Vater etwa mußte in die Bibliotheken gehen und Bücher abholen oder zurückbringen; Assistenten arbeiteten wie Lehrlinge und Gesellen; auch die „Meisterin" war bisweilen aktiv, zumindest kochte sie für alle und wusch die Wäsche.

Und immer war der Meister aktiv. Haac schließt seine Michelet-Studie mit einem Zitat aus dem 10. Band der „Histoire de France":

„Das Vertrauen in die Zukunft ... zeigt sich in der harmonischen Unermüdlichkeit der Arbeit, der Anstrengungen, in einem in sich konsequenten Werke ... das man, ohne daran zu zweifeln, verfolgt.

Die Zukunft ist nicht etwas, das man erwarten sollte: man muß verstehen, sie selbst zu schaffen."[45]

So handelt das Volk in der Geschichte, so lebte und handelte auch Michelet.

Stets erfüllte ihn und seine Geschichtsschreibung ein tiefer Optimismus. Schon in seiner ersten Michelet-Studie bemerkt Gabriel Monod:

„Für viele, darunter auch mich, sind die Bücher Michelets ein Trost und ein Cordial, das die Lebensgeister weckt, gewesen. Sie lesend lernte man Frankreich lieben, seine von ihm wiedererweckte Geschichte, Frankreich in seinem Volke zu lieben, dessen innerste Gefühle und edle Wünsche er interpretierte, Frankreich in seiner Erde selbst zu lieben, deren Charme und Schönheit er so gut zu zeichnen wußte. Mit Michelet gewann man Vertrauen in die Zukunft des Vaterlandes – trotz der Traurigkeiten der Gegenwart. Man konnte sich seiner ansteckenden Begeisterung, seinen Hoffnungen, der Jugend seines Herzens nicht entziehen ...

Er verwandelte den Lehrstuhl in eine Tribüne, er versuchte weniger die Jugend zu lehren als sie vielmehr zu begeistern."[46]

Wir sprachen davon, daß Michelet sich in seiner frühen Zeit als Schüler des „Vaters" der Klassenkämpfe betrachtete. Wie die anderen seiner Gruppe meinte auch er, daß 1830 die Klassenkämpfe ihr Ende erreicht, da nun nach langen Irrungen der schöne Zustand des Jahres 1790 wieder gekommen wäre. Doch während für Thierry die Klassenkämpfe das Resultat von Eroberungen vor allem, sind sie für Michelet das Resultat der „Entfernung" immer neuer Schichten aus dem Volke.

Aber so genau Michelet das Elend der Unterdrückten kennt, ihren Kampf gegen Not und „Sklaverei" – die Produktionsverhältnisse, die Ökonomie überhaupt spielen bei ihm nicht die große Rolle wie bei den Physiokraten, insbesondere bei Turgot. Er hat Turgot gelesen und teilt mit ihm den Glauben an ständigen Fortschritt der Menschheit – aber die Rolle der Ökonomie in diesem Fortschritt hat Michelet nicht begriffen. Auch wenn er etwa in seinem Abriß der modernen Geschichte die Revolution vor allem aus finanziellen Gründen ausbrechen läßt: „Die Philosophen waren mit Turgot, die Bankiers mit Necker gescheitert, die Curtisanen mit Calonne und Brienne. Die Privilegierten wollten nichts zahlen, das Volk konnte nicht mehr zahlen.

[45] *O. A. Haac,* Les principes inspirateurs de Michelet. New Haven, Paris 1951, S. 202.
[46] *G. Monod,* Jules Michelet. Paris 1875, S. 6 f und 9.

Die Generalstände dekretierten nur eine Revolution, die bereits geschehen war, wie es ein bedeutender Historiker formuliert hat."[47]

Michelet teilte mit Montesquieu die Auffassung, daß Klima und Boden die entscheidenden Faktoren als Determinanten der Geschichte sind – jedoch nur an ihrem Anfang. Für Frankreich spricht er von einem geographischen Determinismus bis zum 12. Jahrhundert. „Es ist eine Epoche des Materialismus in der Geschichte und der Geist, der den Historiker beherrschen muß, ist der Geist des Materialismus. Man muß die Menschen auf dem Lande sehen und was das Land ihnen gibt", erklärt er 1832 in seiner Vorlesung.[48] Und wie wandelt sich die Situation? Dadurch, daß die Menschen, nein genauer, das Volk sich mit der Natur vereint und sich ein Vaterland schafft – aus eigenem Willen zur Freiheit vorstößt. Doch stets bleibt den Bauern, dem Volke die Liebe zur Erde, die mehr und mehr mit der Idee des Vaterlandes verschmilzt – ein sublimierter Materialismus, eine durchgeistigte, durchfühlte Materie wird mehr und mehr bestimmend für die Handlungen des Volkes und den Historiker Michelet. Er hat sich von Montesquieu entfernt, so wie die Geschichte sich vom 12. Jahrhundert entfernt hat.

Michelet stellt nicht den Höhepunkt der Entwicklung des historischen Materialismus vor Marx dar, und schon deswegen blieb ihm das Werk von Marx und Engels fern.

Michelet entwickelte eine Seite des historischen Materialismus weiter, die Rolle des Volkes, der Plebs in der Geschichte, so wie Thierry eine andere Seite entwickelt hatte.

Vielleicht kann man sagen, daß Turgot auf Montesquieu aufbaute, so wie es zweifellos auch Thierry und Michelet taten.

Doch von einer gradlinigen Entwicklung von Montesquieu bis Michelet kann keine Rede sein.

Marx und Engels suchten und fanden zahlreiche Bausteine für ihr Werk, besonders große und solide bei Montesquieu, Turgot und den fünf so bedeutenden Historikern der Restaurationszeit. Manche dieser Bausteine bildeten große Teile des Fundaments wie die Lehre Montesquieus von den objektiven Gesetzen der gesellschaftlichen Bewegung, wie Turgots Erkenntnis der Bedeutung der ökonomischen Verhältnisse, wie die Lehre der Historiker der Restaurationszeit von den Klassenkämpfen und der Rolle der Massen in der Geschichte.

Aber es bedurfte des Genies von Marx und Engels, um ein System der Methodologie des historischen Materialismus aufzubauen. Und was die Weltanschauung des historischen Materialismus betrifft, so war die Vorarbeit doch recht gering – man bedenke nur, daß man etwa Montesquieu einen Feudalen und Michelet einen liberalen Romantiker der Bourgeoisie nennen muß.

[47] *J. Michelet,* Précis de l'histoire moderne. Paris 1876, S. 432.
[48] *P. Viallaneix,* a. a. O., S. 271.

II. Teil

Wie eine Wissenschaft entsteht – dargestellt am Beispiel der Politischen Ökonomie

1. Vorgeschichte

Keine Wissenschaft entsteht gewissermaßen plötzlich. Sie entwickelt sich allmählich sowohl aus Erfahrungen wie auch aus gesellschaftlichen Umständen, die den Sprung von der Erfahrungssammlung zur Wissenschaft erzwingen – Sprung im Sinn der Umwandlung in eine neue Qualität, Sprung nicht im Sinne von Eile.

Dazu kommen über Jahrhunderte oder Jahrtausende der Vorgeschichte Geistesblitze, tiefe Einzelerkenntnisse, die natürlich auch einen gesellschaftlichen Hintergrund haben, aber ebenso gut nicht zu geschehen hätten brauchen: man kann sie erklären, wenn sie kommen, aber ihr Nichtkommen wäre auch verständlich. Wie die politische Geschichte, so kann auch die Wissenschaft vorprellen – sie kann, braucht es aber nicht zu tun.

Soweit wir die Entwicklung in der Vergangenheit übersehen, waren es vor allem zwei griechische Philosophen, die über pragmatische Ratschläge zur Verbesserung der Gutswirtschaft und zur effektiveren „Handhabung" der Sklaven hinausgingen: Plato und Aristoteles.

Plato, der große idealistische Philosoph und Dialektiker, gab im zweiten Buch seines Werkes über den Staat eine „für seine Zeit geniale Darstellung der Teilung der Arbeit".[1]

Die bedeutendste Leistung jedoch vollbrachte Aristoteles, der soweit vorstieß, daß er zugleich die Grenzen der Entwicklung in seiner Gesellschaftsformation deutlich anzeigte.

Wir wollen die Leistung von Aristoteles in zweifacher Darstellung geben, da ihr Vergleich so gut zeigt, wieviel tiefer wir als Marxisten in die Problematik eindringen können, wie allein wir auch eine wirkliche Vorgeschichte und Geschichte der Wissenschaft geben können.

Zuerst sei eine der besseren bürgerlichen Darstellungen gegeben:

„Begnügen wir uns mit dem klassischen Beispiel: Aristoteles, der weitaus ‚modernste' griechische Denker, sieht sowohl im Geld als auch im Tausch zwei für das Gemeinschaftsleben wesentliche Einrichtungen. Es ist nur angemessen, meint er, daß ein Mann die Erzeugnisse seines Landguts oder seines handwerklichen Könnens mit einem gewissen Eigengewinn verkauft. Der Wert seiner Erzeugnisse muß ihm gestatten, ein den Erfordernissen seines Standes entsprechendes Leben zu führen. Auch macht Aristoteles bereits die wichtige, von allen späteren Nationalökonomen wiederaufgenommene Unterscheidung zwischen dem Gebrauchswert und dem Tauschwert einer Sache, und er beschreibt das Geld als eine ursprünglich von jedermann für seinen unmittelbaren Gebrauch begehrte Ware, die dann als Tausch-

[1] K. *Marx* in *Fr. Engels* „Anti-Dühring", *Marx/Engels*, Werke Bd. 20, Berlin 1962, S. 214.

mittel anerkannt wird, weil jeder sicher ist, sie an einen anderen weitergeben zu können. Er betont aber, daß Gelderwerb nicht zum Selbstzweck erhoben werden darf, wie dies beim Kauf für Weiterverkauf und insbesondere beim Ausleihen von Geld gegen Zinsen geschieht. In diesem Fall spricht Aristoteles charakteristischerweise nicht von ‚Oikonomia‘ sondern von ‚Chrematistiké‘, dem ‚Erwerbssystem‘, das er für ungesund hält. Die moderne Bezeichnung ‚Ökonomie‘, die von den Alten übernommen wurde, bedeutet also jetzt das genaue Gegenteil von dem, was diese damit ausdrücken wollten. Aristoteles’ Kritik beweist, daß die von ihm beanstandete Erscheinung zur Alltagspraxis seiner Zeit gehörte, von den führenden Denkern aber nicht anerkannt wurde, weil sie es als eine Aufgabe der Staatsautorität betrachteten, das Erwerbssystem in Schranken zu halten und mit der Idee der ‚Oikonomia‘ in Übereinstimmung zu bringen.“[2]

Niemand wird bestreiten, daß hier eine kompetente, verständlich geschriebene Darstellung vorliegt und daß der Autor die wichtigsten Probleme, von denen Aristoteles als „Politökonom“ handelt, richtig gefunden hat.

Und nun hören wir Marx – nicht in zusammenhängender Darstellung, sondern an zwei verschiedenen Stellen im ersten Band des „Kapital“ gewissermaßen in Nebenbemerkungen, in der Tat teilweise in einer Fußnote:

„Zunächst spricht Aristoteles klar aus, daß die Geldform der Ware nur die weiter entwickelte Gestalt der einfachen Wertform ist, d. h. des Ausdrucks des Werts einer Ware in irgendeiner beliebigen andren Ware, denn er sagt:

‚5 Polster = 1 Haus‘
‚unterscheidet sich nicht‘ von
‚5 Polster = soundso viel Geld‘.

Er sieht ferner ein, daß das Wertverhältnis, worin dieser Wertausdruck steckt, seinerseits bedingt, daß das Haus dem Polster qualitativ gleichgesetzt wird, und daß diese sinnlich verschiednen Dinge ohne solche Wesensgleichheit nicht als kommensurable Größen aufeinander beziehbar wären. ‚Der Austausch‘, sagt er, ‚kann nicht sein ohne die Gleichheit, die Gleichheit aber nicht ohne die Kommensurabilität‘. Hier aber stutzt er und gibt die weitere Analyse der Wertform auf. ‚Es ist aber in Wahrheit unmöglich, daß so verschiedenartige Dinge kommensurabel‘, d. h. qualitativ gleich seien. Diese Gleichsetzung kann nur etwas der wahren Natur der Dinge Fremdes sein, also nur ‚Notbehelf für das praktische Bedürfnis‘.“

Natürlich ist die Darstellung von Marx lebendiger, die Zitate sind trefflich ausgewählt – aber das ist nicht mehr als ein sehr angenehmer Unterschied zwischen Marx und Heimann. Zugleich ist die Darstellung von Marx tiefergehend und zugespitzter, was schon wesentlich größere Bedeutung hat.

Aber auch das ist noch nicht entscheidend. Entscheidend ist, was Marx unmittelbar an das vorangehende anschließend bemerkt:

[2] *E. Heimann*, Geschichte der volkswirtschaftlichen Lehrmeinungen. Frankfurt am Main 1949, S. 36 f. – Heimann ist vielen anderen bürgerlichen Ökonomen der Gegenwart überlegen. Man vergleiche etwa seine Darstellung von Aristoteles mit der von *André Piettre*, Pensée économique et théories contemporaines, 5. Aufl. Paris 1970, S. 14 f.

„Aristoteles sagt uns also selbst, woran seine weitere Analyse scheitert, nämlich am Mangel des Wertbegriffs. Was ist das Gleiche, d. h. die gemeinschaftliche Substanz, die das Haus für den Polster im Wertausdruck des Polsters vorstellt? So etwas kann ‚in Wahrheit nicht existieren', sagt Aristoteles. Warum? Das Haus stellt dem Polster gegenüber ein Gleiches vor, soweit es das in beiden, dem Polster und dem Haus, wirklich Gleiche vorstellt. Und das ist – menschliche Arbeit.

Daß aber in der Form der Warenwerte alle Arbeiten als gleiche menschliche Arbeit und daher als gleichgeltend ausgedrückt sind, konnte Aristoteles nicht aus der Wertform selbst herauslesen, weil die griechische Gesellschaft auf der Sklavenarbeit beruhte, daher die Ungleichheit der Menschen und ihrer Arbeitskräfte zur Naturbasis hatte. Das Geheimnis des Wertausdrucks, die Gleichheit und gleiche Gültigkeit aller Arbeiten, weil und insofern sie menschliche Arbeit überhaupt sind, kann nur entziffert werden, sobald der Begriff der menschlichen Gleichheit bereits die Festigkeit eines Volksvorurteils besitzt. Das ist aber erst möglich in einer Gesellschaft, worin die Warenform die allgemeine Form des Arbeitsprodukts, also auch das Verhältnis der Menschen zueinander als Warenbesitzer das herrschende gesellschaftliche Verhältnis ist. Das Genie des Aristoteles glänzt grade darin, daß er im Wertausdruck der Waren ein Gleichheitsverhältnis entdeckt. Nur die historische Schranke der Gesellschaft, worin er lebte, verhindert ihn herauszufinden, worin denn ‚in Wahrheit' dies Gleichheitsverhältnis besteht."[3]

Hier wird so überaus deutlich, was die marxistische Erklärung eines ideologischen Vorganges ist. Doch bevor wir weiter auf sie eingehen, sei noch kurz auf die übrigen von Heimann berührten Punkte bei Aristoteles in der Analyse von Marx eingegangen. In seinen Ausführungen über die Verwandlung von Geld in Kapital sagt Marx:[3a]

„Die einfache Warenzirkulation – der Verkauf für den Kauf – dient zum Mittel für einen außerhalb der Zirkulation liegenden Endzweck, die Aneignung von Gebrauchswerten, die Befriedigung von Bedürfnissen. Die Zirkulation des Geldes als Kapital ist dagegen Selbstzweck, denn die Verwertung des Werts existiert nur innerhalb dieser stets erneuerten Bewegung. Die Bewegung des Kapitals ist daher maßlos."

Und dazu macht Marx folgende Fußnote:

„Aristoteles stellt der Chrematistik die Ökonomik entgegen. Er geht von der Ökonomik aus. Soweit sie Erwerbskunst, beschränkt sie sich auf die Verschaffung der zum Leben notwendigen und für das Haus oder den Staat nützlichen Güter. ‚Der wahre Reichtum besteht aus solchen Gebrauchswerten; denn das zum guten Leben genügende Maß dieser Art von Besitz ist nicht unbegrenzt. Es gibt aber eine zweite Art der Erwerbskunst, die vorzugsweise und mit Recht Chrematistik heißt, infolge deren keine Grenze des Reichtums und Besitzes zu existieren scheint. Der Warenhandel ... (... wörtlich Kramhandel ...) gehört von Natur nicht zur Chrematistik,

[3] *Marx/Engels* Werke Bd. 23, Berlin 1962, S. 73 f. Ohne das anzumerken, ließen wir aus dem Text die originalen griechischen Ausdrücke, die Marx in Übersetzung gibt, aus. Das gleiche wird für die nachfolgenden Zitate von Marx, Aristoteles betreffend, gelten.

[3a]) Ebendort, S. 167.

denn hier bezieht sich der Austausch nur auf das für sie selbst (Käufer und Verkäufer) Nötige.‘ Daher, entwickelt er weiter, war auch die ursprüngliche Form des Warenhandels der Tauschhandel, aber mit seiner Ausdehnung entstand notwendig das Geld. Mit der Erfindung des Geldes mußte sich der Tauschhandel notwendig ..., zum Warenhandel entwickeln, und dieser, im Widerspruch zu seiner ursprünglichen Tendenz, bildete sich zur Chrematistik aus, zur Kunst, Geld zu machen. Die Chrematistik nun unterscheidet sich von der Ökonomik dadurch, daß ‚für sie die Zirkulation die Quelle des Reichtums ist. Und um das Geld scheint sie sich zu drehen, denn das Geld ist der Anfang und das Ende dieser Art von Austausch. Daher ist auch der Reichtum, wie ihn die Chrematistik anstrebt, unbegrenzt. Wie nämlich jede Kunst, der ihr Ziel nicht als Mittel, sondern als letzter Endzweck gilt, unbegrenzt in ihrem Streben ist, denn sie sucht sich ihm stets mehr zu nähern, während die Künste, die nur Mittel zum Zwecke verfolgen, nicht unbegrenzt sind, da der Zweck selbst ihnen die Grenze setzt, so gibt es auch für diese Chrematistik keine Schranke ihres Ziels, sondern ihr Ziel ist absolute Bereicherung. Die Ökonomik, nicht die Chrematistik, hat eine Grenze ... die erstere bezweckt ein vom Gelde selbst Verschiednes, die andere seine Vermehrung ... Die Verwechslung beider Formen, die ineinander überspielen, veranlaßt einige, die Erhaltung und Vermehrung des Geldes ins Unendliche als Endziel der Ökonomik zu betrachten‘."

Vergleichen wir die Darstellung von Heimann und Marx betreffend Ökonomik und Chrematistik und denken wir daran, daß die Bemerkungen von Marx sich auf den Unterschied zwischen der einfachen Warenzirkulation und der Zirkulation des Geldes als Kapital beziehen, dann erkennen wir wiederum, wie Marx über die tiefe Darstellung der Ansichten von Aristoteles hinaus zugleich auch eine historische, aus der Gesellschaftsformation abgeleitete Erklärung der Gedankengrenzen des Aristoteles gibt.

Doch nun zurück zur ersten Erklärung der Grenzen, der Grenzen in der Erklärung des Wertes und der Begründung von Marx, warum Aristoteles keine Werttheorie entwickeln konnte. Doch nein, unterbrechen wir noch einmal und hören wir zunächst einen der bekanntesten amerikanischen Historiker der Politischen Ökonomie, der immerhin ein so hohes Niveau hat, daß er seinem Sohn, dem er den Band gewidmet, den Namen David Ricardo gab. Mark Blaug schreibt über den Beginn der Politischen Ökonomie als Wissenschaft im 17. Jahrhundert:

„Die Ökonomie trat als eigenständige Disziplin erst im 17. Jahrhundert in Erscheinung; vielleicht geschah dies deswegen, weil in den vorausgegangenen Jahrhunderten umfassende wirtschaftliche Transaktionen weder auf nationaler noch auf regionaler Ebene stattfanden, weil ökonomische Institutionen durch militärische oder politische Erwägungen streng umschrieben wurden, oder weil ökonomischen Motiven im gesellschaftlichen Geschehen nur ein begrenzter Raum zugewiesen wurde. Es ist schwer verständlich, weshalb jedes ökonomische Denken vor dem 17. Jahrhundert ad hoc und unsystematisch war, und weshalb man ökonomischer Aktivität keine eigene Sphäre zuerkannte. Daß es so war, wird kaum jemals bestritten. Und da dieses Werk mehr von der Ökonomie als von den Ökonomen handelt, werde ich das vernachlässigen, was man vielleicht die ‚ökonomische Paläontologie' nennen könnte."[4]

Blaug ist hilflos in der Erklärung, aber man muß es ihm bereits hoch anrechnen, daß er überhaupt die Problematik sieht.

Und nach Blaug sei noch sein englischer Kollege Stark gehört, der zunächst bemerkt: „Das erste Problem – das Problem des Ursprungs – erhebt sich naturgemäß und notwendigerweise in bezug auf jede Wissenschaft, ist aber bei der Volkswirtschaftslehre besonders verwickelt. Nie war eine Urheberschaft heftiger umstritten: Sokrates und Aristoteles, Bodinus und Serra, Montchrétien und Petty, Cantillon und Carl, Quesnay, Smith und Ricardo sind als Begründer der Volkswirtschaftslehre genannt worden und scheinbar einleuchtende Argumente wurden vorgebracht, um entsprechende Ansprüche zu unterstützen. Vielleicht ist es nur eine Ansichtssache, ob Aristoteles bedeutender war als Sokrates oder Monchrétien als Serra. Doch ist es schwierig zu entscheiden, ob die Volkswirtschaftslehre antiken oder modernen Ursprungs war. Hierin liegt eine wirkliche Grundsatzfrage, die nicht leicht beantwortet werden kann."[5]

Die „nicht leichte Antwort" von Stark lautet:

„Diese Erwägungen machen es möglich, zuversichtlich die Probleme zu beurteilen, die mit dem Ursprung der Wirtschaftswissenschaft verbunden sind. Sie entstand weder im 5. Jahrhundert v. Chr. noch im 18. Jahrhundert n. Chr., sondern begleitete die moderne Tauschwirtschaft in ihrer Entwicklung, deren erste Anfänge man – wenn überhaupt ein bestimmtes Datum angegeben werden kann – im 16. Jahrhundert suchen sollte ...

Die Definition der Volkswirtschaftslehre als geistiges Gegenstück zur modernen Tauschwirtschaft liefert nicht nur einen Schlüssel zu dem Problem des Ursprungs, sondern kennzeichnet gleichzeitig die natürlichen Grenzen ihres Gebiets."[6]

Zu diesen Ausführungen macht Stark eine überaus interessante Anmerkung: „Nur ein weiteres Problem erscheint in diesem Zusammenhang: Entwickelte die Antike nicht auch eine Tauschwirtschaft? Die Diskussion zwischen Karl Bücher und Eduard Meyer über diesen Punkt ist wohlbekannt (Bücher, Beiträge zur Wirtschaftsgeschichte, 1922; Meyer, Die wirtschaftliche Entwicklung des Altertums, 1895). Eine vorurteilsfreie Betrachtung dieser Frage scheint zu einem Kompromiß zu führen. Meyer hat recht, wenn er behauptet, daß das Altertum einen hohen Stand der wirtschaftlichen Evolution erreichte; aber Bücher hat nicht unrecht, wenn er behauptet, daß diese Evolution nicht zur vollen Entwicklung der Staats- und Tauschwirtschaft führte. Mit anderen Worten: Das Altertum machte die Staats- und Tauschwirtschaft nicht zum vorherrschenden System. Das Nichtvorhandensein einer Volkswirtschaftslehre in unserem Sinn erklärt und bestätigt gleichzeitig diese Tatsache."[7]

Diese Fußnote endet wahrlich amüsant: da es keine Lehre von der Tauschwirtschaft gab, gab es keine starke Tauschwirtschaft. Das ist eine sehr ehrenvolle Ver-

[4] *M. Blaug*, Systematische Theoriegeschichte der Ökonomie, Bd. 1, München 1971, S. 14 f.

[5] *W. Stark*, Die Geschichte der Volkswirtschaftslehre, Dordrecht 1960, S. 57.

[6] Ebendort, S. 62 f.

[7] Ebendort.

beugung vor der Theorie, aber sie ist nicht überzeugender als wenn man erklären wollte: da die Ökonomen in der Sowjetunion während der zwanziger Jahre keine Gesetze der sozialistischen Ökonomie suchten, gibt es keine solchen Gesetze.

Anders schätzt ein internationales marxistisches Kollektiv die Rolle der Tauschwirtschaft in der Antike ein: „Ideal des Aristoteles war die Sklavenhalter-Naturalwirtschaft verbunden mit dem Kleinhandel, ohne Kaufleute und Wucherer. Doch in jener Zeit blühte in Athen die Warenproduktion auf, es entwickelte sich der Großhandel, und die Akkumulation von Geldvermögen bei der Land-, Handels- und Geldaristokratie nahm große Ausmaße an. Aristoteles untersuchte deshalb die Ware-Geld-Beziehungen wesentlich gründlicher als andere Denker der Antike. Er war nahe daran, die Unterschiede zwischen Naturalwirtschaft und Warenproduktion zu erkennen."[8]

Bedenkt man die Rolle des internationalen Handels etwa für Athen und Korinth und später für Rom, in das ja ganz außerordentliche Gütermengen importiert wurden und das auch einen nicht zu unterschätzenden Export hatte, dann kann man wirklich daran zweifeln, daß die Tauschwirtschaft in der Antike so wenig entwickelt war, wenn wir sie mit der des 17. Jahrhunderts in Europa oder auch speziell Englands vergleichen. Wenn die Tauschwirtschaft wirklich die Basis für die Entwicklung der Politischen Ökonomie als Wissenschaft gewesen sein sollte, dann muß es unverständlich bleiben, warum diese sich nicht bereits in der Antike entsprechend entwickelt hat.

Marx gibt darum auch einen ganz anderen Grund an: zitieren wir noch einmal: „Daß aber in der Form der Warenwerte alle Arbeiten als gleiche menschliche Arbeit und daher als gleichgeltend ausgedrückt sind, konnte Aristoteles nicht aus der Wertform selbst herauslesen, weil die griechische Gesellschaft auf der Sklavenarbeit beruhte, daher die Ungleichheit der Menschen und ihrer Arbeitskräfte zur Naturbasis hatte. Das Geheimnis des Wertausdrucks, die Gleichheit und gleiche Gültigkeit aller Arbeiten, weil und insofern sie menschliche Arbeit überhaupt sind, kann nur entziffert werden, sobald der Begriff der menschlichen Gleichheit bereits die Festigkeit eines Volksvorurteils besitzt. Das ist aber erst möglich in einer Gesellschaft, worin die Warenform die allgemeine Form des Arbeitsprodukts, also auch das Verhältnis der Menschen zueinander als Warenbesitzer das herrschende gesellschaftliche Verhältnis ist."

Nie zuvor hat ein Genie die historischen Grenzen eines anderen Genies tiefer erfaßt als Marx die Beschränktheit des Aristoteles. Die Grenzen der Sklavenhaltergesellschaft konnte auch ein Genie wie Aristoteles nicht gedanklich überspringen und so auch nicht „das Geheimnis des Wertausdrucks" lösen. Darin liegt die entscheidende Leistung von Marx gegenüber allen bürgerlichen Darstellungen des Aristoteles in Vergangenheit und Gegenwart!

Und entsprechend ist auch die Untauglichkeit des Grades der Entwicklung der Tauschwirtschaft als Erklärungsgrund für die Begrenztheit des Fortschritts der Gedanken des Aristoteles abzuleiten. Nicht die Quantität des Tausches ist entscheidend, sondern die Qualität, die Tatsache, daß wir Tauschwirtschaft auf der Basis von un-

[8] Geschichte der ökonomischen Lehrmeinungen, Berlin 1965, S. 19.

gleichwertiger Arbeit bei gleicher Arbeitsqualität hatten: Sklavenarbeit und Arbeit von Freien. Und wenn wir vor allem an Rom denken, dann hatten wir dort wohl zwar eine größere und auch für Italien bedeutsamere Außenwirtschaft als England im 17. Jahrhundert, aber sie beruhte zu einem wesentlichen Teil auf Tributen in der Einfuhr und staatlichen Abgang von Waffen etc. für die Armeen in der Ausfuhr. Das heißt, auch hier störte die Ungleichheit, die der außerökonomische Zwang in die internationale Tauschwirtschaft brachte, die Erkenntnismöglichkeiten für die Menschen.

Man wende nicht ein, daß auch Englands Handel im 17. Jahrhundert zu einem beachtlichen Teil auf nichtäquivalentem Austausch beruhte. Denn unter den Bedingungen „freier und gleicher" Arbeit ermöglicht gerade der Nichtäquivalentenaustausch die Ausbildung der Politischen Ökonomie, da sie wenigstens eine, wenn auch theoretisch falsche so doch historisch richtige, Stelle findet, um die Mehrwertgewinnung zu lokalisieren, eben in der Zirkulation; doch darauf werden wir noch zu sprechen kommen.

Marx grenzt sehr schön die Leistungen der Griechen und der Ökonomen des 17. Jahrhunderts so ab:

„Da die politische Ökonomie, wie sie geschichtlich aufgetreten, in der Tat nichts ist als die wissenschaftliche Einsicht in die Ökonomie der kapitalistischen Produktionsperiode, so können darauf bezügliche Sätze und Theoreme, z. B. bei den Schriftstellern der alten griechischen Gesellschaft, nur soweit vorkommen, wie gewisse Erscheinungen: Warenproduktion, Handel, Geld, zinstragendes Kapital usw., beiden Gesellschaften gemeinsam sind. Soweit die Griechen gelegentliche Streifzüge in dies Gebiet machen, zeigen sie dieselbe Genialität und Originalität wie auf allen andern Gebieten. Ihre Anschauungen bilden daher geschichtlich die theoretischen Ausgangspunkte der modernen Wissenschaft."[9]

Jedoch müssen wir noch eine zweite Entwicklungslinie untersuchen. In seinem von den bourgeoisen Politökonomen geradezu lächerlich überschätzten Buche über die Geschichte der ökonomischen Analyse macht Schumpeter die durchaus richtige Bemerkung, daß es falsch wäre zu glauben, daß Aristoteles mit seiner Analyse des Wertes nicht weiter gekommen wäre, da er die ganze Problematik ethisch betrachtet hätte. Als Gegenbeweis gibt Schumpeter die Tatsache, daß die Scholastiker gerade durch ihre ethische Betrachtung wesentlich weiter in der Theorie des Wertes bzw. des „gerechten Preises" gekommen wären als Aristoteles.[10] Auch Heimann weist darauf hin, daß die politökonomischen Ansichten sowohl von Aristoteles wie auch die der Kirchenväter entscheidend ethisch bestimmt waren: „Aristoteles und Thomas von Aquino wäre es widersinnig erschienen, das Problem wirtschaftlichen Verhaltens außerhalb des Gesamtrahmens allgemeiner Rechte und Pflichten zu erörtern und dabei den Gesichtspunkt eines auf lange Sicht zu erzielenden, optimalen Resultats für die Gesellschaft außer acht zu lassen. Mit anderen Worten: die Sozialwissenschaften waren ein Feld für angewandte Ethik, was sie in der katholischen Lehre bis zum heutigen Tage geblieben sind."[11]

[9] *K. Marx* im „Anti-Dühring" a. a. O., S. 213.

[10] *I. A. Schumpeter*, History of economic analysis. New York 1954, S. 60 f.

[11] *E. Heimann*, a. a. O., S. 37 f.

Die Kanoniker interessierten Wert und Preis unter dem Gesichtspunkt der „Gerechtigkeit“ des Preises gegenüber dem Wert in der „einfachen Tauschwirtschaft“.[12] Der „gerechte“ Preis der Kanoniker wurde im allgemeinen von den „Kosten“ der einfachen Warenproduktion her bestimmt: Kosten der Arbeit, der Rohstoffe, des Transportes, des Risikos usw. Diese Elemente machten den „wahren“ Wert der Waren aus, und der „gerechte“ Preis müsse (ethisch!) ihnen entsprechen. Was aber den Kaufmann betrifft, der noch etwas auf den „gerechten“ Preis aufschlägt, so kann er sich nach kanonischer Auffassung (auch der des Thomas von Aquino) dadurch retten (und so der Verurteilung von Aristoteles als „Chrematistiker“ entgehen), daß er nicht mehr zusätzlich nimmt, als dem Risiko und seinen Haushaltskosten entspricht, oder er, wenn doch durch einen unglücklichen Zufall noch etwas darüber hinaus herausspringen sollte, diesen „surplus“ zu karitativen Zwecken verwendet. Das heißt, seinem Preis (Wert) liegen faktisch die gleichen ökonomisch-ethischen Prinzipien wie dem des Produkts der Bauern und Handwerker zugrunde.

Und schließlich tut die Vorgeschichte der Politischen Ökonomie noch einen letzten Schritt, der sie schon in die Nähe der Politischen Ökonomie als Wissenschaft heranführt: im „System“ des Monetarismus. (Wir setzen System hier, und ohne das zu wiederholen, in Anführungsstriche, um anzudeuten, daß es sich noch nicht um ein wissenschaftliches Gedankensystem sondern eher um ein Erfahrungs- und Regelsystem handelt.)

2. Der Monetarismus[13]

In seiner Analyse des Charakters der Warenwirtschaft stellt Stalin fest, daß diese auch dem Feudalismus diente, und, während sie ihm diente, allmählich, im späteren Stadium des Feudalismus „gewisse Voraussetzungen für die kapitalistische Produktion schuf“, ohne deswegen von sich aus zum Kapitalismus zu führen.[14]

Mit der Ausdehnung der Warenwirtschaft ist untrennbar verbunden die Ausdehnung der Geldwirtschaft.

Die Ausdehnung der Geldwirtschaft wieder reflektiert sich im Laufe der Zeit in der Ideologie der spät-feudalen bzw. vorkapitalistischen Gesellschaft, die in ihrem Schoße die Voraussetzungen der kapitalistischen Produktion entwickelt. Diese Reflexion geschieht auch in der Form der ersten politökonomischen Ideologie, die Marx als Monetarsystem kennzeichnet. In dem Abschnitt „Theorien über Zirkulationsmittel und Geld“, dem letzten seines Buches „Zur Kritik der Politischen Ökonomie“, gibt Marx eine Definition dessen, was er das Monetarsystem nennt. Es heißt dort: „Wie eine allgemeine Goldgier Völker und Fürsten im 16. und 17. Jahrhundert, der Kindheitsperiode der modernen bürgerlichen Gesellschaft, in überseeische Kreuzzüge nach dem goldenen Gral jagte, so proklamierten die ersten Dolmetscher der moder-

[12] Vgl. dazu auch *R. L. Meek*, Studies in the labour theory of value. London 1956, S. 12 ff.

[13] Vgl. zum folgenden *J. Kuczynski*, Die Geschichte der Lage der Arbeiter unter dem Kapitalismus, Bd. 26, Berlin 1965.

[14] Vgl. *J. W. Stalin*, Ökonomische Probleme des Sozialismus in der UdSSR. Berlin 1952, S. 16.

nen Welt, die Urheber des Monetarsystems, ... Gold und Silber, das heißt Geld, als den einzigen Reichtum. Richtig sprachen sie den Beruf der bürgerlichen Gesellschaft dahin aus, Geld zu machen, also, vom Standpunkt der einfachen Warenzirkulation, den ewigen Schatz zu bilden, den weder Motten noch Rost fressen."[15]

Natürlich spielte das Geld auch schon vorher eine gewisse Rolle. Hilferding bemerkt:

„Sobald nur einmal auf der naturalwirtschaftlichen Grundlage, auf der der größte Teil der Produktion auf Befriedigung des eigenen Bedarfs gerichtet ist und die Güter noch nicht Warencharakter angenommen haben, sich erst ein Marktverkehr entwickelt, mußte der Besitz des Geldes große wirtschaftliche Macht geben. Und da eben die Produktion handwerksmäßig, durch die Produktion also die Akkumulation von Geldreichtum noch unmöglich war, kam es um so mehr darauf an, das einmal erworbene Geld durch allerlei Zwangsmittel auch festzuhalten. Gerade in einem naturalwirtschaftlichen Milieu, wo der Reichtum noch wesentlich in Grund und Boden und den dazu gehörigen Arbeitskräften besteht, erscheint das Metallgeld notwendig als die allein stets schlagfertige, durch nichts anderes zu ersetzende Form des Reichtums, vor allem aber als die einzige Form des Reichtums, die außerhalb des in sich geschlossenen Kreises der eigenen Bedarfsbefriedigung wirtschaftliche Macht gibt. Nur mit Geld konnten die Luxusbedürfnisse der Großen befriedigt werden, sobald diese auf Erlangung seltener und kostbarer Güter gerichtet waren, die der Außenhandel ins Land brachte. Und nur mit Geld konnte – und dies ist das Entscheidende – der Landesherr Kriege an entfernteren Orten führen und die staatlichen Machtzwecke durchsetzen. Daher sehen wir sofort mit der Entwicklung einer stärkeren staatlichen Zentralgewalt ein System der Wirtschaftspolitik sich entfalten, deren Maßregeln alle dahin zielen, die Möglichkeiten, Geld ins Land zu bringen, zu vermehren, das im Lande befindliche darin festzuhalten und der staatlichen Macht die Kontrolle über den Geldschatz zu verschaffen.

Man muß sich vor Augen halten, daß diese Wirtschaftspolitik auf der Basis einer ‚Bedarfsdeckungswirtschaft' verfolgt wurde. Der größte Teil der Güter wird nicht zur Ware, sondern wird im eigenen Haushalt, zum Beispiel dem bäuerlichen, für den eigenen Bedarf oder für den des Grundherrn produziert, ohne daß die Güter Waren werden."[16]

Von jener, ich möchte sagen, sehr beschränkten, sehr bescheidenen Geldwirtschaft ist hier nicht die Rede. Die spezifische Form der Basis, die das Monetarsystem reflektiert, entsteht vielmehr in einer Zeit, die man nicht mehr als feudal, sondern bereits als vorkapitalistisch bezeichnen darf, in einer Zeit, die Marx in den „Grundrissen der Kritik der politischen Ökonomie" „die Vorepoche der Entwicklung der modernen industriellen Gesellschaft" nennt. Sie geht in ihren ersten Anfängen bereits in das 15. Jahrhundert zurück.

[15] *Marx/Engels*, Werke Bd. 13, Berlin 1961, S. 133.

[16] *R. Hilferding*, Aus der Frühzeit der englischen Nationalökonomie. In: „Die Neue Zeit", Jg. 29, Bd. 1, Stuttgart 1911, S. 910.

Das Monetarsystem hat seine Basis in dem Auflösungsprozeß des Feudalismus, soweit er durch die stärkere Entwicklung der Geldwirtschaft, die die Naturalwirtschaft bedrängt, gekennzeichnet ist.

Die wirtschaftlichen Hintergründe dieser Entwicklung, die Bedeutung der Ausdehnung der Geldwirtschaft, erläutert Engels in seiner Schrift „Über den Verfall des Feudalismus und das Aufkommen der Bourgeoisie". Dort heißt es über den Kampf der Städte gegen die ländlichen Feudalherren, daß in diesem Kampf „die Bürgerschaft der Städte eine gewaltige Waffe gegen den Feudalismus hatte – das Geld ... Lange ehe die Ritterburgen von den neuen Geschützen in Bresche gelegt, waren sie schon vom Geld unterminiert; in der Tat, das Schießpulver war sozusagen bloß der Gerichtsvollzieher im Dienst des Geldes. Das Geld war der große politische Gleichmachungshobel der Bürgerschaft. Überall, wo ein persönliches Verhältnis durch ein Geldverhältnis, eine Naturalleistung durch eine Geldleistung verdrängt wurde, da trat ein bürgerliches Verhältnis an die Stelle eines feudalen ... Wie sehr die Feudalität am Ende des fünfzehnten Jahrhunderts schon vom Geld unterhöhlt und innerlich ausgefressen war, tritt schlagend hervor an dem Golddurst, der sich um diese Zeit Westeuropas bemächtigt ... Im fünfzehnten Jahrhundert war also die Feudalität in ganz Westeuropa in vollem Verfall; überall hatten sich die Städte mit antifeudalen Interessen, mit eignem Recht und mit bewaffneter Bürgerschaft in die feudalen Gebiete eingekeilt, hatten die Feudalherren teilweise schon gesellschaftlich, durch das Geld, und hie und da sogar auch politisch in ihre Abhängigkeit gebracht; selbst auf dem Lande, da, wo der Ackerbau durch besonders günstige Verhältnisse sich gehoben, fingen die alten Feudalbande an, unter der Einwirkung des Geldes sich zu lösen."[17]

Wenn Engels die Geldbeziehungen in dieser Zeit bürgerliche Beziehungen nennt, so dürfen wir den Ausdruck bürgerlich noch nicht mit kapitalistisch identifizieren; er entspricht hier dem, was wir vorkapitalistisch nennen können und was häufig noch einen starken feudalen Einschlag hat. Und zwar ist unter bürgerlich deswegen noch nicht kapitalistisch-bourgeois zu verstehen, weil die Warenwirtschaft in dieser Zeit zwar gewisse Voraussetzungen für die kapitalistische Produktion schuf, sich aber noch nicht unter kapitalistischen Produktionsverhältnissen vollzog.

Die theoretische Beschäftigung mit Geldfragen, mit Problemen des Geldwertes und der Geldfunktionen in speziellen Abhandlungen – sei es größeren Kapiteln oder Broschüren – fällt jedoch in eine gemessen an den Anfängen der vorkapitalistischen Geldwirtschaft relativ späte Zeit. Das Bewußtsein, die formulierte Ideologie, bleibt in diesem Fall sehr stark hinter dem gesellschaftlichen Sein, hinter den materiellen Erfahrungen der Wirklichkeit zurück. Während wir durchaus schon von einer hervorragenden Bedeutung der vorkapitalistischen Geldwirtschaft in Westeuropa im 15. Jahrhundert sprechen können, entstehen die wichtigsten Schriften über das Geldwesen vom Standpunkt des Monetarsystems erst im 16. Jahrhundert – sowohl in Italien und Spanien wie in Frankreich, England und anderswo.

Entwickelt sich langsam ein neues gesellschaftliches Phänomen wie die vorkapitalistische Geldwirtschaft, so kann es beachtliche Größe erreichen, ohne ernsthafte

[17] *Fr. Engels*, a. a. O., Berlin 1950, S. 4 ff.

theoretische Reflexionen hervorzurufen, wenn es sich gerade durch die langsame Stetigkeit seiner Entwicklung gewissermaßen in das gesellschaftliche Leben einschleicht. Häufig bedarf es dann einer Sondererscheinung, eines Paukenschlages, um dann plötzlich scharf, theoretische Reaktion hervorrufend, in das Bewußtsein einzudringen.

Fritz Behrens schildert, wie gewissermaßen gleich zwei gesellschaftliche Paukenschläge das politökonomische Bewußtsein weckten:

„Es waren zwei Erscheinungen, die den unmittelbaren Anstoß zur Beschäftigung mit Fragen des Geldes gaben und zu den ersten Versuchen führten, Wesen und Funktionen tiefer als bisher zu erfassen: die Geldentwertungen des 16. Jahrhunderts und die dauernden Münzverschlechterungen.

Das 16. Jahrhundert brachte in ganz Europa eine gewaltige Geldentwertung, deren Ursache in der großen Zunahme der Edelmetalleinfuhr aus den neu entdeckten Gebieten nach Europa lag. Eine erste Preissteigerung setzte um das Jahr 1510 ein, ihr folgte eine weitere – und stärkere – um die Mitte des Jahrhunderts nach, die etwa zwei Jahrzehnte andauerte. Der Zustrom von Gold und Silber nach Europa war in der Tat gewaltig. Man schätzt, daß die Silbermenge in Europa während des 16. Jahrhunderts auf mehr als das Dreifache, die Goldmenge auf mehr als das Doppelte stieg. Was lag näher, als die Zunahme des Geldmetalls für die gewaltigen Preissteigerungen – die Preise erhöhten sich zum Beispiel in Spanien bis zur Mitte des Jahrhunderts um das Doppelte und bis zum Ende des Jahrhunderts um das Vier- bis Fünffache, in den anderen Ländern Europas um das Zweieinhalb- bis Dreifache – verantwortlich zu machen? Aus der Beobachtung der Oberflächenerscheinungen wurde die vulgärökonomische Quantitätstheorie geboren, denn zu der Einsicht, daß die Geldentwertung ihre Hauptursache nicht in der zunehmenden Menge des Geldmetalls, sondern in der Senkung des Gold- und Silberwertes durch die Sklavenarbeit in den Kolonien hatte, fehlte noch der Begriff des Geldwertes selbst . . .

Neben diesen Preissteigerungen wirkte die zu dauernd sich wiederholenden Münzverschlechterungen führende fiskalische Ausnutzung des Münzregals intensiv auf das Wirtschaftsleben ein. Man hat berechnet, daß innerhalb von 75 Jahren die Münzen in Deutschland um ein volles Drittel leichter geworden sind. In Deutschland gab es rund 600 verschiedene Münzstätten, und jeder Landesherr konnte seine eigene Münzpolitik treiben. Aber auch in den meisten anderen europäischen Ländern waren die Zustände ähnlich. In der Kritik an der ständigen Münzverschlechterung entstand aus der Einsicht, daß die Landesherren den Wert des Geldes nicht willkürlich ändern konnten, die Erkenntnis, daß der Geldwert vom Wert des Geldmetalls abhängig sei.“[18]

Die Erkenntnis der „Notwendigkeit“ der Schatzbildung dagegen bedurfte keines Paukenschlages. Sie war seit dem Entstehen der Warenwirtschaft beim Übergang zur Sklavenhaltergesellschaft allgemein „gesichertes Gedankengut“ und wurde im 15. Jahrhundert, mit der Intensivierung der Warenwirtschaft, nur um so wichtigeres

[18] *F. Behrens,* Grundriß der Geschichte der Politischen Ökonomie, Bd. 1, Berlin 1962, S. 66 f.

Handlungsprinzip, ein kategorischer Imperativ unter vorkapitalistischen Verhältnissen. –

Woran erkennen wir in den geldtheoretischen Schriften dieser Zeit ihre Zugehörigkeit zum vorkapitalistischen Monetarsystem?

Einer der Grundunterschiede zwischen der Geldakkumulation der sich in West- und Südeuropa auflösenden Feudalwirtschaft des 15. Jahrhunderts und der unter dem Kapitalismus stattfindenden Geldakkumulation besteht darin, daß unter dem Kapitalismus das Geld als Kapital fungiert, das heißt Arbeitskraft als Ware auf dem Markte kauft, also zur Ausbeutung, zur Schaffung von Mehrwert benutzt wird, während in der Periode der Auflösung des Feudalismus das Geld noch zu einem erheblichen Teil als Schatz akkumuliert bzw. die Akkumulation in Schatzform als das entscheidend Wichtige angesehen wird.

Wenn wir uns nun die kontinentale west- und südeuropäische geldwirtschaftliche Literatur des 16., 17. und 18. Jahrhunderts ansehen, dann finden wir, daß in ihr vielfach noch vom Geld als Schatz, als Sammlung von Silber und Gold, die Rede ist – obgleich doch schon das 16. Jahrhundert von Marx als eine kapitalistische Ära charakterisiert wurde, in der bereits recht erhebliche Mengen Geld akkumuliert wurden, um es in der Wirtschaft als Kapital zu verwenden. Auf dem Kontinent blüht der Monetarismus bis in das 18. Jahrhundert, was bei der erneuten Erstarkung der feudalen Bindungen (zum Beispiel nach dem Bauernkrieg in Deutschland, aber auch in Italien und Frankreich) nicht sehr erstaunlich ist. Wenn aber in dem sich weiter kapitalistisch entwickelnden England der Monetarismus im 17. Jahrhundert noch eine beachtliche Rolle spielt, so muß man sagen: Welch eine langsame Entwicklung der politökonomischen Ideologie gegenüber der Basis, welch eine Stärke der auf den überrestlichen Teilen der alten Basis aufbauenden Ideologie!

Der zweite wichtige Faktor, der neben der Geldwirtschaft und basierend auf ihr sowie sie fördernd zur Entwicklung der vorkapitalistischen Wirtschaftsverhältnisse und dann zur Entwicklung des Kapitalismus beitrug, war der Handel. Der Handel ist an sich ebensowenig wie die Geldwirtschaft ein unterscheidendes Merkmal der kapitalistischen Wirtschaft. Wir finden einen ausgedehnten Handel in der Sklavenhaltergesellschaft der Antike ebenso, wie wir dort die Geldwirtschaft finden. Aber unter den Bedingungen des verfallenden Feudalismus sind sowohl die Geldwirtschaft als auch die Außenhandelswirtschaft Faktoren, die die Vorbedingungen für eine kapitalistische Entwicklung schaffen. Schatzsammlung unter solchen Umständen ist, historisch gesehen, nichts anderes als Sammlung von potentiellem Kapital.

Der Handel ist eines der wichtigsten Wirtschaftsgebiete, auf denen Geld akkumuliert wird – Handelskapital, das als Form des Überganges zu kapitalistischen Produktionsverhältnissen, zu kapitalistisch produzierendem Kapital, zu Mehrwert hekkendem Kapital, fungiert. Das heißt, es ist keineswegs erstaunlich, daß genau wie Fragen des Geldwesens auch Fragen des Außenhandels zu den Hauptfragen des politökonomischen Denkens, das auf der Basis der Übergangsverhältnisse vom Feudalismus zum Kapitalismus vor sich geht, gehören. Dabei ist es selbstverständlich, daß die Probleme des Außenhandels ausschließlich vom Standpunkt des Monetarsystems, also vom Standpunkt der Schatzansammlung von Gold und Silber, betrachtet werden. Und wenn ein Schriftsteller zu der Auffassung kommt, daß der Außenhandel der Schatzsammlung nicht nützlich ist, dann wird der Außenhandel ohne Zögern verdammt. Erstaunlich ist jedoch wieder das starke Zurückbleiben, das Ausmaß des Nachhinkens der Ideologie gegenüber der Basis, was dazu führt, daß diese vorkapitalistische Betrachtungsweise des Außenhandels zu einer Zeit herrscht, in der die Basis bereits durch kapitalistische *Produktions*verhältnisse charakterisiert ist. Solch schier endloses Hinterherhinken finden wir gerade auch in England, sei es in den Schriften von Armstrong oder in den zahlreichen anonymen Schriften des 16. Jahrhunderts, die sich im Interesse der aus der Feudalzeit kommenden Stapler gegen die kapitalistischen Merchant Adventurers wenden.

Wir können also feststellen, daß die Hauptfragen, die die besten Vertreter, die die hervorragendsten Denker auf dem Gebiete politökonomischer Betrachtungen in England bis in das 17. und auf dem Kontinent bis in das 18. Jahrhundert beschäftigten, Fragen der vorkapitalistischen Wirtschaft waren, nämlich Fragen des Geldes als Schatz und Fragen des Außenhandels als Mittel der Schatzsammlung.

Darum ist es auch nicht verwunderlich, daß Marx seine Untersuchungen der „Theorien über den Mehrwert", also des entscheidenden Problems jeder kapitalistischen politökonomischen Theorie, erst mit Pettys Studie über Steuerfragen, die 1662 erschien, beginnt. Vorher herrschte das Monetarsystem. Die wenigen Gegner, die es hatte, erkannten zwar schon so manche seiner Schwächen, drangen aber noch nicht zum Kernproblem jeder Theorie des Kapitalismus, zum Mehrwertproblem, das Marx als „Grundpfeiler der ökonomischen Theorie" (Lenin) erkannte, vor.

Marx schreibt über Gold und Silber als Schatz: Sie „sind Reichtum in präservierter Form. Jeder Gebrauchswert als solcher dient, indem er konsumiert, d. h. vernichtet wird. Der Gebrauchswert des Goldes als Geld aber ist, Träger des Tauschwerts zu sein, als formloser Rohstoff Materiatur der allgemeinen Arbeitszeit. Als formloses Metall besitzt der Tauschwert eine unvergängliche Form ... Bei Völkern von rein metallischer Zirkulation ... zeigt sich Schatzbildung als ein allseitiger Prozeß vom einzelnen bis zum Staat, der seinen Staatsschatz hütet."[19]

Die Politik der Schatzbildung wurde ein immer wichtigerer Teil der Wirtschaftspolitik schon des späten Feudalismus, in dem die Kriege an Umfang zunahmen und das Geld (Schatz) zur Bezahlung der Kriege eine zunehmende Rolle spielte. Auch für Mißernten wird Schatzbildung empfohlen. Vielfach wird die Macht eines Fürsten an seinem Schatz gemessen. Doch wird es nicht selten auch als vorteilhaft angesehen, wenn überhaupt Gold und Silber im Lande vorhanden sind, sei es in der Schatzkammer des Fürsten oder in den Händen der Untertanen.

Betrachten wir zunächt die politökonomische Weltliteratur der ersten Hälfte des 16. Jahrhunderts: Zu den frühesten polemischen Schriften auf dem Gebiete politökonomischen Denkens gehören die drei sächsischen Streitschriften von 1530 über die Frage der Münzverschlechterung. Der Streit ging darum, ob eine Münzver-

[19] *K. Marx*, „Zur Kritik", in *Marx/Engels*, Werke Bd. 13, a. a. O., S. 105.

schlechterung empfehlenswert wäre oder nicht. Wenn aber die zuerst erschienene Schrift erklärt: „Reichtumb, das ist Gelt“[20], so ist das eine Feststellung, an der keine der streitenden Parteien Anstoß nimmt, so gilt das als Selbstverständlichkeit, und sie ist eben ein Zeichen dafür, daß wir es noch mit einem Vorstadium der kapitalistischen Ideologie zu tun haben, in dem zwar Geld bereits eine entscheidende Position, aber eben noch abstrakt und in Schatzform einnimmt. Im gleichen Jahr schrieb in England Clement Armstrong: „Es ist besser, reichlichen Vorrat an Gold und Silber im Lande zu haben als viele Kaufleute und reichlichen Vorrat an Kaufmannswaren.“ Oder: „Der ganze Reichtum des Landes besteht darin, für alle unsere reichen Waren aus anderen Ländern bares Geld zu bekommen; und nachdem das Geld dem ganzen Lande zugeführt worden ist, sollen alle Menschen im Lande damit reich gemacht werden.“[21] Etwas später, um die Mitte des 16. Jahrhunderts, plädiert Hales in seiner bekannten Schrift über das Wohl des englischen Reiches (1549) in der gleichen Richtung. Er schreibt: „Ein Fürst muß einen großen Schatz haben ... oder auch seine Untertanen gegenüber allen Eventualitäten ... Wenn es einen Vorrat von Schatz im Lande gäbe, so blieben wir trotz Krieg und Mißwachs in der Lage, sie ein, zwei oder drei Jahre auszuhalten; denn ich würde ebenso gerne sehen, daß tausend Menschen in einem Teuerungsjahr 100 000 Pfund in guter Münze hätten, wie 1000 Kisten voll von Getreide im Werte von je 100 Pfund; denn das Geld würde ebensoviel Getreide einbringen, wie alle Kisten ausmachen würden. Und Geld ist sozusagen ein Vorratshaus für jede beliebige Ware.“[22]

Sieben Jahre später, 1556, bemerkt der Deutsche Melchior von Ossa in seinem „Testament für seinen gnädigsten lieben Herrn, dessen Räte und untertänige treue Landschaft“, daß die meiste Wareneinfuhr höchst überflüssig wäre, da wie Blutegel „also sauget solcher unnützer Pracht das Gold“. Diese „Warenangst“, wie Heckscher die Abneigung der Anhänger des Monetarsystems gegen Wareneinfuhr nennt, war typisch für fast alle Schriftsteller dieser Zeit, auch für die Aufgeklärtesten unter den Monetaristen, wie etwa den Franzosen Laffemas, der im letzten Viertel des 16. Jahrhunderts wirkte.

Sehr klar und mit fast dichterischer Eindringlichkeit seine tiefe Verehrung für das Gold zum Ausdruck bringend, formuliert in England noch am Anfang des 17. Jahrhundert Thomas Milles („The mistery of iniquity“, 1609): „Denn wie durch Güte die Menschen erst glücklich werden, Fürsten wie Knechte, so werden durch Gold aus Menschen Könige und aus Königen Götter.“

Und nun, zum Abschluß und um die außerordentlich langdauernde Wirkung monetärer Theorien anzudeuten, noch die Erwähnung einer englischen Schrift, die siebzig Jahre später, zu Ende des 17. Jahrhunderts, als der Feudalismus längst und

[20] Gemeine Stymmen von der Müntze. Leipzig 1530.

[21] *C. Armstrong*, A treatise concerning the staple and how to reform the realm. Übersetzung von R. Pauli, Drei Volkswirtschaftliche Denkschriften aus der Zeit Heinrich VIII. von England. Göttingen 1878, S. 32 u. 72.

[22] *J. Hales*, Discourse of the common weal of this realm of England, ed. Lamond, S. 72, Übersetzung von Mackenroth, *E. F. Heckscher*, Der Merkantilismus, Bd. II, Jena 1932, S. 194.

gründlichst überwunden worden war, erschien, und die doch auf die Zeitgenossen einen erheblichen Einfluß gehabt hat: sie heißt „Britannia languens" (1680), und ihr Verfasser Petyt bezeichnet ausdrücklich Warenvorräte als einen nur potentiellen Schatz; erst wenn sie wirklich verkauft worden wären und zur Bildung eines Edelmetallschatzes geführt hätten, könnte man von einem nationalen Gewinn sprechen. Aufgabe der Bevölkerung sei es, durch ihren Fleiß die Mengen des Edelmetalles im Lande zu erhöhen. –

Natürlich brachte die intensivere Beschäftigung mit Geldfragen eine ganze Reihe von wichtigen Erkenntnissen, die auch in der späteren kapitalistischen Wirtschaft bis in die Gegenwart eine Rolle spielen. Das sogenannte Greshamsche Gesetz[23] zum Beispiel (das übrigens schon zuvor von Oresmius angedeutet und von Kopernikus formuliert und auch früher noch bekannt war, aber erst in dieser Zeit Allgemeingut der Wissenschaft wurde) beinhaltete, daß schlechtes Geld das umlaufende gute Geld aus der Zirkulation verdrängt.[24] Auch Fragen der Menge des Geldumlaufes begannen im Zusammenhang sowohl mit der Entwicklung der Preise wie auch im Zusammenhang mit der Höhe des Zinsfußes ausführlicher diskutiert zu werden. Dabei ist es interessant, daß bei diesen Diskussionen England keine besonders hervorragende Rolle gespielt hat. Wenn man die frühen Geldtheorien untersucht, findet man kluge Beobachtungen und Entdeckungen ebenso in Frankreich, Deutschland, Spanien, Italien und anderswo wie in England.

Ausgangspunkt für die meisten Diskussionen „sekundärer" Bedeutung, das heißt, solcher, die nicht von der als entscheidend betrachteten wirtschaftlichen Funktion des Geldes, der Schatzbildung, handelten, waren, wie schon bemerkt, die Münzbetrügereien (Verringerungen im Metallgehalt der Münze) auf der einen und die Preissteigerungen, die gegen Mitte des 16. Jahrhunderts in stärkerem Maße infolge des Raubes vor allem von Silber in der „Neuen Welt" in Europa einsetzten, auf der anderen Seite.

Der Franzose Noël du Fail war unseres Wissens der erste, der 1548 („Les Baliverneries ou Contes Nouveaux d'Entrapel") fast in einer Nebenbemerkung die Ansicht äußerte, daß die Edelmetalleinfuhr aus Amerika Preiserhöhungen in Europa hervorrufe. 1557 wurde die gleiche Ansicht von dem Spanier Lopez de Gomara („Annalen Kaiser Karl V."), wiederum nebenbei, vorgebracht. Erst Bodin[25] begründete 1568 wirklich ausführlich das, was wir heute die Quantitätstheorie des Geldes nennen. Sein Gegner Malestroit hatte – genau wie sein englischer Zeitgenosse John

[23] Vgl. *J. W. Burgon,* The life and times of Sir Thomas Gresham. London 1839. – Das Gesetz wurde von Gresham in einem Memorandum an die Königin Elisabeth entwickelt.

[24] Eine Ergänzung dieses Gesetzes wurde von *J. Kuczynski* auf Grund der Erfahrungen der Inflation 1919/23 im Jahre 1925 entwickelt. Sie besagt, daß, wenn das Geld zu schlecht wird, der umgekehrte Prozeß einsetzt und das gute Geld das schlechte verdrängt – man vergleiche die Bevorzugung aller möglichen „Festwährungen" und vor allem von Devisen im Spätsommer und Herbst 1923; viele Waren waren damals entweder billiger oder überhaupt nur für gutes Geld zu haben.

[25] *J. Bodin,* Réponse aux paradoxes de M. de Malestroit touchant le fait des monnaies et l'enchérissement de toutes choses et des monnayes. Paris 1568.

Hales – die Teuerung ausschließlich der Ausgabe immer schlechteren Münzgeldes zugeschrieben. Fast gleichzeitig erschien in Italien eine wichtige Arbeit, die die Lehre von Bodin auch dort verbreitete, die „Lektionen über das Geld" (1582) von B. Davanzati, die allerdings die Quantitätstheorie nur im Kern enthielten, ohne sie ausführlicher zu entwickeln.

Es würde zu weit führen, hier im einzelnen auf weitere technische Theorien einzugehen. Genügt doch das hier Gesagte bereits, um anzudeuten, daß sich diese geldtheoretischen Auseinandersetzungen auf einem recht beachtlichen internationalen theoretischen Niveau abspielten.

Die Handelstheorie des Monetarsystems ist, wie schon bemerkt, der Geldschatztheorie untergeordnet. Die Hauptaufgabe des Außenhandels ist, der Ansammlung von Schatz beim Herrscher bzw., im reiferen, entwickelteren Stadium der Theorie, der Ansammlung von Gold und Silber innerhalb des Landes zu dienen. Umgekehrt ist es eine Aufgabe der Handelspolitik, zu verhindern, daß Edelmetalle ausgeführt werden. „Daher der Jammer der Anhänger des Monetarsystems, daß das Geld bei den Heiden verschwindet, nicht zurückfließt. (Siehe Misselden um 1600.)"[26] Es ergibt sich also: Ziel des Außenhandels ist für die Monetaristen eine günstige Geld-(Gold- und Silber-)Bilanz.

Misselden, einer der hervorragendsten Vertreter der Handelstheorie des Monetarsystems, schreibt: „‚Die natürliche Materie des Handels ist die Ware, die künstliche ist das Geld. Obgleich das Geld in Natur und Zeit nach der Ware kommt, ist es, wie es jetzt im Gebrauch ist, die Hauptsache geworden'. Er vergleicht dies den beiden Söhnen des alten Jakob, der seine rechte Hand auf den Jüngern und die Linke auf den ältern Sohn legte (p. 24). ‚Wir konsumieren unter uns einen zu großen Überfluß an Weinen aus Spanien, Frankreich, Rhein, Levante, den Inseln: die Rosinen aus Spanien, die Korinthen der Levante, die Cambricks von Henault und den Niederlanden, die Seidenzeuge von Italien, den Zucker und Tabak von Westindien, die Gewürze von Ostindien; alles dies ist nicht notwendig für uns und doch erkauft mit hartem Gelde ... Würde weniger von fremdem und mehr von einheimischem Produkt verkauft, so müßte der Überschuß in der Form von Gold und Silber, als Schatz, zu uns kommen.' "[27]

Misselden zeigt besonders deutlich das Zurückbleiben der Ideologie hinter den Strukturwandlungen der Basis. Denn noch um 1600, am Ende des ersten Jahrhunderts der kapitalistischen Ära in England, spricht aus Misselden eine feudale Abneigung gegen die Geldwirtschaft – das Geld ist wie Jakobs Enkel Ephraim auf betrügerische Art und Weise zu seiner Position gekommen. Aber – und auch das ist

[26] *K. Marx*, Grundrisse der Kritik der politischen Ökonomie (Rohentwurf) 1857–1858. Berlin 1953, S. 140.

[27] *E. Misselden*, Free trade or the means to make trade florish. London 1622, zitiert bei *K. Marx* ebendort, S. 143. – Wenn *Fritz Behrens*, a. a. O., S. 88 f., Misselden und Malynes Merkantilisten nennt, so kann ich dem nicht zustimmen; sie sind meiner Ansicht nach ausgesprochene Monetaristen, die den Außenhandel der Schatzbildung unterordnen – was Misselden nicht gehindert hat, den Ausdruck „balance of trade" in den politökonomischen Sprachgebrauch einzuführen.

wichtig – Misselden sieht ganz klar, daß, so wie Manasse, der erstgeborene Enkel Jakobs, keine Chance gegen Ephraim hat, der Feudalismus keine Chance gegen die vollausgebildete Geldwirtschaft, gegen die hervorragende Position des Geldes mehr hat. Er erkennt klar: eine neue Zeit ist gekommen.

Schon hundert Jahre vor Misselden hatte „der älteste deutsche Nationalökonom", wie Marx ihn nennt[28], Martin Luther, geschrieben: „Das kann man nicht leugnen, daß Kaufen und Verkaufen ein nötig Ding ist, das man nicht entbehren und wohl christlich brauchen kann, sonderlich in Dingen, die zur Not und Ehre dienen. Denn also haben auch die Patriarchen verkauft und gekauft: Vieh, Wolle, Getreide, Butter, Milch und andere Güter. Es sind Gottes Gaben, die er aus der Erde gibt und unter die Menschen teilt. Aber der ausländische Kaufhandel, der aus Kalikut und Indien und dergleichen Ware herbringt, als solch köstlich Seiden und Goldwerk und Würze, die nur zur Pracht und keinem Nutzen dient, und Land und Leuten das Geld aussaugt, sollte nicht zugelassen werden, so wir ein Regiment und Fürsten hätten. Doch hievon will ich jetzt nicht schreiben; denn ich achte, es werde zuletzt, wenn wir nicht mehr Geld haben, von ihm selbst ablassen müssen, wie auch der Schmuck und Fraß: es will doch sonst kein Schreiben noch Lernen helfen, bis uns die Not und Armut zwingt. Gott hat uns Deutsche dahin geschleudert, daß wir unser Gold und Silber müssen in fremde Länder stoßen, alle Welt reich machen, und selbst Bettler bleiben. England sollte wohl weniger Goldes haben, wenn Deutschland ihm sein Tuch ließe: und der König von Portugal sollte auch weniger haben, wenn wir ihm die Würze ließen. Rechen Du wie viel Geldes Eine Messe zu Frankfurt aus deutschem Land geführt wird ohne Not und Ursache: so wirst Du dich wundern, wie es zugehe, daß noch ein Heller in deutschen Landen sei. Frankfurt ist das Silber- und Goldloch, dadurch aus deutschem Lande fleußt, was nur quillet und wächst, gemünzt oder geschlagen wird bei uns: wäre das Loch zugestopft, so dürfte man izt der Klage nicht hören, wie allenthalben eitel Schuld und kein Geld, alle Land und Städte (mit Zinsen beschweret und) ausgewuchert sind. Aber laß gehn, es will doch also gehn: wir Deutsche müssen Deutsche bleiben: wir lassen nicht ab, wir müssen denn." (Bücher von Kaufhandlung und Wucher, Wittenberg 1524.)

Besonders interessant an diesem Zitat ist der feste Glaube Luthers an das, was wir später als die Gesetzmäßigkeit des ökonomischen Geschehens erkennen. Wenn „kein Schreiben noch Leren helfen", so wird der völlige Abfluß von Gold und Silber eben zur Einstellung der Einfuhr von Luxuswaren führen.

Sully, der französische Staatsmann und Politökonom, versuchte ein halbes Jahrhundert nach dem Erscheinen der Lutherschen Schrift genau wie dieser alle wirtschaftlichen Übel des Lebens mit dem Verbot der Einfuhr von Luxuswaren und dem Verbot der Ausfuhr von Gold zu bekämpfen.

Kürzer und treffender als alle theoretischen Formulierungen zur vorkapitalistischen Handelstheorie des Monetarsystems mit ihrer Warenangst, ihrer Abneigung vor jeder Einfuhr und mit ihrem Streben nach einer möglichst günstigen Handelsbilanz, weil diese zur Ansammlung von Schatz in Form von Gold und Silber führe,

[28] *K. Marx*, ebendort, S. 891 f.

ist der identische Schrei, den zwei Broschüren in England – die erste um 1530 und die zweite um 1680 – ausgestoßen haben: „Wir vertrinken und verpissen unermeßliche Schätze.“[29] Welch eine Wandlung seit dem trinklustigen, feudalen, weineinfuhrfreudigen 14. Jahrhundert! Zwar konzentriert sich die Aufmerksamkeit noch auf die Ansammlung von Schatz (feudal!); aber gleichzeitig bemerken wir schon das kapitalistische Element der Sparsamkeit, ausgerichtet gegen den feudalen Überkonsum! Es ist eben eine Ideologie vorkapitalistischer Verhältnisse.

In allen bisherigen Bemerkungen hatten wir festgestellt, wie weit die politökonomische Ideologie hinter dem gesellschaftlichen Sein hinterherhinkte. Nun ist es eine Grundwahrheit der Wissenschaft des Marxismus-Leninismus, daß das Bewußtsein, wie es in der vormarxistischen Theorie zum Ausdruck kommt, beachtlich hinter dem Sein zurückbleibt. Aber ein so starkes Zurückbleiben, wie wir es vielfach noch im politökonomischen Denken des 16. und 17. Jahrhunderts in England feststellen, ist ungewöhnlich. Dieses besonders starke Nachhinken erklärt sich daher, daß die Politische Ökonomie als Wissenschaft – im Gegensatz zu einzelnen politökonomischen Äußerungen und Bemerkungen von hohem wissenschaftlichen Wert, die viel älter sind – sich in dieser Zeit erst auf ihr Erscheinen vorzubereiten beginnt, also eine ganz neue Wissenschaft ist. Denn die Politische Ökonomie beginnt ja als Wissenschaft des Kapitalismus, und alle bedeutsamen Äußerungen politökonomischen Charakters in früheren Zeiten beziehen sich, wie Marx bemerkt hat, nur auf Erscheinungen, die sowohl der früheren wie auch der kapitalistischen Produktionsweise eigentümlich sind.

Was ist der entscheidende Schritt, den der Monetarismus tut und der ihn ganz nahe an die Begründung der Politischen Ökonomie bringt? Es ist der Schritt von der Betrachtung der Einzelwirtschaft des feudalen Bauern, Handwerkers, der Stadt, oder des lokalen Herren zur Betrachtung der Wirtschaft einer großen Einheit, eines Landes wie Frankreich oder England oder Spanien. Zwar ist es, wenn wir von Geldfragen absehen, noch nicht die Binnenwirtschaft, die das bewirkt – es gab noch keinen nationalen Markt –, sondern der Außenhandel. Zwar wird das Ziel der Betrachtung noch auf der Basis der Privatwirtschaft gesehen: Reichtum als Schatzsammlung ist nichts anderes für den Einzelnen als für den Fürsten und für das Volk. Aber der Blickpunkt ist plötzlich gewaltig geweitet. Noch ist im Grunde die Problematik der Politischen Ökonomie nicht gefunden. Aber das Territorium der Problematik, die „Volkswirtschaft“ im Gegensatz zur Einzelwirtschaft ist abgesteckt. Die „Oikonomia“ der Antike und die „Chrematistiké“ des Aristoteles sind nicht mehr getrennte Welten. Die erstaunliche Einsicht des Aristoteles in den Unterschied von Gebrauchswert und Tauschwert ist nicht mehr von konkreter Bedeutung nur zur Erklärung des Verkaufs einer Sandale (Beispiel des Aristoteles) durch den Schuhmacher sondern für eine nationale Wirtschaft.

Dazu kommen eine Fülle von „technischen“ Erfahrungen, etwa über das Geld, die schon zu theoretischen Überlegungen dieser oder jener Art führen. Aber natürlich

[29] Zitiert bei *E. F. Heckscher*, Der Merkantilismus, Bd. 2, Jena 1932, S. 101.

sind Erfahrungen, die zu theoretischen Überlegungen über die Klingel und den Gummireifen führen, noch keine Wissenschaft vom Funktionieren des Fahrrads.

Das heißt, der entscheidende Sprung zur Wissenschaft fehlt noch. Die Wirklichkeit hat wahrlich alles getan, um ihr den Boden zu bereiten. Zahlreiche ideologische Handwerker haben schon prächtige Einzelstücke gefertigt – doch nicht etwa mit einem Blick auf das Ganze, sondern weil die materielle Realität, weil der ständig wachsende Außenhandel oder die Inflation zumindest entsprechende Einzelstücke dringend forderten. Die Erfahrungen türmen sich auf diesem oder jenem Gebiet, aber noch liegen sie ungeordnet herum.

Es ist wahrlich an der Zeit, daß diese Erfahrungen zur Wissenschaft erhoben werden. Die Merkantilisten werden den Anfang damit machen, und Petty wird die Politische Ökonomie ein für alle mal fest im Gebäude der Wissenschaften verankern.

3. Der Merkantilismus – Die Entdeckung objektiver ökonomischer Gesetze

Der Merkantilismus als Gedankensystem ist schwer zu erfassen. Daß die heutigen bourgeoisen Denker scheitern, ist nicht verwunderlich. Amüsant ist etwa Blaug zu hören: „Ohne uns auf eine bestimmte Interpretation festzulegen, können wir die Forderung nach einer aktiven Handelsbilanz als den grundlegenden Trugschluß bezeichnen, der den gesamten Merkantilismus durchzieht. Der Titel des Buches von Thomas Mun liefert ein sehr schönes Beispiel hierfür: ‚England's Treasure by Forraign Trade, or the Balance of our Forraign Trade is our Treasure' (1664). Doch melden sich selbst hier Gegenstimmen. E. A. J. Johnson, ein intimer Kenner des englischen Merkantilismus, behauptet, daß ‚es letztlich das Ziel der Merkantilisten war, wirksame Produktionsfaktoren zu schaffen. Nicht einmal zehn Prozent der merkantilistischen Literatur Englands gelten der unglückseligen Handelsbilanzlehre'. Hierauf entgegnete Viner: ‚Auf der Grundlage meines Studiums des englischen Merkantilismus wage ich den Schluß, daß es keine zehn Prozent der gesamten Literatur sind, die nicht implizit oder explizit die Handelsbilanz oder eine Möglichkeit zu deren Verbesserung zum Gegenstand hätten.' Natürlich ist ein ausschließliches Interesse an der Handelsbilanz nicht schon ein Trugschluß. Doch zeichnet sich die merkantilistische Theorie dadurch aus, daß jene Fixierung auf die Handelsbilanz ausschließlich in der Absicht erfolgt, einen ständigen Überschuß zu erzielen."[30]

Recht verzweifelt schrieb vier Jahrzehnte zuvor Mombert: „Sind doch ... manche neueren Forscher bereit gewesen, auf eine begriffliche Erfassung des Merkantilismus ganz zu verzichten, da es unmöglich sei, den merkantilistischen Ideengehalt auf einen Grundgedanken zurückzuführen, seine praktischen Forderungen aus einem Obersatz abzuleiten. Es sei vor allem verhängnisvoll gewesen, den Merkantilismus als wirtschaftliches System aufzufassen und demgemäß seine Grundgedanken der Wirtschaftslehre zu entnehmen."[31]

[30] *M. Blaug*, a. a. O., S. 44 f.

[31] *P. Mombert*, Geschichte der Nationalökonomie, Jena 1927, S. 117.

Noch hilfloser fast äußert sich Heckscher, dessen zweibändiges Werk „Der Merkantilismus" als Standardwerk in bürgerlichen Kreisen gilt: „Der Merkantilismus hat niemals existiert im selben Sinne, wie etwa Colbert oder Cromwell existiert haben. Es ist nur eine Hilfsvorstellung, die, wenn sie glücklich gewählt ist, uns ermöglichen soll, einen Abschnitt der geschichtlichen Wirklichkeit besser zu verstehen, als ohne ihre Hilfe möglich wäre. Es muß also jedem freistehen, dem Namen Merkantilismus die Bedeutung und vor allem die Reichweite zu geben, die am besten vereinbar sind mit den speziellen Aufgaben, die er sich stellt. Soweit kann man nicht von einer richtigen oder unrichtigen Anwendung des Wortes sprechen, sondern nur von einer größeren oder geringeren Zweckmäßigkeit."[32]

Johnson, ein amerikanischer Darsteller der „Vorgänger von Adam Smith", ist dafür, das Wort Merkantilismus überhaupt abzuschaffen, weil es keinen vernünftigen und eindeutigen Sinn hat – klagt allerdings: „Ein Wort abzuschaffen, ist jedoch etwa ebenso schwierig, wie eine Sünde zu beseitigen."[33]

Doch wenn wir auch bei der Bourgeoisie völlige Verwirrung in der Einschätzung und Wertung der Geschichte der Politischen Ökonomie gewöhnt sind, ist es ungewöhnlich, daß auch Marx Schwierigkeiten hatte, zur vollen Erkenntnis der Bedeutung des Merkantilismus zu kommen und ihn klar vom Monetarsystem zu unterscheiden.

Noch in der „Kritik der Politischen Ökonomie" nennt er den Merkantilismus „nur eine Variante des Monetarsystems"[34]. Erst im „Kapital" läßt Marx das Merkantilsystem aus dem Monetarsystem herauswachsen und stellt das Merkantilsystem als eine höhere, reifere, nicht mehr so primitive Form der wirtschaftlichen Betrachtung dar.[35] Auch im „Anti-Dühring" hält Marx an dieser neuen Formulierung fest, indem er das Monetarsystem das „Muttersystem" des Merkantilsystems nennt und von der „bewußten *Selbstscheidung* des Merkantilsystem" vom Monetarsystem spricht.[36]

Unter den Marxisten herrschte bis vor kurzem, solange man die Entwicklung und Vertiefung der Analyse durch Marx im „Kapital" und „Anti-Dühring" gegenüber der „Kritik" nicht genügend beachtete, ebenfalls eine gewisse Verwirrung in der Bestimmung des Charakters von Monetarismus und Merkantilismus. Ohne das ausdrücklich zu vermerken, näherte sich jedoch bereits Hilferding gelegentlich in seiner Mun-Studie der späteren Analyse von Marx. Heute herrscht im allgemeinen Einigkeit unter Marxisten in der Analyse dessen, was Monetarismus und was Merkantilismus ist, auf der Basis der späteren Auffassungen von Marx. In der Gesamtgeschichte der Politischen Ökonomie von Fritz Behrens heißt es: „Das Monetarsystem ist, wie Jürgen Kuczynski richtig feststellt, ‚die Ideologie eines Zwischenstadiums zwischen Feudalismus und Kapitalismus', es ist ‚gewissermaßen die theoretische Formulierung

[32] *E. F. Heckscher*, Der Merkantilismus. Bd. 1, Jena 1932, S. 1.

[33] *E. A. Johnson*, Predecessors of Adam Smith. The growth of British economic thought. London u. New York 1937, S. 4.

[34] *Marx/Engels*, Werke Bd. 13, a. a. O., S. 133.

[35] *Marx/Engels*, Werke Bd. 25, Berlin 1964, S. 792 f.

[36] *Marx/Engels*, Werke Bd. 20, a. a. O., S. 216.

des Kampfes des Geldes gegen die Naturalwirtschaft ...'[37] Es spiegelt den Auflösungsprozeß des Feudalismus durch die Geldwirtschaft und den Handel wider und geht dann in das den Prozeß der ursprünglichen Akkumulation des Kapitals widerspiegelnde Merkantilsystem über."[38]

Aus alledem ersehen wir, wie außerordentlich wichtig es ist, alle Theorien der Politischen Ökonomie zu der Basis in Beziehung zu setzen, um ihren Klasseninhalt zu erkennen, und wie notwendig es ist, sich über die Grundlehren der Beziehungen zwischen Basis und Überbau im klaren zu sein.

Es ergibt sich aber auch, daß, während es relativ leicht ist, diese Verpflichtung beim Studium der politökonomischen Lehren zu erfüllen, wenn es sich um den ersten Höhepunkt einer Gesellschaftsordnung handelt, es sehr schwer ist, die Beziehungen zwischen Basis und Überbau klarzulegen, wenn sich unsere Untersuchung auf einen sich durch Jahrzehnte, ja, durch Jahrhunderte hinziehenden langsamen Übergang von einer Gesellschaftsordnung zur anderen erstreckt, oder wenn es gilt – was für diese Zeit in gewisser Weise für Frankreich und völlig für Deutschland zutrifft –, den Übergang zu einer neuen Gesellschaftsordnung (Kapitalismus) sowie die nachfolgende erneute Verstärkung der Teile der vorangehenden Gesellschaftsordnung (Feudalismus in Frankreich und Deutschland) mit ihren Auswirkungen auf den Überbau zu erforschen.

Wie sieht die Basis des Merkantilsystems aus?

Marx bemerkt im dritten Band des Kapital: „In seiner (des Monetarsystems – J. K.) Fortsetzung im Merkantilsystem entscheidet nicht mehr die Verwandlung des Warenwerts in Geld, sondern die Erzeugung von Mehrwert, aber vom begriffslosen Standpunkt der Zirkulationssphäre aus, und zugleich so, daß dieser Mehrwert sich darstellt in Surplusgeld, im Überschuß der Handelsbilanz. Es ist aber zugleich das die interessierten Kaufleute und Fabrikanten von damals richtig Charakterisierende und das der Periode der kapitalistischen Entwicklung, die sie darstellen, Adäquate darin, daß es bei der Verwandlung der feudalen Ackerbaugesellschaften in industrielle, und bei dem entsprechenden industriellen Kampf der Nationen auf dem Weltmarkt, auf eine beschleunigte Entwicklung des Kapitals ankommt, die nicht auf dem sogenannten naturgemäßen Weg, sondern durch Zwangsmittel zu erreichen ist. Es macht einen gewaltigen Unterschied, ob das nationale Kapital allmählich und langsam sich in industrielles verwandelt, oder ob diese Verwandlung zeitlich beschleunigt wird durch die Steuer, die sie vermittelst der Schutzzölle hauptsächlich auf Grundeigentümer, Mittel- und Kleinbauern und Handwerk legen, durch die beschleunigte Expropriation der selbständigen unmittelbaren Produzenten, durch gewaltsam beschleunigte Akkumulation und Konzentration der Kapitale, kurz, durch beschleunigte Herstellung der Bedingungen der kapitalistischen Produktionsweise."[39]

Das heißt: Das Merkantilsystem ist die Theorie der Periode der ursprünglichen Akkumulation, der Periode, in der die Akkumulation vornehmlich „ursprünglich"

[37] *J. Kuczynski,* Die Geschichte der Lage der Arbeiter in England von 1640 bis in die Gegenwart. Teil 1, Berlin 1954, S. 152.

[38] *F. Behrens,* Grundriß der Geschichte der Politischen Ökonomie. Bd. 1, a. a. O., S. 67.

[39] Marx/Engels, Werke, Bd. 25, S. 793.

ist. Denn in der Periode der ursprünglichen Akkumulation wird in der Tat auch in der Zirkulationssphäre Kapital akkumuliert, eben durch die piratisch-räuberischen Aktivitäten des Handelskapitals und vermittelst der Prellerei aller anderen Schichten der Bevölkerung durch das Handelskapital. Die Verlegung des Zentrums der Aufmerksamkeit auf die Zirkulationssphäre ist darum so lange kein dummer Fehler, keine völlig falsche oder vulgär irrende Erkenntnis der Wirklichkeit, wie faktisch in der Zirkulationssphäre beträchtliches Kapital angesammelt wird.

An einer anderen Stelle des „Kapital" erklärt Marx die Mischung von Schein und Realität in dieser Theorie, die die Vermehrung des Kapitals in der Zirkulation sucht, wie folgt: „Die erste theoretische Behandlung der modernen Produktionsweise – das Merkantilsystem – ging notwendig aus von den oberflächlichen Phänomenen des Zirkulationsprozesses, wie sie in der Bewegung des Handelskapitals verselbständigt sind, und griff daher nur den Schein auf. Teils weil das Handelskapital die erste freie Existenzweise des Kapitals überhaupt ist. Teils wegen des überwiegenden Einflusses, den es in der ersten Umwälzungsperiode der feudalen Produktion, der Entstehungsperiode der modernen Produktion ausübt."[40]

Das heißt – und das ist von entscheidender Bedeutung für alle, die sich mit der Geschichte des Überbaues beschäftigen: Es gibt Situationen, in denen es historisch notwendig und zugleich als ein gewaltiger Fortschritt zu werten ist, wenn Ideologen sich mit Oberflächenerscheinungen von sehr realer Bedeutung, also zum Beispiel mit dem Raub des Handelskapitals in der Zirkulation statt mit dem Mehrwert in der Produktion, beschäftigen. Hier trifft zu, was Engels in anderem Zusammenhang so nennt: „Ökonomisch formell falsch ... doch weltgeschichtlich richtig."[41]

In diesem Zusammenhang ist noch ein weiterer höchst wichtiger Gedankengang von Marx zu verfolgen: Jetzt, in dieser Periode entsteht nämlich nicht nur Kapital, sondern es entsteht auch das, was man nationales Kapital nennen kann – auf der Basis von Nationalstaaten, – eine Erscheinung, die sich bereits im Monetarsystem reflektiert – und darum schließt Marx die hier zitierten Bemerkungen über das Merkantilsystem im dritten Band des „Kapital" wie folgt ab: „Der nationale Charakter des Merkantilsystems ist daher nicht blosse Phrase im Munde seiner Wortführer. Unter dem Vorwand, sich nur mit dem Reichtum der Nation und den Hilfsquellen des Staats zu beschäftigen, erklären sie in der Tat die Interessen der Kapitalistenklasse und die Bereicherung überhaupt für den letzten Staatszweck, und proklamieren sie die bürgerliche Gesellschaft gegen den alten überirdischen Staat. Aber zugleich ist das Bewußtsein vorhanden, daß die Entwicklung der Interessen des Kapitals und der Kapitalistenklasse, der kapitalistischen Produktion, die Basis der nationalen Macht und des nationalen Übergewichts in der modernen Gesellschaft geworden ist."[42]

Diese Bemerkungen über das Merkantilsystem, diese einzig richtige und darum einzig sinnvolle Definition des Merkantilsystems, unterscheiden sich ganz scharf

[40] Ebendort, S. 349.

[41] *Fr. Engels*, Vorwort zu K. Marx, „Das Elend der Philosophie". Marx/Engels, Werke Bd. 4, Berlin 1959, S. 561.

[42] Ebendort, Bd. 25, S. 793.

von der Auffassung der bürgerlichen Dogmengeschichte. Für die bürgerliche Dogmengeschichte ist zunächst einmal festzustellen, daß sie Merkantilisten sowohl im kapitalistischen England wie auch im feudalen, zentralistisch regierten Frankreich, wie auch im territorial zersplitterten feudalen Deutschland als gesellschaftlich führende Theoretiker in größerer Anzahl sucht und findet. Und nicht nur das: Diese sogenannten Merkantilisten sind auch die Hauptexekutive der Wirtschaftspolitik der herrschenden feudalen Klasse, insbesondere des feudalen Herrschers! Das heißt, es ergibt sich danach die völlig unsinnige Situation, daß, sagen wir zum Beispiel, der Merkantilist Mun im kapitalistischen England einen entscheidenden Einfluß auf die Wirtschaftspolitik dieses Landes nimmt, und daß ebenso der angebliche Merkantilist Seckendorff in Sachsen-Coburg die feudale Wirtschaftspolitik seines feudalen Territorialherren durchführt. Für die bürgerliche Dogmengeschichtsschreibung sind vielfach Merkantilismus und Beschäftigung mit wirtschaftlichen Fragen während des 17. und in der ersten Hälfte des 18. Jahrhunderts faktisch identisch, ganz gleich, um welche Länder und Gesellschaftssysteme es sich handelt.

Wie erklärt sich diese Unsinnigkeit der bürgerlichen Dogmengeschichte? Wie erklärt es sich, daß im Gegensatz zu Marx, der den Merkantilismus mit vollem Recht im Grunde als eine englische politökonomische Theorie betrachtet – denn nur in England (neben Holland[43]) haben wir im 17. Jahrhundert eine kapitalistische Gesellschaftsform –, die bürgerliche Dogmengeschichte Merkantilisten überall auf dem Kontinent findet, ganz gleich, ob sie nur gelegentlich eine gewisse Stütze (vor-)kapitalistischer Bestrebungen des Bürgertums durch den Überbau darstellen (etwa einige Maßnahmen von Colbert), oder ob sie gar reine Vertreter antikapitalistischer, antibourgeoiser, feudaler Gedankengänge sind (zum Beispiel die meisten sogenannten deutschen Merkantilisten)?

Als der englische Kapitalismus sich im letzten Drittel des 18. Jahrhunderts so weit entwickelt hatte, daß die Manufaktur-, daß die Industrie-Bourgeoisie sich durchzusetzen suchte und den Kampf sowohl gegen die ländlichen Großgrundbesitzer wie auch gegen die gesellschaftliche Bevorzugung des Handelskapitals und Bankenkapitals aufnahm, da zog diese Bourgeoisie rücksichtslos in der genialen Arbeit des großen Politökonomen Adam Smith „Über den Wohlstand der Nationen“ (1776) gegen alle Systeme, die Fragen der Geldwirtschaft (Banken) und Fragen des Handels in den Vordergrund schoben, los.[44] Dabei vergröberte sie in dem berühmten Buch 4 des Werkes von Adam Smith die Polemik in der Weise, daß sie das Merkantilsystem nicht so sehr als eine Vertiefung und qualitative Weiterentwicklung des Monetarsystems, ja eine „Selbstscheidung“ von ihm betrachtete, sondern vielmehr dazu neigte, das Merkantilsystem mit den primitiven Formen des Monetarsystems zu identifizieren, um so noch „schlagender“ den Merkantilismus als untauglich verbannen zu können.

43 In Holland gab es jedoch im 17. Jahrhundert nur wenige politökonomische Denker, und keiner von ihnen reichte an Bedeutung an die englischen heran.

44 Adam Smith führte den Ausdruck „mercantile system“ in die Sprache der Politischen Ökonomie ein.

Etwa, wenn Smith den Gehalt des Merkantilsystems so schildert: „Wie einen reichen Mann hält man auch ein reiches Land für ein solches, das Geld im Überflüsse hat; und Gold und Silber in einem Lande aufzuhäufen, hält man für den kürzesten Weg, es zu bereichern. Nach der Entdeckung Amerikas war eine Zeitlang gewöhnlich das erste, wonach die Spanier fragten, wenn sie an eine unbekannte Küste kamen, ob dort Gold oder Silber in der Gegend zu finden wäre. Je nach der Nachricht, die sie bekamen, bestimmten sie, ob es sich verlohne, dort eine Niederlassung zu errichten oder ob das Land der Eroberung wert sei. Plano Carpino, ein Mönch, den der König von Frankreich zu einem der Söhne des bekannten Dschingischan geschickt hatte, sagt, die Tartaren hätten ihn gewöhnlich oft gefragt, ob es im Königreich Frankreich eine große Menge von Schafen und Ochsen gebe. Ihre Frage hatte den selben Zweck wie die der Spanier. Sie wollten wissen, ob das Land reich genug wäre, um der Eroberung wert zu sein. Unter den Tartaren ist, wie unter allen übrigen Hirtenvölkern, die gewöhnlich den Gebrauch des Geldes nicht kennen, Vieh das Tauschmittel und der Wertmesser. Nach ihren Ansichten bestand daher Wohlstand in Vieh, wie er nach Ansicht der Spanier in Gold und Silber bestand. Vielleicht kam von beiden Ansichten die tartarische der Wahrheit am nächsten."[45]

Hier spricht aus Smith das Klassenfraktionsinteresse der Manufakturbourgeoisie, die die Interessen des Handelskapitals zu „erledigen" suchte – Marx bemerkt eine „polemische Spannung" bei Smith[46] –, indem sie es mit dem primitiven Monetarsystem identifizierte und gewissermaßen praktisch alle ihre Vorgänger als primitive Monetaristen darstellte. Dem Smith folgte die bürgerliche Dogmengeschichte, indem sie noch weiter ging und gewissermaßen praktisch alle Theoretiker, die sich mit Geldfragen vom Standpunkt des Monetarsystems beschäftigten, auch wenn sie vom spätfeudalen bzw. vorkapitalistischen Standpunkt aus an die Fragen herangingen, als Merkantilisten identifizierte. Es handelt sich hier um eine bis in das 20. Jahrhundert übliche Interpretation, die, verknöchert und erstarrt, sich aus den lebendigen Klassengegensätzen zu Ende des 18. und zu Beginn des 19. Jahrhunderts herleitet.

So entstand der Unsinn einer sowohl der kapitalistischen als auch der feudalen Gesellschaft gemeinsamen Theorie und staatlichen Praxis des Merkantilismus, eines gewissermaßen gemeinsamen Überbaues für eine kapitalistische wie eine feudale Basis.

Wir mußten das Monetarsystem ausführlicher darstellen, um in den (in gewisser Weise) Höhepunkt des vorwissenschaftlichen, ideologisch-handwerklichen, schon zu Einzeltheorien rein ökonomischen Charakters fähigen Zustand der Politischen Ökonomie unmittelbar vor ihrer Verwandlung in eine Wissenschaft einzuführen.

Wir mußten auch viel Raum darauf verwenden, um den historischen Standort des Merkantilismus zu fixieren und seinen Unterschied vom Monetarismus herauszuarbeiten.

[45] *A. Smith*, Eine Untersuchung über Natur und Wesen des Volkswohlstandes. Bd. I, Jena 1923, S. 200 f.

[46] *Marx/Engels*, Werke Bd. 13, a. a. O., S. 143.

Relativ weniger Raum brauchen wir, um das Gedankensystem des Merkantilismus darzustellen, da uns dieses in seinem Beitrag zur Geschichte des Werdens der Politischen Ökonomie hier nur insoweit interessiert, als es einen Beitrag zur Entwicklung der Wissenschaft von der Wirtschaft, der Politischen Ökonomie geleistet hat. Und auch soweit wollen wir nicht gehen. Wir wollen nur von seinem Hauptbeitrag, den es gleich zu seinem Beginn leistete, sprechen.

Dieser erste und entscheidende Beitrag wurde im Zusammenhang mit der Außenhandelslehre und -politik der Merkantilisten geleistet.

Marx sagt: „Die Akkumulation von Gold und Silber, von Geld, ist die erste historische Erscheinung des Ansammelns von Kapital und das erste große Mittel desselben; aber als solches ist sie noch nicht Akkumulation von Kapital."[47] Ein System von Lehren, das nur soweit geht, die erste historische Erscheinung des Ansammelns von Kapital und das erste große Mittel desselben zu propagieren, ist also nur ein Vorläufer – ein Übergangssystem, noch keine kapitalistische Theorie. Um zu einer kapitalistischen Theorie zu werden, ist noch ein weiterer Schritt erforderlich, den Marx, an der gegebenen Stelle fortfahrend, so definiert: „Dazu (um Akkumulation von Kapital zu sein – J. K.) müßte das Wiedereingehen des Akkumulierten in die Zirkulation selbst als Moment und Mittel des Aufhäufens gesetzt sein."[48] So unterscheidet Marx den Charakter des Monetarsystems und des Merkantilsystems. Das erste konzentriert seine Aufmerksamkeit auf die Anhäufung von Schatz – das zweite betrachtet die Anhäufung von Gold und Silber in Schatzform nur als Mittel, um sie wieder in die Zirkulation zu schicken, aus der ein Gewinn entstehen soll, wodurch aus dem Schatz Kapital wird. Erst in Verbindung mit diesem Ziel wird aus dem politökonomischen System der Übergangszeit des Feudalismus zum Kapitalismus, aus dem Monetarsystem, das politökonomische System des frühen Kapitalismus, das Merkantilsystem. Darum sagt auch Marx anläßlich der Behandlung des bedeutenden Merkantilisten Dudley North – und dadurch die unlösbare Verbindung des Merkantilismus und der frühen klassischen Politischen Ökonomie des Bürgertums anzeigend: „Das Kapital ist sich verwertender Wert, während bei der Schatzbildung die kristallisierte Form des Tauschwertes als solche der Zweck. Eine der ersten Erkenntnisse der klassischen Ökonomie daher deren Gegensatz zwischen Schatzbildung und Verwertung des Gelds, i. e. Darstellung des Gelds als Kapital."[49]

Und entsprechend dem Wandel der gesellschaftlichen Bedeutung des Systems müssen sich auch Ausgangspunkt und Schwerpunkt seiner Betrachtung ändern. Bei der Betrachtung des Monetarsystems ging man von Gold und Schatz aus, bei der Darstellung des Merkantilismus dagegen geht man vom Handel aus. Denn die Lehre vom Handel ist, wie schon der Name Merkantilismus besagt, das Zentrum merkantilistischen Denkens. Diese Konzentration auf den Handel wird auch von der Basis insofern verlangt, als der Handel neben dem Landraub wohl zwischen 1550 und 1750 das Hauptgebiet oder zumindest das auffallendste Mittel der ursprünglichen Akkumulation im Sinne der Akkumulation von Kapital gewesen ist.

[47] *K. Marx*, „Grundrisse", a. a. O., S. 144.

[48] Ebendort.

[49] *K. Marx*, Theorien über den Mehrwert, *Marx/Engels*, Werke Bd. 26.1 Berlin 1965, S. 346.

Die Handelspolitik konnte um so leichter zum Zentrum merkantilistischer Gedankengänge werden, als der zentrale Gegenstand des vorangehenden politökonomischen Denkens (des Monetarsystems), das Geld (Gold und Silber), zunächst auf das engste mit der neuen Ideologie des Merkantilsystems verbunden werden konnte.

Diesen ursprünglichen Zusammenhang zwischen Geldpolitik und Handelspolitik macht Marx in „Zur Kritik der politischen Ökonomie" ganz klar, wenn er sagt: „Während also die Nationen von Warenbesitzern durch ihre allseitige Industrie und allgemeinen Verkehr Gold zu adäquatem Geld umschaffen, erscheinen ihnen Industrie und Verkehr nur als Mittel, um das Geld in der Form von Gold und Silber dem Weltmarkt zu entziehen."[50] Und dieser Entzug ist auch gesellschaftlich, basismäßig, „durchaus in Ordnung". Denn „die Ansammlung des Geldes als Schatz, d. h. jetzt des Teils des Kapitals, der stets in Geldform vorhanden sein muß, als Reservefonds von Zahlungs- und Kaufmitteln ... ist die erste Form des Schatzes, wie er in der kapitalistischen Produktionsweise wiedererscheint und sich überhaupt bei Entwicklung des Handelskapitals wenigstens für dieses bildet."[51]

Und wenn zunächst bisweilen der Ausgangspunkt der Betrachtung auch noch bei einzelnen Merkantilisten das Streben nach Gold ist und von diesen der Handel in erster Linie unter dem Gesichtspunkt betrachtet wird: Wie kann er England mehr Gold bringen? – so konzentriert sich die wissenschaftliche Problematik ihrer Untersuchungen doch auf die Frage: wie kann die Handelsbilanz möglichst günstig gestaltet werden? und weiter: wie kann der Außenhandel erweitert werden? sogar verbunden mit eventueller Edelmetallausfuhr!

Fritz Behrens bemerkt:

„Während die Monetaristen die Verwandlung des Produktes in Geld in den Mittelpunkt gestellt hatten, stellten die Merkantilisten nicht mehr das Geld als solches, sondern bereits den Profit – als Surplusgeld, gewonnen im Handel und hier wieder besonders im Außenhandel – in den Mittelpunkt. Daher bezeichnet Marx das Merkantilsystem auch als die Fortsetzung des Monetarsystems.

Aber diese Fortsetzung bedeutete, daß jetzt nicht mehr das Geld als Moment der Warenzirkulation schlechthin, sondern als Moment der kapitalistischen Warenzirkulation in den Mittelpunkt gerückt war. Hierin kommt der Fortschritt in der Entwicklung des ökonomischen Denkens zum Ausdruck."[52]

Um die Steigerung der Ausfuhr über die Einfuhr zu Zwecken der Goldansammlung möglichst zu forcieren, ging man in der Zeit des Monetarsystems davon aus, daß die Einfuhr möglichst gering sein müßte. Und wenn man sich überlegte, welcher Waren Einfuhr möglichst eingeschränkt werden müßte, dann kam man zunächst zu der Losung, daß der Import von „Tand" und „Luxuswaren" so niedrig wie möglich sein sollte. Zu einer Zeit, in der von einer stärkeren kapitalistischen Entwicklung größeren Ausmaßes noch kaum die Rede sein konnte, als man sich erst im Übergang zu dieser

[50] Ebendort, Bd. 13, S. 127.
[51] Ebendort, Bd. 25, S. 331
[52] *F. Behrens*, a. a. O., S. 69.

Periode befand, zu Anfang des zweiten Drittels des 15. Jahrhunderts, wendet sich bereits der Dichter des „The Libelle of English Policye" (1436/37) gegen die Einfuhr von „Läppereien und unnützen Sachen", die venezianische Galeeren importieren. Und was noch schlimmer sei, dieselben Galeeren führten dafür aus England so wertvolle Waren wie Tuch, Wolle und Zinn aus. Über die ausländischen Kaufleute heißt es in dem Gedicht:

„Auch tragen sie das Gold aus diesem Land
Und saugen das Ersparte auf aus unserer Hand
Wie die Wespe den Honig aus der Biene saugt
So rauben sie uns unsere Wirtschaftskraft."

Wie stark noch hundert Jahre später, zu Beginn des 16. Jahrhunderts, der Gesichtspunkt der Schatzsammlung fast im feudalen Sinne vertreten wurde, wird amüsant illustriert durch eine Rede im Unterhaus im Jahre 1523, die wahrscheinlich Thomas Cromwell hielt.[53] Er warnte vor einem Kriege in Frankreich mit dem König an der Spitze, da dieser Krieg wahrscheinlich so viel Geld kosten würde, wie überhaupt im Lande zirkulierte. Infolge der großen Kriegsausgaben in Frankreich (die von ihm als Gold- und Silberexport betrachtet werden) müßte man von der Edelmetallwährung vielleicht zu einer Lederwährung übergehen, und wenn der König im Kriege gefangengenommen würde, dann müßte man das Lösegeld in Leder bezahlen. Die Franzosen aber würden sicher kein Leder nehmen wollen, weil sie doch sogar schon für ihren Wein Silber im Austausch erhielten – wie sollten sie sich da für den König mit Leder begnügen!

Und noch einmal hundert Jahre später, zu Beginn der zwanziger Jahre des 17. Jahrhunderts, als das erste bedeutsame merkantilistische Werk von Mun schon geschrieben war, machte Misselden die Luxuseinfuhr und die Ausfuhr von Silber und Gold nach dem Orient für die „ungenügende Prosperität" verantwortlich.

Ganz anders die Lehren der Merkantilisten:

Die drei bedeutendsten Handelstheoretiker des Merkantilismus waren Thomas Mun, Sir Josiah Child und Charles Davenant. Sie umspannen mit ihren Arbeiten knapp ein Jahrhundert. Mun lebte von 1571 bis 1641; sein erstes Buch erschien spätestens 1621; Child lebte von 1630 bis 1699; Davenant, dessen letztes Werk 1712 herauskam, lebte von 1656 bis 1714. Alle drei waren Geschäftsleute in einer Periode, in der die Klasse der Kapitalisten, vertreten vor allem durch die ländlichen und die Handelskapitalisten, zur Herrschaft kam. Alle drei waren zumindest zeitweise auf das engste mit der größten Handelsgesellschaft des vorindustriellen Kapitalismus, der East India Trading Company, verbunden. Mun, Sohn sowie Stiefsohn eines Kaufmannes, war einer ihrer Direktoren und nach heutigen Begriffen Millionär. Child, der am meisten gelesene Politökonom des 17. Jahrhunderts, begann als Lehrling mit dem Ausfegen der Kontorräume, verdiente später an der Versorgung der Flotte reichlich, wurde Direktor und Gouverneur der Gesellschaft und in seiner Zeit

[53] Zitiert bei *E. F. Heckscher*, Bd. 2, a. a. O., S. 230.

der reichste Kaufmann Englands. Von dem damaligen Aktienkapital der Gesellschaft in Höhe von 369 891 Pfund Sterling besaß er 1681 rund 100 000 Pfund. Als die Gesellschaft 1685 50 Prozent Dividende auszahlte, erhielt er also 50 000 Pfund an einem Tag – den gleichen Betrag, 1 Million Mark (nach heutigem Wert 10 bis 20 Millionen Mark), gab er seiner Tochter, die den ältesten Sohn des Herzogs von Beaufort heiratete, als Mitgift. Charles Davenant verfaßte mindestens eine seiner Schriften in direktem Auftrag der East India Company; die letzten zwölf Jahre seines Lebens war er königlicher Generalinspektor des Außenhandels.

Das heißt, die Verbindung zwischen Theorie und Geschäft war bei allen dreien ganz eng, und das heißt zugleich, daß die Träger politökonomischen Denkens auf dem Gebiete der Handelstheorie vor allem Kaufleute, Handelskapitalisten waren. Das hatte natürlich seine Vorteile für das Eindringen in die Materie, für die Entwicklung der Wissenschaft, hatte jedoch auch Nachteile, da man in der Öffentlichkeit weniger geneigt war, den wissenschaftlichen Gedanken zu folgen, wenn man wußte, daß diese ihren Vertretern große Profite bringen würden. Daher gingen die Verfasser ökonomischer Schriften mehr und mehr dazu über, ihre Schriften anonym zu veröffentlichen. Aus einer Aufstellung von Horsefield ergibt sich, daß zum Beispiel von über 100 Broschüren, die 1695 zu Geldfragen veröffentlicht wurden, nahezu zwei Drittel anonym erschienen.[54] So ergibt sich die erstaunliche Tatsache, daß eine Wissenschaft zu einem beachtlichen Teile anonym heranwächst!

Zugleich muß man folgendes bedenken. So offenbar es ist, daß eine Verbindung von Theorie und Geschäft in der Aufschwungszeit des Kapitalismus nur von Vorteil sowohl für die ökonomische Entwicklung als auch für die Entwicklung der Theorie sein konnte, so zeigt sich entsprechend, daß, je enger ein Politökonom mit dem sterbenden Kapitalismus, mit dem Monopolkapital, verbunden ist, es um so jämmerlicher mit seinem politökonomischen Denken bestellt ist.

Unter den genannten Umständen wird es niemanden verwundern, daß diese drei bedeutenden merkantilistischen Handelstheoretiker, diese drei Vertreter der wichtigsten rein kapitalistischen Schicht innerhalb der herrschenden Klasse, ein besonderes Lob dem Handel und dem Kaufmannsstande singen. Mun schloß seine bekannteste Schrift „England's Treasure by foreign trade" mit folgender Hymne auf Außenhandel und Kaufmann: „Seht also die wahre Form und den Wert des Außenhandels, welcher ist: große Einkünfte für den König, des Landes Ehre, des Kaufmanns edler Beruf, Schulung für unsere handarbeitenden Berufe, Zufuhr unseres Bedarfs, Beschäftigung für unsere Armen, Verbesserung unseres Bodens, Schulung für unsere Seeleute, des Landes Mauern, Mittel zum Erwerb unseres Schatzes, Sehnen für unsere Kriege, unserer Feinde Schreck. Aus allen diesen schwerwiegenden Gründen begünstigen so viele wohlgeleitete Staaten dieses Gewerbe aufs äußerste und pflegen sorgsam seine Betätigung, nicht nur mit Staatsmaßnahmen, um es zu vermehren, sondern auch mit Einsatz von Macht, um es zu schützen gegen alle unrecht-

54 Vgl. *J. K. Horsefield,* British monetary experiments 1650–1710, Cambridge Mass. 1960, S. 277 ff.

mäßigen Einmischungen Fremder, weil sie nämlich wissen, daß es eine Hauptregel unter den Staatsmaximen ist, solches zu verteidigen und zu erhalten, was die Kaufleute selbst und ihre Stellung aufrecht erhält."[55]

Davenant erklärte in seinem „Essay upon ways and means of supplying the war": „Der Kaufmann verdient jede nur mögliche Begünstigung, da er das beste und nützlichste Mitglied der Gesellschaft ist."[57] Und ganz spät, in der zweiten Hälfte des 18. Jahrhunderts, schrieb noch der Freund von Adam Smith, David Hume, sich damit als echter Merkantilist erweisend, von den Kaufleuten als der „nützlichsten Menschenrasse in der ganzen Gesellschaft".[58]

Endlich soll der Kaufmann auch in der Geschichte des Nachdenkens über Wirtschaftsfragen einen seiner würdigen Ehrenplatz erhalten. Aristoteles, die ganze Antike, hielt nicht viel von ihm, auch wenn er reich war und sich eine gewisse gesellschaftliche Position erpreßte; das Gleiche gilt im Grunde für die christliche Ideologie und die feudale Großgrundbesitzergesellschaft, auch wenn (oder gerade weil) die Kaufleute ganze Städte beherrschten. Die ökonomische Theorie des Merkantilismus war also zugleich eine Theorie der gesellschaftlichen Hierarchie. Nicht Grundeigentum oder Herkunft oder militärische Tüchtigkeit sondern, echt kapitalistisch, das Geld als Kapital, und zwar als Handelskapital, das sich bereits der Produktion bemächtigte, bzw. die Produktion, die auch in den Handel eindrang, sollte über den gesellschaftlichen Wert einer Schicht oder Klasse bestimmen.

Doch dieser Kampf – ein Klassenkampf gegen noch vorhandene feudale Tendenzen und auch ein Fraktionskampf innerhalb der Kapitalisten – erforderte große politisch-strategische Geschicklichkeit der Kaufleute.

Auf der einen Seite kam es für sie darauf an, zu zeigen, daß die Interessen der Kaufleute identisch wären mit denen des Königs und des ganzen Volkes. So tut es Mun in dem schon gegebenen Zitat und auch die ganze Schar der ihm nachfolgenden Kaufleute-Politökonomen, bis auch zahlreiche Vertreter der anderen Schichten, vor allem viele Politiker auf diese Linie einschwenken. Und wenn diese „Identität der Interessen" einmal nicht gegeben sein sollte, so liegt das, wie schon Mun in der genannten Schrift erklärt, nicht an den Kaufleuten. Falls nämlich die Kaufleute auch aus einer ungünstigen Handelsbilanz reichlich Kapital schlagen, so sei das darauf zurückzuführen, daß die Bevölkerung aus Unvernunft zu viele fremde Waren konsumierte.

Doch genügen natürlich einfache Behauptung und „Beweis", daß das Interesse von Kaufmann, König und Volk identisch seien, nicht. Es gilt auch einen aktiven Kampf

55 *Th. Mun*, a. a. O., Kap. 21, zitiert in Übersetzung von Mackenroth (*Heckscher*, Bd. 2, S. 257). Dieses Lob des Kaufmanns hatte natürlich auch insofern eine politische Bedeutung, als die feudalen Elemente gegen die Kaufleute auftraten. König Jacob I. erklärte zum Beispiel in einer seiner feudalen Anwandlungen: „Die Kaufleute glauben, daß das ganze Reich nur für ihr Fortkommen da sei; und indem sie es als ihr gutes Recht in Anspruch nehmen, sich auf Kosten des Restes der Bevölkerung zu bereichern, entführen sie uns notwendige Waren, führen bisweilen überflüssige ein und manchmal liefern sie dafür überhaupt nichts."[56]

56 „The works of . . . James, 1616", S. 163; Ausgabe 1918, S. 26.

57 *Ch. Davenant*, a. a. O., London 1695 (3. Aufl., London 1701, S. 57).

58 *D. Hume*, Political discourses. Edinburgh 1752, S. 68.

gegen alle den Kaufleuten feindlichen gesellschaftlichen Kräfte zu führen. Die Kaufleute meinten, daß ihr Hauptfeind auf rein ökonomischem Gebiet nicht der kapitalistische Großgrundbesitz sondern der feudale Wucher wäre. Und diese Strategie war durchaus richtig. Denn noch waren die Gegensätze zwischen Agrarkapital und Industrie- bzw. Handelskapital latent. Marx sagt ausdrücklich: „Das große Rätsel für Herrn Guizot, das er sich nur den überlegenen Verstand der Engländer zu entziffern weiß, das Rätsel des konservativen Charakters der englischen Revolution, es ist die fortwährende Allianz, worin sich die Bourgeoisie mit dem größten Teil der großen Grundbesitzer befindet, eine Allianz, welche die englische Revolution wesentlich von der französischen unterscheidet, die den großen Grundbesitz durch die Parzellierung vernichtete. Diese mit der Bourgeoisie verbundene Klasse großer Grundbesitzer, die übrigens schon unter Heinrich VIII. entstanden war, befand sich nicht, wie der französische feudale Grundbesitz 1789, im Widerspruch, sondern vielmehr in vollständigem Einklang mit den Lebensbedingungen der Bourgeoisie. Ihr Grundbesitz war in der Tat kein feudales, sondern bürgerliches Eigentum. Sie stellten einerseits der industriellen Bourgeoisie die zum Betrieb der Manufaktur nötige Bevölkerung zur Verfügung, und waren andererseits im Stande, dem Ackerbau diejenige Entwicklung zu geben, die dem Stande der Industrie und des Handels entsprach. Daher ihre gemeinsamen Interessen mit der Bourgeoisie, daher ihre Allianz mit ihr . . .[59]

Darum betont Child als geriebener Stratege ausdrücklich die Gemeinsamkeit der Interessen von Handel und ländlichem Grundbesitz. „Land und Außenhandel sind Zwillinge; geht es dem Handel schlecht, so wird der Wert des Landes fallen, und geht es dem Lande schlecht, so wird der Handel es spüren." (Vorwort „A new discourse of trade".) Natürlich hatten die Kaufleute den Grundbesitz auf ihrer Seite, wenn sie gegen das Wucherkapital, insbesondere gegen den hohen Zinsfuß, auftraten.

Zur Zeit von Mun war die Notwendigkeit des Auftretens gegen das Wucherkapital noch nicht so dringend erforderlich, da noch von feudalen Zeiten her und vielfach auch mit religiösen Argumenten die allgemeine Stimmung gegen hohe Zinsen gerichtet war.[60] Offiziell war das Zinsnehmen zwar seit der Mitte des 16. Jahrhunderts erlaubt worden, aber es gab Zinshöchstsätze. Anders bereits war die Situation, als Josiah Child schrieb. Child war der hervorragendste Kämpfer seiner Zeit gegen einen hohen und für einen niedrigen Zinsfuß. Gerade darum nennt ihn Marx sowohl den „Großen Bekämpfer des Wuchers"[61] wie auch den „Vater des modernen Bankiertums"; hat er doch damit endgültig das „parasitäre" Element, das in den Wucherzinsen liegt, im Handelskapitalinteresse aus dem Bankgewerbe zu entfernen gesucht, um die ursprüngliche Akkumulation durch Landraub und Handel umso stärker werden zu lassen. Ganz großartig erklärt Marx diese Situation im dritten Band des „Kapital" ausführlicher:

[59] *Marx/Engels*, Werke Bd. 7, Berlin 1960, S. 210 f.

[60] Was nicht ausschloß, daß neben zahlreichen moralischen, religiös motivierten Schriften *Thomas Culpeper* 1621 eine Schrift gegen den Wucher verfaßte, die ausdrücklich politökonomisch motiviert war (A tract against the high rate of usury).

[61] *K. Marx*, „Grundrisse", a. a. O., S. 732.

„Während des ganzen 18. Jahrhunderts ertönt – und die Gesetzgebung handelt in diesem Sinne – mit Hinweis auf Holland der Schrei nach gewaltsamer Herabsetzung des Zinsfußes, um das zinstragende Kapital dem kommerziellen und industriellen unterzuordnen statt umgekehrt. Der Hauptstimmführer ist Sir Joseah Child, der Vater des normalen englischen Privatbankiertums. Er deklamiert ganz so gegen das Monopol der Wucherer, wie die Massenkonfektionsschneider Moses & Sohn sich als Bekämpfer des Monopols der ‚Privatschneider' ausschreien. Dieser Josiah Child ist zugleich der Vater der englischen Stockjobberei (des Börsenspekulantentums). So verteidigt er, der Autokrat der ostindischen Kompanie, ihr Monopol im Namen der Handelsfreiheit. Gegen Thomas Manley (Interest of money mistaken, London 1668) sagt er: ‚Als Vorkämpfer der furchtsamen und zitternden Bande der Wucherer errichtet er seine Hauptbatterie an dem Punkt, den ich für den schwächsten erklärt habe ... er leugnet gradezu, daß der niedrige Zinsfuß die Ursache des Reichtums sei, und versichert, er sei nur seine Wirkung.' (Traités sur le commerce, etc. 1669. Übersetzung. Amsterdam u. Berlin 1754.) ‚Wenn es der Handel ist, der ein Land bereichert, und wenn die Herabsetzung des Zinses den Handel vermehrt, so ist eine Herabsetzung des Zinses oder Beschränkung des Wuchers ohne Zweifel eine fruchtbare Hauptursache der Reichtümer einer Nation. Es ist durchaus nicht abgeschmackt zu sagen, daß dieselbe Sache zu gleicher Zeit Ursache unter gewissen Umständen und Wirkung unter andern sein kann.' (Ebd., S. 155) ‚Das Ei ist die Ursache der Henne, und die Henne ist die Ursache des Eies. Die Zinsreduktion kann eine Vermehrung des Reichtums, und die Vermehrung des Reichtums kann eine noch größere Zinsreduktion verursachen.' (Ebd., S. 156) ‚Ich bin der Verteidiger der Industrie und mein Gegner verteidigt die Faulheit und den Müßiggang.' (S. 179.)

Diese gewaltsame Bekämpfung des Wuchers, diese Forderung der Unterordnung des zinstragenden unter das industrielle Kapital ist nur der Vorläufer der organischen Schöpfungen, die diese Bedingungen der kapitalistischen Produktion im modernen Bankwesen herstellen, das einerseits das Wucherkapital seines Monopols beraubt, indem es alle totliegenden Geldreserven konzentriert und auf den Geldmarkt wirft, andrerseits das Monopol der edlen Metalle selbst durch Schöpfung des Kreditgelds beschränkt.

Ebenso wie hier bei Child wird man in allen Schriften über Bankwesen in England im letzten Drittel des 17. und Anfang des 18. Jahrhunderts den Gegensatz gegen den Wucher finden, die Forderung der Emanzipation des Handels und der Industrie wie des Staats vom Wucher."[62]

Davenant formuliert noch klarer als Child, insbesondere auch die Einzelinteressen verschiedener Schichten innerhalb der herrschenden Klasse herausarbeitend, daß der Zinsfuß im allgemeinen nur in einem armen Lande hoch sei, daß dort aber auch der Grund und Boden billig sei – womit er die Großgrundbesitzer, auch wenn sie nicht verschuldet sind, auf seine Seite zu bringen sucht.

Das heißt, wie die Zinsdiskussion zeigt, handelt es sich hier um Kaufleute, die den Block zwischen Neuadel und städtischer Bourgeoisie auch theoretisch, politöko-

[62] *Marx/Engels*, Werke Bd. 25, S. 616 f.

nomisch unterbauen wollen und dabei natürlich den Interessen des Handels, die ja die Hauptinteressen der Merkantilisten sind, in der Theorie wie auch höchst aktiv durch die Tat besondere Aufmerksamkeit widmen, genau wie sie nicht nur im Wort zeigen, wie der Handel Gewinne bringt, sondern selbst großen Anteil an diesen Gewinnen haben. –

Wenn wir uns nun ganz konkret mit den Außenhandelstheorien der drei genannten Merkantilisten beschäftigen, so werden wir sie im Laufe der Darstellung als Teilgründer der Politischen Ökonomie als Wissenschaft erkennen.

Beginnen wir zunächst mit dem ältesten von ihnen, mit Mun. Bei ihm finden wir noch am häufigsten monetaristische Gedankengänge. So beschäftigt er sich noch ernsthaft mit der Frage der Schatzansammlung durch den Fürsten. Für ihn ist es noch selbstverständlich, daß er einen Schatz haben muß; in seiner Schrift „England's Treasure etc." empfiehlt er etwa 700 000 Pfund Sterling jährlich aufzustapeln, bemerkt allerdings auch, daß natürlich die Waren vorhanden sein müßten, um mit dem Schatz etwas anzufangen, und begrenzt die Schatzsammlungsmöglichkeiten hinsichtlich der Ausplünderung der Untertanen des Fürsten dahin, daß er nicht mehr tun dürfe, als seine Untertanen zu scheren; ziehe er ihnen durch seine Schatzsammlungsaktivität aber das Fell selber ab, so beraube er sich der Möglichkeit, sie in Zukunft weiter zu scheren. Woraus das Fell besteht, deutet er an, indem er erklärt, daß zu starke königliche Schatzbildung den für die Wirtschaftsaktivität des Landes notwendigen Umlauf an Gold und Silber beeinträchtigen könne.

Doch nicht diese guten Ratschläge eines Monetaristen sind für Mun kennzeichnend. Sie sind nur erwähnt, um seine noch enge Verbindung mit der Vergangenheit zu illustrieren. Von entscheidender Bedeutung sind die neuen Lehren, die Mun entwickelt, und die wichtigste auf dem Gebiet der Handelstheorie ist die Trennung von dem Dogma, daß der Export von Edelmetallen unter allen Umständen verboten sein müsse – eine Grundlehre des Monetarsystems. Mit Recht leitet er das vierte Kapitel seiner Schrift „England's Treasure etc.", das die Überschrift trägt: „Die Ausfuhr von Geld im Warenhandel ist ein Mittel zur Steigerung unseres Reichtums", mit den Worten ein: „Dieser Standpunkt widerspricht so sehr der allgemein herrschenden Anschauung, daß viele und schlagende Beweise notwendig sind, ehe sich die große Masse der Menschen, die jede Geldausfuhr heftig beklagt, meiner Ansicht anschließen wird." Dieser Standpunkt führt Mun in der Tat zu einer Haltung, die Hilferding so kennzeichnet: „Mun vergißt in diesem Zusammenhang sogar das Grunddogma des Merkantilismus und erklärt, ‚wer Ware hat, braucht kein Gold, denn das Sprichwort sagt: Hat einer Ware, so hat er auch Gold, wenn das Jahr herum ist. Auch ist nicht gesagt, daß Gold die Lebenskraft des Handels sei, als ob jener nicht auch ohne dieses existieren könnte; denn es bestand schon ein reger Handel, der sich im Wege des Tausches vollzog, da nur wenig Gold in der Welt im Umlauf war.' "[63]

Hilferding verwechselt hier Monetarismus und Merkantilismus, denn niemals war Gold der Gott der Merkantilisten; so fungierte Gold eben nur bei den Monetaristen. Aber Hilferding hat darin völlig recht: hier, in solchen Äußerungen, dringt ein neuer

[63] *R. Hilferding*, a. a. O., S. 916.

Geist (eben der Geist des Merkantilismus) in die Wirtschaftsbetrachtung ein. Hier wird Neues, den Bedürfnissen der Handelswirtschaft entsprechend, gedacht.

Doch zurück zu der spezifischen Idee von Mun, daß durch Geldausfuhr im Außenhandel der Reichtum gesteigert werden könnte. Worin besteht der schlagende Beweis von Mun für den Vorteil der Ausfuhr von Edelmetallen? Er gibt folgendes Beispiel: „Wenn wir zum Beispiel hunderttausend Pfund nach Ostindien schicken und dort Pfeffer einkaufen, ihn hierher (nach England – J. K.) bringen und ihn dann wieder nach Italien oder der Türkei ausführen, so wird er dort dann mindestens siebenmal hunderttausend Pfund wegen der außerordentlich hohen Unkosten, die der Kaufmann auf solch lange Fahrten für das Verfrachten der Waren, für Löhne, Nahrungsmittel, Versicherung, Zinsen, Zölle, Steuern usw. hat, alles Ausgaben, die dennoch dem König und dem Lande zugute kommen, einbringen." Das heißt, die Ausfuhr von Edelmetallen ist durchaus gerechtfertigt, wenn sie die Wiederausfuhr von Waren fördert. Da nun der hauptsächlichste Exporteur von Edelmetallen die East India Company war, als einer deren Direktoren Mun fungierte, sieht man hier deutlich, wie der Profit der Gesellschaft zum Gewinn für die Politische Ökonomie geworden ist. Denn zweifellos hat hier die Geschäftspolitik dieser größten Handelsgesellschaft einen Weg zur Bereicherung ihrer selbst und der ganzen englischen kapitalistischen Wirtschaft gefunden, dessen theoretische Rechtfertigung die Einsicht in die Funktion des Handels weiter entwickelt hat. Aus dieser Einsicht von Mun ergibt sich eine weitere Erkenntnis: es kommt bei dem auch Mun heiligen Streben nach einer günstigen Handelsbilanz nicht auf das Einzel-, sondern auf das Gesamtgeschäft an. Mun denkt wirklich an eine volkswirtschaftliche Bilanz, die, wenn sie aktiv ist, nicht die Summe von zahlreichen aktiven Einzelbilanzen ist, sondern das volkswirtschaftliche Resultat einer Reihe von Bilanzen, von denen einige auch passiv sein können, damit andere um so aktiver werden. In ähnlicher Richtung vertieft er die Lehre vom Reichtum, der durch den Handel gewonnen werden kann, auch dahingehend, daß nicht von jedem Geschäft immer alle Schichten profitieren können. Als Beispiel dafür führt er an, daß ein kürzlich stattgefundener Preissturz für Wolle zahlreichen Einzelnen erhebliche Verluste gebracht habe, dafür aber infolge der Verbilligung der Ware die Ausfuhr zum Wohle Englands erheblich gestiegen und die ausländische Konkurrenz schwer geschädigt worden sei. Durch diese allgemeine, umfassende Betrachtungsweise nähert sich Mun dem Aufbau eines Systems der Wirtschaftslehre.

Wir sehen zugleich, wie stark sich Mun bereits von zahlreichen Anschauungen des Monetarsystems befreit hat und, getrieben durch die Interessen der East India Company, zu neuen, korrekteren Anschauungen von der Handelswirklichkeit der kapitalistischen Gesellschaft gekommen ist. Darum formuliert auch Marx schon über die erste Schrift von Mun, „A discourse of trade from England unto the East Indies", gleichsam die Vorausgabe seines Hauptwerkes: „Diese Schrift hat gleich in ihrer ersten Ausgabe die spezifische Bedeutung, daß sie gegen das ursprüngliche, damals noch als Staatspraxis in England verteidigte Monetarsystem gerichtet ist, also die bewußte *Selbstscheidung* des Merkantilsystems von seinem Muttersystem darstellt."[64]

[64] *Marx/Engels*, Werke Bd. 20, a. a. O., S. 215 f.

Eine weitere Vertiefung der Wissenschaft vom Außenhandel bringt Child. Child bemüht sich, allerdings noch nicht mit sehr großem Erfolg, nachzuweisen, daß auch die Einfuhr von Waren, die nicht wieder ausgeführt werden, durchaus nützlich und ein Ausfuhrüberschuß auch gefährlich sein könne. So weist er zum Beispiel auf den großen Wert der für Kriegszwecke wichtigen Salpetereinfuhr der East India Company hin („A new discourse of trade"), und gleichzeitig stellt er „zu seinem Staunen" fest, daß Irland mehr exportiere als einführe und doch immer ärmer werde. Er scheut sich allerdings, dieses zu erklären – die Erklärung liegt natürlich darin, daß der irische Ausfuhrüberschuß nichts anderes als versteckter Raub der englischen Großgrundbesitzer ist, die Irland als eine Kolonie ausplündern. Daß Child durchaus fähig zu einer solchen Erklärung war, geht daraus hervor, daß er in dem dem „A new discourse of trade" (1693) vorangehenden „A discourse about trade" (1690) als erster Politökonom Einkommen auswärts lebender Kapitalisten ganz richtig als Debetposten der Handelsbilanz bezeichnet. Für die Einfuhr von Textilien aus Indien setzte sich Child bereits nicht mehr allein mit dem Argument der größeren Gewinne bei der Wiederausfuhr ein; doch kann er sie nicht, wie im Falle des Salpeters, mit der Kriegswichtigkeit des Imports begründen; er geht vielmehr den Weg zu sagen: Textilien aus Indien würden in jedem Fall eingeführt werden, und wenn sie nicht von der East India Company gebracht würden, dann müßten sie von Frankreich oder Holland gekauft werden, die in diesem Fall den Zwischengewinn einstecken würden.

Hier geht Davenant viel weiter. Davenant entwickelt die Theorie, daß alle Konsumwaren eingeführt werden sollten, die im Ausland billiger hergestellt würden, weil dadurch Kräfte für die Produktion von Exportwaren in England selbst freigemacht würden, die entsprechend höhere Handelsgewinne bringen würden – die erste klare Entwicklung einer Theorie der internationalen Arbeitsteilung! Er berechnet in seinen „Discourses on the public revenues and on trade" (London 1698), wieviel England durch die Einfuhr billiger indischer Textilwaren für die Einkleidung der Bevölkerung spare, weil es entsprechend mehr teure in England produzierte und von der Bevölkerung dann nicht mehr gebrauchte Wollwaren ausführen könne. Nach ihm wäre das Ideal, wenn die East India Company die gesamte englische Bevölkerung mit billigen indischen Textilien einkleidete (und natürlich entsprechend daran verdiene!) und die gesamte hochwertigere englische Wollproduktion dafür im Ausland verkauft würde. Hätte England ein Weltmonopol auf den Handel mit Indien – und das ist das Ziel der East India Company –, dann hätte es überdies auch noch das Monopol auf den Zwischenhandel mit indischen Textilien, was wiederum einen bedeutenden Gewinn abwerfen würde.

Davenant schreitet hier weit über Mun und Child hinaus. Er bezieht auch in gewisser Weise die gesamte wirtschaftliche Tätigkeit Englands in ganz konkreter Weise in seine Handelstheorie mit ein und ordnet als echter Merkantilist die gesamte Manufaktur dem Ziel der Förderung des Außenhandels und einer möglichst günstigen Handelsbilanz unter. Marx verdeutlicht uns diese Rolle der Manufaktur bei den Merkantilisten so: „Das industrielle Kapital hat für sie Wert und zwar den höchsten Wert – als Mittel, nicht als der Reichtum selbst in seinem produktiven

Prozeß –, weil es das merkantile Kapital schafft und dies in der Zirkulation zu Geld wird."[65]

Auf Grund dieser Gedankengänge ist Davenant zum Beispiel gegen die Ausdehnung der Seidenindustrie in England, die seiner Ansicht nach nur teurer als das Ausland produziere – und tritt dafür ein, Seidenprodukte durch die East India Company aus Indien einzuführen (wie gut passen wieder Theorie und Profit der East India Company zusammen!). Aus diesem Grunde ist er auch für die Ausdehnung des Negerhandels, denn er verbillige die Produktion in den Kolonien („Reflections on the constitution and management of the trade to Africa", London 1709) und ermögliche England so größere Gewinne durch den Kolonialwarenhandel. Diese Konzentration auf die Einfuhr, die notwendig sei, führt bei Davenant eben nicht mehr wie zuvor zu der Auffassung, daß die Einfuhr möglichst gering sein müsse, sondern zu der Formulierung, daß es Aufgabe einer Handelsnation sei, darauf zu achten, wo die Waren am billigsten eingekauft werden könnten. Natürlich soll die Einfuhr nicht unnötig groß sein, und so formuliert er einmal, gewissermaßen die alte und die neue Lehre zusammenfassend: „Es ist ausnahmslos im Interesse aller Handelsnationen, daß ihr einheimischer Konsum klein, billig und im Ausland gekauft sei."[66] An der gleichen Stelle empfiehlt er, daß die Manufakturen möglichst hochwertige Waren und für den Absatz im Ausland produzieren sollten.

Was nun die Bilanz des Handels betrifft, so ist er natürlich dafür, daß sie günstig sei. Aber sie muß eben günstig sein auf Grund eines reichen, ausgedehnten Handels. Nicht allein auf die Höhe des gesammelten Goldes und Silbers käme es an und insbesondere auch nicht darauf, daß dieses in Schatzform angelegt würde. Im Gegenteil, die ungeheure Armut in den orientalischen Ländern, in die doch wahrlich riesige Mengen von Schatz flössen, erklärt Davenant damit, daß die Edelmetalle dort ungenützt in den Schatzkammern der Fürsten herumlägen („Discourses of the public revenues"). An der gleichen Stelle entwickelt Davenant dann eine Gedankenreihe über das, was Reichtum sei, die bereits die hohe Reife kapitalistischer Entwicklung der merkantilistischen Ideologie widerspiegelt. Marx hat die wichtigsten Stellen zusammengefaßt, und wir zitieren sie nach den „Theorien über den Mehrwert": „Gold und Silber sind in der Tat das Maß des Handels, aber die Quelle und der Ursprung davon ist bei allen Völkern das natürliche oder künstliche Produkt des Landes, d. h., was ihr Land oder was ihre Arbeit und Industrie produzieren. Und dies ist so wahr, daß eine Nation durch irgendeinen Umstand jeder Art von Geld verlustig gehn kann, wenn das Volk zahlreich ist, industriell, gewandt im Handel, geschickt in der Seefahrt, mit guten Häfen versehen, mit einem Boden, fruchtbar an verschiedenartiten Artikeln wird solch ein Volk dennoch Handel haben und Reichtum gewinnen und bald eine Menge von Silber und Gold. So daß der reelle und effektive Reichtum eines Landes das einheimische Produkt ist." „Gold und Silber sind so weit entfernt, die einzigen Dinge zu sein, die den Namen von Schatz oder Reichtum einer Nation verdienen, daß in Wahrheit Gold im Grunde nicht mehr ist als die Rechenpfennige,

[65] *K. Marx*, „Grundrisse", a. a. O., S. 233.

[66] *Ch. Davenant*, An essay on the East India trade. London 1680, S. 31.

womit Menschen in ihrem Geschäftsverkehr gewohnt worden sind zu rechnen". „Wir verstehen das unter Reichtum, was den Fürsten und die große Masse seines Volkes in Überfluß, Wohlstand und Sicherheit erhält; ebenso ist Schatz, was zum Gebrauch des Menschen verwandelt (converted) worden ist für Gold und Silber in Gebäude und Verbesserungen des Landes; ebenso auch andere Dinge, die gegen diese Metalle eintauschbar sind, wie die Früchte der Erde, Manufakturwaren oder ausländische Waren und Schiffsvorrat."[67]

Ja, Davenant geht noch einen Schritt weiter, als hier angedeutet, und das erscheint wohl als die Krönung aller merkantilistischen Gedankengänge: Er stellt nämlich fest, daß mit der Entwicklung der Wirtschaft eine Tendenz entstehe, Edelmetalle in anderen Reichtum („stock" – man möchte hier eigentlich Kapital statt Reichtum übersetzen) umzutauschen. –

Wenn wir die Handelstheorien dieser drei führenden Merkantilisten zusammenfassend beurteilen, so kommen wir zu dem Schluß, daß sie den Interessen der Großkaufmannschicht des kapitalistischen Englands entsprechen und daß sie nur dort von ihnen abweichen, wo aus den Sonderinteressen der East India Company heraus Sondertheorien entwickelt werden. Das Auseinanderklaffen der Interessen des englischen Großkaufmannskapitals insgesamt und der East India Company spielt im ganzen keine große Rolle. Es läßt sich am besten vielleicht in den Schriften von Josiah Child beobachten, wenn dieser zum Beispiel die Abschaffung von Handelsprivilegien fordert – aber gleichzeitig natürlich für das Handelsmonopol der East India Company eintritt; wenn er unbehinderte Einfuhr von Waren aus Indien (ein Geschäft der East India Company) fordert und gleichzeitig ein Verbot sonstiger Wareneinfuhr, insbesondere auch der Weineinfuhr von den Kanarischen Inseln (kein Geschäft der East India Company), befürwortet.

Aber gerade auch die Forderungen, die im speziellen Interesse der East India Company gestellt werden, sind häufig solche, die später dazu beitragen sollten, die Blüte der englischen Wirtschaft zu fördern und einer Handelstheorie den Weg zu ebnen, die den Erfordernissen der herrschenden Klasse in einer Zeit entspricht, in der (so wie im 17. Jahrhundert die East India Company innerhalb Englands) England im Rahmen des Welthandels ein Monopol hat.

Und wie die Interessen der East India Company über den Rahmen der monetaristischen Lehre hinausführen, so sind es gerade auch ihre Sonderinteressen, die sich an zahlreichen altüberkommenen monetaristischen gesetzlichen Verboten stoßen.

Und dieser Konflikt führt zum ersten Schritt in der Begründung der Politischen Ökonomie als Wissenschaft.

Mun entwickelt seine Gedanken im zweiten und dritten Jahrzehnt des 17. Jahrhunderts. Auf eindeutig überwiegend kapitalistischer Basis, auch wenn diese noch reichlich feudale Elemente enthielt. In einem Überbau jedoch, der noch stark feudal

[67] *K. Marx*, „Mehrwerttheorien", a. a. O., S. 149 f.

bestimmt war, ja in dem die feudalen Elemente, insbesondere was den Staat betrifft, sich nicht nur hartnäckig hielten sondern sogar wieder an Boden gewannen. Jacob I. folgt 1625 Karl I., der in der Revolution vom kapitalistischen Bürgertum umgebracht wird.

Es besteht in dieser ganzen Zeit ein heftiger Gegensatz zwischen den Interessen der kapitalistischen Bourgeoisie und einer Staatsführung, der alle Mittel recht sind, um die Finanzierung von Hof und Staat zu sichern: alle Mittel, kapitalistische wie feudale, je nachdem, welche mehr zu bringen scheinen bzw. leichter zu handhaben sind. Elisabeth versuchte es im letzten Teil ihrer Regierung mit Produktionsmonopolen, gegen die sich die Bourgeoisie zum Teil erfolgreich wandte. Ihr Nachfolger Jacob hatte die gleiche gesellschaftsordnungsmäßig neutrale Linie, wenn nur Geld einkam. Er war jedoch politisch weniger geschickt als sie, neigte auch stärker, mit dem Kontinent als Vorbild, zu absolutistischen Maßnahmen, eine Tendenz, die unter Karl I. einen Höhepunkt erreichte.

Unter diesen Umständen entwickelte sich innerhalb der Bourgeoisie eine staatsfeindliche Tendenz. Der Staat war noch kein getreuer Diener der sich immer stärker entwickelnden Basis. Zahlreiche Staatsmaßnahmen, Gesetze, Regelungen usw. störten den kapitalistischen Betrieb der Wirtschaft, insbesondere wenn es sowieso irgendwelche objektiven Schwierigkeiten gab.

Natürlich hatte die Menschheit schon sehr früh die Ideologie von gesellschaftlichen Gesetzen entwickelt, die nicht von Menschen gemacht worden waren. Dabei handelte es sich um zwei Arten von Gesetzen. Entweder waren es Gebote von Göttern (man denke etwa an die 10 Gebote, die Moses erhielt) oder es waren Gebote der Vernunft. Moral und gesunder Menschenverstand standen hinter ihnen und wurden bisweilen auch objektiviert, aber die Autorität waren entweder Götter bzw. ihre irdische Verkörperung – Könige und Priester – oder die Vernunft. Das gilt natürlich auch für das „Naturrecht", das in seinem Unterschied zum positiven, zum menschengemachten Recht, philosophisch zuerst von Grotius ausführlich dargelegt und definiert wurde – in seinem bedeutendsten Werke über das Recht des Krieges und des Friedens (De jure belli ac pacis) kennzeichnet er ein Naturrecht als ein Diktat der Vernunft, das die moralische Notwendigkeit jeder Handlung begründet und sie so in Übereinstimmung mit dem Willen des Schöpfers der Natur, mit Gott bringt.

Stets, ob es sich um menschengemachte (positive) oder höher verankerte Gesetze handelt, geht es faktisch um subjektive, idealistisch begründete Gesetze.

Seit der Renaissance begann jedoch eine andere Art von Gesetzen, die, ohne so genannt zu werden, seit Thales und wohl noch früher bekannt waren, eine schnell zunehmende Rolle zu spielen: die Gesetze der Natur. Dabei handelte es sich um Gesetze, die zwar zumeist noch einem ursprünglichen Schöpfer zugeschrieben wurden, aber menschenunabhängig in jeder Beziehung waren und für alle praktischen Zwecke einen, wie wir es heute nennen, objektiven Charakter hatten.

Lag es nun in einer Situation, in der man, ohne schon an eine Revolution zu denken, gegen Maßnahmen eines Königs, der sich sehr stark als Vertreter Gottes (und damit auch seiner Gesetze, der Moral und Vernunft) und Beherrscher des Staatsapparates fühlte, auftreten wollte, nicht nahe, den Begriff der Naturgesetze, an deren Inhalt es nicht üblich war zu mäkeln, die man nicht kritisierte oder zu manipulieren suchte, auch auf gesellschaftliche Vorgänge anzuwenden? Wieviel bequemer war es, einem König gegenüber den kapitalistischen Kaufleuten nützliche Maßnahmen oder die Unterlassung von Maßnahmen nicht mit Vernunft oder Moral, über die der König sich ja einbildete reichlich zu verfügen, begründen zu müssen, sondern sie auf einer Art von Notwendigkeit zu begründen, gegen die der Mensch, sogar ein König, nicht ankann.

Wohl der erste, der so argumentierte, war der Kaufmann und Vertreter der Spezialinteressen der East India Trading Company Thomas Mun. Die East India Company führte viel Gold und Silber aus, da sie über ungenügend andere Waren verfügte, die die Inder, deren herrschende Klasse ja eine weit verfeinertere Kultur, auch des Konsums, hatte als die Engländer um 1600, zum Verkauf ihrer Produkte reizen konnte. Gold- und Silberausfuhr aber galt, wie wir ausführlich erklärt hatten, den Monetaristen, die vor Mun die Ideologie beherrschten, als eine Art von Wirtschaftsverbrechen.

Um die Edelmetallsituation zu diskutieren, wurde 1622 ein parlamentarischer Untersuchungsausschuß eingesetzt, in dem Mun als Wortführer gegen das Verbot der Ausfuhr von Gold und Silber auftrat. Auf Grund eines Vergleichs des Berichts dieses Parlamentskomitees mit der frühesten Fassung von Muns schon öfter zitierten Schrift über den Außenhandel kommt Heckscher zu dem völlig richtigen Schluß, daß der Bericht in seinen entscheidenden Formulierungen von Mun stammt.[68]

Was sagt nun Mun dort über die Ausfuhr von Edelmetallen? Wörtlich: „Die Ausfuhr von Edelmetallen ist unweigerlich darauf zurückzuführen, daß mehr Waren eingeführt als ausgeführt werden. Das ist so notwendig wahr, daß kein Gesetz, kein Handelsvertrag, kein Verlust für die Kaufleute ... oder Gefahr für die Exporteure es verhindern kann; und wenn es in einem Punkte verhindert wird, so muß es gleichwohl an einem anderen zum Durchbruch kommen." Kein Gesetz, kein Handelsvertrag usw. können sich also gegen das ökonomische Gesetz durchsetzen, daß ein Überschuß der Einfuhr über die Ausfuhr zum Edelmetallabfluß führen muß. Und wenn es gelingt, an einer Stelle diesen Abfluß einzudämmen, dann wird er an einer anderen Stelle um so stärker zum Durchbruch kommen.

Und um diese Feststellung von der alles überrennenden Wucht des Gesetzes noch einmal zu betonen (und gleichzeitig das herauszuarbeiten, worauf es ihm ankommt), wird der gleiche Gedankengang auch in der Umkehrung formuliert: „Wenn aber diese Überschwemmung mit fremden Waren im richtigen Verhältnis zu unserer Warenausfuhr unserer Produkte in fremde Länder gehalten wird, dann muß ..., auch wenn der Wechselkurs frei beweglich ist, je nach Belieben der Kaufleute, die ihn festsetzen, auch wenn ... allen Menschen die Ausfuhr von Edelmetallen gestattet wird, dennoch sich infolge des bilanzmäßigen Überschusses eine Vorratserhöhung an Edelmetallen ergeben, durch eine Naturnotwendigkeit, die allen Widerstand bricht."

[68] Vgl. *E. F. Heckscher*, a. a. O., S. 285, nach dessen Übersetzung wir auch das folgende Zitat geben.

Hier spricht ein Mann, der wirklich tiefstes Verständnis für die politökonomischen Notwendigkeiten hat, der das Wirken eines gesellschaftlichen Gesetzes begriffen hat. Sobald gewisse Vorbedingungen geschaffen sind, meint er, sobald England mehr ausführt als einführt, können sich die englischen Kaufleute frei als Herren dieser Erde bewegen, können sie, wann immer es ihnen paßt, Edelmetalle ausführen, können die Kaufleute die Wechselkurse festlegen, wie sie wollen – es muß doch auf Grund der ökonomischen Gesetzmäßigkeit der Entwicklung alles für sie gut ausgehen: England wird „naturnotwendig" eine Erhöhung seines Edelmetallvorrates erfahren.

Zum ersten Male steht die Menschheit bewußt Angesicht zu Angesicht einem ökonomischen Gesetz, das etwas anderes ist als ein Gebot Gottes, der Moral, der Vernunft oder ein menschengemachtes Gesetz, wie es der Richter oder das Parlament oder der König festlegt, gegenüber. Und dieses Gesetz ist von einer Kraft, die weit größer ist als das Gesetz von König, Parlament oder Richter. Oder wie Engels im Labour Standard über das Lohngesetz im Kapitalismus formuliert: „Das ist ein Gesetz der politischen Ökonomie oder, mit anderen Worten, ein Gesetz der gegenwärtigen ökonomischen Organisation der Gesellschaft, das mächtiger ist als alle ungeschriebenen und geschriebenen Gesetze Englands zusammen, das Kanzleigericht eingeschlossen. Solange die Gesellschaft in zwei feindliche Klassen geteilt ist: auf der einen Seite die Kapitalisten, die die Gesamtheit der Produktionsmittel – Grund und Boden, Rohstoffe, Maschinen – monopolisieren; auf der anderen Seite die Arbeiter, die arbeitende Bevölkerung, die jeglichen Eigentums an den Produktionsmitteln beraubt sind und nichts besitzen als die eigene Arbeitskraft – solange diese gesellschaftliche Organisation besteht, wird das Lohngesetz allmächtig bleiben und jeden Tag aufs neue die Ketten schmieden, die den Arbeiter zum Sklaven seines eigenen vom Kapitalisten monopolisierten Produkts machen."[69] Das ökonomische Gesetz ist so scharf und klar und ausgesprochen in seiner Wirkung wie ein Gesetz der Natur. Denn wenn man sich ihm entgegenstellt, dann wirft es den Gegner stets – bald auf diese, bald auf jene Weise. Es ist ein Gesetz, das nicht wie das Gesetz des Königs, Parlamentes oder Richters umgangen werden kann. Es ist auch nicht wie ein Gesetz Gottes, das durchaus umgangen werden kann (wenn auch unter Umständen dafür später die Strafe der Hölle droht). Es ist wie ein Naturgesetz, das sich unter allen Umständen durchsetzt – wenn auch nicht so deutlich erkennbar. Und sollte ein Gesetz von König, Parlament oder Richter sich dem ökonomischen Gesetz entgegenstellen, so wird das letztere das erste besiegen, denn es ist weit stärker.

Viel gerissener, weniger würdig, aber für seine Kollegen um so verständlicher drückt sich Child aus: „Diejenigen, die den höchsten Preis für eine Ware zahlen können, werden niemals aufgeben, sie sich auf diese oder jene Weise zu beschaffen, trotz aller Hindernisse durch alle möglichen Gesetze oder das Dazwischentreten irgendeiner Macht zu Lande oder zu Wasser; von solcher Geschmeidigkeit und Kraft ist die allgemeine Beweglichkeit des Handels."[70]

[69] *Marx/Engels,* Werke Bd. 19, Berlin 1962, S. 251.

[70] *J. Child,* A discourse about trade, Kap. 8, London 1698, S. 147.

Das heißt, was auch die Mittel, mit denen man versucht, die Gesetze des Landes durchzusetzen, ob mit bewaffneter Gewalt zu Land oder mit Kriegsschiffen zu Wasser: die Kraft des ökonomischen Gesetzes, oder, verständlicher für die Kaufleute und Börsenjobber seiner Zeit: die Beweglichkeit, die Geschmeidigkeit und Kraft des Handels sind so große, daß niemand dagegen an kann.

In meiner Geschichte der Lage der Arbeiter hatte ich zu dem Child-Zitat folgende Fußnote hinzugefügt: Die Gerissenheit und ganz offen profitausgerichtete Praktischkeit, die in den Anschauungen von Child und seinen Formulierungen zum Ausdruck kommt, verführten William Letwin zu folgender falscher Auffassung: „Richtig gesehen erscheint Child kein bedeutender Ökonom zu sein. Er macht eher den Eindruck eines Anwaltes als eines Theoretikers, eines Lieferanten von Patentmedizinen, eines Interessenten, der vergeblich behauptet, objektiv zu sein, eher den Eindruck eines ungeschickten Kopisten als eines kräftigen Neuerers, und nur gelegentlich eines Liberalen."[71] Was Letwin vor allem nicht begreift, ist, daß es in dieser Zeit, anders als im verfallenden Kapitalismus, durchaus keinen Gegensatz zwischen Interessenten und objektiven Wissenschaftlern zu geben braucht. Nur der rückwärts gerichtete Interessent wird zum Lakaien des Überlebten und kann nicht als Wissenschaftler fungieren.[72]

Heute möchte ich, ohne ihm im Grundsätzlichen zuzustimmen, Letwin in einem Punkt etwas mehr Recht geben als damals. Ich bleibe dabei, daß Child ein höchstbedeutsamer Theoretiker, ein klarer Erkenner von objektiven ökonomischen Gesetzen in der Zirkulation ist. Ich finde es ganz einfach vulgär und oberflächlich, wenn Letwin in einem späteren Buch behauptet, daß Childs Schriften „bedeutungslos für die Entwicklung ökonomischer Theorie" wären.[73] Jedoch muß man sagen, daß seine praktische Profitgier öfter den Theoretiker vergewaltigte, etwa wenn er vom Parlament eine Herabsetzung des Zinssatzes durch Gesetz – menschengemachtes, positives Gesetz! – verlangte.

Davenant, anknüpfend an Child, und fast in einer moralischen Zwickmühle dadurch, daß sich die ökonomischen Gesetze gegenüber den Gesetzen des Parlamentes oder Richters durchsetzen können, formuliert: „Heutzutage werden eigentlich nur noch Gesetze befolgt, die sich sozusagen von selbst durchsetzen."[74] Aber wenn wir auch feststellen, daß eigentlich der älteste von ihnen, Mun, die besten und klarsten Formulierungen gebracht hat, so ist es auf der anderen Seite erst Davenant, der jüngste, der die wichtigsten praktischen Konsequenzen gezogen hat. Und das ist

[71] *W. Letwin*, Sir Josiah Child, Merchant Economist. Boston, Mass., 1959, S. 1.

[72] *J. Kuczynski*, a. a. O., S. 38.

[73] *W. Letwin*, The origins of scientific economics. London 1963, S. 183.

[74] *Ch. Davenant*, Essay upon the probable methods of making a people gainers in the balance of trade. London 1699, S. 55. – Wenn Letwin sich ausführlicher mit Davenant beschäftigt hätte, so hätte er ihm sicherlich ähnliche Vorwürfe wie Child gemacht, zumal Davenant, häufig aus finanziellen Gründen auf politische Protektion angewiesen, in mannigfacher Beziehung vor allem seine allgemeinen politischen Auffassungen wechselte. (Vgl. dazu auch *D. Waddell*, Charles Davenant – a biographical sketch. In: „The Economic History Review", 2. Ser., Bd. XI, Utrecht 1958, Nr. 2. Davenant bleibt jedoch in all seinen ökonomischen Schriften ein Merkantilist und Antimonetarist.)

ganz in Ordnung so, denn erst zu seiner Zeit – Mun schrieb noch vor der Revolution von 1640! – war die völlige Übereinstimmung der Produktionsverhältnisse mit dem Charakter der Produktivkräfte hergestellt. Davenant bemerkt: „Die Weisheit der Gesetzgebung besteht darin, unparteiisch zu sein und alle Gewerbe gleichmäßig zu fördern, besonders aber solche, die das Nationalvermögen erhöhen und den Reichtum des Landes vermehren, wenn dieses als ein einheitlicher gesellschaftlicher Körper betrachtet wird. Der Handel ist seiner Natur nach frei, findet seinen eigenen Weg am besten selbst; alle Gesetze, in denen ihm Regeln und Anweisungen gegeben werden und die ihn begrenzen wollen, mögen den privaten Zielen einzelner Menschen dienen, sind aber selten für die Allgemeinheit vorteilhaft. Die Regierungen sollen dem Handel gegenüber sich die Pflege des Ganzen angelegen sein lassen und sekundäre Ursachen sich selbst durchsetzen lassen. Angesichts der bestehenden Zusammenhänge kann man behaupten, daß Verkehr jeder Art gewöhnlich vorteilhaft für ein Land ist."[75]

Das heißt, Davenant beginnt hier den Weg zu ebnen, und zwar gleich recht weit vorstoßend und in solcher Breite, daß ihm später viele leicht folgen können, für Gedanken der ersten Phase des Handelsliberalismus, des Laisser Faire, die wir allgemein verbreitet erst zwei Generationen später finden. Er folgert ganz logisch: Wenn sich nun einmal die ökonomischen Gesetze als die stärkeren erweisen, dann sollte der Staat es sich sehr genau überlegen, bevor er überhaupt Gesetze erläßt: er soll sich überlegen, ob sie mit den ökonomischen Gesetzen übereinstimmen, und er soll sich auch überlegen, ob es sich überhaupt lohnt, Gesetze zu erlassen.

Auch vor Davenant finden wir natürlich Tendenzen zum Laisser Faire, jedoch stets verbunden mit entgegengesetzten Äußerungen des gleichen Autors, je nach seinen spezifischen oder temporären ökonomischen Interessen und Motiven.

So führt die Theorie der Handelspolitik diese drei bedeutenden Denker des Merkantilssystems aus ihrer Praxis zu der Erkenntnis der Tatsache, daß es politökonomische Gesetze gibt.

Gewaltig war die Leistung dieser großen Merkantilisten, die die ersten Grundsteine der Wissenschaft der Politischen Ökonomie legten. Sie entdeckten das objektive ökonomische Gesetz – zunächst nur in der Zirkulation, im Außenhandel, aber es wurde gefunden, und das ist das Entscheidende.

Objektive ökonomische Gesetze in der Gesellschaft!

Eine solche Entdeckung konnte in dieser Zeit wohl nur Denkern gelingen, denen moralische Erwägungen in ihrem praktischen Leben wahrlich fern lagen – im Gegensatz etwa zu einem Philosophen wie Aristoteles oder den kirchlichen Denkern der Feudalzeit.

Es ist fast schon amüsant zu lesen, wie der wohl recht moralische Heckscher über das Verhältnis der Merkantilisten zur Moral schreibt:

„Der Punkt, in dem der Bruch des Merkantilismus mit mittelalterlichen Anschauungen am stärksten und am entscheidendsten war, war wohl das Verhältnis

[75] *Ch. Davenant,* An essay on the East India trade. London 1698, S. 25 f., zitiert in Übersetzung von *E. F. Heckscher,* a. a. O., S. 296.

zur Moral. Man kann sagen, daß die Merkantilisten in doppeltem Sinne morallos waren, sowohl in ihren Zielen, wie auch in den Mitteln zur Erreichung ihrer Ziele. Diese doppelte Amoralität ergab sich aus ihrer ausgeprägten Gleichgültigkeit gegenüber dem Menschen, sowohl in seiner Eigenschaft als Vernunftwesen wie auch als Ewigkeitswesen. Der Staat, Hobbes' Leviathan oder ‚sterblicher Gott', beherrschte die Gedankengänge der Merkantilisten so sehr, daß an die Stelle des Interesses am Menschen das Interesse am Staate treten mußte. Daraus erklärt sich wohl ein Teil ihrer Morallosigkeit, jedoch noch nicht die ganze, wie nunmehr gezeigt werden soll.

Zunächst wurde an die Stelle der Verbesserung des einzelnen Menschen das Wohl der Gesellschaft oder in Wirklichkeit das Wohl des Staates gesetzt. Dies war eine ganz einfache Folge der raison d'état oder des reinen Machiavellismus. Aber in dieser Verschiebung erschöpfte sich die Morallosigkeit der merkantilistischen Zielsetzung nicht. Dazu kam noch, daß auch das Wohl des Staates selbst, die raison d'état, streng materialistisch oder in populärem Sinne wirtschaftlich gefaßt wurde. Dafür hatte der gewöhnliche Machiavellismus kein Gegenstück. Der Bruch mit der religiösen und ethischen Einstellung des Mittelalters auf dem Gebiete der politischen Ideen, der darin lag, war sehr tiefgehend ...

Das bisher Gesagte betrifft nur die amoralische Auffassung von den Zielen der wirtschaftlichen Betätigung, aber auch in der Wahl der Mittel zur Erreichung dieser Ziele war man weitgehend unmoralisch.

Der Grundgedanke des Merkantilismus läßt sich wie folgt ausdrücken: Man soll die Menschen so nehmen wie sie sind und sie mit klugen Mitteln in diejenige Richtung leiten, die das Wohl des Staates erfordert ...

Die Amoralität in der Wahl der Mittel mehr noch als in der Auswahl der Ziele zeigt die Gleichgültigkeit des Merkantilismus gegenüber dem Menschlichen.

Andererseits lag ein gewisser Zug von Toleranz darin, daß man das als unmöglich angesehene asketische Ideal aufgab und die Schwachheiten der Menschen als gegebene Voraussetzung der Wirtschaftspolitik hinnahm. Vor allem galt das vom Erwerbsstreben. Die Literatur ist voll von Bemerkungen wie diese: ‚Der Mensch ist von Natur gierig nach Gewinn, wo sie den meisten Gewinn sehen, da sind sie am eifrigsten tätig'. ‚Keine Gesetze können sich gegen den Erwerbstrieb durchsetzen'. ‚Der Gewinn ist der Herr aller'. ‚So viele Beschwerden, so viele Mühen so vieler Menschen haben nichts anderes zum Ziele als den Gewinn; um diesen Mittelpunkt dreht sich der Kreis der Geschäfte'."[76]

Direkt anknüpfend an seine Ausführungen über die amoralische Haltung der Merkantilisten muß er auch über ihre „Irreligiosität" klagen: „Dieses bringt uns direkt auf die Stellung des Merkantilismus zur Religion. Aus leicht erklärlichen Gründen war sie sehr ähnlich dem Verhältnis zur Moral und wie dieses von großer Bedeutung für die praktische Gestaltung der Wirtschaftspolitik."[77]

Die Irreligiosität der Merkantilisten zeigt sich Heckscher vor allem auch in ihrem „erstaunlichen Verhalten" den Juden gegenüber:

[76] *E. F. Heckscher*, a. a. O., S. 260 f, 268, 275.

[77] Ebendort, S. 276.

„Dieselbe Tendenz zeigt sich darin, daß die Juden im 17. Jahrhundert in den meisten west- und mitteleuropäischen Ländern eine neue Stellung bekamen. Das darf gewiß nicht als eine allgemeine Judenfreundlichkeit des Merkantilismus angesehen werden. Eine solche bestand nicht einmal bei den politischen Machthabern. Auch war die größere Toleranz nicht nur eine Wirkung wirtschaftlicher Gesichtspunkte. Becher, der überhaupt seine Stärke in ausfälligen Äußerungen hatte, sprach mit Vorliebe von ‚Juden und Kanallien' und fand auch eine merkantilistische Begründung seiner Abneigung gegen die Juden. Er sagte nämlich, sie wollten nicht als Warenverbraucher fungieren, wie es die Doktrin erforderte, sondern ‚liederlich und ganz gering leben'. Ein französischer Intendant zu Beginn des 18. Jahrhunderts meinte aber andererseits, die Juden wären ideale Bürger unter merkantilistischem Gesichtspunkt, weil sie ihre Kapitalien nicht in Grund und Boden oder anderen immobilen Anlagen festlegten, sondern sie im Handel zirkulieren ließen. Trotz der gelegentlichen Unterschiede in der Auffassung, die es immer gegeben hat und vermutlich auch immer geben wird, wo es sich um die Juden handelt, ist doch so viel klar, daß die Träger der merkantilistischen Politik auch die Juden gelten lassen wollten und daß diese Toleranz vor allem durch kommerzielle Rücksichten bestimmt war. Daneben spielte freilich auch der rein finanzielle Bedarf des Staates eine Rolle, zuweilen konnte sogar das religiöse Interesse an der Judenmission in diesem Sinne wirken.

Das Beispiel der Holländer war hier von besonders starker Wirkung. Die Toleranz der Holländer gegen die von der Pyrenäenhalbinsel vertriebenen sephardischen Juden war vor aller Augen und war ein besonders starkes Argument in einer Welt, die von Neid und Bewunderung für die Holländer beherrscht war. In der englischen Literatur war es vor allem Child, der hieran anknüpfte. Er sah in der Bereitwilligkeit der Holländer, Juden bei sich aufzunehmen, einen der Gründe für ihre Überlegenheit und wollte, daß man Juden wie andere Ausländer in England naturalisieren solle. Diese Forderung erhob er, nachdem die Juden unter Cromwell in England wieder zugelassen waren, wo sie 360 Jahre hindurch wenigstens offiziell sich nicht hatten zeigen dürfen."[78]

Zwar wird man Becher nicht als Merkantilisten bezeichnen, aber ist es nicht wirklich interessant, wie das kühle Handelsinteresse die Merkantilisten den Juden gegenüber „direkt tolerant" macht und wie peinlich das im Grunde Heckscher ist.

Moral und Religion sind natürlich Fragen der Weltanschauung.

Was war die Weltanschauung der Merkantilisten? Sie waren Handelskapitalisten und mehr, denn Handelskapitalisten können sich auch irgendwie in eine feudale Gesellschaftsordnung einpassen. Sie waren auch bereits stark mit einer kapitalistischen Produktion verbunden, teils als aktive Teilhaber, teils mit kapitalistischen Produzenten als Teilhabern ihres eigenen Handelsgeschäfts. Auf dieser Basis hatten sie nur ein Ziel: Profit zu machen.

Es ist offenbar, daß eine solche Weltanschauung – aus auf Profit! ohne Rücksicht auf Moral und Religion – das Finden von ökonomischen Gesetze nicht behinderte

[78] Ebendort, S. 279 f.

sondern ganz im Gegenteil wesentlich förderte. Die Methodologie der Untersuchung wirtschaftlicher Vorgänge, materialistisch und dialektisch im Charakter, konnte sich frei, ungestört durch weltanschauliche Barrieren, entfalten. Ja die starken feudalen Teile im Überbau, im Staat, in der Position des Königs, zwangen der Weltanschauung der Merkantilisten einen Kampfcharakter auf, die Methodologie der Merkantilisten, inhärent natürlich ohne Bewertungen, wurde gerade durch ihre Objektivität zu einer Waffe gegen von Moral und Religiosität zersetzte, und schon dadurch zur Unwissenschaftlichkeit verurteilte, Methodologien anderer Art.

Unter diesen Umständen – eine materialistische wie dialektische Methodologie und eine Weltanschauung, die sie förderte – konnten die Merkantilisten natürlich eine Fülle neuer Zusammenhänge teils als Probleme teils als notwendige Tatsachen erkennen. Ja, auch wenn ihre Einsichten überwiegend falsch sind bzw. ihre Schlußfolgerungen von grotesker Einseitigkeit, sind sie nicht nur ein Beweis großartiger Handhabung der Dialektik und kühner Konsequenz im Denken sondern bringen eine Fülle von neuen Erkenntnissen. Man nehme etwa folgende Formulierung von Davenant: „Die Exportation unsres eignen Produkts muß England reich machen; Gewinner zu sein in der Handelsbilanz, müssen wir unser eignes Produkt ausführen; damit kaufen wir die für unseren eigenen Konsum notwendigen Dinge ausländischer Herkunft, wobei uns ein Überschuß bleibt entweder in Edelmetall oder in Waren, die wir in andere Länder verkaufen können; dieser Überschuß ist der Profit, den eine Nation aus dem Handel zieht und der größer oder kleiner ist in Abhängigkeit von der natürlichen Frugalität des exportierenden Volkes oder von dem niedrigen Preis der Arbeit und der Manufakturwaren, der ihnen erlaubt, die Waren billig und zu einem Preis zu verkaufen, der auf fremden Märkten nicht unterboten werden kann."[79]

Und weiter, was die Grundrente betrifft, so stellt Davenant fest, daß je günstiger die Außenhandelsposition, desto höher die Grundrente: „Der Preis des Bodens, die Höhe der Grundrente und die Preise von Handels- und Manufakturwaren steigen und fallen mit unserem Außenhandel" (An essay upon ways and means of supplying the war). Der Zusammenhang ist folgender und zeigt die geradezu groteske Übertreibung des handelskapitalistischen Standpunktes. Davenant erklärt nämlich, daß das durch den günstigen Außenhandel einströmende Geld vor allem in der Landwirtschaft angelegt werde. Auf den ersten Blick muß das Argument einen altmodischen Eindruck, einen fast vorkapitalistischen, ja feudalen Eindruck machen: Handelskapital wird in Grundbesitz verwandelt. Aber dieser Eindruck ist falsch. Der Handelsüberschuß werde nämlich, sagt Davenant weiter, vornehmlich in Weidewirtschaft angelegt, und zwar, um mehr Rohstoffe für die Tuchproduktion (Schafe-Wolle-Tuche) zu erhalten, und das wieder, um mehr Tuche auszuführen können. Dadurch steige der Wert des Bodens und die Rente. Indem die Landwirtschaft in

79 *Ch. Davenant,* An essay upon the probable methods of making a people gainers in the balance of trade. London 1699, S. 463; zitiert bei *K. Marx,* „Mehrwerttheorien", a. a. O., S. 149.

eine Zubringeindustrie für den Außenhandel verwandelt wird, werden die Veränderungen der Grundrente aus dem Außenhandel abgeleitet. (Wie im übrigen schon zuvor beobachtet, stellen wir auch in dieser „Theorie" fest, daß die Interessen von Handel und Großgrundbesitz noch trefflich harmonieren, daß die Gegensätze, die später offen zwischen ihnen aufbrechen sollen, hier noch ganz verhüllt sind.)

Prächtig auch die Einsicht in die unter den damaligen Verhältnissen absolut notwendige Vermehrung der Bevölkerung und der Arbeitskräfte. Ist das Merkantilsystem in England doch die Ideologie einer jungen zur Zeit von Child gerade zur Herrschaft gekommenen Ausbeuterklasse. Es ist darum gekennzeichnet gleichermaßen durch Optimismus und einer jeden Apologetik baren Brutalität. Das bedeutet für seine Bevölkerungstheorie und -praxis, daß es gar nicht genug Ausbeutungsobjekte geben kann, daß also die Merkantilisten für eine möglichst starke Vermehrung der Bevölkerung sind, und daß sie, da der Klassenkampf noch latent vor sich geht, hinsichtlich des Grades der Ausbeutung auch in ihren Worten keine Grenze kennen und darum ganz offen und naiv für die möglichst niedrigen Löhne eintreten.

Child sagt ganz einfach und deutlich: „Der Reichtum einer Stadt oder einer Nation besteht in der Menge der Einwohner."[80] Und weiter: „Was immer zur Bevölkerungsvermehrung beiträgt, muß eine Ursache der Vermehrung von Reichtum sein."

Auch für Davenant – und darin formuliert er am besten, ohne sich von den übrigen Merkantilisten inhaltlich zu unterscheiden – ist eine wachsende Bevölkerung identisch mit einer wachsenden Anzahl von Arbeitskräften, und diese wiederum ist ein Maßstab für die Zunahme des Reichtums eines Landes, wie umgekehrt eine sinkende Bevölkerung unbedingt zu wirtschaftlichem Rückschritt führen muß.[81] Darum fordert Davenant auch Vorteile für kinderreiche Familien und Benachteiligung von Junggesellen im öffentlichen Dienst. Er benutzt auch das Argument des Volksreichtums, um die Illusionen des Monetarsystems zu bekämpfen und erklärt: „Menschen sind der wirkliche Reichtum eines Landes ... wir sehen, wie schwach Spanien infolge seines Mangels an Menschen ist, und das trotz seiner Gold- und Silbergruben, der besten Häfen und des besten Bodens der Welt!" Und dann eine abschließende, unsinnig überspitzte, aber wie so oft bei Davenant doch ausgezeichnet formulierte Wendung: „Es ist vielleicht besser, daß ein Volk kein Land hat, als daß ein Land kein Volk hat."

Es ist offenbar, daß eine wachsende Bevölkerung für die reifen Merkantilisten nur einen ökonomischen Zweck auf Erden haben kann: nämlich zu arbeiten und sich für das Wohl der herrschenden Klasse abzurackern. Das heißt, es kommt nicht einfach nur auf eine zunehmende Bevölkerung an, sondern auf eine zunehmende Bevölkerung, die arbeitet, die voll beschäftigt ist. Daher wird dann auch umgekehrt Arbeitslosigkeit als ein ernstliches Übel angesehen, gegen das man ankämpfen muß, ebenso wie gegen „Müßiggang".

80 *J. Child,* A new discourse of trade. London 1693, S. 12.

81 Vgl. *Ch. Davenant,* An essay upon ways and means of supplying the war. London 1701, S. 140 ff., Discourses upon the public revenues II. London 1698, S. 196, sowie Essays upon the probable methods etc., a. a. O., S. 79.

Für die Notwendigkeit der Beschäftigung der Bevölkerung und gleichzeitig gegen das Argument, daß eine wachsende Bevölkerung an sich schon ein Glück wäre, weil sie den Konsum steigere[82], plädiert Davenant, der schreibt: „Es gibt eine falsche Auffassung, daß alle Mäuler dem Königreich Profit bringen, wenn sie seine Produkte verzehren. Vielmehr muß man ganz klar sagen, daß, wer nicht dem Reich dadurch dient, daß er entweder beschäftigt ist oder andere beschäftigt, nicht nur nichts einbringt, sondern ein schädliches Mitglied der Gesellschaft ist."[83]

Für die Kapitalisten jener Frühzeit des Kapitalismus, in der jede Stunde ungeteilte Profitfreude bringt, da die Produktionsverhältnisse noch völlig mit dem Charakter der Produktivkräfte übereinstimmen, ist natürlich jeder Tag, der nicht gearbeitet wird, ein Verlust. Noch ist man bereit, den Arbeitern den Sonntag zuzugestehen. Aber mit den übrigen Feiertagen sollte doch Schluß gemacht werden. Darum schreibt Pollexfen: „Der 7. Tag ist für den Dienst an Gott bestimmt und zur Ruhe von der Arbeit für den Menschen; ob aber die vielen Feiertage, die jetzt eingehalten werden, nicht eine ernste Belastung für die Nation darstellen, das muß man sich ernstlich überlegen; man nehme nur 2 Millionen Arbeiter, die 6 d pro Tag, also insgesamt 50 000 £ erhalten, und diese Summe muß, wenn wir dem Ursprung unseres Reichtums nachgehen, als Verlust für die Nation verursacht durch jeden Feiertag erscheinen."[84] Harris, der von 4 Millionen Arbeiter in seinen Feiertagsverlustberechnungen ausgeht, stellt einen „Reichtumsentgang" von 2 400 000 £ jährlich dadurch fest, daß zu den 29 offiziellen Feiertagen der englischen Kirche noch 24 weitere Feiertage der Bevölkerung hinzukommen.[85]

Die Gier der jungen Kapitalisten nach einer möglichst intensiven zeitlichen Ausnutzung der vorhandenen Menschen zur Ausbeutung, zur Produktion von Mehrwert, führt dazu, die Beschäftigungsmöglichkeit geradezu zum Regulator der Bevölkerungsvermehrung zu machen, und damit bereits eine der vorbereitenden Grundlagen der Lohnfondstheorie zu schaffen. Child erklärt zum Beispiel folgendes: „Unsere Bevölkerungszahl richtet sich immer nach den Beschäftigungsmöglichkeiten für das Volk. Wenn wir annehmen, daß wir in England nur für hundert Menschen Beschäftigung haben, aber einhundertfünfzig ernährt und aufgezogen haben, so behaupte ich, daß fünfzig entweder England verlassen oder hungern oder aufgehängt werden müssen." Das heißt, die Bevölkerungsvermehrung ist eine Funktion der Arbteitsvermehrung. Darum auch: „Ein stark fühlbarer Mangel an Menschen würde zu höheren Löhnen führen, und höhere Löhne wieder würden ... zu einem größeren Angebot von Menschen führen, ohne daß wir ihre Aufbringungskosten zu zahlen hätten."[87]

Das heißt, hinsichtlich der Theorie der Beziehungen zwischen Bevölkerungsentwicklung und Entwicklung der Arbeitsmöglichkeiten sowie der Beziehungen zwi-

[82] *D. Defoe* erklärt zum Beispiel noch nach Davenant: „Es ist ein sicherer und zweifelloser Profit für die Nation, die Bevölkerung zu vermehren, so daß sie das Produkt des Landes konsumieren möge." (Complete English tradesman. Oxford 1840, Bd. II, S. 95.)

[83] *Ch. Davenant,* An essay upon ways and means etc., 2. Aufl., London 1700, S. 24.

[84] *H. Pollexfen,* A discourse of trade, coin and paper credit. London 1700, S. 45.

[85] *W. Harris,* Remarks on the affairs and trade of England and Ireland. London 1691, S. 44.

[87] *J. Child,* A new discourse of trade, a. a. O., S. 186 ff.

schen Lohnhöhe und Bevölkerungsvermehrung bzw. Zahl der vorhandenen Arbeitskräfte haben die Merkantilisten den Ideologen des späteren Kapitalismus, den „Lohnfondstheoretikern", bereits weitgehend vorgearbeitet.

Das sind doch alles wertvolle Überlegungen vom Profitstandpunkt, Erkenntnisse von eminent praktischer Bedeutung für jeden Profitjäger, wichtige Lehren in einer Politischen Ökonomie des Kapitalismus, die dem Kapitalisten erlauben, sein System effektiver auszubauen und zu nutzen.

Dabei ist das Verhältnis von Interesse (privatem und Klasseninteresse) und wissenschaftlicher Erkenntnis zumeist ein sehr einfaches, ganz anders als sonst für Wissenschaftler, da Wissenschaftler und Praktikant der Wissenschaft bzw. Kapitalist so oft identisch sind. Mun und Child sind nicht nur Ideologen des Kapitals als Wissenschaftler sondern selbst Kapitalisten. Sie bemächtigen sich als Kapitalisten ihrer selbst als Wissenschaftler, um mehr Profit zu machen, sie leiten ihre wissenschaftlichen Erkenntnisse in ihre eigene Praxis über. Aber auch so: bei ihren Überlegungen im Geschäftskontor, wie sie die Bilanz ihrer Bücher verbessern, zu einem noch erfolgreicheren Abschluß kommen können, verwandeln sie sich in Wissenschaftler und statt Abschlußzahlen notieren sie Gedanken, Einsichten, die ihnen bei der Analyse des Ganges des eigenen Geschäfts gekommen sind.

Sie sind nicht Minister wie Turgot oder dem Herrscher nahe wie Quesnay, auch der oberste Minister hört sie nicht mit Interesse an wie den Adam Smith, aber sie sind befreundet mit Parlamentariern, die sie als Experten hören, oder hohe Beamte, die ihre Ansichten auch in dieser oder jener Form der Regierung bekannt machen können.

Es herrscht, insbesondere nach der Revolution von 1640, eine der Entwicklung wissenschaftlichen Denkens in der Politischen Ökonomie ungewöhnlich förderliche Atmosphäre infolge der harmonischen Beziehungen zwischen Methodologie und Weltanschauung sowie durch die häufige Vertretung von Denker und Profitjäger in einer Person.

Kein Wunder, daß diese Zeit die Erkenntnis des objektiven ökonomischen Gesetzes bringt und uns das erste Genie der Politischen Ökonomie, William Petty schenkt.

4. William Petty – Schöpfer eines Systems

William Petty der Politökonom ist eine Wiederentdeckung von Marx – 200 Jahre nach seiner Geburt erinnerte man sich seiner, wenn überhaupt, dann als eines Mediziners. Doch 100 Jahre nach seiner Wiederentdeckung durch Marx bemerkt Schumpeter über Petty: „Die Überlegenheit seines Geistes zeigt sich in allen seinen Bemerkungen und Anregungen, doch sind diese weder besonders auffallend noch orginell noch bemerkenswert."[88] Letwin geht noch weiter in der Unterschätzung Pettys: „Regelmäßig von an sich einsichtigen Zeitgenossen wie von bewundernden Biographen als Genie betrachtet, war William Petty ein Mann von vielen verschiedenartigen Talenten und wenigen großen Leistungen."[89]

[88] *J. A. Schumpeter*, a. a. O., S. 213.

[89] *W. Letwin*, The origins of scientific economics, a. a. O., S. 114.

Wir Marxisten sehen in William Petty den Begründer der Politischen Ökonomie als Wissenschaft, nachdem die Merkantilisten, beginnend mit Mun, den ersten gewaltigen Baustein, die Entdeckung von objektiven ökonomischen Gesetzen, herbeigeschafft hatten.

Seit Mun können wir von einer wissenschaftlichen Beschäftigung mit Problemen der Politischen Ökonomie als einem besonderen Erkenntnisgebiet, seit Petty von der besonderen Wissenschaft der Politischen Ökonomie sprechen. Es gibt keine Wissenschaft, die nicht nach, ihrem Gegenstand eigentümlichen, Gesetzen zu suchen hat (Leistung von Mun, Child, Davenant u. a.); es gibt keine Wissenschaft, die nicht als ein System aufgebaut ist (Leistung von Petty und den nachfolgenden Vertretern der klassischen bürgerlichen Ökonomie). Die Krönung aller Bemühungen um ein wissenschaftliches System der Politischen Ökonomie, das die Realität mit all ihren Gesetzmäßigkeiten erfaßt, ist die Leistung von Marx und der ihm nachfolgenden Vertreter der historisch-materialistisch begründeten Politischen Ökonomie.

Die Politische Ökonomie der kapitalistischen Manufaktur wurde von Adam Smith erst geschrieben, als die beginnende Industrielle Revolution dieser bereits den Todesstoß versetzt hat. Das ist eine der erstaunlichsten Ungereimtheiten der Geschichte – erklärlich nur durch die Trägheit menschlichen Denkens auf den Pfaden einer neu aufkommenden Wissenschaft. Zugleich aber beweist die Geschichte der Politischen Ökonomie jener Zeit auch die eilige Kühnheit, mit der die Vertreter der neuen Wissenschaft vorstoßen, und zwar dadurch, daß sie durch Beobachtung gewissermaßen veralteter Prozesse zahlreiche Gesetze einer neuen Welt entdecken.

Fritz Behrens hat „logisch" völlig recht, wenn er bemerkt:

„Die Grundlage der klassischen bürgerlichen Ökonomie war die ‚industrielle Revolution', die in den meisten europäischen Ländern in dem Jahrhundert von 1750–1850 als Übergang vom Manufaktur- zum Fabriksystem stattfand. Die industrielle Revolution bedeutete den Übergang von der erst nur formellen Unterordnung der Arbeiter unter die Kapitalisten zu ihrer materiellen Unterordnung, den Beginn der eigentlichen Revolutionierung der Produktionsweise.

Die industrielle Revolution bedeutete einen Sprung in der Entwicklung der kapitalistischen Produktionsweise, den endgültigen Sieg des industriellen Kapitals über das Handelskapital, und diesem Sprung entsprach die Entwicklung in der politischen Ökonomie vom Merkantilismus und von den Physiokraten zur klassischen bürgerlichen Ökonomie. Jetzt regierte der ‚stumme Zwang der ökonomischen Verhältnisse', die kapitalistische Produktionsweise reproduzierte sich kraft der ihr innewohnenden Gesetze, und die klassische bürgerliche Ökonomie spiegelte, im ganzen gesehen, durchaus diese Gesetze wider. ‚Um es ein für allemal zu bemerken', schreibt Marx, ‚verstehe ich unter klassischer politischer Ökonomie alle Ökonomie seit W. Petty, die den innern Zusammenhang der bürgerlichen Produktionsverhältnisse erforscht . . .'[90]"[91]

[90] *K. Marx,* Das Kapital. Bd. I, a. a. O., S. 95.
[91] *F. Behrens,* a. a. O., S. 129.

Aber die Geschichte der Wissenschaft verläuft ebensowenig wie die allgemeine Geschichte logisch. Nicht die Industrielle Revolution bildete die Grundlage der klassischen Politischen Ökonomie. Ganz im Gegenteil! Petty und Quesnay wirkten vor der Industriellen Revolution und orientierten sich, wie wir noch sehen werden, als Klassiker auf die Landwirtschaft! Adam Smith hatte sein Werk vollendet, als die Industrielle Revolution bereits begonnen hatte, und niemand merkt etwas von ihr im „Wealth of Nations". Ja, um die Paradoxität der Beziehungen zwischen Wissenschaft und Wirklichkeit auf die Spitze zu treiben: der letzte Klassiker, Ricardo, fügt erst der dritten Auflage seines Hauptwerkes, 1821, gegen Ende der Industriellen Revolution in England, ein spezielles Kapitel über Maschinen hinzu.

Kein Wunder, daß Fritz Behrens nicht recht sicher ist, ob Petty wirklich ein Klassiker ist:

„In der Tat ragt Petty damit so weit über das Niveau seiner Zeitgenossen hinaus, daß er trotz vieler gemeinsamer Auffassungen, die er mit ihnen hat, nicht mehr zu den Merkantilisten gerechnet werden kann, sondern ein direkter Vorläufer der klassischen bürgerlichen Ökonomen Smith und Ricardo ist ...

Wenn Marx davon spricht, daß Petty – als Begründer der modernen politischen Ökonomie und damit als Vorläufer der klassischen bürgerlichen Ökonomie . . .

Trotz der merkantilistischen Auffassungen, die er äußert, wenn er sich mit Fragen des Geldes und des Außenhandels beschäftigt, gehört Petty somit bereits zur klassischen bürgerlichen Ökonomie, zumal er bereits sehr gut zwischen dem jederzeit einsatzbereiten Schatz von Gold und Silber und der Funktion von Gold und Silber als Zirkulationsmittel unterscheidet."[92]

Bald erscheint Petty hier als ein „direkter Vorläufer der klassischen bürgerlichen Ökonomen Smith und Ricardo" – was nicht unbedingt ausschließt, daß er selbst auch ein klassischer politischer Ökonom ist –, bald „als Vorläufer der klassischen bürgerlichen Ökonomie", was ihn definitiv aus dieser ausschließt, bald „gehört er bereits zur klassischen bürgerlichen Ökonomie".

Ich möchte mich ganz definitiv der letzteren Ansicht anschließen. Das hindert mich jedoch nicht, Petty gleichzeitig einen Merkantilisten zu nennen.

Petty ragt durch das Niveau seiner politökonomischen Forschungen so weit über seine Zeitgenossen (und alle Denker des ihm folgenden Jahrhunderts, über alle Politökonomen vor Quesnay) hinaus, daß schon Charles Davenant ihn den Vater der Wirtschaftswissenschaft nannte[93] und Marx dieses Urteil bestätigte, indem er ihn als den „Begründer der modernen politischen Ökonomie"[94] bezeichnete.

Wenn Aristoteles erklärte, daß alle Philosophie damit beginnt, daß der Mensch sich wundert, so können wir feststellen, daß der Mann, den Marx den Begründer der modernen Politischen Ökonomie nennt, wahrlich ein „Wunderer", das heißt ein Zweifler, war. Es ist daher nicht überraschend, zum Beispiel zu hören, daß Petty als Mitbegründer der vornehmsten bürgerlichen wissenschaftlichen Institution, der

[92] Ebendort, S. 134 f. u. 138.

[93] *Ch. Davenant*, The political and commercial works. Bd. I, London 1771, S. 128.

[94] *Fr. Engels*, „Anti-Dühring", a. a. O., S. 216.

Royal Society, vorschlug, den Jahrestag der Society auf den St. Thomastag zu verlegen – sei doch der heilige Thomas der berühmteste Zweifler der Weltgeschichte.

Warum aber bezeichnet Marx Petty als den Begründer der modernen Politischen Ökonomie? Ist nicht der Merkantilismus das erste System der kapitalistischen Wirtschaftstheorie, und ist nicht Mun, mehr als eine Generation vor Petty, der erste bedeutende Merkantilist?

Zweifellos ist Mun der erste bedeutende politökonomische Vertreter der kapitalistischen Ideologie – aber der Ideologie des Kapitalismus in einer Zeit, in der der Kapitalismus gewissermaßen noch nicht seine korrekte Lage gefunden hatte, als das Schwergewicht seiner Position noch im Handel lag, als faktisch ein großer Teil der „erweiterten Reproduktion" auf Handelsraub zurückzuführen war. Auch zu Zeiten von Petty ist das noch der Fall, und darum gelingt es auch Petty nur auf dem Höhepunkt seiner Entwicklung, sich über die Anschauungsweise des Merkantilismus zu heben. Aber sein ganzes Werk durchzieht eine Ahnung des wahren Schwerpunkts des Kapitalismus, nämlich der kapitalistischen Produktion, in der der Mehrwert erzeugt wird.

Doch mehr noch und noch bedeutsamer: Petty gelingt es als ersten, den Wert durch einen einheitlichen inhärenten Maßstab zu bestimmen, und zwar, zum Unglück für unsere Fähigkeit, die ganze Bedeutung Pettys zu erkennen, gleich durch den richtigen Maßstab. Denn die geniale Leistung Pettys als *Begründer* der Politischen Ökonomie besteht nicht wie so viele meinen, in der Entwicklung der Arbeitswerttheorie (das ist die geniale Leistung eines Politökonomen, ob Begründer oder nicht), sondern in dem Bemühen, einen einheitlichen Maßstab zu suchen, durch den der Wert bestimmt wird – ob das nun die „geronnene Arbeitszeit" ist, die in jedem Wert verkörperte Arbeit, oder irgendetwas anderes, nämlich etwas Falsches, ist für die Begründung eines Systems der Politischen Ökonomie zunächst gleichgültig. Nicht die Lösung eines Problems bestimmt, ob es sich um einen wissenschaftlichen Vorgang dabei handelt, sondern die angewandte Methodologie.

Woraus setzte sich denn der Wert nach den Kirchenvätern zusammen? was bestimmte den Preis? Man ging von den Produktionskosten des einfachen Warenherstellers aus: Kosten der Rohmaterialien, der Produktionsinstrumente, der Arbeit, des Transportes usw. Später, wie schon von uns bemerkt, versuchte man auch den Kaufmann in diese Wert- und Preiskonzeption hineinzuarbeiten, bzw. die Konzeption der Wert- und Preisbestimmung vom einfachen Warenproduzenten her auf die Zirkulation als Mitausgangspunkt zu erweitern. Jedoch setzte sich der Wert, der Preis jetzt aus noch mehr von einander unabhängigen Faktoren zusammen.[95]

Worauf es ankam, um die Politische Ökonomie zu einem wissenschaftlichen System zu erheben, war nun, dem Wert, der zentralen Kategorie der Ökonomie, einen „einheitlichen Inhalt und einheitlichen Maßstab" zu geben, ihn nicht durch zahlreiche voneinander unabhängige Größen und Faktoren bestimmen zu lassen – so wie die alten griechischen Philosophen ein einheitliches System der Kosmogonie zu schaffen sich bemühten, indem sie nach einem einheitlichen Element – sei es das

[95] Vgl. zu dieser Problematik auch *R. L. Meek*, a. a. O., S. 32.

Feuer oder das Wasser – suchten. Nicht darin bestand die Größe dieser Philosophen, daß sie Wasser oder Feuer zum „Urelement" der Welt erklärten, sondern darin, daß sie ein System mit einem Urelement schufen.

Und so besteht die Größe Pettys als Begründer des ersten Systems der Politischen Ökonomie eben darin, daß er ein „Urelement" und damit einen „Grundmaßstab" für den Wert suchte und fand, also in der Lage war, ein System von vergleichbaren Größen und von notwendigen Zusammenhängen zu begründen.

Daß er in der Arbeitswerttheorie auch noch gleich das richtige „Urelement", den richtigen „Grundmaßstab" fand, zeigt seine Größe nicht als Begründer sondern gewissermaßen als sein eigener genialer Fortsetzer.

Marx schreibt: „Um es ein für allemal zu bemerken, verstehe ich unter klassischer politischer Ökonomie alle Ökonomie seit W. Petty, die den innern Zusammenhang der bürgerlichen Produktionsverhältnisse erforscht im Gegensatz zur Vulgärökonomie, die sich nur innerhalb des scheinbaren Zusammenhangs herumtreibt, für eine plausible Verständlichmachung der sozusagen gröbsten Phänomene und den bürgerlichen Hausbedarf das von der wissenschaftlichen Ökonomie längst gelieferte Material stets von neuem wiederkaut, im übrigen aber sich darauf beschränkt, die banalen und selbstgefälligen Vorstellungen der bürgerlichen Produktionsagenten von ihrer eigenen besten Welt zu systematisieren, pedantisieren und als ewige Wahrheiten zu proklamieren."[96] –

Seiner ganzen Weltanschauung und wirtschaftlichen Haltung, seiner Politik und seinen Interessen nach ist Petty ein Merkantilist, der im Außenhandel, präziser noch: der in der ursprünglichen Akkumulation durch Raub und Piraterie die Hauptquelle des Reichtums sieht. Das hindert ihn aber nicht, von der Landwirtschaft (! – und nicht der Manufaktur) als Untersuchungsobjekt ausgehend erstaunliche Entdeckungen über das Entstehen des Mehrwertes, den Wert der Ware Arbeitskraft usw. zu machen. Und dadurch wird er zum klassischen Politökonomen. Klassischer Politökonom sein, heißt nicht, Vertreter einer bestimmten Auffassung zu sein – etwa Merkantilist, Laisser-Faire-Protantagonist, Vertreter des Manufaktur- oder des Fabriksystems usw. –, sondern bedeutet, zu den Grundfragen der Politischen Ökonomie vorzustoßen, zum „inneren Zusammenhang der Produktionsverhältnisse" und diese Grundfragen einer Grundantwort näher zu bringen.

Und das hat der Merkantilist Petty als erster getan.

Kein Wunder, daß Marx die größte Bewunderung für Petty als politökonomischen Denker hat und ihr immer wieder Ausdruck gibt. Er spricht von der „genialen Kühnheit" seiner Ideen und freut sich an „seinem originellen Humor"[97], er nennt Petty „einen der genialsten und originellsten ökonomischen Forscher"[98], charakterisiert seine Fragestellung als „ingeniös"[99], bezeichnet seine Methode, den Wert des Grund und Bodens zu bestimmen, als „wieder sehr genial"[100] oder bezieht sich auf Pettys „gewohnte Meisterschaft"[101].

[96] *K. Marx,* Das Kapital. Bd. I, a. a. O., S. 95.
[97] *K. Marx,* „Zur Kritik", a. a. O., S. 38 f.
[98] *K. Marx,* „Mehrwerttheorien", a. a. O., S. 486.
[99] Ebendort, S. 333.
[100] Ebendort, S. 334.
[101] *K. Marx,* Das Kapital. Bd. I, a. a. O., S. 156.

Auf der anderen Seite schildert er ihn uns mit all den einem praktischen frühen Kapitalisten eigentümlichen Eigenschaften, als eine rücksichtslose, auf steter Profitjagd befindliche, typisch kapitalistische Räubergestalt der Frühzeit. Eine Räubergestalt von ganz besonderer Qualität, denn in der Zeit seiner praktischen Tätigkeit besteht ein nicht unbeachtlicher Teil der ursprünglichen Akkumulation auch aus dem Raub von feudalem Großeigentum, da es für die Kapitalisten jetzt darauf ankommt, die völlige Übereinstimmung der Produktionsverhältnisse mit dem Charakter der Produktivkräfte durch Wegräumung beachtlicher Überreste feudaler Produktionsverhältnisse, das heißt auch der Verwandlung feudalen Großeigentums in kapitalistisches durch Raub, herzustellen. Marx spricht von Petty als dem „denkkühnen, aber grundfrivolen Armeechirurgus, der ebenso geneigt war, unter Cromwells Aegide in Irland zu plündern, als von Karl II. den nötigen Baronettitel für den Plunder zu erkriechen"[102]. Er sagt, in Petty verkörpere sich „der tatkräftige, rücksichtslose, universale Bereicherungstrieb der englischen Nation im 17. Jahrhundert"[103], und er bezeichnet ihn als „einen frivolen, plünderungslustigen und charakterlosen Abenteurer"[104].

Jedes Wort von Marx trifft genau zu. Sowohl seine Bewunderung für die wissenschaftliche Leistung wie auch seine Charakterisierung des Lebens und Strebens dieses genialen Politökonomen bleiben Maßstab unseres Urteils. Und man muß sehen: die Abenteuerlichkeit Pettys auf der Suche nach mehr und mehr Profit ist keineswegs unverbunden mit seiner Abenteuerlichkeit im Denken, die ihn völlig neue Wege mit einer Kühnheit gehen läßt, die seinen Kollegen sicherlich oft ebenso frivol erschien, wie sein „Ethos". Mit vollem Recht bemerkt Behrens: „Wenn Heckscher meint, Petty sei ‚ein Mann ohne alle Arbeitgeberinteressen' gewesen[105], so dokumentiert er nur sein Unverständnis für den gesetzmäßigen Zusammenhang zwischen Ökonomie und Ideologie."[106]

Als Sohn eines wohlhabenden Tuchmachers und Färbers im Jahre 1623 geboren, ging Petty auf eine Schule, in der er Latein und etwas Griechisch lernte, wurde Schiffsjunge und wegen eines Beinbruchs in der Normandie an Land gebracht, ernährte sich als „Kaufmann", wohl in der Hauptsache durch Schmuggel, und besuchte wohl auch eine Zeitlang eine Jesuitenschule. Ungewöhnlich begabt für Mathematik, widmete er sich dann in Paris naturwissenschaftlichen, vor allem medizinischen Studien. Außerdem arbeitete er eng mit dem Philosophen Hobbes zusammen, dem er bei seinen optischen Studien assistierte. Danach ging er nach Oxford, wo er nach weiterem vierjährigen Studium als Professor der Anatomie an der Universi-

102 *K. Marx*, „Zur Kritik", a. a. O., S. 39.

103 *K. Marx*, „Grundrisse", a. a. O., S. 874.

104 *K. Marx*, „Zur Kritik", a. a. O., S. 40. – Pettys Frivolität bezog sich auf alle Seiten des Lebens. Als die Frau seines Freundes Southwell starb, vermeldete er ihm in seinem Kondolenzbrief, daß ihm (Southwell) nun eine „zweite Ernte des Glücks" bevorstünde, „da er ja jetzt Anspruch" hätte auf einen neuen Anteil an den „in Massen umherschwärmenden unverheirateten Frauen" (vgl. dazu *E. Strauss*, Sir William Petty. London 1954, S. 154.)

105 *E. Heckscher*, a. a. O., Bd. 2, S. 150.

106 *F. Behrens*, a. a. O., S. 137.

tät tätig war und Studien über Arthritis und Syphilis veröffentlichte. Seine Bedeutung als Arzt geht daraus hervor, daß, bevor McCulloch auf seine ökonomischen Schriften hinwies und Marx ihn in seiner ganzen Bedeutung als Politökonom wiederentdeckte (vgl. dazu auch das Vorwort von Engels aus dem Jahre 1894 zum „Anti-Dühring"), sein Ruf in späterer Zeit vor allem auf seiner ärztlichen Tätigkeit beruhte. So fügt zum Beispiel Braybrooke 1825 in seiner Ausgabe des Tagebuches von Samuel Pepys bei der Erwähnung des Namens von Petty folgende erklärende Bemerkung in einer Fußnote bei: „Sir William Petty, ein hervorragender Arzt und berühmt für seine Leistungen auf allen Wissenschaftsgebieten." 1648 gründete er mit John Holland eine „Partnership" zur Ausnutzung seiner mechanischen Erfindungen. 1650 wurde Petty für einige Zeit auch Dozent (Reader) für Musik im Gresham College in London.

1652, im Alter von 29 Jahren, kam die große Wendung in seinem Leben. Sein Vermögen hatte sich in den vorangehenden zwei Jahren von rund 28 Pfund Sterling (ein Oxforder Professor konnte damals als Junggeselle mit diesem Betrag etwa ein Jahr lang ordentlich leben) bereits auf 480 Pfund erhöht. Wie diese Vermögenssteigerung zustande kam, verrät Petty nicht, aber wir wissen zum Beispiel, daß er schon als Student die unfertige Erfindung eines Bekannten stahl und sie vergeblich zu Geld zu machen suchte. Jetzt, 1652, beginnt jedoch ein gewaltiges Vermögenswachstum, das typisch für diese Zeit ist und die Methoden der ursprünglichen Akkumulation auf das deutlichste illustriert. Petty wird Armeearzt und später Surveyor of Ireland, ein Landmesser besonderer Art, die ihn zunächst zum Dollarmillionär nach heutigen Vermögensbegriffen macht (seinen Profit aus dem irischen Krieg schätzt Petty selbst in seinem Testament bescheiden auf 13 000 Pfund Sterling) und schließlich nach geschickter Anlage dieses Kapitals – unter anderem auch in Eisenwerken, Bleiminen und im Holzhandel – gar zu einem der allerreichsten Männer seiner Zeit, der ein jährliches Einkommen von über einer Million Dollar nach heutigem Geldwert hatte.

Die Gelegenheit zur Landmesserarbeit in Irland ergab sich aus folgendem: In Irland war 1641 ein Aufstand gegen die nationale Unterdrückung, die fürchterliche Ausbeutung des Landes und den Terror unter dem Regime Straffords, des Statthalters des englischen Königs Karl I., ausgebrochen. Um Geld für die Niederschlagung des Aufstandes, insbesondere für die Ausrüstung und Unterhaltung einer großen Armee, zu erhalten, wurde vom englischen König ein bedeutender Teil der landwirtschaftlichen Fläche Irlands als Sicherheit allen denen, die Geld aufbrachten, versprochen; das Land sollte nach der Unterdrückung des irischen Aufstandes konfisziert und den englischen Geldgebern übereignet werden. Unter Cromwell, also nach dem Ausbruch der Revolution, dauerten die Kämpfe in Irland an. Cromwell übernahm auf Grund des Charakters der englischen Revolution, die zwar unter anderem die Hinrichtung Straffords und des Königs brachte, die aber eben eine Revolution des Blocks des kapitalistischen Adels und Bürgertums war, die alten königlichen Verpflichtungen gegenüber den Geldgebern. Es gelang, den Krieg 1652 siegreich für die englische Unterdrückernation zu beenden. Nun kam es darauf an, das Land zu konfiszieren und die Ansprüche der Gläubiger zu befriedigen. Einer der „Landmesser", die diese Angelegenheiten zu regeln hatten, wurde Petty. Es ist nicht erstaunlich, daß er mit riesigem Grundbesitz und erheblichen Bargeldmengen dieses Amt im Jahre 1656 aufgab. Auch ist es nicht verwunderlich, daß weniger erfolgreiche Schwindler und Betrüger, Räuber und ursprüngliche Akkumulateure, als er es war, ihn anklagten, mit nicht sehr moralischen Mitteln zu seinem Vermögen gekommen zu sein. Aber Petty hatte genügend einflußreiche Freunde, um schließlich alle Verfahren niederzuschlagen, bzw. die Prozesse zu gewinnen. Nach dem Sieg in einem dieser Prozesse (gegen den Herzog von Ormonde) rühmte er sich, Zeugen beigebracht zu haben, die „durch ein 15 cm dickes Brett hindurchschwören", das heißt, unerschütterlich den frechsten Meineid leisten und an ihm festhalten könnten. Später, nachdem der ursprüngliche Landraub geregelt war, wurde er weiter im Interesse des englischen Großgrundbesitzes in Irland eingesetzt und erhielt den Adelstitel. 1687 starb er und seine Witwe wurde Baroness, sein Sohn Baron. Seine späteren Nachkommen sind die Marquis von Landsdowne, deren Familienmotto „Virtute, non verbis" („Durch Tugend, nicht durch Worte") lautet.

Neben dieser Karriere als kapitalistischer Landräuber und Spekulant geht seine wissenschaftliche Laufbahn. Als Mitglied des „Philosophischen Clubs" wurde er einer der Begründer der Royal Society, die aus diesem Klub hervorging. Zahlreich sind seine technischen Erfindungen und seine wissenschaftlichen Aufsätze und Broschüren. Sie beschäftigten sich mit medizinischen und allgemein naturwissenschaftlichen wie auch mit gesellschaftlichen Fragen. Daneben betätigte er sich auch auf einem ganz anderen Gebiet: der bekannte Tagebuchschreiber Evelyn nennt ihn einen der größten Dichter in lateinischer Sprache seiner Zeit. Daß er in religiösen Fragen als zynisch galt und gleichzeitig eine Arbeit über „Friede in der Religion" schrieb, wird ebensowenig verwundern, wie daß manche seiner Schriften, wenn es ihm opportun schien, anonym herauskamen. Wie vielfältig seine schriftstellerische Tätigkeit allein schon innerhalb des engeren Rahmens der technisch-wirtschaftlichen Arbeiten war, lassen einige Titel erkennen: „Apparatur zu einer Geschichte der Färberei", „Über das Wachstum von London", „Landkarten von Irland", „Abhandlung über Steuern und Beiträge", „Beobachtungen über Geburten, Sterbefälle und Heiraten in London, Paris und Dublin", „Abhandlung über Marine-Philosophie" und „Politische Arithmetik". Er hinterließ mehr als fünfzig Kisten gefüllt mit Manuskripten, von denen nur ein Teil veröffentlicht worden ist.[107] So sieht die Pflege des nationalen Kulturerbes in England aus!

Untersuchen wir nun die große wissenschaftliche Leistung Pettys. Sie beruht in erster Linie darin, daß er, wie Marx[108] in seiner Begründung für Pettys Charakterisierung als ersten Vertreter der „klassischen politischen Ökonomie" sagt, in wirklich bahnbrechender Weise „den innern Zusammenhang der bürgerlichen Produktionsverhältnisse erforscht" hat. Was aber bedeutet das? Was ist das Zentrum der bürgerlichen Produktionsverhältnisse? Das Zentrum ist die kapitalistische Schaffung von

[107] Vgl. dazu vor allem das große Werk über Petty von *Shichiro Matsukawa*.

[108] *K. Marx*, Das Kapital. Bd. I, a. a. O., S. 95.

Mehrprodukt, die Schaffung von Mehrwert durch Ausbeutung, die natürlich ohne eine Werttheorie unerklärlich sein muß.

Von der Pettyschen Mehrwerttheorie müssen wir darum ausgehen und zusammen mit ihr zugleich seine Werttheorie überhaupt behandeln.

In seiner ersten grundlegenden politökonomischen Arbeit, seinem Werk über Steuern[109], bestimmte Petty „den Wert der Waren durch die komparative Quantität von Arbeit, die in ihnen enthalten ist"[110]. Dabei sah Petty jedoch nur die Arbeit in den Gold- und Silberbergwerken als die eigentlichen Tauschwert schaffende Arbeit an. Er schreibt: „Wenn jemand eine Unze Silber aus dem Innern der Erde Perus in derselben Zeit nach London bringen kann, die er zur Produktion eines Bushel Korn brauchen würde, dann ist das eine der natürliche Preis des anderen; wenn er nun durch Abbau neuer und ergiebigerer Bergwerke statt der einen zwei Unzen Silber mit dem gleichen Aufwand gewinnen kann, wird das Korn bei einem Preis von 10 Shilling pro Bushel ebenso billig sein wie vorher bei einem Preis von 5 Shilling, caeteris paribus."[111]

Wie aber bestimmt sich der Wert der Arbeit? Der tägliche Durchschnittslohn ist nach Petty durch das bestimmt, was der Arbeiter braucht, „um zu leben, zu arbeiten und sich fortzupflanzen".[112]

Wir sehen also, daß Petty die Anfangsgründe der Lehre vom Wert in der kapitalistischen Wirtschaft niedergelegt hat. Denn die Arbeitswerttheorie ist die einzig wissenschaftliche Werttheorie. Die Werttheorie von Petty ist die erste Leistung der bürgerlichen Politischen Ökonomie des Kapitalismus, von der wir mit Lenin[113] sagen können, daß sie ein Element der „Quellen und Bestandteile des Marxismus" darstellt. Hier stößt Petty zu einem der Grundprobleme der Politischen Ökonomie des Kapitalismus vor und deutet bereits die Richtung an, in der es gelöst werden muß.

Dabei ist Petty schon so weit, daß er von gesellschaftlicher Durchschnittsarbeit ausgeht und als begeisterter Statistiker sogar einen Maßstab dafür gibt, von wann an man von Durchschnittsarbeit sprechen kann. Nachdem er auseinandergesetzt hat, daß der Nahrungsmittelverbrauch der beste Wertmaßstab der Arbeit sei, erklärt er, er „versteht unter dem Tagesbedarf an Nahrung den hundertsten Teil von dem, was hundert Arbeiter aller Art und Größe essen müssen, um zu leben, zu arbeiten und sich fortzupflanzen"[114].

Aber – und das ist kennzeichnend für das ganze System von Petty: Er ist vielfach noch ein „der Feudalzeit näherstehender Schriftsteller"[115], ist darum noch befangen in zahlreichen primitiveren, faktisch monetaristischen Auffassungen und widerspricht sich oft. So finden wir vielfach auch andere Wertbestimmungen als die oben gege-

[109] *W. Petty,* A treatise on taxes and contributions. London 1667.

[110] *K. Marx,* „Mehrwerttheorien", a. a. O., S. 331.

[111] Zitiert in Übersetzung von *K. Marx,* Das Kapital. Bd. I, a. a. O., S. 106 f.

[112] *W. Petty,* Political Anatomy of Ireland. London 1691, S. 64.

[113] *W. I. Lenin,* Werke. Bd. 19, Berlin 1962, S. 3 ff.

[114] *W. Petty,* Tracts. Dublin 1769, S. 345.

[115] *K. Marx,* Das Kapital. Bd. III, a. a. O., S. 792.

bene, wozu noch mangelnde Unterscheidung zwischen Gebrauchswert und Tauschwert kommt. Wenn Petty sagt, daß die Arbeit der Vater und die Erde die Mutter des Reichtums seien, so meint er hier den Gebrauchswert, ohne daß er ihn ausdrücklich vom Warenwert unterscheidet.

Auch die Bezahlung der Arbeit, die Lohnhöhe, bestimmt Petty bisweilen nach anderen als den genannten Gesichtspunkten. Diese sind natürlich bei einem so hervorragenden Denker wie Petty nicht einfacher Unsinn, sondern zumeist sehr genau durch die Basis, durch die Formen, in denen Mehrwert angeeignet und Kapital akkumuliert wird, bestimmt. Für ihn gibt es folgende Gruppen von produktiven Arbeitern[116]: Bauern und Landarbeiter (husbandmen), Seeleute, Soldaten, Manufakturarbeiter, Handwerker und Kaufleute. Die Arbeit dieser „Säulen jeder Gesellschaft" habe einen sehr verschiedenen Wert. In den Manufakturen werde mehr geschaffen als in der Landwirtschaft, und der Handel leiste mehr als die Manufakturen. An erster Stelle stünden die Seeleute. Jeder Seemann sei nicht nur ein Seefahrer, sondern auch ein Kaufmann und auch ein Soldat. Der Lohn eines landwirtschaftlichen Arbeiters sei darum nur ein Drittel des Lohnes eines Seemannes: „Der landwirtschaftliche Arbeiter Englands verdient etwa 4 s in der Woche, der Seemann aber 12 s in Form von Löhnen, Verpflegung (einschl. Wohnung) usw., so daß ein Seemann faktisch drei landwirtschaftliche Arbeiter wert ist." Es wäre darum vorteilhaft für England, wenn es die Landwirtschaft aufgäbe, Vieh und Getreide einführe und sich vor allem mit Handel abgäbe.[117]

Hier wird plötzlich die Entlohnung unter dem Kapitalismus aus dem Leistungsprinzip erklärt – ein ernster theoretischer Rückschlag gegenüber den zuvor gegebenen Formulierungen. Zugleich aber überraschen wieder die Kühnheit und Originalität der Gedanken. Ausgangspunkt für Petty ist die Tatsache, daß im Handel, durch die Schiffahrt, besonders viel Kapital angesammelt wird, da Handel und Schiffahrt fast identisch sind mit Piraterei, Prellerei usw. Handel und Schiffahrt bringen mehr ein als irgendein anderes Gewerbe. Folglich würden entsprechend dieser Vorteile für die Kapitalakkumulation die Seeleute entsprechend besser bezahlt. Folglich sei es durchaus richtig, die Frage aufzuwerfen, ob es nicht das beste wäre, wenn ein möglichst großer Teil der Bevölkerung, statt sich der nur kümmerliche Vorteile bringenden Landwirtschaft zu widmen, sich im Handel betätige. Ja, in seiner „Marine-Philosophie" wird Petty sogar noch kühner und präziser und wirft die Frage auf, ob es nicht ratsam wäre, statt Seeleute im Handel (Prellerei) zu verwenden, sie ausschließlich im Seekrieg einzusetzen. Der Gewinn aus solcher Beschäftigung wäre noch erheblicher als aus dem, was man damals allgemein Handel einschließlich unkriegerischer Prellerei nannte. Das heißt, Petty wirft die für die Periode der ursprünglichen Akkumulation politökonomisch durchaus berechtigte Frage auf, ob

116 *W. Petty*, Political Arithmetic. London 1690 – schon in dem 71 Worte umfassenden Titel dieses Werkes wird die Vermehrung der Zahl der Seeleute gefordert.

117 Im gleichen Sinne forderte Pettys jüngerer Zeitgenosse und Kollege in der Royal Society Nehemia Grew eine Beschränkung der Zahl der kleinen Ladeninhaber, die Senkung der Zahl der Kneipenbesitzer auf ein Viertel, eine Verminderung der Pfandleihen und viel weniger Anwälte, Ärzte und Apotheker.

es nicht im Interesse Englands läge, sich hauptberuflich dem Seekrieg zu widmen. Ich glaube, dieses Beispiel aus den Gedankengängen Pettys erklärt gleichermaßen die große Hochachtung, die Marx für den Denker Petty empfand und die wir alle mitempfinden müssen, und die Charakterisierung dieses Mannes als eines echten Sohnes der grausamen Zeit der Periode der primitiven Akkumulation. Wie richtig bemerkte doch schon Engels in seiner ersten politökonomischen Arbeit: „Das Merkantilsystem hatte noch eine gewisse unbefangene, katholische Gradheit und verdeckte das unsittliche Wesen des Handels nicht im mindesten."[118]

Weiter, was die Lohnhöhe betrifft, tritt Petty auch ganz primitiv als Vertreter der Theorie möglichst niedriger Löhne auf – aber selbst hier bei aller Primitivität wieder höchst originell und konsequent denkend, zugleich auch auf seine „irischen Erfahrungen" zurückgreifend. Entsprechend seiner rücksichtslosen Räuberart zu handeln und zu denken, setzt sich Petty aber nicht nur für möglichst niedrige Löhne ein, sondern ersinnt auch gleich dazu die durchschlagendsten Mittel, um unter allen Umständen zu verhindern, daß die Löhne vielleicht nominal auf niedrigem Niveau stagnierten, jedoch infolge von Kaufkraftveränderungen real heraufgingen, weshalb er empfiehlt, durch Steuern oder auf andere Weise hohe bzw. steigende Preise zu sichern. (Darum störten die Prämien auf Getreideausfuhr, die unter Wilhelm von Oranien den Landkapitalisten geschenkt wurden, auch nicht die Eintracht von Landaristokratie und städtischer Bourgeoisie.)

Ja, noch mehr: Petty sann auf Mittel, um, falls das temporäre „Unglück" einer guten Ernte die Preise zeitweise senke und damit die Kaufkraft der Löhne erhöhe, auch gegen solch Ereignis gefeit zu sein. In seiner Political Arithmetik argumentiert er so: Die Löhne sollten möglichst niedrig sein, damit die Arbeiter möglichst eifrig zu arbeiten gezwungen wären. Die Löhne sollten auch real durch Senkung der Kaufkraft vermindert werden, indem man Steuern auf Lebensmittel legt. Seine Autorität, die Tuchwebermeister, hätten erklärt, daß, sobald die Kaufkraft der Löhne steige, sich die Arbeiter nur dem Essen und Trinken ergäben. Das „Unglück" einer guten Ernte aber könnte dadurch abgewendet werden, daß man das Getreide durch den Staat lagern lasse und es so vom Markte fernhalte, wodurch die Preise für Getreide hochgehalten und die Löhne der Arbeiter in ihrer Kaufkraft niedrig gehalten werden würden. Für den Fall aber, daß all diese Mittel zur Niedrighaltung der Lebenshaltung nicht ausreichen sollten, empfiehlt Petty in seinem Political survey of Ireland noch ein letztes Mittel: man sollte die Mittagspause verkürzen, so daß die Arbeiter weniger Zeit zum Essen hätten, und dann solle man noch einen Fastentag in der Woche (den Freitag) einlegen, wodurch ebenfalls der Lebensmittelkonsum und damit die auf ihn „verschwendete Zeit" eingeschränkt werde.

Entsprechend schlimm sei natürlich auch die Arbeitslosigkeit vom wirtschaftlichen Standpunkt aus zu werten. Weder die Theorie der möglichst niedrigen Löhne noch die Abscheu vor der Arbeitslosigkeit als Profitverlust sind Petty eigentümlich,

[118] *Fr. Engels*, Umrisse zu einer Kritik der Nationalökonomie, *Marx/Engels*, Werke, Bd. 1, Berlin 1956, S. 503.

sie sind zu seiner Zeit weit verbreitet. Originell aber ist stets die Argumentation Pettys bzw. ihre Zuspitzung und die schon fast groteske Konsequenz der Maßnahmen, die er als praktische Schlußfolgerungen vorschlägt. Was die Arbeitslosigkeit betrifft, so formuliert er, daß es besser wäre, die Arbeitsprodukte von 1000 Menschen zu verbrennen, als diese Menschen ihre Arbeitsfähigkeit durch Arbeitslosigkeit verlieren zu lassen.[119] Und auch in anderer Weise hat Petty noch angedeutet, wie er bis zur letzten Kleinigkeit Wege erdacht hat, um den Beschäftigungsgrad zu erhöhen und Arbeitslosigkeit zu vermeiden: Er äußerte nämlich (in Quantulumcunque concerning momey), daß, wenn schon Edelmetalle ausgeführt werden müßten, man Münze statt Barren ausführen solle, da in der Münze zumindest die heimische Arbeitskraft des Münzprägens mitenthalten sei. Petty verlangt aus den gleichen Gründen auch eine „Humanisierung des Strafvollzugs" – statt einem Mann zur Strafe die Hand abzuhacken und ihn so arbeitslos, weil arbeitsunfähig, zu machen, sollte man ihm lieber zwangsweise mehr Arbeit geben.[120] Auch für eine „neue Sittlichkeit" tritt Petty ein mit der Begründung, daß „lockere Beziehungen" keine Kinder, also keine Arbeitskräfte einbrächten. –

Man könnte nun meinen, daß mit diesen Ausführungen zugleich auch die Frage beantwortet sei, wo Petty die Hauptquellen des Mehrwertes findet. Aber eine solche Vermutung wäre ganz falsch. Wir hatten schon Marx dahingehend zitiert, daß er uns an die Nähe der Feudalzeit bzw. feudaler Verhältnisse im Zusammenhang mit Petty erinnert. Nicht, daß in England zu Zeiten Pettys oder auch nur seines Großvaters noch der Feudalismus geherrscht hätte. Aber die englische Gesellschaft des frühen Kapitalismus war natürlich aus dem Feudalismus entwachsen. Feudalismus aber bedeutet: gewaltiges Übergewicht der landwirtschaftlichen Betätigung gegenüber jeder anderen. Darum ist es nicht verwunderlich, daß die führende Schicht der Kapitalisten in dieser Zeit noch der ländliche Großgrundbesitz war. Kaufleute sammelten schneller Kapital und wurden mächtig. Aber die Position des ländlichen Kapitals war weit solider und sicherer.

Marx sagt: „Petty, Cantillon, überhaupt die der Feudalzeit näherstehenden Schriftsteller, nehmen die Grundrente als die normale Form des Mehrwerts überhaupt an, während der Profit ihnen noch unbestimmt mit dem Arbeitslohn zerfließt, oder höchstens als ein vom Kapitalisten dem Grundeigentümer abgepreßter Teil dieses Mehrwerts erscheint. Sie gehen also von einem Zustand aus, wo erstens die agrikole Bevölkerung noch den weit überwiegenden Teil der Nation ausmacht, und wo zweitens der Grundeigentümer noch als die Person erscheint, die in erster Hand die überschüssige Arbeit der unmittelbaren Produzenten vermittelst des Monopols des Grundeigentums sich aneignet, wo also das Grundeigentum auch noch als die Hauptbedingung der Produktion erscheint. Für sie konnte eine Fragestellung noch nicht existieren, die umgekehrt, vom Standpunkt der kapitalistischen Produktionsweise aus, zu erforschen sucht, wie das Grundeigentum es fertigbringt, dem Kapital einen Teil des von

[119] *W. Petty*, A treatise on taxes, a. a. O., Kap. 6.

[120] Ebendort, Kap. 10.

diesem produzierten (das heißt den unmittelbaren Produzenten ausgepreßten) und in erster Hand bereits angeeigneten Mehrwerts wieder zu entziehen."[121]

Die eigentliche Form des Mehrwertes ist für Petty also die in der Landwirtschaft gewonnene Grundrente. Die Geldrente, der Zins, wird aus der Grundrente abgeleitet. Die Kapitalakkumulation aber ist für Petty nicht so sehr eine Frage der Mehrwertgewinnung, sondern erscheint fast einzig in der Form der ursprünglichen Akkumulation und beruht daher in der Hauptsache auf Raub von Land und Raub im Handel. Daher hat die Mehrwertgewinnung in Form der Grundrente bei ihm mit der Kapitalakkumulation durch Handel wenig zu tun. Wir können also von seinen Äußerungen über Kapitalakkumulation (vor allem im Handel) nicht auf seine Mehrwerttheorie (konzentriert auf Grundbesitz) schließen. Es ist offenbar, wie eng verbunden eine solche Betrachtungsweise eben mit der Tatsache ist, daß der wirklich ins Auge fallende Teil der Akkumulation in dieser Zeit die ursprüngliche Akkumulation ist, und daß, wenn auch natürlich durch Mehrwertaneignung Kapital akkumuliert wird, das doch eine fast zu vernachlässigende Form der Akkumulation ist, so daß Mehrwertaneignung und Kapitalakkumulation im Grunde als zwei Dinge erscheinen, die nichts miteinander zu tun haben, während faktisch bei Petty natürlich Mehrwert sowohl aus der landwirtschaftlichen Produktion (und hier ist er „Klassiker") wie auch aus der Zirkulation (und hier ist er nur Merkantilist) gewonnen wird.

Wie bestimmt nun Petty das Entstehen und die Höhe der Rente? Marx zitiert den Treatise on taxes and contributions und kommentiert wie folgt: „‚Nehmen wir an, ein Mann bebaute mit eigener Hand eine bestimmte Fläche Land mit Korn, das heißt, er gräbt oder pflügt es um, eggt, rodet, erntet, fährt das Korn ein, drischt es, worfelt es, wie es der Ackerbau dieses Landes erfordert, und er hat überdies Saatgut, um es zu besäen. Ich behaupte – wenn dieser Mann von seiner Ernte sein Saatgut abgezogen hat' (also erstens von dem Produkt ein Äquivalent des konstanten Kapitals abgezogen) ‚sowie alles das, was er selbst verzehrt und im Austausch für Kleidung und für sonstige natürliche Bedürfnisse an andere gegeben hat –, daß das, was an Korn übrigbleibt, die natürliche und wirkliche Bodenrente für dieses Jahr ist; und der Durchschnitt von sieben Jahren oder vielmehr die Zahl von Jahren, in denen Mißernten und gute Ernten ihren Kreislauf durchmachen, gibt die gewöhnliche Bodenrente in Korn.'

Es ist also in der Tat bei Petty, da der Wert des Korns durch die in ihm enthaltne Arbeitszeit bestimmt ist, und die Rente gleich dem Gesamtprodukt minus dem Arbeitslohn und seed, letztre gleich dem surplus produce, worin sich die surplus labour vergegenständlicht. Die Rente schließt hier den Profit ein; er ist noch nicht getrennt von der Rente."[122]

Und häufig mehr noch: „Ökonomisch betrachtet ist daher nur die Rente Form des Reichtums. So kommt es, daß die ersten Propheten des Kapitals nur den Nicht-Kapitalisten, den feudalen Grundeigentümer als Repräsentanten des bürgerlichen Reichtums fassen."[123]

[121] K. *Marx*, Das Kapital. Bd. III, a. a. O., S. 792.

[122] K. *Marx*, „Mehrwerttheorien", a. a. O., S. 333.

[123] K. *Marx*, „Grundrisse", a. a. O., S. 235.

Die „Renten-Profit-Mehrwerttheorie" Pettys ist die zweite ganz große Leistung dieses Denkers. Sich über das übliche Niveau merkantilistischen Denkens weit erhebend, stößt er zum Grundproblem des Kapitalismus, der Schaffung von Mehrwert, vor. Noch ist er weit entfernt von seiner Lösung, die erst Marx uns gibt. Aber schon bei Petty erscheint der Mehrwert in der Form der Grundrente als das Produkt der Mehrarbeit, als Resultat der Ausbeutung. Wahrlich eine ganz große Leistung – entsprungen, wie alle Leistungen der klassischen Politischen Ökonomie des Bürgertums, schärfster Beobachtung und tiefstem Nachdenken im Klasseninteresse der Kapitalisten.

Auf dem Wege über die Rente versucht Petty dann, den Wert des Landes zu bestimmen. Er geht davon aus, daß die Rente als Ausdruck des gesamten landwirtschaftlichen Mehrwertes von dem Überschuß der Arbeit über das zum Lebensunterhalt des Arbeiters Notwendige bestimmt wird. Der Wert des Landes wird daraufhin durch die Zahl der Jahresrenten bestimmt, die der Käufer des Landes für den Preis den er zahlt, erwartet. Petty nimmt an, der Käufer argumentiere so, daß er mit Hilfe von drei gleichzeitig Arbeitenden (Großvater, Vater und Sohn) während der Arbeitsfähigkeit dieser drei den Kaufpreis durch Mehrarbeit herausgeholt haben will. Für diese drei Leben gibt es, schätzt Petty für England, sieben gemeinsame Arbeitsjahre, also im Ganzen 21 Arbeitsjahre. Der Wert des Landes entspricht also 21 Jahren Mehrwert. Der Wert des Landes ist also, wie Marx bemerkt, für Petty kapitalisierte Rente. „So tief dringt Petty in die Sache ein"[124], fügt Marx hinzu.

Und in der Tat, so skurril die statistische Berechnungsmethode der Rente ist, so tief durchdacht ist doch die Theorie, die der Bestimmung des Wertes des Landes zugrunde liegt. Und noch eines stellen wir fest: die ursprüngliche Akkumulation ist als „störendes Element" völlig ausgeschaltet. Wir befinden uns im ruhigen Fahrwasser des auf dem Lande relativ „normal" funktionierenden Kapitalismus nach den gewaltigen Landenteignungen im 16. Jahrhundert, nach den letzten großen Landakkumulationen durch Raub im Gefolge der Revolution um die Mitte des 17. Jahrhunderts. Die großen Landeinhegungen, die immer noch (und weiter verstärkt) im 18. Jahrhundert stattfinden werden, werfen ihren Schatten nicht auf Pettys Theorie des Mehrwertes und der Wertbestimmung des Landes.

Aus der Grundrente wird nun ganz einfach die Höhe der Geldrente abgeleitet. „Was den Zins anbelangt, so muß er mindestens soviel betragen wie die Rente von soviel Land, wie das geliehene Geld zu kaufen vermag, wo die Sicherheit außer Zweifel steht."[125] Einfacher, klarer, einleuchtender ist es unmöglich, den Geldzins abzuleiten, wenn man einmal davon ausgeht, daß die Grundrente mit dem auf dem Lande gewonnenen Mehrwert identisch ist und die allgemeine Form des Mehrwertes darstellt. Zugleich ist die Zinstheorie Pettys weit bedeutsamer als die Childs oder Davenants, die mehr praktizistisch nur einen möglichst niedrigen Zins propagieren und deren theoretische Bemerkungen vor allem dieser Propaganda dienen.

Was die Differentialrente betrifft, so weist Marx darauf hin, daß auch zu ihrer Erkenntnis Petty Grundlegendes beigetragen hat, ja, daß er sie „besser als A. Smith

[124] *K. Marx*, „Mehrwerttheorien", a. a. O., S. 335.

[125] Zitiert ebendort.

entwickelt hat"[126]. Während er die wichtigsten Begründungen für das Entstehen der Differentialrente gibt – die verschiedene Fruchtbarkeit des Bodens sowie die daraus sich ergebende verschiedene Produktivität der Arbeit auf Ländereien von gleicher Fläche und Entfernung vom Markt –, leitet er die Differentialrente nicht vor allem aus dem erstgenannten, sondern aus dem letztgenannten Moment ab – was wohl objektiv, historisch auch ganz richtig war, da die schlechte Qualität der Verkehrswege damals eine so große Rolle spielte. –

Noch auf eine wichtige Leistung Pettys sei hier aufmerksam gemacht. Sie betrifft weniger die Methodologie seiner Untersuchung, ist aber mit ihr verflochten. Das sind seine Bemühungen um eine Quantifizierung politökonomischer Aussagen, die natürlich in seiner Political Arithmetik einen Höhepunkt erreichen, aber sein ganzes Werk durchziehen. „Zahl, Gewicht und Maß" (number, weight and measure) benutzte in der „Weisheit Salomonis" Gott, um die Welt zu ordnen, und nach seinen eigenen Worten Petty, um Ordnung in die Wirtschaftsbetrachtung und Wirtschaftspolitik zu bringen. Erstaunlich bereits die Wendigkeit im Gebrauch von Statistiken, um zu faktischen Erkenntnissen zu kommen – etwa wenn Petty auf Grund von Beerdigungsstatistiken die Einwohnerzahlen von London, Paris und Rouen berechnet. Zugleich aber ist er der erste große Spieler mit Zahlen, der es versteht, den Leser zu manipulieren – etwa so: „Nun sind die Bemerkungen oder Behauptungen – ausgedrückt in Zahl, Gewicht und Maß –, auf die ich die folgenden Ausführungen begründe, entweder richtig oder doch nicht offenbar falsch ... Und wenn sie falsch sind, nicht so falsch, um das Argument, um dessen willen sie gebracht werden, zu zerstören; schlimmstenfalls aber reichen sie aus als Hypothesen, um zu zeigen, worauf ich hinauswill." Wörtlich so in der Political Arithmetik (Hull-Ausgabe Bd. 1, S. 244 f.)! Welcher Statistiker, welcher Quantifizierer wirtschaftlicher Vorgänge hat je wieder so keck und frech und offenklug über seine Zahlen geschrieben! –

Wenn wir nun abschließend noch einmal feststellen, daß Petty der erste Politökonom war, der sich ausführlicher und wirklich gründlich mit der Theorie des Mehrwertes beschäftigt hat, so schließt das natürlich nicht aus, daß sich in seinen Werken nicht noch zahlreiche monetaristische Gedanken und Argumente finden – Marx spricht von „Illusionen des Monetarsystems" –, daß er nicht häufig noch die primitivsten Formulierungen einer Theorie, die den Produktionsverhältnissen des Überganges vom Feudalismus zum Kapitalismus entsprechen, bringt. Das ist ganz besonders dann der Fall, wenn er sich mit Fragen des Geldes und des Außenhandels beschäftigt. Auf der anderen Seite scheinen manche Äußerungen primitiver als sie sind. Ein Musterbeispiel der Interpretation solch einer schwierig zu deutenden Gedankenfolge gibt Marx zum Beispiel anhand folgenden, scheinbar monetaristischen Zitates aus Petty: „Der große und schließliche Effekt des Handels ist nicht Reichtum überhaupt, sondern vorzugsweise Überfluß von Silber, Gold und Juwelen, die nicht vergänglich sind, noch so wandelbar wie andere Waren, sondern Reichtum zu allen Zeiten und an allen Orten." Marx kommentiert: „Ihre Unvergänglichkeit besteht also nicht nur in der Unvergänglichkeit ihres Materials, sondern, daß sie stets Reichtum

[126] Ebendort, S. 336.

bleiben, d. h. stets in der Formbestimmung des Tauschwertes verharren." Petty fährt fort: „Überfluß von Wein, Korn, Gevögel, Fleisch usw. sind Reichtümer, aber hic and nunc." Marx kommentiert: „Von ihrem besonderen Gebrauchswert abhängig." Petty fährt fort: „So ist die Produktion solcher Waren oder Ausübung solchen Handels, der eine Gegend mit Gold und Silber versieht, daher vorteilhaft vor allen andren." Und einige Seiten später sagt Petty (Marx' Kommentar in Klammern ohne Anführungsstriche): „Gold und Silber allein sind nicht vergänglich" (hören nie auf, Tauschwert zu sein), „sondern werden zu allen Zeiten und allen Orten" (der Nutzen besonderer Gebrauchswerte ist zeitlich und örtlich bestimmt wie die Bedürfnisse selbst, die sie befriedigen) „als Reichtum geschätzt; alles andere ist nur Reichtum pro hic and nunc." „Der Reichtum jeder Nation besteht hauptsächlich in ihrem Anteil am auswärtigen Handel mit dem Weltmarkt, viel mehr denn im heimischen Handel mit Eßwaren, Getränken und Kleidern, die wenig Gold und Silber, universalen Reichtum einbringen." Marx bemerkt dazu: „Die Produktion der Produktion wegen treiben, d. h. die Produktivkräfte des Reichtums entwickeln ohne Rücksicht auf die Schranken unmittelbarer Bedürftigkeit oder Genusses, drückt sich bei Petty so aus, zu produzieren und auszutauschen nicht vergänglicher Genüsse wegen, worein sich alle Waren auflösen, sondern des Goldes und Silbers wegen." Und gleichfalls: „Der Geldkultus hat seinen Ascetismus, seine Entsagung, seine Selbstaufopferung – die Sparsamkeit und Frugalität, das Verachten der weltlichen, zeitlichen und vergänglichen Genüsse; das Nachjagen nach dem ewigen Schatz. Daher der Zusammenhang des englischen Puritanismus oder auch des holländischen Protestantismus mit dem Geldmachen."[127]

Das heißt, auch in diesen monetaristischen Äußerungen ist bereits ein Grundprinzip kapitalistischer Produktionsweise, nämlich die Produktion ohne Rücksicht auf die Schranken unmittelbaren Bedarfes, die Produktion für den Markt, und zwar vor allem für den Weltmarkt, enthalten – zugleich aber auch die noch-nicht-kapitalistische Idee der Ansammlung „ewigen Schatzes".

Dabei ist Petty nicht so naiv wie manche Monetaristen, eine fortlaufende Steigerung des Umlaufes von Gold und Silber im eigenen Lande zu begrüßen. Er weiß sehr wohl zwischen dem jederzeit einsatzbereiten Schatz von Gold und Silber und der Funktion von Gold und Silber als Zirkulationsmittel zu unterscheiden. Während es für ihn bisweilen keine Grenze der Schatzbildung gibt, bemerkt er über die Grenzen der Menge von zirkulierendem Gold und Silber: „Was aber, wenn wir nun zuviel gemünztes Geld haben? Wir können dann das Vollwertigste einschmelzen und es zu prächtigem Tischgerät (plate, vessels, utensils) aus Gold und Silber umarbeiten; oder es als Ware dahin schicken, wo Bedarf und Nachfrage danach bestehen; oder wir können es dorthin auf Zins ausleihen, wo man einen hohen Zinssatz zahlt."[128] Und an einer anderen Stelle bemerkt er: „Geld ist nur das Fett des Staatskörpers, weshalb zuviel davon ebenso seine Beweglichkeit behindert, wie zu wenig

[127] *K. Marx*, „Grundrisse", a. a. O., S. 142 f. u. 889 f. – Die Zitate von Petty stammen aus seiner „Political Arithmetic".

[128] *W. Petty*, Quantulumcunque concerning momey. London 1695, Frage 27.

ihn krank macht ... wie Fett die Bewegung der Muskeln geschmeidig macht, fehlende Nahrungsmittel ersetzt, Unebenheiten ausfüllt und den Körper verschönt, so erleichtert das Geld die Bewegungen des Staates, bringt, wenn Teuerung im Inlande, vom Auslande Lebensmittel herein, begleicht Schuldenrechnungen ... und verschönt das Ganze; allerdings ganz besonders die einzelnen Personen, die viel davon haben."[129] (An der Ironie der letzten Bemerkung hat Marx seine besondere Freude gehabt.[130])

Wenn wir hier noch auf einige monetaristische Atavismen dieses ersten klassischen kapitalistischen Politökonomen hingedeutet haben, dann nicht um seine Leistung herabzusetzen, nicht einmal in erster Linie, um seine gewisse Fesselung noch an Theorien einer vergangenen Zeit herauszuarbeiten, sondern um zu zeigen, daß selbst solch veraltete Theorien bei Petty in „einer keck genialen Weise" (Marx), die ihm als bahnbrechendem kapitalistischen Denker eigentümlich sind, vorgetragen werden.

Doch Petty steht in seiner Zeit nicht isoliert da. Keiner erreicht ihn an Schärfe und Kühnheit des Gedankens auf politökonomischem Gebiet, nur einer – Josiah Child – an räuberischem Geschick in der Praxis der ursprünglichen Akkumulation. Der Merkantilismus ist nicht die Lehre eines einsamen Denkers, sondern die theoretische Formulierung einer allgemeinen Praxis der frühen kapitalistischen Bourgeoisie, die zahlreiche hervorragende Denker hervorgebracht hat. Und wie Petty, so waren auch diese anderen Theoretiker zumeist Männer der Praxis, und zwar einer sehr erfolgreichen, erheblichen Profit einbringenden Praxis. Sie alle, beginnend mit Mun, Petty, Child und Davenant, waren echte Wissenschaftler. Und wenn bei diesen Männern und ihren Nachfolgern der Verstand oft sehr erfolgreich und ohne Schaden für die Wissenschaft durch die geldscheffelnde Hand in bestimmte Richtungen gelenkt wurde, so liegt das eben daran, daß es sich um bürgerliche Politökonomen aus der Zeit des noch fortschrittlichen Kapitalismus, der Zeit des noch unentwickelten Klassenkampfes zwischen Kapital und Arbeit, der Zeit, in der jede Apologetik überflüssig war, handelt.

Petty war nicht nur der Begründer des ersten wissenschaftlichen Systems der Politischen Ökonomie. Er war sich auch vollbewußt dessen, was er tat. Ganz offen sprach er davon, daß er eine Wissenschaft der Politischen Ökonomie begründen wollte und daß er es getan hätte.[131] Seine Political Arithmetik aber erschien ihm als ein Mittel, um dieses Unternehmen methodologisch-technologisch zu stützen.

Im Gegensatz zu vielen anderen Schriftstellern seiner Zeit und vor ihm, in deren Abhandlungen und Traktaten Marx so manche Steinchen, die einer Theorie dienen würden, entdeckte, die aber nur für praktische Tageszwecke ihrer Interessen schrieben, wäre Petty ganz und gar nicht über die Aufmerksamkeit der Nachwelt für sein System der Politischen Ökonomie erstaunt gewesen.

[129] *W. Petty*, Political Anatomy of Ireland, a. a. O., S. 14 f. Zitiert nach Marx, Das Kapital. Bd. I, a. a. O., S. 160.

[130] Vgl. ebendort.

[131] Vgl. dazu ausführlich *W. Letwin*, a. a. O., S. 128–138.

Petty lebte von 1623 bis 1687. Erst etwa eine Generation nach seinem Tode begann man sich allgemeiner klar darüber zu werden, daß die Welt der Wissenschaften um einen Zweig reicher geworden war. 1740 schreibt Joseph Massie bereits von „einigen Schriftstellern, die die Wirtschaft (commerce) als eine Wissenschaft betrachtet haben".[132] Und wenig später verbreitet sich die Auffassung von der Politischen Ökonomie als einer Wissenschaft auf dem europäischen Kontinent.

Die Geburt der neuen Wissenschaft in der Realität der Schriften von Mun, Child, Davenaut und Petty ist um die Mitte des 18. Jahrhunderts auch in der reflektierenden, bewußten Ideologie über die neue Wissenschaft vollendet.

[132] *J. Massie,* A representation concerning the knowledge of commerce.

III. Teil

Wie eine Wissenschaft verkommt – dargestellt am Beispiel der bürgerlichen Politischen Ökonomie

1. Vorbemerkung

Eine Wissenschaft wird geboren, aber sie kann nicht sterben, ist unsterblich, solange Menschen leben.

Sie kann stillstehen in ihrer Entwicklung, vielleicht sogar für immer, wenn sich ihre Problematik erschöpft hat, wenn nichts von Besonderheit mehr zu entdecken ist. Sie kann auch stillstehen, wenn gewisse Barrieren zu weiterer Erkenntnis zeitweilig nicht zu überwinden sind. Sie kann auch stillstehen, wenn die Wissenschaften überhaupt, wenn die Gesellschaft als Ganze stillstehen oder niedergehen.

Zumeist aber steht im letzten Falle die Wissenschaft nicht einfach still sondern verkommt, verwandelt sich in Unwissenschaft. Das ist der Fall, wenn eine herrschende Klasse dem Untergang geweiht ist und keine Nachfolgeklasse sich der Wissenschaft sogleich bemächtigt, wie es beim Übergang von der Sklavenhaltergesellschaft zum Feudalismus im westeuropäischen Teil des Römerreiches der Fall war. Dogmatismus, „Talmudismus", Mystizismus und ähnliche Tendenzen zersetzen in solchem Fall die Wissenschaft oder auch bürokratischer Pragmatismus, Sykophantentum und Ähnliches. Es bleibt nur noch eine falsche Hülle der Wissenschaft und auch diese wird bisweilen unter dem Einbruch programmatisch ausgesprochener antiwissenschaftlicher Tendenzen zertrümmert. In jedem Fall hört die schöpferische Entwicklung der Wissenschaft auf. Die wissenschaftliche Erkenntnis von Natur und Gesellschaft macht zeitweilig, oft über Jahrhunderte hinweg, keine Fortschritte mehr. Erfahrung tritt wieder an die Stelle von Wissenschaft im Kampf der Menschen mit der Natur, die, ebenso wie die Gesellschaft, schlechter gemeistert wird als in der Vergangenheit.

Es gibt Wissenschaften, die, wie die Mathematik, im allgmeinen erst in der Praxis parteilich werden, und andere Wissenschaften, deren theoretisches System gewissermaßen konstitutionell parteilich ist. Zu ihnen gehört die Politische Ökonomie.

Wissenschaften wie die Politische Ökonomie sind stets auf das engste mit bestimmten Klassen und Schichten verbunden. Darum ist auch der Ausdruck bürgerliche Ökonomie im Grunde zu breit und verschwommen. Nur wenn die Bourgeoisie als Ganze die einzig herrschende Klasse ist, kann man von „bürgerlicher" Politischer Ökonomie als der Wirtschaftswissenschaft der Herrschenden sprechen. Und das ist nur zu bestimmten Zeiten der Fall.

In der Frühzeit der kapitalistischen Gesellschaft herrschte ganz sicher die Bourgeoisie nicht allein.

Im Vorwort von 1845 zur „Lage der arbeitenden Klasse in England" stellt Engels zum Beispiel der Arbeiterklasse die „herrschende Mittelklasse" (middle class oder middle classes) gegenüber. Mittelklasse, weil es noch eine hierarchisch-sozial überlegende herrschende Klasse, die Landaristokratie, gab. Auch im letzten, nicht vollendeten, Kapitel des „Kapital" spricht Marx von drei Klassen in der kapitalistischen Gesellschaft: „Die Eigentümer von bloßer Arbeitskraft, die Eigentümer von Kapital, und die Grundeigentümer, deren respektive Einkommenquellen Arbeitslohn, Profit und Gurndrente sind, also Lohnarbeiter, Kapitalisten und Grundeigentümer, bilden die drei großen Klassen der modernen, auf der kapitalistischen Produktionsweise beruhenden Gesellschaft."[1]

Also kann man annehmen, daß jede dieser drei Klassen „ihre" Politische Ökonomie entwickelte.

Engels spricht in der „Lage der arbeitenden Klasse in England" aber auch noch von einer anderen Mittelklasse, die er die „arbeitende Mittelklasse" nennt und unter der er die Kleinbourgeoisie, die Handwerker, kleinen Ladenbesitzer usw. versteht. Zweifellos entwickelte diese Klasse oder Schicht ebenfalls „ihre" Politische Ökonomie. Zu ihren bedeutendsten Vertretern gehörten Sismondi und Proudhon.

Man muß sich auch noch sehr überlegen, ob es in den Ländern des Imperialismus nicht eine Politische Ökonomie der Monopole und eine andere der nicht-monopolisierten Bourgeoisie gibt.

Und wie steht es heute in den Entwicklungsländern? was für Politische Ökonomien gibt es dort?

Die Politische Ökonomie der Arbeiterklasse ist die von Marx, Engels und Lenin entwickelte. Sie umfaßt bisher die Politische Ökonomie des Kapitalismus (Marx und Engels), unter besonderer Berücksichtigung auch des monopolistischen Kapitalismus (Lenin), sowie die Politische Ökonomie des Sozialismus, deren Grundlagen Marx, Engels und Lenin legten und um deren Weiterentwicklung die Marxisten im letzten Halbjahrhundert bemüht sind. Eine Politische Ökonomie anderer Gesellschaftsordnungen, etwa des Feudalismus, gibt es über einige Andeutungen hinaus nicht, wenn auch einige marxistisch-leninistische Politökonomen schon einige Bausteine zu solchen Politökonomien zusammengetragen haben.

2. Malthus

Die erste der herrschenden Klassen der kapitalistischen Gesellschaft, die zumindest insofern niederging, als sie mehr und mehr von einer anderen Klasse, nämlich der Industriebourgeoisie, verdrängt wurde, war die Landaristokratie.

Um 1800 war sie in England ökonomisch bereits auf dem Rückzug und fühlte sich auch bereits politisch bedrängt.

In dieser Zeit brachte sie einen Politökonomen hervor, der propagandistisch ungewöhnlich begabt und geschickt war (wie übrigens auch der bedeutendste Politökonom des Monopolkapitals John Maynard Keynes), der zahlreiche Gedankengänge und Überlegungen seiner Zeit in einem System sammelte und überdies so reichlich mit Geisteskräften versehen war, daß die führenden Ökonomen seiner Zeit, darunter auch der größte, den die Bourgeoisie hervorgebracht, David Ricardo, sich Nutzen

[1] *Marx/Engels* Werke Bd. 25, Berlin 1964, S. 892.

aus regem Austausch von Gedanken mit ihm versprachen. Sein Name ist Thomas Robert Malthus.

Malthus ist der weltbekannteste Vertreter einer niedergehenden Politischen Ökonomie. Er ist der erste Vulgärökonom von Weltbedeutung. Seine Lebenszeit umfaßt die Jahre von 1766 bis 1834. Er studierte in Cambridge, wurde 1797 Pfarrer, später, 1805, zum Professor für Moderne Geschichte und Politische Ökonomie an der Hochschule (College) der East India Company in Haileybury ernannt, wo er den Rest seines Lebens verbrachte. 1798 veröffentlichte er die erste Ausgabe seines Bevölkerungsbuches, zunächst in Form einer starken Broschüre mit dem Titel An essay on the principle of population as it affects the future improvement of society, with remarks on the speculations of Mr. Godwin, M. Condorcet, and other writers.

Marx hat sich sehr ausführlich mit Malthus auseinandergesetzt und zwar nicht nur allgemein mit ihm als Vulgärökonomen sondern gerade auch speziell als Vertreter der Interessen der Landaristokratie.

So erklärt er in den „Mehrwerttheorien" zu den verschiedenen Schriften von Malthus (meine Unterstreichungen – J. K.):

„M[althus]' Buch ‚On Population' war ein Pamphlet *gegen die französische Revolution und die gleichzeitigen Reformideen in England* (Godwin etc.). Es war eine Apologie des Elends der Arbeiterklassen. Theorie plagiiert von Townsend etc.

Sein ‚Essay on Rent' war ein Pamphlet *für die landlords gegen das industrial capital.* Theorie von Anderson.

Sein ‚Princ. of Pol. Ec.' war ein Pamphlet im Interesse der capitalists gegen die Arbeiter und *im Interesse der Aristokratie, church, tax-eaters, Jenkin's etc. gegen die capitalists.* Theorie: A. Smith. Wo eigne Erfindung, jammervoll. In der weitern Ausführung der Theorie Sismondi Grundlage."[2]

Großartig kennzeichnet Marx hier auf der einen Seite den allgemein reaktionär kapitalistischen Charakter der Schriften von Malthus und ihren spezifischen Inhalt: für die Großgrundbesitzer gegen das Industriekapital.

Der erste bedeutende Vulgärökonom ist der Vertreter der ersten im Rahmen der kapitalistischen Gesellschaft niedergehenden Klasse, der Großgrundbesitzer, der landlords, sowie ihrer speziellen Stütze, der Kirche, und überhaupt ihrer Parasiten, auch ihrer Jenkin's, ihrer Speichellecker, und der tax-eaters, der Steuerfresser allgemein.

Großartig auch die Gegenüberstellung von Malthus und Ricardo als Vertreter der niedergehenden Großgrundbesitzer und der fortschrittlichen Industriekapitalisten:

„Malthus' Konsequenzen sind ganz richtig aus seiner Grundtheorie vom Wert gezogen; aber diese Theorie ihrerseits paßte merkwürdig für seinen Zweck, die Apologetik der bestehenden englischen Zustände, landlordism, ‚state and church', pensioners, tax-gatherers, tenths, national debt, stockjobbers, beadles, parsons and menial servants (‚national expenditure')*, die von den Ricardians als ebenso viele nutzlose und superannuated drawbacks** der bürgerlichen Produktion, [als] nuisan-

[2] K. *Marx*, „Mehrwerttheorien" in *Marx/Engels* Werke Bd. 26.3 Berlin 1968, S. 56.

* Landlordismus, ‚Staat und Kirche', Pensionäre, Steuereinnehmer, Zehnten, Staatsschuld, Börsenjobber, Büttel, Pfaffen und Dienstboten (‚nationale Ausgaben'). ** überlebte Nachteile.

ces* bekämpft wurden. Ricardo vertrat die bürgerliche Produktion quand même**, soweit sie möglichst ungezügelte Entfaltung der sozialen Produktivkräfte [bedeutete], unbekümmert um das Schicksal der Träger der Produktion, seien sie Kapitalisten oder Arbeiter. Er hielt am *geschichtlichen* Recht und [der] Notwendigkeit dieser Stufe der Entwicklung [fest]. So sehr ihm der geschichtliche Sinn für die Vergangenheit fehlt, so sehr lebt er in dem geschichtlichen Springpunkt seiner Zeit. Malthus will auch die möglichst freie Entwicklung der kapitalistischen Produktion, soweit nur das Elend ihrer Hauptträger, der arbeitenden Klassen, Bedingung dieser Entwicklung [ist], aber sie soll sich gleichzeitig anpassen den ‚Konsumtionsbedürfnissen' der Aristokratie und ihrer Sukkursalen in Staat und Kirche, soll zugleich als materielle Basis dienen für die veralteten Ansprüche der Repräsentanten der von dem Feudalismus und der absoluten Monarchie vererbten Interessen. Malthus will die bürgerliche Produktion, soweit sie nicht revolutionär ist, kein geschichtliches Entwicklungsmoment, bloß eine breitere und bequemere materielle Basis für die ‚alte' Gesellschaft schafft."[3]

Merkwürdig auf den ersten Blick folgende Bemerkung von Marx:

„Malthus hat nicht das Interesse, die Widersprüche der bürgerlichen Produktion zu verhüllen; umgekehrt: sie hervorzuheben, einerseits, um das Elend der arbeitenden Klassen als notwendig zu demonstrieren (es ist es für diese Produktionsweise), andrerseits, um den Kapitalisten die Notwendigkeit [eines] gemästeten Kirchen- und Staatsklerus, um ihnen eine adequate demand*** zu schaffen, zu demonstrieren. Er zeigt also nach, daß für den ‚continued progress of wealth'° [p. 314] weder Wachstum der Bevölkerung noch Akkumulation des Kapitals hinreicht (l. c. p. 319, 320), noch ‚fertility of soil'°° (p. 331), noch ‚inventions to save labour'°°°, noch Ausdehnung der ‚foreign markets' + (l. c. p. 352, 359)."[4]

Warum braucht Malthus nicht die Widersprüche des Kapitalismus zu verhüllen, wie es doch die Aufgabe aller anderen Apologeten von einiger Bedeutung in der Folgezeit ist?

Aus dem ganz einfachen Grunde, weil der Kapitalismus noch am Anfang seiner Entwicklung steht, noch fortschrittlich ist, der Menschheit nach 1800 noch wahrlich viel zu geben hat. Widersprüche im Kapitalismus in dieser Zeit aufzudecken, heißt für die Bourgeoisie: Selbstkritik, um schneller und besser vorwärts zu kommen.

Und doch Apologetik! vulgäre Analysen!

Natürlich! Denn von diesem Fortschritt ist jetzt die Landaristokratie in dem Sinne ausgeschlossen, als sie an das Ende ihrer beherrschenden Position in der kapitalistischen Gesellschaft gekommen ist und zugleich – als parasitäter Grundrentenempfänger – ein Dorn im Auge der profitsuchenden, wild akkumulierenden Industriekapitalisten geworden ist. Man denke nur an den pessimistischen Zug in der sonst so großartig positiv-optimistischen Theorie von Ricardo, wenn er über die

* Krebsschäden. ** trotzdem. *** entsprechende Nachfrage.

[3] Ebendort, S. 46. [4] Ebendort, S. 52.

° ‚stetigen Fortschritt des Reichtums'. °° ‚Fruchtbarkeit des Bodens'.

°°° ‚arbeitsparende Erfindungen'.

\+ ‚auswärtigen Märkte'.

Gefahr immer größerer Einbrüche der aristokratischen Rentenempfänger in den Profittopf der Industriekapitalisten schreibt.

Marx zeigt die Zwiespältigkeit des Verfalls der Politischen Ökonomie bei Malthus auch in folgender Anklage:

„Grundgemeinheit der Gesinnung charakterisiert den Malthus ...

Die Gemeinheit dieser Gesinnung zeigt sich auch wissenschaftlich. Erstens in seinem schamlos und handwerksmäßig betriebenen Plagiarismus. Zweitens in der rücksichtsvollen, nicht rücksichtslosen Konsequenz, die er aus wissenschaftlichen Vordersätzen zieht."[5]

Der letzte Satz ist für uns hier besonders wichtig: Wissenschaftliche Vordersätze! bedeutende wissenschaftliche Vordersätze, wissenschaftliche Vordersätze, die bisweilen in wichtigen Fragen noch einen Fortschritt über Ricardo hinaus bedeuten! aber statt wissenschaftlicher Schlüsse – und jetzt erfolgt der tiefe Abfall, der Niedergang der bürgerlichen Wissenschaft, ihr Verfall: rücksichtsvolle Konsequenz – rücksichtsvoll für die parasitären Klassen! Schärfstens gerichtet gegen die Werktätigen!

Es sind die wissenschaftlichen Vordersätze, auf denen die jahrelange Freundschaft zwischen Ricardo und Malthus basiert – erst gegen Ende seines Lebens beginnt Ricardo die „Rücksicht der Konsequenz" der Nachsätze zu spüren, und damit verliert Malthus die wissenschaftliche Achtung des großen bürgerlichen Klassikers (vgl. zum Beispiel den Brief Ricardos an Trower vom 4. Juli 1821).

Wie mit der Zeitlupe kann man hier den Übergang zum Verfall der bürgerlichen Politischen Ökonomie betrachten. Noch leuchtet die Sonne bürgerlicher Klassik über den Vordersätzen, sie ist noch nicht ganz untergegangen[6] – aber sie hat ihre Kraft bereits verloren, sie ist nicht mehr fähig, den Nachsätzen, die den wissenschaftlichen Schluß ziehen sollen, ihre wärmende Kraft zu geben: die Schlüsse sind vom Dunkel bürgerlicher Apologetik umfangen, und damit ist das Urteil über das Gesamtwerk und die Gesamtleistung von Malthus gefällt: er gehört zu den Feinden der Menschheit.

Weisen wir die Zwiespältigkeit des Verfalls noch näher an der Mehrwerttheorie und speziell der Profitrealisierungstheorie des Malthus nach.

Zunächst zum „wissenschaftlichen Vordersatz": „Das eigentliche Verdienst in den 3 Schriften M[althus]' besteht darin, daß – während R[icardo] in der Tat nicht entwickelt, wie aus dem Austausch der Waren nach dem Gesetz des Werts (der in ihnen enthaltenen Arbeitszeit) der ungleiche Austausch zwischen Kapital und lebendiger Arbeit entspringt, zwischen einem bestimmten Quantum akkumulierter Arbeit und einem bestimmten Quantum of immediate labour*, also in der Tat den Ursprung des Mehrwerts unklar läßt (indem er das Kapital direkt mit der Arbeit, nicht mit

[5] *Marx/Engels*, Werke Bd. 26.2 Berlin 1959, S. 110.

[6] Darum kann Marx auch Malthus noch gegen Say und Bastiat zitieren – so in der „Kritik" (a. a. O., S. 24): „Man begreift, welchen ‚Dienst' die Kategorie ‚Dienst' (service) einer Sorte Ökonomen wie J. B. Say und F. Bastiat leisten muß, deren räsonierende Klugheit, wie schon Malthus richtig bemerkte, überall von der spezifischen Formbestimmtheit der ökonomischen Verhältnisse abstrahiert."

* unmittelbarer Arbeit.

dem Arbeitsvermögen austauschen läßt) – M[althus]' den Hauptton legt auf den *ungleichen* Austausch zwischen Kapital und Lohnarbeit ... Der Profit (Mehrwert vielmehr) entspringt nicht aus dem Äquivalent vergegenständlichter Arbeit, das gegen gleiches Quantum lebendiger Arbeit ausgetauscht wird, sondern aus der Portion lebendiger Arbeit, die in diesem Austausch angeeignet wird, ohne daß ein Äquivalent für sie bezahlt wird, unbezahlter Arbeit, die das Kapital in diesem Scheinexchange* sich aneignet. Sieht man also ab von der Vermittlung dieses Prozesses – und M[althus] ist um so mehr berechtigt, davon abzusehn, als bei R[icardo] diese Vermittlung fehlt –, sieht man nur auf den faktischen Inhalt und das Resultat des Prozesses, so entspringt Verwertung, Profit, Verwandlung von Geld oder Ware in Kapital nicht daraus, daß Waren sich dem Gesetz des Werts gemäß austauschen, nämlich im Verhältnis zur proportionellen Arbeitszeit, die sie kosten, sondern vielmehr umgekehrt daraus, daß die Waren oder Geld (vergegenständlichte Arbeit) sich gegen *mehr* lebendige Arbeit austauschen, als in ihnen enthalten, aufgearbeitet ist.

Die Pointierung dieses Punktes, der bei R[icardo] um so weniger scharf heraustritt, als er immer das fertige Produkt voraussetzt, das zwischen Kapitalist und Arbeiter geteilt wird, ohne den Austausch, den vermittelnden Prozeß zu betrachten, der zu dieser Teilung führt, ist das einzige Verdienst M[althus]' in den obigen Schriften ...

Herr Malthus will den ‚Profit' gleich in die Definition des *Werts* mit aufnehmen, damit er unmittelbar aus dieser Definition folge, was bei R[icardo] nicht der Fall. Man sieht daraus, daß er fühlt, worin die Schwierigkeit lag."[7]

Es ist bemerkenswert, daß die Geschichte der Politischen Ökonomie durch den Vulgärökonomen und Apologeten Malthus noch einen bedeutenden Schritt vorwärts macht, wie dieser Vulgarisator unserer Wissenschaft noch so mit der klassischen Politischen Ökonomie des Bürgertums verbunden ist, daß er dieses Zentralproblem der Politischen Ökonomie des Kapitalismus noch über Ricardo hinaus einen Schritt weiter seiner Lösung entgegenführen kann. Einen Schritt weiter! – aber wie fern ist es trotz des langen Weges, den wir seit Petty vorangekommen sind, noch bis zur Lösung. Fern, wenn wir die Weite ermessen, die unser Denken noch zu durchschreiten hat. Und diese Weite vor uns hat Marx in wenigen großen Schritten durchmessen. Bereits in der „Kritik der politischen Ökonomie" ist das Problem der Entstehung des Mehrwertes völlig gelöst, ist die revolutionäre Leistung der Umwandlung „vorwissenschaftlicher" kluger und scharfsinniger Gedankengänge auf diesem Gebiet der Wissenschaft der Politischen Ökonomie vollzogen.

Doch nun – wieder die Zwiespältigkeit! – zu den tausend vulgären, apologetischen, dem Fortschritt feindlichen Tendenzen im Werk von Malthus:

Am Ausgang seiner Betrachtungen erklärt Malthus: der Wert einer Ware wird nicht durch die in ihr verkörperte Arbeit, sondern durch die gegen die Ware einzutauschende Arbeit bestimmt: „In demselben Lande, zur selben Zeit [wird] der Tauschwert der Waren, die sich in Arbeit und Profit allein auflösen, exakt gemessen

[7] Ebendort Bd. 26.3 a. a. O. S. 8 ff.

* Scheinaustausch.

durch die Quantität Arbeit, resultierend von der aufgehäuften und unmittelbaren Arbeit, die tatsächlich bei ihrer Produktion aufgewandt wurde, plus dem wechselnden Betrag des Profits auf alle die in Arbeit gemessenen Vorschüsse. Das aber muß notwendigerweise die gleiche Quantität Arbeit sein, die sie kommandieren werden." („The Measure of Value Stated and Illustrated", London 1823, p. 15/16.)

„Die Arbeit, die eine Ware kommandieren kann, ist ein Maßstab ihres Wertes." (l. c. p. 61.)

„Ich hatte es noch nirgends" (vor seiner eigenen Schrift „The Measure of Value etc.") „festgestellt gefunden, daß die gewöhnliche *Quantität Arbeit*, die von einer Ware kommandiert wird, die *bei ihrer Produktion aufgewandte Quantität Arbeit* samt dem Profit repräsentieren und messen muß." (Definitions in Political Economy etc.", London 1827, S. 196.)[8]

Das heißt, nicht die Arbeit bestimmt im Grunde den Wert der Waren, sondern wie das erste und dritte Zitat klarmachen, die Wiederherstellungskosten oder auch nur die Herstellungskosten. Dabei wird zu den Herstellungskosten gleich noch der Profit gerechnet und der Profit somit zum wertbildenden Faktor gemacht. Damit wird der Profit gewissermaßen entklassiert – denn wenn er auch der herrschenden Klasse zufließt, gehört er doch „objektiv" zu den zur Wertbildung „absolut notwendigen" Faktoren. Wenn man sich zum Ziel seiner „wissenschaftlichen" Aktivität die Apologetik des Kapitalismus setzt, und wenn man einen Adam Smith, der auch gelegentlich (!) diese Auffassung vertritt, nicht gründlich gelesen hat, dann kann man wirklich, wie es Malthus war, stolz auf die Erfindung dieser zuvor „noch nirgends festgestellten" „Tatsache" sein. Damit war auch der im „wissenschaftlichen Vordersatz" festgestellte Widerspruch des ungleichen Austausches zwischen Kapital und Lohnarbeit apologetisch in die Wert-, Mehrwert- und Profitlehre eingebaut.

Auf diese Weise wird auch der Profit orginellerweise vom Profit abgeleitet. Denn wenn der Profit ein Teil der Herstellungskosten ist, so wird er vom Unternehmer mit dem Kapital, als ein Teil desselben, vorgeschossen, muß also schon vorhanden sein.

Wie aber kommen die Unternehmer zu einem Profit, wenn sie ihn schon vor der Produktion haben? Wer zahlt den Unternehmern einen Gewinn, wie wird er realisiert?

Untereinander können sie ihn nicht erhalten. Denn was der eine gewinnt, verliert der andere und umgekehrt oder beide schlagen auf, was ebenfalls keinen Gewinn bringt.

Anders den Arbeitern gegenüber. An diese verkauft nach Malthus der Kapitalist die Ware über ihre Herstellungskosten, und das kann er, weil die Arbeiter nicht wie die Kapitalisten von sich aus Waren verkaufen, auf die sie einen Aufschlag über deren Herstellungskosten machen können, sondern nur Geld haben, das die Kapitalisten auf diese Weise entwerten. Im Grunde also entspringt der Gewinn hier der Zirkulation und dem Betrug. Darum sagt auch Marx, daß Malthus „auf die gedankenlosen Vorstellungen des Monetarsystems – profit upon expropriation –

[8] Ebendort, S. 10.

zurückfällt und sich überhaupt in die unerquicklichste Konfusion verwickelt. Statt also über R[icardo] hinauszugehn, sucht M[althus] in der Ausführung die Ökonomie wieder hinter R[icardo] zurückzudrängen, selbst hinter Smith und die Physiokraten."[9]

Diese Zwiespältigkeit bei Malthus hindert ihn aber natürlich nicht, in seiner Grundhaltung eindeutig und ganz vulgär, pessimistisch, eine „reine" Verkörperung des Niedergangs der Klasse, der er sich verschrieben hat, zu sein. Das zeigt sich bei ihm von Anfang an. Malthus begann seine wissenschaftlich-publizistische Tätigkeit mit seiner Studie über Bevölkerungsfragen, die sich scharf gegen den fortschrittlichen politischen Schriftsteller William Godwin richtete. Gleich in der ersten Fassung seiner Schrift enthüllt sich seine apologetische Grundhaltung. Denn er wendet sich nicht nur in wissenschaftlichen Einzelfragen gegen Godwin, sondern in der, man möchte sagen, Grundfrage allen menschlichen Lebens: kann der Mensch sich und seine Lage bessern? Ganz klar und deutlich erklärt er schon in diesem seinem ersten Werk, daß seine Bevölkerungstheorie als Beweis „schlüssig sei gegen die Theorie der Möglichkeit der Verbesserung des Status der Masse der Menschen" (1. Aufl. des „Essay on the principle of population", reprint 1926, S. 14). Und damit die ganze Verruchtheit seiner Theorie noch deutlicher wird, bemerkt er in der 2. Auflage des gleichen Werkes (1803, S. 531 f.): „Ein Mensch, der in eine bereits in Besitz genommene Welt geboren wird und keinen Unterhalt erhält von seinen Eltern, an die er berechtigte Forderungen hat, und dessen Arbeit die Gesellschaft nicht will, hat kein Recht, die kleinste Menge an Nahrung zu beanspruchen, und in der Tat keine Veranlassung da zu sein, wo er ist. An der ungeheuren Festtafel der Natur ist für ihn nicht gedeckt. Sie sagt ihm, er möge sich packen, und wird schnell ihren Befehl verwirklichen, falls er nicht das Mitgefühl einiger ihrer Gäste erwecken kann. Wenn diese Gäste aufstehen und ihm Platz machen, werden sofort andere Eindringlinge erscheinen und denselben Gefallen fordern ... Die Gäste erkennen zu spät ihren Fehler, gegen den strengen Befehl der großen Königin des Festmahles gehandelt zu haben, den sie an alle Eindringlinge ausgegeben hat, weil sie wünscht, daß alle Gäste reichlich versorgt werden, und weiß, daß sie nicht für eine unbegrenzte Zahl auftischen kann; deshalb lehnt sie es humanerweise ab, Neuankömmlinge aufzunehmen, wenn ihr Tisch bereits besetzt ist."[10]

„Grundgemeinheit der Gesinnung" hatte Marx dem Malthus vorgeworfen und diese auch so charakterisiert: „eine Gemeinheit, die nur ein Pfaffe sich erlauben kann, der in dem menschlichen Elend die Strafe für den Sündenfall erkennt und überhaupt ‚ein irdisches Jammertal' braucht, zugleich aber, mit Rücksicht auf die von ihm bezognen Pfründen und mit Hilfe des Dogmas von der Gnadenwahl, durchaus vorteilhaft findet, den Aufenthalt im Jammertal den herrschenden Klassen zu ‚versüßen'."[11]

Und doch ist natürlich auch diese Grundgemeinheit der Gesinnung relativ.

Auf der einen Seite besagt die Bevölkerungstheorie von Malthus: Das Elend der

9 Ebendort, S. 10.

10 Zitiert nach Übersetzung in *R. L. Meek*, Marx und Engels über Malthus, Berlin 1956, S. 13.

11 *Marx/Engels*, Werke Bd. 26.2 a. a. O., S. 110.

Werktätigen ist verursacht durch eine „natürliche" Tendenz der Bevölkerung, sich zu schnell zu vermehren. Eines der Mittel, die zu schnelle Vermehrung zu vermeiden, ist das Elend selbst. Hier haben wir das seltene Beispiel einer Apologetik, die sich in den eigenen Schwanz beißt, wenn ein solches Bild erlaubt ist. Ein vollendeter Argumentenkreis ist gebildet, der es völlig ausschließt, daß irgendein Zwischenglied aus der Reihe und Rolle fällt und als Anklage gegen das kapitalistische System benutzt wird. Alles spielt sich auf der Ebene der Natur (Vermehrungsraten) ab. Und alles, was sich gegen die Unglück bringenden Folgen der Natur (viel zu große Vermehrung) wendet, muß ebenfalls als natürlich betrachtet werden, einschließlich des Elends selbst. Wer gegen diese Folgen der „Natur" ist, kann sie durch geschlechtliche Enthaltsamkeit (mit „moralischen Mitteln") vermeiden. In jedem Fall also ist die kapitalistische Gesellschaft von jedem Anteil und darum von jeder Schuld freigesprochen. Und gelegentlich kommt Malthus zu der Formulierung: „Das Volk muß sich selbst als die Hauptursache seines Elends betrachten."[12]

Auf der anderen Seite wissen wir, welchen weiteren Schritt später die bürgerliche neomalthusianische Politische Ökonomie in der Periode der Allgemeinen Krise des Kapitalismus geht – nämlich ausdrücklich die Vernichtung der Menschen, etwa durch Krieg, zu verlangen: „als Hilfe gegen ihre zu schnelle Vermehrung".

Davon kann bei Malthus noch nicht die Rede sein – zu seiner Zeit war die Politische Ökonomie des Bürgertums noch bei weitem nicht so verfallen, um solche verbrecherischen Anschauungen zu propagieren. War doch die Basis des Kapitalismus noch relativ gesund, spielte der Kapitalismus doch noch eine im ganzen fortschrittliche Rolle. Konnte doch das kapitalistische System noch häufig alle vorhandenen Arbeitskräfte reichlich ausnutzen, gab es doch noch keine chronische Unterbeschäftigung der Betriebe und permanente Massenarbeitslosigkeit, die der Neomalthusianismus zu rechtfertigen hat.

Darum wendet sich Malthus auch ausdrücklich und scharf gegen die Idee einer Menschenvernichtung: „Die Bewohner des größten Teiles von Asien und Afrika auszurotten, ist ein Gedanke, der nicht einen Augenblick zugegeben werden könnte."[13]

Ja, er geht „weiter". Plötzlich kommt ihm die Idee, daß die Arbeiter vielleicht auf Grund seiner Schriften zu einer wirklich ernsthaften Geburtenbeschränkung übergehen könnten. Dann würde zwar seiner Ansicht nach das Elend der Arbeiter geringer werden. Aber etwas anderes, unausdenkbar Fürchterliches würde dann passieren: die Profite der Unternehmer könnten zurückgehen, weil es dann weniger Arbeiter geben würde und entsprechend höhere Löhne gezahlt werden müßten. Wie Malthus es ausdrückt: „Vorsichtige Gewohnheiten hinsichtlich Heirat können, wenn sie unter den Arbeitern eines Landes, das in der Hauptsache auf Fabrikindustrie und Handel aufgebaut ist, sehr weit getrieben werden, sich für diese (Fabrikindustrie und Handel – J. K.) schädlich auswirken."[14]

[12] *Th. R. Malthus,* Principles of political economy considered with a view to the practical application. 2. Aufl., London 1836, S. 500.

[13] *Th. R. Malthus,* Eine Abhandlung über das Bevölkerungsgesetz, Bd. 1, Jena 1905.

[14] *Th. R. Malthus,* „Principles", a. a. O., S. 254.

Und so erreicht die Gemeinheit von Malthus ihren relativen Höhepunkt: Nachdem er erst sämtliche Hände des Kapitalismus in Unschuld an dem Elend der Werktätigen gewaschen hat, ja, den Werktätigen selbst die Schuld an ihrem Elend gegeben hat, weist er jetzt nach, daß das kapitalistische System unbedingt auf diese Natur- oder Gottesgabe des Elends der Werktätigen angewiesen ist und daß es nichts Schlimmeres für ein kapitalistisches Land geben könnte, als wenn dieses Elend sich mildern würde – denn wo sollten sonst die billigen Arbeitskräfte herkommen!

Wahrlich, Malthus war der Judas der bürgerlichen Politischen Ökonomie, der mit dem Kuß des wissenschaftlichen Vordersatzes die Menschheit an die herrschenden Klassen verriet!

Merkwürdig auch die Rolle, die Malthus in der bürgerlichen Ideologie gespielt hat. In seiner Zeit war er hoch geachtet, und auch als Ricardo ihn zu durchschauen begann – nicht als Apologeten und Plagiarius, sondern als unfähig, tief in die Materie einzudringen –, blieb er ihm eng befreundet. Im letzten Brief, den Ricardo kurz vor seinem Tode an Malthus schrieb, heißt es abschließend: „Und nun, mein lieber Malthus, bin ich am Ende. Wie andere Disputanten bleiben wir, nach reichlicher Diskussion, jeder bei unserer eigenen Meinung. Diese Diskussionen beeinflussen jedoch in keiner Weise unsere Freundschaft; ich würde Sie nicht mehr mögen, wenn Sie meine Auffassungen teilen würden."

Darwin sagt, daß die Lektüre von Malthus' Bevölkerungslehre ihm den Anstoß zur Entwicklung seiner Lehre gegeben hätte. Im Vorwort zum „Ursprung der Arten" heißt es: „Im nächsten Abschnitt soll der Kampf ums Dasein unter den organischen Wesen der ganzen Welt abgehandelt werden, welcher unvermeidlich aus ihrem hoch geometrischen Zunahmevermögen hervorgeht. Es ist dieses die Lehre von Malthus auf das ganze Tier- und Pflanzenreich angewandt."[15] Marx schreibt an Engels (18. Juni 1862) zu diesem merkwürdigen Mißverständnis Darwins über die Bevölkerungstheorie von Malthus: „Mit dem Darwin, den ich wieder angesehn, amüsiert mich, daß er sagt, er wende die ‚Malthussche' Theorie auch auf Pflanzen und Tiere an, als ob bei Herrn Malthus der Witz nicht darin bestünde, daß sie nicht auf Pflanzen und Tiere, sondern nur auf Menschen – mit der geometrischen Progression – angewandt wird im Gegensatz zu Pflanzen und Tieren. Es ist merkwürdig, wie Darwin unter Bestien und Pflanzen seine englische Gesellschaft mit ihrer Teilung der Arbeit, Konkurrenz, Aufschluß neuer Märkte, ‚Erfindungen' und Malthusschem ‚Kampf ums Dasein' wiedererkennt. Es ist Hobbes' bellum omnium contra omnes, und es erinnert an Hegel in der Phänomenologie, wo die bürgerliche Gesellschaft als ‚geistiges Tierreich', während bei Darwin das Tierreich als bürgerliche Gesellschaft figuriert."

Um 1900 gilt er als bedeutender Denker der Vergangenheit, auf den man mit

[15] Vgl. auch seine Autobiographie, in der er den Eindruck der Lektüre von Malthus auf ihn im Jahre 1838 schildert.

freundlicher Herablassung blickt – mit Ausnahme seiner Bevölkerungstheorie. Würgler schildert so: „Die Jahrhundertwende zeigt uns ein Bild von Malthus, das den Eindruck von Abgeklärtheit und Endgültigkeit hinterläßt. Und wirklich, die Dogmenhistoriker weichen in ihren Urteilen nur unwesentlich voneinander ab. Die wert- und preistheoretischen Kritiken von Malthus sind hinfällig geworden, und seine Überproduktionsvisionen stehen außer Diskussion. Malthus wird als Schöpfer des bevölkerungstheoretischen Teiles des klassischen und nunmehr neoklassischen Systems geehrt. Seine anderen, ihm selber ebenso wichtig erscheinenden Gedanken hält man nicht der Erwähnung wert, es sei denn, sie stellen ein Kuriosum dar, welches mit einem Hinweis auf seine obskure und widerspruchsvolle Darstellungsweise abgetan werden kann. Dogmenhistoriker, welche sich die Mühe genommen haben, Malthus zu lesen, geben neben breiten Darstellungen des Bevölkerungsgesetzes knappe Hinweise auf die bedeutendsten Punkte seines übrigen Werkes, etwa auf die Wertlehre, die Wertmesserfrage, die Rententheorie, die Überproduktionsansichten, die Diskussion um die Korngesetze."[16]

Das zweite Drittel des 20. Jahrhunderts bringt eine Wandlung in der bourgeoisen Haltung zu Malthus. Aus einem geehrten Alten wird er in ein Genie und in einen Halbgott verwandelt. Und zwar gleich auf zwei Linien, die einerseits spezifisch den Einfluß der großen Krise von 1929/33, andererseits die Wirkung der Allgemeinen Krise des Kapitalismus auf die Politische Ökonomie anzeigen.

Bekanntlich beschäftigte sich im Gefolge der Weltwirtschaftskrise Keynes sehr ausführlich mit der Frage der Beziehungen von Sparen und Investieren. Für diese aber spielt nach Keynes das, was Malthus effective demand, „wirksame Nachfrage" nennt, eine beachtliche Rolle. Und nun hören wir Keynes:

„Gemäß Malthus' natürlichen Menschenverstand werden Preise und Gewinne in erster Linie durch etwas bestimmt, was er, freilich nicht allzu klar, als ‚wirksame Nachfrage' bezeichnete. Ricardo begünstigte eine sehr viel starrere Annäherungsweise. Er ging hinter die ‚wirksame Nachfrage' zurück auf die vorausgehenden Bedingungen des Geldes einerseits, der wirklichen Kosten und der wirklichen Aufteilung des Erzeugnisses andererseits, und unterstellte, daß diese grundlegenden Faktoren sich automatisch in einzigartiger und unzweideutiger Weise auswirkten. Die Methode von Malthus sah er als sehr oberflächlich an. Ricardo entfernte sich jedoch im Zuge einer Vereinfachung der vielen aufeinanderfolgenden Stadien seines hoch abstrakten Gedankenganges notwendigerweise, und mehr als ihm selbst klar war, von den wirklichen Tatsachen. Malthus dagegen, der die Erzählung sehr viel näher an ihrem Ende aufnahm, hatte einen festeren Zugriff auf die Ereignisse, so wie man sie in der wirklichen Welt erwarten konnte. Ricardo ist der Vater solcher Dinge wie der Mengentheorie des Geldes und der Kaufkraftparität der Wechselkurse. Wenn man mühsam der intellektuellen Herrschaft dieser pseudo-arithmetischen Lehren entronnen ist, ist man, vielleicht zum ersten Male seit 100 Jahren, fähig, die wirkliche Bedeutung der unbestimmteren Eingebungen von Malthus zu begreifen.

[16] *H. Würgler,* Malthus als Kritiker der Klassik. Winterthur 1957, S. 185.

Malthus' Begriff der ‚wirksamen Nachfrage' wird in dieser frühen Schrift meisterhaft veranschaulicht durch ‚einen Einfall, der ihn bei einem Ritt zu Pferde von Hastings in die Stadt so stark packte', daß er zwei Tage in seiner ‚Dachbude in der Stadt' blieb, ‚bis 2 Uhr nachts aufsitzend, um es so fertigzustellen, daß es vor dem Zusammentritt des Parlaments erscheinen könnte'.* Er sann darüber nach, warum der Preis der Lebensmittel so viel mehr gestiegen sein sollte, als es durch irgendein Zurückbleiben der Ernte gerechtfertigt sein würde. Er berief sich nicht, wie Ricardo ein paar Jahre später, auf die Menge des Geldes.** Er fand die Ursache in der Erhöhung der Einkommen der Arbeiterklasse als Folge einer den Lebenskosten entsprechenden Steigerung der Gemeindeunterstützungen. ‚Ich neige stärkstens zu dem Verdacht, daß der in den meisten Teilen des Königreiches unternommene Versuch, die Gemeindeunterstützungen gemäß dem Getreidepreis zu erhöhen, verbunden mit dem Reichtum des Landes, der ihm erlaubt hat, in diesem Bemühen so weit zu gehen als es geschehen ist, vergleichsweise gesprochen die einzige Ursache dafür ist, daß in diesem Lande der Preis der Lebensmittel so viel mehr gestiegen ist, als der Grad der Knappheit rechtfertigen würde, so viel mehr auch als in jedem anderen Lande, wo diese Ursache nicht wirksam ist.' "[17]

Man versteht, mit welcher Begeisterung Keynes auf einen Vorgänger blickt, der in der Erhöhung der Armenunterstützung eine Ursache für die Steigerung der Getreidepreise, allgemein der Lebensmittelpreise sieht! Kann man das Niveau von Keynes und seiner riesigen Schule heute besser kennzeichnen als durch diese spezifische Lobpreisung des „Genie Malthus"!

Die zweite Linie, auf der Malthus wieder zu Ehren gekommen ist, ist natürlich die des Neomalthusianismus, der insbesondere in der Zeit des „Kalten Krieges" eine große Rolle spielte und den Franz Krahl so charakterisierte: „Der moderne Malthusianismus übernimmt die These von Malthus, daß der Krieg eine unausbleibliche Folge einer Überbevölkerung der Erde sei, und baut sie aus. Der bekannte amerikanische Neomalthusianer E. Pendell sagt z. B. in seinem 1951 erschienenen Buch ‚Population on the loose' (Entfesselte Bevölkerung): ‚Die Überbevölkerung an und für sich, wenn sie bestimmte Ausmaße erreicht hat, nötigt die Menschen zu kämpfen, um sich die Existenzmöglichkeit zu wahren ... Sie (die Menschen) fördern in ihrer un-

* Siehe einen Brief von Malthus, vom 28. November 1800, von Foxwell im „Economic Journal" von 1897, S. 270, veröffentlicht. Malthus berichtet, daß Pitt sehr beeindruckt war und daß in einem Bericht eines Parlamentsausschusses ‚ziemlich die gleiche Art des Gedankenganges angenommen worden ist'.

** Freilich hat Malthus diesen Umstand nicht vernachlässigt. Er behandelt ihn vorbildlich wie folgt: ‚Um die gleiche, oder fast die gleiche Menge von Waren, wenn sie einen viel höheren Preis tragen, in einem Land zu bewegen, ist eine größere Menge des Umlaufmittels, was immer dies sein mag, erforderlich ... Wenn also die Menge des umlaufenden Papiers im letzten Jahr erheblich zugenommen hat, so bin ich geneigt, es eher als die Wirkung denn als die Ursache des hohen Preises der Lebensmittel anzusehen. Diese Fülle des Umlaufmittels jedoch wird eines der Hindernisse auf dem Wege der Rückkehr zur Billigkeit sein.'

17 *J. M. Keynes*, Politik und Wirtschaft, Männer und Probleme. Tübingen u. Zürich 1956, S. 142 f.

hemmbaren Befriedigung des Geschlechtstriebes die Übervölkerung und lösen somit Verhältnisse aus, die zu Krieg, Seuchen, Hunger und Unterernährung führen.' Das heißt jedoch nichts anderes als der Formel von der ,Unvermeidlichkeit' des Krieges eine ,wissenschaftliche' Begründung zu geben, nachdem die traditionelle Drapierung des Krieges als eines ,von Gott gesandten Schicksals' fadenscheinig geworden ist. Damit wird von vornherein den nach Weltherrschaft strebenden amerikanischen Monopolen Absolution von der Schuld am nächsten Weltkrieg erteilt und dieser selbst kraft ,objektiver' Ursachen für unabwendbar erklärt...

Der Krieg als wünschenswerte ,Lösung' des Übervölkerungsproblems! Der Krieg als ,Retter' vor Hunger, Elend und Arbeitslosigkeit! Das ist die neue Linie. Hatte man nicht schon alles andere versucht, um den imperialistischen Raubkrieg zu popularisieren? Hatte man ihn nicht als den natürlichen, den gottgewollten Zustand gepriesen, in dem allein sich Mannestugenden, Heldentum, Kühnheit, Führerqualitäten entfalten könnten, in dem die abenteuerlichsten Knabenträume herrliche Wirklichkeit würden? Merkwürdigerweise hatte all das recht wenig genützt. Der Krieg war nicht populär geworden. Das Proletariat zeigte keinerlei Neigung, sich für den Krieg seiner Herren zu begeistern. Also versuche man es anders! Schreie man unaufhörlich hinaus, daß die Erde übervölkert und die Zahl der Menschen bereits heute zu groß sei, um von der Erde ernährt zu werden. Dann muß doch ein menschenmordender Krieg als akzeptabler Ausweg erscheinen. So verfallen die Propagandisten des Krieges auf Malthus, der bereits vor anderthalb Jahrhunderten das Rüstzeug zur aktiven Einbeziehung der eingeschüchterten Massen an die Vorbereitung ihrer eigenen Abschlachtung geliefert hat.

Der prominenteste der amerikanischen Malthusianer, William Vogt, der schon durch den Titel seines Buches ,Der Weg zum Überleben' (,Road to Survival') offen auf den Massenvernichtungskrieg mit programmäßigem amerikanischen Sieg anspielt, geht kühn über seinen geistigen Vorfahren hinaus. Er empfiehlt eindringlich die ,Reduzierung der Bevölkerung', wo Malthus sich damit begnügt hatte, die Geburtenbeschränkung (noch dazu strikt per ,moral restraint') zu fordern. Der erwähnte Pendell errechnet sogar, daß die Bevölkerung des Erdballes um mindestens 700 Millionen, ja sogar um 1,3 Milliarden Menschen vermindert werden müßte. Und er empfiehlt ,Kriege, Seuchen, Hunger und Unterernährung', als ,Grundprozesse zur Minderung der Überbevölkerung'."[18]

So mündet die Malthussche Lehre in die Apologetik des Atomvernichtungskrieges.

3. Allgemeiner Niedergang

Nach einem Stadium, in dem die Produktionsverhältnisse mit dem Charakter der Produktivkräfte relativ gut übereinstimmen, brechen in allen vor-sozialistischen Gesellschaftsordnungen tiefe antagonistische Widersprüche auf. Und auf dem Boden

[18] *F. Krabl*, Karl Marx über Th. R. Malthus. In: „Deutsche Zeitschrift für Philosophie", Jg. 2, Berlin 1954, S. 415 ff.

dieser Widersprüche entwickeln sich dann im Laufe der Zeit Keime einer neuen Gesellschaftsordnung, die diese Widersprüche überwinden soll. So wird aus jeder neuen, fortschrittlichen Gesellschaftsordnung (mit Ausnahme der sozialistischen) im Laufe der Zeit eine, im Verhältnis zu der in ihrem Schoße heranwachsenden künftigen, rückschrittliche Gesellschaftsordnung. Und von diesem Wandel im Charakter der Gesellschaftsordnung ist natürlich auch der Überbau nicht ausgenommen; darum auch nicht die Politische Ökonomie.

Die neue Gesellschaftsordnung entsteht also im Schoße der alten aus der Gesamtheit der antagonistischen Widersprüche, die jeder Gesellschaft vor der sozialistischen eigentümlich sind. Am klarsten kommen in der Ausbeutergesellschaft diese Widersprüche in den Klassenkämpfen zum Ausdruck. Und am schärfsten spiegeln sich diese Widersprüche in dem entscheidenden Klassenkampf zwischen Proletariat und Bourgeoisie in der kapitalistischen Gesellschaft. Das Proletariat ist die einzige der großen unterdrückten Klassen in der Geschichte der Menschheit, die in der Lage ist, in der neuen Gesellschaft die Herrschaft anzutreten. Dazu war weder die zahlreichste der unterdrückten Klassen und Schichten der Sklavenhaltergesellschaft, nämlich die der Sklaven, noch die zahlreichste der unterdrückten Klassen und Schichten des Feudalismus, nämlich die der Bauern, fähig.

Daher muß erst auf Grund der Entfaltung der Kämpfe mit der neuen Klasse, die sich in der kapitalistischen Gesellschaft gebildet hat, mit der Arbeiterklasse, die herrschende Klasse instinktiv vermuten, daß sich „unten" nicht nur einfach feindliche Kräfte regen, sondern daß vielmehr die Nachfolgeklasse, die Klasse, die sie in der Herrschaft ablösen wird, den Kampf um die Macht aufnimmt.

Darum ist auch die Reaktion der herrschenden Klasse der Kapitalisten auf die ersten ernsteren Klassenkämpfe weit schärfer als die Reaktion vorangehender herrschender Klassen auf die entsprechenden Widerstandsaktionen der ausgebeuteten Massen.

So falsch es wäre, feststellen zu wollen: die griechische Wissenschaft wurde mit der stärkeren Entfaltung des Sklavenwiderstandes zur Apologetik, so richtunggebend ist für uns die Bemerkung von Marx im Nachwort zur 2. Auflage des „Kapital": „Mit dem Jahre 1830 trat die ein für allemal entscheidende Krise ein. Die Bourgeoisie hatte in Frankreich und England politische Macht erobert. Von da an gewann der Klassenkampf praktisch und theoretisch mehr und mehr ausgesprochne und drohende Formen. Er läutete die Totenglocke der wissenschaftlichen bürgerlichen Ökonomie. Es handelte sich jetzt nicht mehr darum, ob dies oder jenes Theorem wahr sei, sondern ob es dem Kapital nützlich oder schädlich, bequem oder unbequem, ob polizeiwidrig oder nicht. An die Stelle uneigennütziger Forschung trat bezahlte Klopffechterei, an die Stelle unbefangener wissenschaftlicher Untersuchung das böse Gewissen und die schlechte Absicht der Apologetik."[19]

Und wenn ein Land das Unglück hat, in der Periode des noch nicht vollentfalteten Klassenkampfes zwischen Proletariat und Bourgeoisie keine Wissenschaft der Politischen Ökonomie zu entwickeln, dann wird sein Bürgertum zu ewiger Unfruchtbar-

[19] *Marx/Engels*, Werke, Bd. 23, a. a. O., S. 20 f.

keit auf diesem Gebiet verurteilt sein, wie es in Deutschland der Fall war. Marx sagt darum: „Seit 1848 hat sich die kapitalistische Produktion rasch in Deutschland entwickelt und treibt heutzutage bereits ihre Schwindelblüte. Aber unseren Fachleuten blieb das Geschick gleich abhold. Solange sie politische Ökonomie unbefangen treiben konnten, fehlten die modernen ökonomischen Verhältnisse in der deutschen Wirklichkeit. Sobald diese Verhältnisse ins Leben traten, geschah es unter Umständen, welche ihr unbefangenes Studium innerhalb des bürgerlichen Gesichtskreises nicht länger zulassen. Soweit sie bürgerlich ist, d. h. die kapitalistische Ordnung statt als geschichtlich vorübergehende Entwicklungsstufe, umgekehrt als absolute und letzte Gestalt der gesellschaftlichen Produktion auffaßt, kann die politische Ökonomie nur Wissenschaft bleiben, solange der Klassenkampf latent bleibt oder sich in nur vereinzelten Erscheinungen offenbart ... In Deutschland kam also die kapitalistische Produktionsweise zur Reife, nachdem ihr antagonistischer Charakter sich in Frankreich und England schon durch geschichtliche Kämpfe geräuschvoll offenbart hatte, während das deutsche Proletariat bereits ein viel entschiedneres theoretisches Klassenbewußtsein besaß als die deutsche Bourgeoisie. Sobald eine bürgerliche Wissenschaft der politischen Ökonomie hier möglich zu werden schien, war sie daher wieder unmöglich geworden."[20]

Der erste Schlag, der der Politischen Ökonomie des Bürgertums versetzt wurde, war also die offene Entfaltung der Klassenkämpfe.

Der zweite Schlag folgte wenig später und ganz logisch im Prozeß des Reifens der Arbeiterklasse mit dem Aufbau der Politischen Ökonomie der Arbeiterklasse, der wahren Wissenschaft der Politischen Ökonomie, durch Marx und Engels.

Jetzt sinkt das Niveau der bürgerlichen Politischen Ökonomie noch tiefer ab, und vor allem wird die Niedrigkeit ihres Niveaus deutlicher als je durch den Abstand zu der neugeschaffenen Politischen Ökonomie des Proletariats, zu dem Werk von Marx und Engels. Dabei geschieht das Absinken in zweierlei Weise.

Einmal wird die offen ausschließlich für die Interessen des Kapitalismus eintretende Apologetik kümmerlicher und dumm-frecher – man vergleiche zum Beispiel in England den Abstieg von Malthus zu Fawcett.[21]

Sodann aber beobachten wir auch folgendes – und hier entwickelt sich eine bürgerliche Ahnenreihe des Sozialdemokratismus: „Männer, die noch wissenschaftliche Bedeutung beanspruchten, und mehr sein wollten als bloße Sophisten und Sykophanten der herrschenden Klassen, suchten die politische Ökonomie des Kapitals in Einklang zu setzen mit den jetzt nicht länger zu ignorierenden Ansprüchen des Proletariats. Daher ein geistloser Synkretismus, wie ihn John Stuart Mill am besten repräsentiert. Es ist eine Bankrotterklärung der ‚bürgerlichen' Ökonomie, welche der große russische Gelehrte und Kritiker N. Tschernyschewski in seinem Werk, ‚Umrisse der politischen Ökonomie nach Mill' bereits meisterhaft beleuchtet hat."[22]

Diese Entwicklung schließt noch nicht einzelne „gute Ideen" bei einzelnen polit-

[20] Ebendort, S. 19 ff.

[21] Vgl. zu Fawcett z. B. ebendort, S. 638 f.

[22] Ebendort, S. 21.

ökonomischen Denkern in einzelnen Ländern aus. Sie sind historisch gesehen überflüssig, da wir bereits die Wissenschaft des Marxismus besitzen. Aber sie sind nicht unwichtig vom Gesichtspunkt einer korrekten Charakterisierung der Politischen Ökonomie des Bürgertums.

Doch dürfen wir an einer Problematik nicht vorbeigehen, die im Zusammenhang mit dem Studium des Niedergangs der bürgerlichen Gesellschaftswissenschaften, insbesondere der Politischen Ökonomie von größter Bedeutung und immensem Interesse ist.

Bekanntlich meinten Marx und Engels viele Jahre hindurch, daß sich der Kapitalismus seit 1830 im Niedergang befinde. Im „Kommunistischen Manifest" schrieben sie:

„Wir haben aber gesehen: Die Produktions- und Verkehrsmittel, auf deren Grundlage sich die Bourgeoisie heranbildete, wurden in der feudalen Gesellschaft erzeugt. Auf einer gewissen Stufe der Entwicklung dieser Produktions- und Verkehrsmittel entsprachen die Verhältnisse, worin die feudale Gesellschaft produzierte und austauschte, die feudale Organisation der Agrikultur und Manufaktur, mit einem Wort die feudalen Eigentumsverhältnisse den schon entwickelten Produktivkräften nicht mehr. Sie hemmten die Produktion, statt sie zu fördern. Sie verwandelten sich in ebenso viele Fesseln. Sie mußten gesprengt werden, sie wurden gesprengt ...

Unter unsren Augen geht eine ähnliche Bewegung vor. Die bürgerlichen Produktions- und Verkehrsverhältnisse, die bürgerlichen Eigentumsverhältnisse, die moderne bürgerliche Gesellschaft, die so gewaltige Produktions- und Verkehrsmittel hervorgezaubert hat, gleicht dem Hexenmeister, der die unterirdischen Gewalten nicht mehr zu beherrschen vermag, die er heraufbeschwor. Seit Dezennien ist die Geschichte der Industrie und des Handels nur noch die Geschichte der Empörung der modernen Produktivkräfte gegen die modernen Produktionsverhältnisse, gegen die Eigentumsverhältnisse, welche die Lebensbedingungen der Bourgeoisie und ihrer Herrschaft sind."[23]

Dieselbe Auffassung finden wir noch in dem zuvor gegebenen Zitat aus dem Nachwort zur 2. Auflage des ersten Bandes des „Kapital".

Faktisch war der Kapitalismus aber auch nach 1830 und auch nach 1848 noch in seiner Aufschwungsphase. Darum sagt auch Engels zwanzig Jahre nach Erscheinen des „Nachwortes" ganz klar und eindeutig über die Geschichte des Kapitalismus: „Sie hat klargemacht, daß der Stand der ökonomischen Entwicklung auf dem Kontinent damals noch bei weitem nicht reif war für die Beseitigung der kapitalistischen Produktion; sie hat dies bewiesen durch die ökonomische Revolution, die seit 1848 den ganzen Kontinent ergriffen und die große Industrie in Frankreich, Österreich, Ungarn, Polen und neuerdings Rußland erst wirklich eingebürgert, aus Deutschland aber geradezu ein Industrieland ersten Ranges gemacht hat – alles auf kapitalistischer, im Jahre 1848 also noch sehr ausdehnungsfähiger Grundlage."[24]

[23] *Marx/Engels*, Werke Bd. 4, Berlin 1959, S. 467.

[24] *Fr. Engels*, Einleitung von 1895 zu *K. Marx*, Die Klassenkämpfe in Frankreich 1848–1850. In *Marx/Engels*, Werke Bd. 7, Berlin 1960, S. 516.

In der Marx-Biographie des Instituts für Marxismus-Leninismus beim ZK der KPdSU heißt es dazu: „Sie (Marx und Engels – J. K.) übertrieben die ‚Hinfälligkeit' des damaligen Kapitalismus und irrten sich in der Hoffnung auf einen baldigen Sieg der proletarischen Revolution."[25] Und noch einmal wird dort an anderer Stelle darauf hingewiesen, „daß Marx und Engels die Reife des Kapitalismus und der revolutionären Möglichkeiten des Proletariats damals allgemein überschätzten."[26]

Über Irrtümer dieser Art von Marx und Engels bemerkte Lenin in seinem Vorwort zur russischen Übersetzung des Buches „Briefe und Auszüge aus Briefen von Joh. Phil. Becker, Jos. Dietzgen, Friedrich Engels, Karl Marx u. a. an F. A. Sorge und Andere": „Aber *solche* Fehler der Giganten des revolutionären Denkens, die das Proletariat der ganzen Welt über die kleinlichen, alltäglichen Groschenaufgaben zu erheben suchten und erhoben, sind tausendmal edler, erhabener, *historisch wertvoller und wahrhafter* als die banale Weisheit des zopfigen Liberalismus, der deklamiert, lamentiert, trompetet und orakelt über die Eitelkeit der revolutionären Eitelkeiten, über die Vergeblichkeit des revolutionären Kampfes, über den Zauber konterrevolutionärer ‚konstitutioneller' Hirngespinste ...

Die russische Arbeiterklasse wird sich durch ihre mit vielen Fehlern behafteten revolutionären Aktionen die Freiheit erkämpfen und Europa einen Anstoß geben – fade Tröpfe aber mögen sich brüsten mit der Unfehlbarkeit ihrer revolutionären Untätigkeit."[27]

Worin liegt die spezifische Genialität des Fehlers in der Einschätzung des Zustandes des Kapitalismus auf der einen bei richtiger Einschätzung des Zustandes seiner Ideologie auf der anderen Seite?

Doch darin, daß, indem Marx und Engels die volle Blüte und reife Ausbildung des Kapitalismus für seinen Verfall hielten, sie aufzeigten, welch ungeheuerliche Widersprüche der Kapitalismus in seiner besten Zeit in sich birgt und aufbrechen läßt. So ungeheuerliche Widersprüche, daß die Ideologie des Kapitalismus schon in seiner besten, reifsten Zeit, in der Zeit seiner Blüte und Stärke zur Apologetik werden muß.

Marx und Engels hielten die zyklischen Überproduktionskrisen (im „Kommunistischen Manifest" noch Handelskrisen genannt) für eines der wichtigsten Anzeichen dafür, daß der Kapitalismus sich in seiner Niedergangsphase befinde. Nachdem sie, wie zitiert, davon gesprochen hatten, daß sich seit Jahrzehnten (1848 seit 1825) die Produktivkräfte in Empörung gegen die sie fesselnden Produktionsverhältnisse befinden, fahren sie fort:

„Es genügt, die Handelskrisen zu nennen, welche in ihrer periodischen Wiederkehr immer drohender die Existenz der ganzen bürgerlichen Gesellschaft in Frage stellen. In den Handelskrisen wird ein großer Teil nicht nur der erzeugten Produkte, sondern sogar der bereits geschaffenen Produktivkräfte regelmäßig vernichtet. In den Krisen bricht eine gesellschaftliche Epidemie aus, welche allen früheren Epochen als ein

[25] *Karl Marx*, Biographie, Berlin 1973, S. 253.

[26] Ebendort, S. 302.

[27] *W. I. Lenin*, Werke Bd. 12, Berlin 1959, S. 376.

Widersinn erschienen wäre – die Epidemie der Überproduktion. Die Gesellschaft findet sich plötzlich in einen Zustand momentaner Barbarei zurückversetzt; eine Hungersnot, ein allgemeiner Vernichtungskrieg scheinen ihr alle Lebensmittel abgeschnitten zu haben; die Industrie, der Handel scheinen vernichtet, und warum? Weil sie zuviel Zivilisation, zuviel Lebensmittel, zuviel Industrie, zuviel Handel besitzt. Die Produktivkräfte, die ihr zur Verfügung stehen, dienen nicht mehr zur Beförderung der bürgerlichen Zivilisation und der bürgerlichen Eigentumsverhältnisse; im Gegenteil, sie sind zu gewaltig für diese Verhältnisse geworden, sie werden von ihnen gehemmt; und sobald sie dies Hemmnis überwinden, bringen sie die ganze bürgerliche Gesellschaft in Unordnung, gefährden sie die Existenz des bürgerlichen Eigentums. Die bürgerlichen Verhältnisse sind zu eng geworden, um den von ihnen erzeugten Reichtum zu fassen. – Wodurch überwindet die Bourgeoisie die Krisen? Einerseits durch die erzwungene Vernichtung einer Masse von Produktivkräften; andererseits durch die Eroberung neuer Märkte und die gründlichere Ausbeutung der alten Märkte. Wodurch also? Dadurch, daß sie allseitigere und gewaltigere Krisen vorbereitet und die Mittel, den Krisen vorzubeugen, vermindert.

Die Waffen, womit die Bourgeoisie den Feudalismus zu Boden geschlagen hat, richten sich jetzt gegen die Bourgeoisie selbst."[28]

Wie richtig ist diese Schilderung der zyklischen Überproduktionskrisen! Nur sind eben die bürgerlichen Verhältnisse nicht zu eng geworden, um noch eine gewaltige Expansion der kapitalistischen Gesellschaft zu ermöglichen, und die zyklischen Überproduktionskrisen gefährden nicht die Existenz des bürgerlichen Eigentums, der kapitalistischen Gesellschaft als solcher.

Aber sie rufen, zusammen mit den anderen Widersprüchen des Kapitalismus, eine apologetische Ideologie hervor.

Die kapitalistische Gesellschaft ist wohl die einzige, die in ihrer Blütezeit, in ihrer Zeit der größten Stärke, des größten Wachstums so monströs, so menschenfeindlich ist, daß sie, trotz des gewaltigen Fortschritts, den sie bringt, ihre Ideologie allgemein in Apologetik verwandeln und damit die Gesellschaftswissenschaften, damit auch die Politische Ökonomie zum Niedergang verurteilen muß.

Wenn wir die „frühe Apologetik" der Politischen Ökonomie in Reinkultur studieren wollen, müssen wir uns von England nach Frankreich wenden.

In England sind wenigstens noch Gestalten wie John Stuart Mill zu finden, die, wie Marx bemerkt, „mehr sein wollten als bloße Sophisten und Sykophanten der herrschenden Klassen", die „suchten die politische Ökonomie des Kapitals in Einklang zu setzen mit den jetzt nicht länger zu ignorierenden Ansprüchen des Proletariats". Marx spricht dann zwar von dem „geistlosen Synkretismus, wie ihn John Stuart Mill am besten repräsentiert", aber mit Recht hielt er genug von Mill, der ein Geisterriese unter seinen bourgeoisen Kollegen in Europa und in den USA war, um ihm den ersten Band des „Kapital" zu senden.

[28] *Marx/Engels*, Werke Bd. 4, a. a. O., S. 467 f.

An derselben Stelle charakterisiert Marx die Führer unter den Apologeten jener Zeit durch ihre Gefolgschaft: „Unter diesen Umständen teilten sich ihre Wortführer in zwei Reihen. Die einen, kluge, erwerbslustige, praktische Leute, scharten sich um die Fahne Bastiats, des flachsten und daher gelungensten Vertreters vulgär-ökonomischer Apologetik; die andren, stolz auf die Professoralwürde ihrer Wissenschaft, folgten J. St. Mill in dem Versuch, Unversöhnbares zu versöhnen. Wie zur klassischen Zeit der bürgerlichen Ökonomie blieben die Deutschen auch zur Zeit ihres Verfalls bloße Schüler, Nachbeter und Nachtreter, Kleinhausierer des ausländischen Großgeschäfts."[29]

Auch hier erscheint der Franzose Bastiat geradezu als der Prototyp des Vulgärökonomen jener Zeit – die Engländer und Deutschen haben den Franzosen nichts „Gleichwertiges" an die Seite zu setzen.

In seinen historischen Bemerkungen zur Profit- und Zinstheorie[30] macht Marx auch einige Feststellungen zur Frühgeschichte der Vulgärökonomie. Er erklärt uns überaus fein, wie mit dem letzten Reifen der Politischen Ökonomie auch die Vulgärökonomie an Umfang zunehmen muß, da sie „nichts selbst produziert", da sie abhängig ist von dem, was sie vorfindet.

Einerseits sind die Vulgärökonomen natürlich abhängig von dem, was sie in den Köpfen ihrer Auftraggeber vorfinden: „Die Vulgärökonomen ... übersetzen in der Tat die Vorstellungen, Motive etc. der in der kapitalistischen Produktion befangnen Träger derselben, in denen sie sich nur in ihrem oberflächlichen Schein reflektiert. Sie übersetzen sie in eine doktrinäre Sprache, aber vom Standpunkt des herrschenden Teils aus, der Kapitalisten, daher nicht naiv und objektiv, sondern apologetisch. Das bornierte und pedantische Aussprechen der Vulgärvorstellungen, die sich notwendig in den Trägern dieser Produktionsweise erzeugen, ist sehr verschieden von dem Drang der politischen Ökonomen, wie Physiokraten, A. Smith, Ric[ardo], den innren Zusammenhang zu begreifen."[31]

Andererseits entwickelt sich die Vulgärökonomie im Zusammenhang mit der echten, tiefwissenschaftlichen Ökonomie der bürgerlichen Klassiker. Marx erläutert das so:

„Ganz anders verhält es sich mit der *Vulgärökonomie*, die sich zugleich erst breitmacht, sobald die Ökonomie selbst durch ihre Analyse ihre eignen Voraussetzungen aufgelöst, wankend gemacht hat, also auch schon der Gegensatz gegen die Ökonomie in mehr oder minder ökonomischer, utopistischer, kritischer und revolutionärer Form existiert. Da ja die Entwicklung der politischen Ökonomie und des aus ihr selbst erzeugten Gegensatzes Schritt hält mit der *realen* Entwicklung der in der kapitalistischen Produktion enthaltnen gesellschaftlichen Gegensätze und Klassenkämpfe. Erst sobald die politische Ökonomie eine gewisse Breite der Entwicklung erlangt hat – also nach A. Smith – und sich feste Formen gegeben, scheidet sich das Element in ihr, das bloße Reproduktion der Erscheinung als Vorstellung von derselben, ihr Vul-

[29] *Marx/Engels*, Werke Bd. 23 a. a. O., S. 21.

[30] *K. Marx*, „Mehrwerttheorien", Teil 3, a. a. O., S. 445 ff.

[31] Ebendort, S. 445.

gärelement von ihr ab als besondre Darstellung der Ökonomie. So ist [bei] *Say* die Abscheidung der Vulgärvorstellungen, die in *A. Smith* durchlaufen, als eigne Kristallisation daneben festgesetzt. Mit *Ric[ardo]* und der durch ihn weiter begründeten Ausbildung der Ökonomie erhält auch der Vulgärökonom neue Nahrung (da er nichts selbst produziert), und je mehr die Ökonomie ihren Abschluß erreicht, also in die Tiefe geht und sich als ein System des Gegensatzes entwickelt, um so selbständiger tritt ihr ihr eignes Vulgärelement, bereichert mit Stoff, den es in seiner Weise zurechtmacht, gegenüber, bis es endlich als gelehrt-synkretistische und charakterlos-eklektische Kompilation seinen besten Ausdruck findet.

In demselben Maß, wie die Ökonomie in die Tiefe geht, stellt sie nicht nur selbst Gegenstände dar, sondern tritt ihr ihr Gegensatz als solcher gegenüber, gleichzeitig mit der Entwicklung der realen Gegensätze im ökonomischen Leben der Gesellschaft. In demselben Maß wird die Vulgärökonomie mit Bewußtsein *apologetischer* und sucht die Gedanken, darin die Gegensätze, in forcierter Weise wegzuschwatzen. *Say* erscheint daher noch als ein Kritiker und parteilos – weil er in Smith die Gegensätze noch relativ unentwickelt findet – gegenüber z. B. *Bastiat*, dem Harmoniker und Apologeten von Profession, der allerdings sowohl in der Ric[ardo]schen Ökonomie den Gegensatz innerhalb der Ökonomie selbst ausgearbeitet, wie im Sozialismus und den Zeitkämpfen sich ausarbeitend vorfand. Es kommt hinzu, daß die Vulgärökonomie auf ihren früheren Stufen den Stoff noch nicht ganz bearbeitet findet, also noch selbst mehr oder minder an der Lösung der ökonomischen Probleme vom Standpunkt der Ökonomie mitarbeitet, wie *Say* z. B., während ein Bastiat nur zu plagiieren und die *unangenehme* Seite der klassischen Ökonomie wegzuräsonieren hat."[32]

Wiederum ein Hinweis auch auf Bastiat als „Klassiker" der Vulgärökonomie! Say ist noch eine Art von Ausscheidung von Smith und vulgär gewissermaßen „aus eigenem", erscheint daher auch parteilos, weil er sich von den Schwächen und Mängeln des Adam Smith – wirkend, als der Klassenkampf zwischen Bourgeoisie und Proletariat noch latent war – nährte. Auch erforderte die Verarbeitung dieser Nahrung noch eine gewisse geistige Anstrengung.

Say verkörpert die frühe Stufe der bürgerlichen Vulgärökonomie, als sie gewissermaßen noch naiv vulgär war, noch nicht gesetzmäßig gezwungen, noch nicht durch den Klassenkampf dazu verurteilt war, vulgär zu sein. Es handelt sich um eine spontane Vulgarität. Ja, in gewisser Weise fühlte sich der vulgäre Say als Jünger und Missionar des Klassikers Smith. Das kommt auch in gewisser Weise zum Ausdruck in der ebenso unsinnigen wie vulgären Einschätzung von Say durch die französischen Politökonomen Gide und Rist in ihrer weit verbreiteten Geschichte der Politischen Ökonomie: „Um völlig durchzudringen, bedurfte Smith – wenigstens auf dem Kontinent – eines Dolmetschers, dem es gelingen sollte, die Ideen Smiths ‚in eine methodisch festumrissene Lehre zu fassen' und von unnötigen Abschweifungen freizuhalten. Diese Aufgabe übernahm J.-B. Say. Unter anderen Verdiensten (denn es ist nicht sein einziges), ist ihm das der Verbreitung der Gedanken des großen Schotten auf dem Kontinent zuzuschreiben, indem er dem Werke Smiths eine sozusagen klassische

[32] Ebendort, S. 491 f.

Form gab. Merkwürdigerweise fiel also einem Franzosen die Aufgabe zu, die erste französische Schule von Nationalökonomen zu diskreditieren und der englischen Nationalökonomie ihre schnelle Ausdehnung zu erleichtern." Aber, erklären Gide und Rist, Say hat die Gedanken von Smith nicht nur popularisiert: „Er denkt sie von neuem durch, sichtet sie und entwickelt sie weiter, indem er sie schärfer faßt. Unter den verschiedenen Wegen, denen Smith in seinen Gedankengängen abwechselnd und oft ohne feste Entscheidung folgt, gelingt es dem französischen Nationalökonomen, diejenigen zu vermeiden, die blind enden, und den einen einzuschlagen, der zum Ziele führt. Diesen Weg zeichnet er dann mit solcher Genauigkeit vor, daß seine Nachfolger sich nicht mehr verirren können. Er filtriert sozusagen die Ideen seines Meisters; und zu gleicher Zeit gibt er ihnen jene besondere Färbung, die für so lange Zeit der französischen Nationalökonomie ihr eigenes Gepräge gab, gegenüber der englischen volkswirtschaftlichen Wissenschaft, der damals Malthus und Ricardo eine neue Richtung wiesen ... Die Rolle J.-B. Says in der Geschichte der wirtschaftlichen Lehren ist durchaus nicht unbedeutend. Die fremden Nationalökonomen erkennen dies nicht immer an. Besonders Dühring ist, trotz seines gewöhnlichen Scharfsinnes, höchst ungerecht, wenn er von der ‚Verwässerungsarbeit' Says spricht. Sicherlich ist Say in seinem Bestreben nach Klarheit hin und wieder über schwierige Probleme hinweggeglitten, anstatt ihnen auf den Grund zu gehen. Die Nationalökonomie wird in seinen Händen oft allzu einfach. Gewisse Schwierigkeiten verhüllt er in phrasenhaften Wendungen (worin ihm zum Beispiel Bastiat nur zu gern nachgeahmt hat). Smiths Dunkelheit ist oft fruchtbar. Says Klarheit bietet dem Geist weniger Anregung. Dies ist alles ganz richtig. Trotzdem hat er aber der französischen Wissenschaft die wesentlichen Ideen des großen Schotten getreulich überliefert. Mit glücklicher Hand hat er auf Grund seiner Kenntnisse Condillacs und Turgots gewisse zweifelhafte Meinungen des Meisters verbessert. So hat er seinen Nachfolgern viele Irrtümer erspart. Er hat der französischen Nationalökonomie seinen Stempel aufgedrückt, und wenn die englischen Volkswirtschaftler seine Auffassung des Unternehmers früher aufgenommen hätten (anstatt damit bis auf Jevons zu warten), würden sie die Wissenschaft vor vielen unfruchtbaren Diskussionen verschont haben, die besonders ein Denker hervorrief, der wohl viel tiefer schürfte als Say, ihm aber an Schärfe des Urteils nachstand: David Ricardo."[33]

Völlig richtig an dieser Einschätzung ist, daß Say sich als Dolmetscher von Smith verspürte. Und richtig ist auch, daß er es für nötig hielt, seinen Lehrer zu verbessern – und charakteristisch ist es, daß so späte Vulgarisatoren wie Gide und Rist diese „Verbesserungen" als theoretische Vertiefungen auffaßten, während sie faktisch solche Verflachungen sind, daß es Marx schwer fällt, den Namen Say ohne das Beiwort fade niederzuschreiben.

Jean Baptiste Say lebte von 1767 bis 1832, war also ein Zeitgenosse von Ricardo wie von Malthus – und von Saint-Simon wie Fourier. Er ist der erste Industrielle

[33] *Ch. Gide und Ch. Rist*, Geschichte der volkswirtschaftlichen Lehrmeinungen, 2. Auflage, Jena 1921, S. 115 f.

unter den bekannteren kapitalistischen Politökonomen, allerdings machte seine Baumwollspinnerei 1813 bankrott. Seine erste Veröffentlichung stammt aus dem Jahre 1789, als man schon frei gegen den Feudalismus, auch wenn man feige war, und noch ohne Furcht vor dem revolutionären Kleinbürgertum schreiben konnte; sie handelte „von der Freiheit der Presse". Sein erstes politökonomisches Werk erschien vierzehn Jahre später, „Traité d'économie politique", dem an größeren Arbeiten noch 1815 ein „Catéchisme d'économie politique" und 1828/29 ein sechsbändiger „Cours complet d'économie politique pratique" folgten. Alle diese Bücher wurden in viele Sprachen übersetzt und machten Hunderttausende von Bürgern zu überzeugten Anhängern aller Fehler und Schwächen von Adam Smith, dessen starke Seiten sie niemals kennenlernten, weil doch der „große Popularisator" von Smith, nämlich Say, alles „soviel besser" formuliert hatte, als es Smith selbst konnte, so daß es ganz überflüssig war, Smith selbst zu lesen.

Wir haben mit Say den zweiten Typ des Vulgärökonomen kennen gelernt.

Malthus war ein Vulgärökonom, ein wilder Apologet der niedergehenden Klasse der Landaristokratie, der aber doch noch zu tiefen wissenschaftlichen „Vordersätzen" fähig war.

Say war ein spontaner Vulgärökonom, nicht in erster (!) Linie bestimmt durch Klassenkampfinteressen (der Klassenkampf war noch latent) sondern durch natürliche Begabung zur Vulgarisierung. Er stellt die erste, die Frühstufe einer umfassenden Vulgarisierung, die sich sowohl auf die Vorder- wie auf die Nachsätze bezieht, dar.

Bevor wir nun zu Bastiat kommen, ist noch kurz auf einen dritten Typ der Vulgärökonomie einzugehen, den Marx so charakterisiert: „Aber Bastiat stellt noch nicht die letzte Stufe dar. Er zeichnet sich noch aus durch Mangel an Gelehrsamkeit und eine ganz oberflächliche Bekanntschaft mit der Wissenschaft, die er schönfärbt im Interesse der herrschenden Klasse. Bei ihm ist die Apologetik noch leidenschaftlich und seine eigentliche Arbeit, da er den Inhalt der Ökonomie bei andren nimmt, wie er ihm grade in den Kram paßt. Die letzte Form ist die *Professoralform,* die ‚historisch' zu Werke geht und mit weiser Mäßigung überall das ‚Beste' zusammensucht, wobei es auf Widersprüche nicht ankommt, sondern auf Vollständigkeit. Es ist die Entgeistung aller Systeme, denen überall die Pointe abgebrochen wird, und die sich friedlich im Kollektaneenheft zusammenfinden. Die Hitze der Apologetik wird hier gemäßigt durch die Gelehrsamkeit, die wohlwollend auf die Übertreibungen der ökonomischen Denker herabsieht und sie nur als Kuriosa in ihrem mittelmäßigen Brei herumschwimmen läßt. Da derartige Arbeiten zugleich erst auftreten, sobald der Kreis der politischen Ökonomie als Wissenschaft sein Ende erreicht hat, ist es zugleich die *Grabstätte* dieser Wissenschaft. (Daß sie ebenso erhaben über den Phantasien der Sozialisten stehn, braucht nicht bemerkt zu werden.) Selbst der wirkliche Gedanke eines Smith, Ric[ardo] etc. – nicht nur ihr eignes Vulgärelement – erscheint hier gedankenlos und wird in vulgarisms verwandelt. Ein Meister dieser Art ist Herr Professor *Roscher,* der sich bescheidnerweise als Thukydides der politischen Ökonomie angekündigt hat. Seine Identität mit Thuk[ydides] mag vielleicht auf der Vorstellung beruhn, die er von Th[ukydides] hat, daß dieser nämlich beständig Ursache und Wirkung verwechselt habe."[34]

Bastiat der Prototyp des Vulgärökonomen und Apologeten! ein Franzose, genau wie Say. Sobald es sich um die Apologetik des Kapitals als ganzen, also nicht einer Sonderschicht wie der Landaristokratie handelt, geht die Führung an Frankreich über. Warum?[35]

Frankreich nach 1830 war prädestiniert, die Führung in der Vulgärökonomie zu übernehmen, weil ein beachtlicher Teil der französischen Bourgeoisie völlig die Meinung von Marx und Engels zumindest für Frankreich teilte, daß es mit ihrer Gesellschaft zu Ende ginge. Zugleich, und dadurch wurde dieser Teil der Bourgeoisie gewissermaßen in seiner Meinung bestätigt, war in keinem Lande das Proletariat so aktiv, der vormarxistische Sozialismus so verbreitet wie in dem Frankreich jener Zeit.

Décadence, Verfall, war das Schlagwort eines großen Teiles der Intelligenz. Man lese etwa folgende Büchertitel:

Antoine M. Madrolle, Tableau de la dégénération de la France, des moyens de sa grandeur et d'une réforme fondamentale dans la littérature, la philosophie, les lois et le gouvernement (Paris 1834),

Alexis Dumesnil, Histoire de l'esprit public en France depuis 1789, des causes de son altération et de sa décadence (Paris 1840),

Claude-Marie Raudot, De la décadence de la France (Paris 1850).

Dazu kommen zahlreiche Schriften – Bücher, Aufsätze, Gedichte, die die Dekadenz zwar nicht im Titel, aber im Text zum Inhalt haben. Und dazu, von Anfang an (Désiré Nisards Études sur les poètes latins de la décadence erschienen bereits 1834!) die Beschäftigung mit scheinbar oder wirklich ähnlichen Zeiten der Vergangenheit. Und Gautier erinnert in seinen einleitenden Bemerkungen zu Baudelaires Fleurs du mal an die Sprache des späten Rom.

Frankreich verlor in diesen Jahren ökonomisch stark an Boden, sowohl England wie auch Deutschland gegenüber. War sein Anteil an der Weltindustrieproduktion 1820 mit 16 Prozent noch um etwa die Hälfte höher als der Deutschlands, so lag er 1840 mit dem Deutschlands etwa gleich – 1870 betrug dann Frankreichs Anteil nur noch etwa 10 Prozent gegenüber Deutschlands 13 Prozent.

Und dann Frankreichs politische Geschichte!

Vielleicht sollte man davon ausgehen, daß, nach dem Verlust seiner Weltmachtposition im letzten Teil der Herrschaft Ludwigs XIV., der Verlauf der Großen Revolution und die Herrschaft Napoleons Frankreich wieder zu einer Weltmacht machten.

Die darauf folgende Zeit von 1815 bis 1830 ist nicht so sehr durch die Niederlagen von 1814 und 1815 bestimmt als vielmehr durch ihre entsetzliche médiocrité,

[34] *K. Marx*, Mehrwerttheorien Teil 3, a. a. O., S. 492 f.

[35] Vgl. zum folgenden auch *J. Kuczynski*, Gestalten und Werke Bd. 2, Berlin 1971, S. 328 ff.

ihre Mittelmäßigkeit der Entwicklung. Man denke daran, daß sich in der gleichen Zeit in England die Industrielle Revolution vollendet, gigantische Maschinen und gigantisches Elend, schließlich auch ein gigantisches neues Kolonialreich geschaffen werden. Man sehe nach den Vereinigten Staaten, wo man einen Kontinent gesellschaftlich zu erobern beginnt. Und man achte schließlich auch auf Deutschland, wo sich immerhin trotz aller Mittelmäßigkeit der Entwicklung eine beachtliche Erhöhung des wirtschaftlichen Niveaus gegenüber der Zeit um 1800 zeigt.

Mittelmäßigkeit der wirtschaftlichen, Mittelmäßigkeit der politischen Entwicklung in Frankreich!

Eine Veränderung schien mit der Revolution 1830 einzutreten. Schien? In der Tat, es war eine ganz außerordentliche Veränderung, die eintrat ... aber anderer Art, als si der Bourgeoisie und der bürgerlichen Intelligenz zuträglich war. Zum ersten Male trat das Proletariat als Klasse auf – noch nicht führend, aber seiner selbst als Klasse bewußt. Dieses Selbstbewußtsein wird großartig durch Blanquis Auftreten vor Gericht im Jahre 1832 bezeugt:

> „Der Präsident des Tribunals: ‚Was ist Ihr Beruf?'
> Blanqui: ‚Proletarier.'
> Der Präsident des Tribunals: ‚Das ist kein Beruf!'
> Blanqui: ‚Wie! das soll kein Beruf sein? Das ist der Beruf von 30 Millionen Franzosen, die von ihrer Arbeit leben und ihrer politischen Rechte beraubt sind!'"

Hinfort – und bis auf den heutigen Tag ist es mit der Ruhe der Bourgeoisie dahin: entsprechend dem offenen Ausbruch der Widersprüche in der Basis.

Natürlich mußte in einem Lande wie Frankreich, in dem von 1789 bis 1871 alle Klassenkämpfe mit klassischer Präzision und bis zum äußersten zugespitzt ausgefochten wurden, das frühe, so ausgeprägte Auftreten des Proletariats einen negativen Einfluß auf die bourgeoise Intelligenz, soweit sie sich nicht dem Proletariat zuzuneigen begann (und das konnte damals natürlich nur eine winzige Minderheit sein), haben, es mußte einen dämpfenden Druck auf sie ausüben. Das Gespenst des Kommunismus begann in Frankreich umzugehen und die revolutionären Bürger erneut in die Mediokrität zu treiben. Gleichzeitig aber verbreitete sich das Gefühl, in einer Krise zu leben, deren Charakter unfaßbar schien, die aber vielfach peinlich, scharf gefühlt wurde. „Notre calme est celui d'épuisement" – unsere Ruhe (oder, können wir auch übersetzen: unsere Mittelmäßigkeit) ist die der Erschöpfung, schrieb Louis Blanc.[36]

Langeweile breitet sich aus, und viele Dichter der Dekadenz leiten gerade aus ihr die um so größere Raffinesse und dann Verkommenheit in der Technik der Erotik ab. „L'ennue rend ton âme cruelle ... il te faut chaque jour un cœur au râtelier (die Langeweile macht deine Seele grausam ... jeden Tag benötigst du ein Herz zur Folterung)"[37] klagt Baudelaire der Geliebten, und Barbier spricht von

[36] *L. Blanc*, Révolution française. Histoire de dix ans. 1830–1840. Band 5, Paris 1844, S. 505.

[37] Für den französischen Text vgl.: *Charles Baudelaire*, Die Blumen der Verworfenheit. Deutsch und französisch. Nachdichtungen von Carl Fischer. Söcking 1949, S. 80.

den „femmes que l'ennui mène à la cruauté (Frauen, die die Langeweile zur Grausamkeit führt)".

In jedem Fall verführt die Mittelmäßigkeit des gesellschaftlichen Lebens eine hervorragende Intelligenz auf Abwege – sei es in der Erotik, auf Rauschgiftabenteuer, viel weniger häufig, als man meint, in eine stete politische Opposition, viel häufiger, als man vermutet, zu irgendwelchen Formen der Metaphysik oder des Mystizismus oder des Surrealismus.

Und dann kommt das Jahr 1848 – das Jahr der großen Hoffnung all der Dekadenten und vieler, die ihnen nahestehen. Baudelaire ist politisch höchst aktiv, Flaubert und Leconte de Lisle begeistern sich.

Aber die Revolution verläuft wieder „ganz anders". An die Macht kommt endlich, wahrscheinlich historisch im letzten Moment, unter den Industriellen das Textilkapital, der Kern, der Motor der Industriellen Revolution. Zeitweise führt in der Revolution – zum ersten Mal in der Geschichte – das Proletariat. Und eine Gruppe von Lumpenproletariern, Lumpenbourgeois, Lumpenadligen nutzt das „Klassendurcheinander" in der Führung, um sich zwischen den verschiedenen politischen Mächten hindurchzuschieben an die äußere Spitze der Exekutive. Bonapartismus, Abenteurertum auf allen Gebieten, Hochstapelei an der Börse und in der Außenpolitik, doch alles auf dem Niveau des „Mini", Augustulus statt Augustus, Napoléon le Petit ... bis sich alles irgendwie beruhigt und die Mittelmäßigkeit, das Kleinliche nur noch deutlicher werden.

„Als in Frankreich in dem Riesenkampfe vom Juni 1848 die Pariser Arbeiter besiegt waren, hatte sich zugleich die Bourgeoisie an diesem Siege vollständig erschöpft. Sie war sich bewußt, keinen zweiten solchen Sieg ertragen zu können. Sie herrschte noch dem Namen nach, aber sie war zu schwach zur Herrschaft. An die Spitze trat die Armee, der eigentliche Sieger, gestützt auf die Klasse, aus der sie sich vorzugsweise rekrutierte, die kleinen Bauern, welche Ruhe haben wollten vor den Städtekrawallern. Die Form dieser Herrschaft war selbstredend der militärische Despotismus, ihr natürlicher Chef der angestammte Erbe desselben, Louis Bonaparte."[38]

Man beachte die Formulierung: „die Bourgeoisie ... vollständig erschöpft" ... „erschöpft", ein Stichwort der Décadence!

Lumpenproletariat – Lumpenbourgeoisie –Lumpenadel: Natürlich kommt ganz schnell wieder die echte, solide Bourgeoisie zur Macht. Aber der eigentümliche Zug der Herrschaft Napoléons ist der Zug ins Lumpenhafte, vermischt mit dem Luxus, den sich Lumpen leisten, wenn sie mal Geld haben.

Das ist der gesellschaftliche Hintergrund, auf dem die Vulgärökonomie in Frankreich zu ungewöhnlicher „Blüte" kommen konnte, auf dem Bastiat wirkte.

[38] *Fr. Engels,* Die preußische Militärfrage und die deutsche Arbeiterpartei. In *Marx/Engels,* Werke. Band 16, Berlin 1962, S. 71.

4. Bastiat

Bastiat selbst, dessen System die Vulgärökonomie gewissermaßen klassisch verkörpert, hatte nicht die mindesten Dekadenzgefühle. Er war ein urgesunder Flachling, der voll primitivsten Optimismus für den Kapitalismus und gegen das Proletariat kämpfte. Er war der rechte Mann am rechten Platz für das Kapital.

Frédéric Bastiat wurde 1801 geboren, veröffentlichte seit 1830 eine größere Anzahl politökonomischer Artikel, schrieb ein Hauptwerk, die „Ökonomischen Harmonien", und starb 1850.

Er ist der erste unter den bemerkenswerteren Vulgärökonomen, der sich ausdrücklich mit der sozialistischen Arbeiterbewegung und ihrer Ideologie auseinandersetzt. Es ist darum nicht verwunderlich, daß, wenn auch seine schon kaum noch zu übertreffende kindische Stupidität ihm keine sehr große Achtung im Ausland brachte, er in Frankreich bis in die Gegenwart sehr hoch geschätzt wird und die bürgerlichen „Standardhistoriker" der Geschichte der politökonomischen Lehrmeinungen Gide und Rist so über ihn urteilen: „Wenn Bastiat von den ausländischen Nationalökonomen streng abfällig beurteilt worden ist, so ist er doch in Frankreich sehr volkstümlich geblieben. Sein Salz ist etwas grob, seine Ironie etwas schwerfällig, seine Ausführungen etwas oberflächlich, aber sein Maßhalten, sein gesunder Verstand und seine Klarheit hinterlassen einen unvergeßlichen Eindruck. Ich möchte fast sagen, daß seine ‚Harmonies' und seine Pamphlets auch heute noch das beste Buch sind, das man einem jungen Menschen, der sich zum ersten Male mit dem Studium der Nationalökonomie befassen will, empfehlen kann. Wir werden übrigens sehen, daß auch vom rein wissenschaftlichen Gesichtspunkt aus seine Beiträge durchaus nicht bedeutungslos sind."[39]

Mit wie treffendem Ausdruck Marx Bastiat charakterisiert, wenn er ihn den flachsten und daher gelungensten Vertreter vulgärökonomischer Apologetik nennt, wird sofort klar, wenn wir auf der ersten Seite von Bastiats Hauptwerk in der Vorrede an die Jugend lesen: „Alle berechtigten Interessen sind harmonisch. Diese Idee dominiert dies Buch, und es ist unmöglich, nicht ihre ganze Bedeutung anzuerkennen."[40]

Die Vorteile dieser „Idee der Harmonie der Interessen" preist er wie ein handelsreisender Missionar[41]:

> „Sie ist einfach;
> sie ist versöhnlich;
> sie hat etwas Tröstliches;
> sie ist religiös;
> sie ist praktisch."

[39] *Ch. Gide* und *Ch. Rist*, a. a. O., S. 357 – vgl. zum folgenden auch *J. Kuczynski*, Geschichte der Lage der Arbeiter . . . Bd. 34, Berlin 1968, S. 106 ff.

[40] *F. Bastiat*, Harmonies économiques. 2. Aufl., Paris 1851, S. 1.

[41] Ebendort, S. 8.

Wenn irgendjemand vermißt, daß sie wissenschaftlich genannt wird, so ist das ein Irrtum. Denn jede dieser Eigenschaften wird von Bastiat noch näher erklärt und erläutert. Die Wissenschaftlichkeit wird im Zusammenhang mit der Reklame ihrer Einfachheit so „bewiesen“: „Ist nun Einfachheit nicht der Prüfstein der Wahrheit? Die Gesetze des Lichtes, des Tones, der Bewegung erscheinen uns um so wahrer, als sie so sehr einfach sind; warum sollte es nicht das gleiche mit dem Gesetz der Interessen sein?[42]

Also, weil alle Wahrheit einfach ist, ist alles Einfache wahr. Von einer ganz einfachen Dummheit, Frechheit oder Unwahrheit hat Bastiat offenbar noch nie etwas gehört.

Biedermännisch wendet er sich an die sozialistischen Arbeiter: „Wenn ich das Unglück hätte, im Kapital nur Vorteile für den Kapitalisten zu sehen, würde ich Sozialist werden“ – aber Bastiat hat eben das Glück, im Kapital Vorteile für die Arbeiter und im Lohn Vorteile für die Kapitalisten und zwischen beiden eine Harmonie der Interessen zu sehen, und darum tritt er gegen die Sozialisten auf.

Es ist offenbar, daß die Basis der Lehre von der Harmonie der Interessen die Gleichheit der Leistungen der verschiedenen Klassen der Gesellschaft sein muß – insofern, als jede Klasse so erscheinen muß, daß sie den anderen, daß sie der Gesellschaft als Ganzer bedeutende Dienste leistet, daß also keine Klasse auf Kosten einer anderen oder der Gesellschaft als Ganzer Vorteile hat.

Kernpunkt der Lehre von Bastiat ist seine Wertlehre, auf die wir hier ebenso wie auf seine Zins- und Rentenlehre eingehen müssen, um sein Niveau zu charakterisieren. „Die Werttheorie ist“ erklärt Bastiat, „in der Politischen Ökonomie, was das Zahlensystem in der Arithmetik.“[43]

Wonach bestimmt sich nun der Wert bei Bastiat? Nicht etwa nach der in einer Ware enthaltenen Arbeit, oder, wie es Bastiat nennt, „Mühe“. Wertbestimmend ist vielmehr die dem Käufer der Ware ersparte Mühe. Der Verkäufer leistet also dem Käufer einen Dienst, indem er ihm Mühe erspart.

Der Wert ist überhaupt nichts in sich selbst. Er ist nur ein Verhältnis: „Der Wert ist das Verhältnis zweier ausgetauschter Dienste.“[44] Und daher ist es ganz gleichgültig, ob die Leistung des „Dienenden“ diesem irgendeine Mühe macht oder nicht. Einzig entscheidend ist die Größe der Mühe, die er dem anderen abnimmt. Also auch die parasitärste Klasse hat ihre volle Berechtigung, solange sie in ihrer parasitären Existenz, auch wenn keine „Mühe“ für sie damit verbunden ist, auch wenn sie nicht arbeitet, jemandem damit einen Dienst erweist, indem sie jemandem „Mühe“ erspart.

Bastiat erklärt natürlich die Bedeutung seiner Theorie in anderer Weise. An die Stelle des Parasiten tritt der glückliche Finder eines Diamanten, der nur eine Minute gebraucht hat, um den Diamanten zu finden. Natürlich ist der Wert des Diamanten höher als der Wert der in ihm verkörperten Arbeit. Er entspricht nach Bastiat dem gewaltigen Dienst, den der glückliche Finder einem potentiellen

[42] Ebendort.

[43] Ebendort, S. 114.

[44] Ebendort, S. 118.

Käufer des Diamanten geleistet hat. Marx glossiert eine solche Kauftransaktion in einem Brief an Engels vom 11. Juli 1868 so:

„Die Farce des Pißmännchen Faucher, mich zum Schüler des Bastiat zu machen, kannst Du nicht in ihrem ganzen Witz verstehen. Bastiat sagt nämlich in seinen ‚Harmonien‘: ‚Wenn ihm einer aus der Wertbestimmung durch die Arbeitszeit erkläre, warum die Luft keinen und der Diamant einen hohen Wert habe, werde er sein Buch ins Feuer werfen.‘ Da ich dies entsetzliche Kunststück nun geleistet, muß Faucher nachweisen, daß ich in der Tat den B[astiat] akzeptiere, der erklärt, es gebe ‚kein Maß‘ des Werts.

Die Art, wie Hérr Basiat den Diamantenwert ableitet, ist folgendes echte Commis Voyageurgespräch:

‚Überlassen Sie mir Ihren Diamanten, mein Herr. – Sehr gern, mein Herr; überlassen Sie mir dafür Ihre Arbeit während eines ganzen Jahres.‘ Statt daß nun der Geschäftsfreund antwortet: ‚Mein Lieber, wenn ich gezwungen wäre, zu arbeiten, so werden Sie verstehen, daß ich anderes zu tun hätte, als Diamanten zu kaufen‘, sagt er: ‚Aber, mein Herr, Sie haben zu Ihrer Erwerbung nicht eine Minute gebraucht. – Schön, mein Herr, versuchen Sie eine ähnliche Minute anzutreffen. – Aber billigerweise sollten wir gleiche Arbeit austauschen. – Nein, billigerweise bewerten Sie Ihre Dienste und ich die meinigen. Ich zwinge Sie nicht: warum sollten Sie mich zwingen? Geben Sie mir ein ganzes Jahr, oder suchen Sie sich selbst einen Diamanten. – Aber das zwänge mich zu zehnjährigem mühseligem Suchen, abgesehen von der wahrscheinlichen Enttäuschung am Ende. Ich finde es klüger, profitlicher, diese zehn Jahre anders anzuwenden. – Eben dies ist es, warum ich Ihnen noch einen Dienst zu erweisen glaube, gleich wenn ich Ihnen nur ein Jahr abverlange. Ich erspare Ihnen neun, und gerade das ist der Grund, warum ich diesem Dienst einen solchen Wert zuschreibe.‘ *

Ist das nicht der Weinreisende, wie er leibt und lebt?

Übrigens – was die deutschen Bastiaten nicht wissen – ist diese unglückliche Wendung, daß der Wert der Waren bestimmt ist durch die Arbeit, nicht die sie kosten, sondern die sie dem Käufer ersparen (kindische Phrase, sich über den Zusammenhang des Austauschs mit der Teilung der Arbeit etwas vorzufaseln), ebensowenig eine Erfindung Bastiats wie irgendeine andre seiner Weinreisenden-Kategorien.

Der alte Esel Schmalz, der preußische Demagogenfänger, sagt (Deutsche Ausgabe 1818, französische 1826): ‚Die Arbeit anderer, allgemein gesprochen, produziert für uns niemals etwas anderes als Ersparnis an Zeit, und es ist lediglich diese Ersparnis an Zeit, die ihren Wert und ihren Preis bildet. Der Tischler zum Beispiel, der mir einen Tisch macht, und der Bediente, der mir meine Briefe zur Post trägt, der meine Kleider klopft oder die mir nötigen Sachen besorgt, leisten mir der eine wie der andere einen Dienst von völlig gleicher Art: der eine wie der andere erspart mir sowohl die Zeit, die ich selbst auf diese Verrichtungen verwenden müßte, als auch die, die ich hätte opfern müssen, um die Fähigkeit und die Talente zu erwerben, die sie erheischen.‘**

* Dieses Gespräch im Brieforiginal französisch.

** Im Original französisch.

Der alte Schmalz war Epigone der Physiokraten. Er sagt dies in Polemik gegen A. Smiths travail productif et inproductif und geht von ihrem Grundsatz aus, daß nur die Agrikultur wirklichen Wert produziert. Er fand das Zeug bei Garnier. Ähnliches andrerseits bei dem Epigonen der Merkantilisten Ganilh. Ditto in Polemik gegen jene Unterscheidung bei A. Smith. Also die Epigonenpolemik von zwei Standpunkten, die noch nicht die geringste Vorstellung von Wert haben – schreibt Bastiat ab! Und das ist die neueste Entdeckung in Deutschland! Schade, daß kein Blatt existiert, wo man diesen Plagiarismus B[astiats] aufdecken kann.

Wenn irgendjemand nach seinen „großartig einfachen Erklärungen" nun noch die Kühnheit hat, Bastiat um eine Erläuterung der Entstehung und Berechtigung des Zinses zu bitten – denn was für eine Mühe erspart denn das Kapital zusätzlich zu dem Kapitalbeitrag selbst, den ja der Entleiher zurückzahlen muß –, so wird er geduldig von Bastiat so aufgeklärt: „Sparen heißt, einen Dienst erwiesen zu haben und gleichzeitig Zeit gegeben zu haben zur Leistung des Gegendienstes, oder allgemeiner ausgedrückt: einen Zwischenraum gesetzt zu haben zwischen dem geleisteten und dem Gegendienst ... Der Zwischenraum, der die beiden Dienste trennt, ist selbst Gegenstand einer Transaktion, eines Tausches, denn er hat einen Wert. Das ist der Ursprung und die Erklärung des Zinses."[45]

Also der Zins ist aus einem Zwischenraum entstanden. Dieser Zwischenraum hat Mühe gemacht bzw. erspart. Die Enthaltsamkeit – nämlich für sein Geld nicht gleich einen Gegendienst zu fordern – verursacht dem einen Kapitalisten erhebliche Anstrengung und erspart dem anderen entsprechende Mühe der Enthaltsamkeit. Und für diese Anstrengung (bzw. ersparte Anstrengung) wird der Kapitalausleiher mit dem Sonderdienst des Zinses ganz gerechter- und harmonischerweise belohnt.

Die *Differentialrente* dagegen wird nicht aus einem Zwischenraum abgeleitet, sondern, wie der gefundene Diamant, aus dem größeren Dienst, den die (vom Großgrundbesitzer gefundene) größere Fruchtbarkeit des Bodens dem kapitalistischen Pächter leistet.[46]

Nur mit der absoluten Rente gibt es einige Schwierigkeiten. Aber bei näherem Nachdenken zeigt sich, daß diese Schwierigkeiten nur entstehen, wenn man glaubt, daß es so etwas wie ein Bodenmonopol gibt. Davon kann jedoch gar keine Rede sein. Die Konkurrenz zerstört jedes Monopol. Dafür hat Gott gesorgt: „Dank der Konkurrenz ... zahlt man nichts für die Aktion der Erde ... Die Kohle von Newcastle wird allen Menschen gratis zugeteilt ... Wenn wir Kohle kaufen, so zahlen wir nicht für die Kohle, sondern für die Arbeit, die notwendig war, um sie aus der Erde zu holen und sie zu transportieren ... Man muß die Konkurrenz als das Prinzip einer gerechten und natürlichen Ausgleichung betrachten ... man muß sie preisen als die erstaunlichste Offenbarung der gerechten Fürsorge Gottes allen seinen Kreaturen gegenüber."[47]

[45] *F. Bastiat,* a. a. O. S. 419.
[46] Ebendort, Kap. X u. XIII.
[47] Ebendort, S. 304 f.

Und neben der freien Konkurrenz, gewissermaßen als ihr Pendant und ihre Basis in der Weltwirtschaft, erscheint der Freihandel als absolute Notwendigkeit für die Durchsetzung der „Harmonie der Interessen."

Hierin, in der Propaganda der freien Konkurrenz und in der Propaganda des Freihandels, paßt sich die Vugärökonomie durchaus der fortschrittlichen Rolle, die der Kapitalismus damals noch spielte, an. Noch steht nicht der Sturz des kapitalistischen Gesellschaftssystems auf der Tagesordnung. Noch steht dem Kapitalismus, gerade auch in Frankreich, eine mächtige Entfaltung bevor. Noch dient der Vulgärökonom daher, indem er die Interessen der herrschenden Klasse (natürlich im Kampf gegen die Arbeiterklasse) vertritt, in gewisser Weise auch noch der Entwicklung der Produktivkräfte, der Entwicklung der menschlichen Gesellschaft überhaupt. Aber er kann sie nicht mehr wissenschaftlich bzw. vorwissenschaftlich vertreten. Er fördert sie durch vulgären Betrug. So, wie der Bandiltis, eine Gattung des Stinktieres, konstitutionell auch nützlich ist, indem er Ratten und Mäuse vertilgt, ohne deswegen seine Haupteigenschaft, nämlich zu stinken, zu verlieren, so ist Bastiat, ganz einfach auf Grund der gesellschaftlichen Basis, auf der er lebt, gezwungen, zum Zwecke der Entwicklung des noch aufsteigenden Kapitalismus für freie Konkurrenz und Freihandel einzutreten, ohne deswegen als Politökonom seine Haupteigenschaft, nämlich seine apologetische Vulgarität, zu verlieren.

Doch wie sich die Stinkeigenschaft des Bandiltis nicht als eine spontan gegenstandslose, sondern als eine stets gegen andere gerichtete Eigenschaft erweist, so ist auch die Vulgarität von Bastiat gegen andere, und zwar gegen den werdenden Träger des Fortschrittes, gegen das heranwachsende Proletariat, insbesondere gegen die vormarxistischen Sozialisten, gerichtet.

Es gibt kaum eine unsinnige „Theorie", die Bastiat aufstellt, und die nicht eine Polemik gegen sozialistische Auffassungen enthält. Nehmen wir zum Beispiel seine „Rententheorie". Wie schon erklärt, werden Kohle und alle anderen Bodenprodukte angeblich umsonst geliefert – nur die Kosten ihrer Gewinnung und des Transportes müßten bezahlt werden.

Nun aber, erklärt Bastiat weiter, steigt bekanntlich die Produktivität. Also wird es immer billiger, Bodenprodukte zu gewinnen und zu transportieren. Also wird der Teil der Kohle, des Getreides usw., der umsonst (von der Natur) geliefert wird, gewissermaßen die Null, im Verhältnis zu dem Teil, der bezahlt werden muß (Gewinnung und Transport), immer größer. Da aber nach Bastiat das, was umsonst ist, „Gemeineigentum" ist, so wird der Anteil des Gemeineigentums mit der wachsenden Produktivität immer größer. Also, was wollen denn noch die Sozialisten und Kommunisten! Alles entwickelt sich so, wie sie es wollen – aber in Freiheit!

„Wir erkennen das Recht des Menschen an, sich und anderen unter frei ausgehandelten Bedingungen zu dienen. Der Kommunismus verneint dies Recht, da er alle Dienste in den Händen einer willkürlichen Autorität zentralisiert.

Unsere Lehre baut auf dem Eigentum auf. Der Kommunismus ist auf systematischen Raub begründet ...

Unsere Lehre ist auf Freiheit gestellt ... Der Kommunismus zerstört die Freiheit ...

Unsere Lehre ist auf Gerechtigkeit aufgebaut, der Kommunismus auf Ungerechtigkeit."[48]

Die Fußnote zu diesem Zitat ist richtig. Es handelt sich nicht um Sätze aus irgendeinem amerikanischen oder westdeutschen Hetzblatt der Periode der Allgemeinen Krise des Kapitalismus. So schrieb Bastiat!

Bastiat ist in der Tat ein Vulgärökonom und Apologet des Kapitals ausgeprägtesten Charakters. Es gibt wohl Vulgärökonomen von noch größerer Vulgarität, es gibt wohl Apologeten von noch größerer Verteidigungslust, aber es gibt wohl keinen Politökonomen, der beides, die Vulgarität und die Apologetik so perfekt verbindet wie Bastiat.

Doch erhebt sich nun für eine Studie zur Geschichte der Gesellschaftswissenschaften die Frage:

Zwar wird hier gezeigt, wie Bastiats Lehre (Apologetik) aus den Widersprüchen des Kapitalismus seit 1830 entstanden ist und den Interessen der Bourgeoisie, insbesondere in ihrem Kampf gegen den vormarxistischen Sozialismus, dient –

wo aber bleiben nähere Ausführungen über seine Methodologie und Weltanschauung?

In der Tat sie fehlen! aber sie sind auch überflüssig. Die Methodologie ist für uns doch in einer Studie zur Geschichte der Gesellschaftswissenschaften nur von Interesse, wenn sie mehr als lächerliches und wirres Herumhantieren mit einzelnen Instrumenten zur Deformierung früherer Erkenntnisse ist; und von einer Weltanschauung bei jemandem zu sprechen, der auf dem einen Auge blind ist und auf dem anderen schielt, und das letztere auch noch zumeist von der Welt abwendet, sie also nicht anschaut, scheint mir eine unangebrachte Übertreibung.

Worauf es bei der Behandlung von Bastiat und auch später in diesem Teil des Buches ankommt, ist aufzuzeigen, wie eine Wissenschaft in den Händen einer Klasse verkommt, wie sie aufhört, Wissenschaft zu sein, wie ihre Vertreter zu Spinnern oder vulgären Reklamefachleuten oder ähnlichen Unwissenschaftlern werden.

5. Die Endkrise

Es ist ebenso erstaunlich wie betrüblich zu beobachten, daß auf einzelnen Gebieten auch der marxistische Überbau noch mit außerordentlicher Verspätung reagiert.

Man vergleiche etwa die großartige Schnelligkeit der Reaktion von Rosa Luxemburg, Hilferding und dann 1916 von Lenin auf die Entwicklung des Kapitalismus zum monopolistischen Kapitalismus – mit der unendlichen Langsamkeit der Heranarbeitung der Historiker der politökonomischen Theorie an eine Problematik, die Herbert Meissner so darstellt:

„Nun kennen wir natürlich alle die Feststellung von Karl Marx, daß in Frankreich und England zu Ende des ersten Drittels des 19. Jahrhunderts der Klassenkampf

[48] Ebendort, S. 244.

praktisch und theoretisch mehr und mehr ausgesprochene und drohende Formen annahm und die Totenglocke der wissenschaftlichen bürgerlichen Ökonomie läutete ...

Daraus erwächst nun für uns folgendes Problem: Wenn das Wesen der Krise der bürgerlichen politischen Ökonomie und ihres Beginns von Marx in dem Umschlag von Wissenschaftlichkeit in Unwissenschaftlichkeit gesehen wird, so ist ihr unwissenschaftlicher, vulgärer und apologetischer Charakter die allgemeine Grundlage, auf der sich ihre Weiterentwicklung und damit auch die Verschärfung und Zuspitzung ihres Krisenzustandes vollzieht. Unwissenschaftlichkeit, Apologetik und Vulgarismus werden von da an zum bestimmenden Wesensmerkmal der bürgerlichen politischen Ökonomie – und dies muß ständig von uns herausgearbeitet und immer wieder neu belegt werden –, sie können aber nicht als spezifisches Kriterium einer bestimmten Etappe der Vertiefung ihrer Krise dienen. Die Begriffe vulgär und apologetisch lassen sich zwar sprachlich steigern – aber die Urteile von Marx und Lenin über die jeweils zeitgenössische bürgerliche Ökonomie waren so klar und scharf, daß eine diesbezügliche Steigerung kaum denkbar erscheint und von daher also auch keine neuen Etappen in der Vertiefung des Krisenzustandes der bürgerlichen Ökonomie ableitbar sind. Es müssen also zusätzliche Kriterien gefunden werden, wenn man die Entwicklung der bürgerlichen politischen Ökonomie und die weitere Verschärfung ihres Krisenzustandes in bestimmten Perioden exakt erfassen will.

Überschaut man die marxistische ökonomische Literatur der letzten zehn Jahre zu diesem Thema, so lassen sich zwei Dinge feststellen. Entweder zur Charakterisierung der heutigen bürgerlichen politischen Ökonomie werden Merkmale herangezogen wie ihre Unwissenschaftlichkeit, ihr vulgäres und apologetisches Wesen, Ahistorismus und Subjektivismus sowie Antikommunismus. Dies sind aber Merkmale, die für das bürgerliche ökonomische Denken der ganzen letzten 100 Jahre kennzeichnend sind und nichts über den spezifischen Zustand der heutigen bürgerlichen politischen Ökonomie aussagen. Oder aber es werden Erscheinungsformen angeführt, die zwar tatsächlich Ausdruck jener Schwierigkeiten sind, in denen sich die heutige bürgerliche politische Ökonomie befindet, die aber noch nicht jene tieferliegenden politischen und ideologischen Prozesse erfassen, aus denen abzuleiten ist, was eine grundsätzliche Verschärfung der ideologischen Krise einer bürgerlichen Gesellschaftswissenschaft ihrem Wesen nach darstellt. Solche Erscheinungsformen beziehen sich beispielsweise auf die bürgerliche Apologetik des Monopols, auf die Rolle des kapitalistischen Staates in der bürgerlichen Ökonomie, auf den Widerspruch zwischen bürgerlicher Theorie und kapitalistischer Wirtschaftspolitik usw. Mitunter begnügen wir uns sogar damit, Zitate bürgerlicher Ökonomen über ihre eigenen theoretischen Schwierigkeiten und Nöte als Merkmal der Krise der bürgerlichen Ökonomie anzuführen. Aber auch das sind natürlich nur Erscheinungsformen, die keinesfalls als theoretisches Kriterium einer marxistischen Analyse dienen können."[49]

[49] *H. Meissner*, Die Krise der heutigen bürgerlichen politischen Ökonomie, in: Sitzungsberichte des Plenums und der Klassen der Akademie der Wissenschaften der DDR, 5, Berlin 1973, S. 12 f.

Und dann fügt er folgendes an: „Die bisher umfassendste und zugleich hervorragendste marxistische Arbeit über die Krise der gegenwärtigen bürgerlichen politischen Ökonomie stammt von dem bekannten, inzwischen leider verstorbenen sowjetischen Ökonomen Bljumin. Er wies bereits auf den bedeutsamen Unterschied zwischen dem Wesen dieser Krise und ihren Erscheinungsformen hin, er untersuchte wichtige Veränderungen in der bürgerlichen Nachkriegsideologie, und auch wenn wir ihm heute nicht mehr in allen Punkten folgen können, gab er uns doch bedeutsame Anregungen, und wir haben viel von ihm gelernt."[50]

Das Buch von I. G. Bljumin, „Die Krise der modernen bürgerlichen Politischen Ökonomie", erschien 1959 in Moskau, 1962 in Berlin – basierend auf entsprechenden Vorarbeiten in seiner „Kritik der modernen bürgerlichen Politischen Ökonomie Englands" (Moskau 1953) und den folgenden Schriften „Grundriß der modernen bürgerlichen Politischen Ökonomie der USA" (Moskau 1956) wie „Über die moderne bürgerliche Politische Ökonomie" (Moskau 1958).

Und dann folgte eigentlich wieder eine Pause, bis Herbert Meissner 1973 in dem zitierten Vortrag die Problematik wieder aufnahm.

Das Interesse der marxistischen Politökonomen war stets auf die Analyse der kapitalistischen Wirtschaft und auf den Kampf gegen die zeitgenössische Apologetik der bourgeoisen Vulgärökonomen sowie der sozialdemokratischen Revisionisten konzentriert. Die Geschichte der Politischen Ökonomie jedoch wurde – entgegen dem großartigen, nein, dem einzigartigen Beispiel, das Marx uns gegeben hat – vernachlässigt.

Nehmen wir als Beispiel selbst jemanden J. Kuczynski, der doch nicht nur die ersten Vorlesungen über die Geschichte der Politischen Ökonomie nach 1945 an unseren Universitäten hielt, der auch als erster Marxist sich ausführlicher mit Keynes auseinandersetzte[51], der als erster die Bedeutung Walther Rathenaus für die Herausbildung der bourgeoisen Monopolideologie erkannte[52] – und der doch völlig an der von Herbert Meissner so klar herausgearbeiteten Problematik vorbeiging, an der Problematik: Was ist der *prinzipielle* Unterschied des Niedergangs der bürgerlichen Politischen Ökonomie nach 1830 und ihrer Endkrise – entsprechend dem monopolistischen Stadium des Kapitalismus, entsprechend dem sterbenden Kapitalismus –, die sich im 20. Jahrhundert entwickelte?

Und noch eine Frage müssen wir stellen: Warum fand Bljumin zwar allgemeine Anerkennung für seine Arbeiten, ohne daß jedoch jemand auf dem von ihm gewiesenen Wege bis zu der entscheidend scharfen Fragestellung von Herbert Meissner fortschritt – schließlich eine Pause von 1959 bis 1973. Die Antwort darauf gibt der Bljumin-Schüler Meissner selbst – nicht in Worten, sondern durch sein Werk: die letzte Monographie von Meissner ist betitelt „Theorie des Wirtschaftswachstums. Hoffnung und Dilemma der bürgerlichen Ökonomie"[53]. Dort heißt es: „Die Misere

[50] Ebendort, S. 13 f.

[51] *J. Kuczynski,* New fashions in wage theory, London 1937.

[52] Vgl. *J. Kuczynski,* Die Geschichte der Lage der Arbeiter Bd. 13, Berlin 1961.

[53] Berlin 1972.

der bürgerlichen Ideologie kommt gegenwärtig besonders deutlich auf dem Gebiet der Politischen Ökonomie zum Ausdruck. Das ergibt sich u. a. daraus, daß die Politische Ökonomie als klassengebundene Gesellschaftswissenschaft die politischen und materiellen Interessen der jeweils herrschenden Klasse am klarsten zum Ausdruck bringt und gleichzeitig am deutlichsten die grundlegenden Beziehungen einer Gesellschaftsordnung – die Produktionsverhältnisse – widerspiegelt. In der bürgerlichen politischen Ökonomie der Gegenwart spielt seit etwa dreißig Jahren die wachstumstheoretische Forschung eine entscheidende Rolle. Die bürgerliche Wachstumstheorie ist bekanntlich nicht eine Theorie neben mehreren anderen, nicht eine ideologische Strömung neben anderen – sie ist seit etwa fünfundzwanzig Jahren zu einem wesens- und strukturbestimmenden Bestandteil der bürgerlichen politischen Ökonomie geworden. Es gab in den letzten Jahrzehnten kein spezielles Gebiet der bürgerlichen Wirtschaftswissenschaft und keinen speziellen Fragenkomplex, der nicht unter dem Gesichtspunkt der wachstumstheoretischen Fragestellung neu durchdacht worden wäre. Kein bürgerlicher Ökonom, der etwas auf sich hielt, hat darauf verzichtet, sich irgendwann und irgendwie wachstumstheoretisch zu versuchen. Deshalb ist die kritische Analyse des gegenwärtigen Standes, der erreichten theoretischen Ergebnisse und der wirtschaftspolitischen Anwendbarkeit der bürgerlichen Wachstumstheorie von grundsätzlicher Bedeutung für die Einschätzung der bürgerlichen politischen Ökonomie in ihrer Gesamtheit."[54]

Ich kann Meissner nicht zustimmen, daß die Wachstumstheorie in der bürgerlichen Politischen Ökonomie „seit etwa dreißig Jahren ... eine entscheidende Rolle" spielt. Im folgenden Satz engt er das auch auf „etwa fünfundzwanzig Jahre" ein. Sieht man sich die von ihm zitierte Literatur an, dann beginnt die Wachstumstheorie eigentlich erst in der zweiten Hälfte der fünfziger Jahre eine wirkliche Rolle zu spielen. Ganz richtig heißt es auch in dem Buche von Bljumin: „In der letzten Zeit (! – J. K.) wird in der bürgerlichen Literatur viel Aufmerksamkeit dem Problem des ‚Wirtschaftswachstums' geschenkt."[55]

Meissner gibt den Hauptinhalt der „Wachstumstheorie" so wieder:

„Die Wachstumstheorie sieht ihre Aufgabe in der Aufdeckung der Wachstumsfaktoren einer Volkswirtschaft und ihrer Beziehungen zueinander sowie in der Erforschung der Bedingungen raschen und störungsfreien Wirtschaftswachstums. Unter Wirtschaftswachstum wird die Steigerung des Gesamtprodukts pro Kopf der Bevölkerung verstanden ... Die Wachstumstheorie stellt sich nun die Aufgabe, die Faktoren ausfindig zu machen, die für dieses Wirtschaftswachstum entscheidend sind. Kaldor schreibt, daß ‚der Zweck einer Theorie des wirtschaftlichen Wachstums darin besteht, das Wesen der außerökonomischen Variablen zu zeigen, von denen letzten Endes die Rate bestimmt wird, in der das allgemeine Produktionsniveau einer Wirtschaft wächst, und damit zum Verständnis der Frage beizutragen, weshalb die einen gesellschaftlichen Einheiten soviel rascher wachsen als andere.'

Weiter kommt es der Wachstumstheorie darauf an, die Beziehungen zwischen

[54] Ebendort, S. 10 f.

[55] *I. G. Bljumin,* Die Krise der modernen bürgerlichen Politischen Ökonomie, Berlin 1962, S. 496.

diesen Faktoren zu untersuchen und die Bedingungen zu finden, unter denen auf der Grundlage der kapitalistischen Ordnung ein gleichmäßiges und störungsfreies Wachstum möglich ist. Dabei ist es den Wachstumstheoretikern vor allem um das gleichmäßige Wachsen der verschiedenen volkswirtschaftlichen Größen zu tun, das heißt um ein „gleichgewichtiges Wachstum' oder das ‚dynamische Gleichgewicht'. So stellt z. B. Erich Preiser fest: ‚Unser Problem ist jedoch weder das Wachstum an sich noch ein möglichst großes Wachstum, sondern das Problem, das uns interessiert, ist ein *stetiges* Wachstum.' W. G. Hoffmann weist darauf hin, daß das gleichgewichtige Wachstum vor allem auch langfristig sein müsse: ‚Das Grundproblem der ökonomischen Wachstumsforschung ist die Frage, wie ist langfristig ein möglichst intensives und stetiges Wachstum der Wirtschaft möglich, das heißt genauer, wie kann eine hohe und tendenziell konstante Wachstumsrate des realen Sozialprodukts je Kopf auf die Dauer erreicht werden?' "[56]

Das aber ist wahrlich keine Problematik, die der Endkrise des Kapitalismus entspricht! Das ist die Theorie eines sich noch relativ stark fühlenden optimistischen Kapitalismus. Und doch ist all das nur Schein – im Unterschied etwa zum Optimismus von Bastiat. Denn Bastiats Optimismus basierte, mit aller Apologetik für die Widersprüche der kapitalistischen Realität, auf einem noch starken Kapitalismus, der noch eine Zukunft hatte. Der – wie wir noch sehen werden, gegenüber Bastiat viel umfassender apologetische – Optimismus der Wachstumstheoretiker basierte jedoch auf einer kurzen, aus ganz spezifischen historischen Umständen erklärlichen, Phase relativ stark steigender Produktion, in der sich bereits für die siebziger Jahre so starke Widersprüche ansammelten, daß dem Optimismus der Wachstumstheoretiker der tiefstmögliche Pessimismus folgen mußte.

Recht hat Meissner, wenn er bemerkt: „Bei all dem geht es natürlich nicht nur um theoretische Erörterungen. Es sollen vor allem Grundlagen für eine effektivere Wirtschaftspolitik der imperialistischen Staaten geliefert werden. Diese Wirtschaftspolitik soll immer mehr den Charakter einer Wachstumspolitik annehmen, wobei dann Probleme des optimalen Wachstums, der optimalen Investitionsrate, eines optimalen Wachstumspfades usw. im Vordergrund stehen. Daran ist sofort erkennbar, daß es sich hierbei also nicht um irgendeine neue spezielle Theorie zur Lösung sekundärer Teilfragen handelt, sondern um wirtschaftstheoretische und wirtschaftspolitische Grundprobleme des heutigen Kapitalismus. Daraus folgt auch die zentrale Stellung dieser Theorie in der heutigen bürgerlichen politischen Ökonomie."[57]

Natürlich äußert sich dieser Optimismus in einer anderen Welt als der des 19. Jahrhunderts. Mit Recht schreibt Meissner: „Die Beschreibung der Ausarbeitung der Wachstumstheorie erklärt natürlich noch nicht, welche gesellschaftlichen und insbesondere ökonomischen Bedingungen erforderlich und auch vorhanden waren, damit die Wachstumsproblematik in den Mittelpunkt des theoretischen Interesses der bürgerlichen Ökonomen treten konnte. In der Zeit bis zum zweiten Weltkrieg war es besonders das Problem der Wirtschaftskrisen und des Zyklus, das die For-

[56] *H. Meissner*, ebendort, S. 12 f.

[57] Ebendort, S. 13.

schung in diese Richtung drängte. Das läßt sich von Schumpeter über Aftalion und Clark bis zu Cassel, Harrod und Samuelson nachweisen. Inzwischen war aber die Sowjetunion entstanden, hatte sich gefestigt und begann mit der Aufstellung und erfolgreichen Durchführung langfristiger Wirtschaftspläne. Als diese Tatsache im Verlaufe der dreißiger Jahre immer mehr ins Bewußtsein des Bürgertums drang, begann bei ihm die Sorge um die Perspektive. Zu dieser Zeit wurde das Problem der zyklischen Bewegung mit der Frage nach der langfristigen Entwicklung verbunden. Als dann die Sowjetunion im zweiten Weltkrieg ihre ganze Stärke zeigte, sich anschließend das sozialistische Lager herausbildete und dort die gleichen Entwicklungsgesetzmäßigkeiten sichtbar wurden, mit denen schon die Sowjetunion die bürgerliche Welt beunruhigte, da wurde die Frage nach den Möglichkeiten und Bedingungen langfristigen Wirtschaftswachstums eindeutig zu einem Hauptproblem moderner bürgerlicher Ökonomie, die Wachstumstheorie konstituierte sich endgültig und beeinflußte alles ökonomische Denken des Westens. Diesen Zusammenhang erkennt und anerkennt auch Bombach, wenn er schreibt: ‚Die frühen Versuche fanden wenig Beachtung; erst die veränderte Erfahrungswelt der *Nachkriegszeit* hat der modernen Wachstumstheorie zum Durchbruch verholfen ... Ohne Zweifel hätte die wachstumstheoretische Forschung nicht jenen stürmischen Aufschwung genommen, wären nicht zwei andere politische Momente hinzugekommen: die Herausforderung des Ostens und das Problem der Entwicklungsländer.‘ “[58]

Es handelt sich selbstverständlich um Apologetik gegenüber der Realität, in einer Welt, in der der Sozialismus als gesellschaftliches System ökonomisch immer stärker wird – aber es ist eine optimistische Apologetik!

Darum ist die theoretische Situation auch noch etwas komplizierter als sie Meissner sieht, wenn er sagt: „Aus all dem ergibt sich, daß die Wachstumstheorie nach Aufgabenstellung, Entstehungsbedingungen und theoretischer Ausarbeitung eindeutig dem zwanzigsten Jahrhundert angehört. Bombach kann nicht zugestimmt werden, wenn er in bezug auf die Geschichte der Wachstumstheorie behauptet: ‚Sie müßte zumindest bei den *Merkantilisten* beginnen, die *Klassiker* von *Adam Smith* bis zu *John Stuart Mill* würden in ihr einen breiten Raum einnehmen, und ebenso *Marx* und die modernen sozialistischen Theoretiker.‘ Alle in dieser Behauptung angeführten Richtungen und Ökonomen mit Ausnahme der ‚modernen sozialistischen Theoretiker‘ – und auch da wäre zu prüfen, wen Bombach meint – hatten zu ihrer Zeit andere gesellschaftliche Bedingungen, andere ökonomische Aufgabenstellungen und andere theoretische Blickrichtungen als die Wachstumstheorie. Eine solche ideengeschichtliche Verbindungslinie, wie sie in der bürgerlichen Theoriengeschichtsschreibung generell üblich ist, verdeckt eher das Wesen der Dinge, anstatt es zu enthüllen.“[59]

Mit keinem Wort möchte ich Meissner widersprechen – und doch muß man etwas hinzufügen[60]:

Blicken wir auf die konkrete Situation:

[58] Ebendort, S. 19 f.

[59] Ebendort, S. 20.

[60] Vgl. *J. Kuczynski,* Das Gleichgewicht der Null, Berlin 1973, S. 16 f.

Nachdem in Westeuropa die schlimmsten Auswirkungen des Krieges beseitigt waren, folgten zwei Jahrzehnte, in denen die Industrieproduktion weit stärker stieg als in den zwei Jahrzehnten zwischen dem ersten und dem zweiten Weltkrieg.

Jährliche Zuwachsrate der Industrieproduktion in den entwickelten kapitalistischen Ländern

1921-1938	2,3 %
1951-1960	5,0 %
1961-1969	5,7 %

Natürlich gab es während der Jahre von 1951 bis 1969 in diesem oder jenem Land zyklische Überproduktionskrisen, gab es Währungskrisen hier und dort und andere Wirtschaftsschwierigkeiten. Doch läßt sich nicht bestreiten, daß das Wachstumstempo der Industrieproduktion mehr als doppelt so hoch war wie zwischen den beiden Weltkriegen. Es ähnelte mehr dem Tempo, das vor dem ersten Weltkrieg üblich war.

Voller Begeistung über diese Wandlung in der Situation – zunächst vor allem verursacht durch den Nachholebedarf nach dem Weltkrieg in Investitionen und Häuserbau und dann durch die Intensivierung der Rüstungsproduktion – wandten sich die Politökonomen des Kapitals der Frage zu: Wie kann man die Produktion immer schneller steigern und so den imperialistischen Konkurrenten schlagen? Und ebenso entwickelte sich unter den Politökonomen ein Wettstreit, wer die mathematischste Wachstumstheorie mit den schönsten Modellen entwickeln könnte.

Ohne das Wachstum der Industrieproduktion in diesen beiden Jahrzehnten hätten sich die Wachstumstheorien nicht so entwickeln können – ein Wachstum, für das selbstverständlich nicht die Wachstumstheoretiker, sondern die objektiven ökonomischen Verhältnisse (Nachholebedarf, Rüstungen) verantwortlich waren. Die Politökonomen saßen auf einer emporsteigenden Welle und glaubten, durch Philosophieren über die Welle sie noch höher treiben zu können.

Steigerungsraten der Industrieproduktion in den imperialistischen Ländern wie im 19. Jahrhundert! daher die Optimistik der Apologetik, wie im 19. Jahrhundert. Noch nicht von 1945 bis 1955. Aber da das schnelle Steigerungstempo anhielt, ohne durch eine tiefe Überproduktionskrise oder gar eine Katastrophe wie 1929/33 unterbrochen zu werden, wucherte die optimistische Apologetik wie im 19. Jahrhundert, konnte Bombach die von Meissner so richtig als völlig unsinnig charakterisierte Kontinuität von den Merkantilisten bis zu den modernen Wachstumstheoretikern feststellen.

Diese Situation hielt ganz offenbar aber auch die marxistischen Historiker der Politischen Ökonomie davon ab, den Gedankengängen von Bljumin zu folgen und die Fragestellung so zuzuspitzen, wie es Meissner 1973 tat.

Auch Meissners Wiederaufnahme der Fragestellung von Bljumin hat natürlich ihre ökonomische Basis. Kuczynski bemerkt:

„Die entscheidende Wendung in der Wirtschaftsentwicklung der imperialistischen Länder seit dem Ende der sechziger Jahre deutet die folgende Tabelle an:

Zuwachsrate der Industrieproduktion in den entwickelten kapitalistischen Ländern

1961–1969	5,7 %
1968–1969	8,0 %
1969–1972	2,6 %

Mit dem größeren Wachstum ist es zu Ende. Es scheint so, als ob die siebziger Jahre wieder denen zwischen den beiden Weltkriegen ähnlich werden.

Und so wandelt sich auch der Inhalt der bürgerlichen Theorien. Wir kennen noch nicht alle Irrwege, die sie beschreiten werden. Aber einige Anzeichen liegen schon vor. Da ist der soeben vermerkte Wandel in der Behandlung des Magischen Vierecks: wenn man schon kein Gleichgewicht herstellen kann, dann soll das Ungleichgewicht wenigstens eine ständige Steigerung der Profite garantieren.

Die Wachstumstheorien aber scheinen sich in Stillstandstheorien zu verwandeln. Es wird ein Ideal des ‚Null-Wachstums' aufgestellt."[61]

Das heißt, der Weg der Theorie der Politischen Ökonomie ist in den zwanzig Jahren von 1955 bis 1975 von den „Wachstumstheorien" als Zentrum der Aufmerksamkeit zu den Theorien des „Null-Wachstums" gegangen. Vom zeitweiligen optimistischen zum pessimistischen Apologetentum, das sie seit dem ersten Weltkrieg bis in die erste Hälfte der fünfziger Jahre charakterisierte.

6. Keynes

Wenn wir die Endkrise der Politischen Ökonomie der Bourgeoisie abhandeln, sollten wir von der Phase der „Wachstumstheorien" als untypisch absehen. Natürlich wird es immer wieder Jahre außerordentlich schneller Erweiterung der Reproduktion des Kapitals geben, solange der Kapitalismus noch besteht. Darauf hat auch Lenin mit aller Deutlichkeit hingewiesen. Aber es ist unwahrscheinlich, daß es noch einmal eine so lange Phase von keinen schweren, langandauernden Krisen unterbrochener erweiterter Reproduktion des Kapitals wie nach dem zweiten Weltkrieg geben wird, da es unwahrscheinlich ist, daß es wieder ein historisch bestimmtes so erstaunliches Zusammentreffen von Umständen („Nachholebedarf" auf Grund eines Weltkrieges und stärkster Aufrüstung) geben wird, wie nach dem zweiten Weltkrieg.

Wir können darum meiner Ansicht nach unmittelbar an die Überlegungen von Bljumin, die auf den Erfahrungen bis 1955 beruhen, und die teilweise natürlich auch in der folgenden Zeit bis an das Ende der sechziger Jahre bestätigt wurden, anknüpfen.

Bljumin faßt „die wichtigsten Momente der Krise der bürgerlichen politischen Ökonomie" kurz so zusammen:

„1. Eindeutiger Bankrott vieler alter Dogmen im Zusammenhang mit der unvermeidlichen Anerkennung der wachsenden ökonomischen Schwierigkeiten des Kapitalismus und der Bedrohung durch soziale Katastrophen.

[61] *J. Kuczynski*, ebendort, S. 21.

2. Anerkennung der ungenügenden Wirksamkeit der inneren Kräfte des Kapitalismus; Verlust des früheren Glaubens an das automatische Funktionieren des Mechanismus der kapitalistischen Konkurrenz.

3. Orientierung auf das Wirken künstlicher Faktoren in der Art staatlicher Einmischung in die Wirtschaft; Appell an den bürgerlichen Staat als eine Kraft, die angeblich in der Lage sei, die ökonomischen Schwierigkeiten des gegenwärtigen Kapitalismus zu überwinden.

4. Erzwungene Anerkennung der Tatsache, daß die freie Konkurrenz der Vergangenheit angehört, daß die Konkurrenz unter den heutigen Bedingungen durch die Monopole erschwert wird.

5. Lobpreisung aller Arten unproduktiven Verbrauchs, insbesondere von Rüstungsausgaben. Diese Tendenz existierte auch schon früher (zum Beispiel in den Arbeiten von Malthus). Sie ist aber heute besonders weit verbreitet und zur herrschenden Linie in der bürgerlichen Apologetik geworden.

6. Neue Formen der sozialen Demagogie, die darin bestehen, daß dem Kapitalismus Gesetzmäßigkeiten zugeschrieben werden, die nur unter sozialistischen Bedingungen wirksam sind. Gleichzeitig wird die Illusion verbreitet, daß im heutigen Kapitalismus grundsätzliche Wandlungen vor sich gegangen seien, zum Beispiel keine Herrschaft der Kapitalistenklasse mehr bestehe.

7. Die Veränderung des Verhältnisses zwischen den Grundrichtungen in der bürgerlichen ökonomischen Literatur – den Vertretern des ‚regulierten Kapitalismus' und den Verteidigern des ‚freien Unternehmertums' – zugunsten der ersteren.

Dies sind die wichtigsten Seiten der Krise der bürgerlichen politischen Ökonomie. Dabei handelt es sich nicht einfach um eine neue Aufmachung der bürgerlichen Apologetik, wie es in der Vergangenheit (zum Beispiel in den siebziger Jahren des vorigen Jahrhunderts, als nach dem Erscheinen des Marxschen ‚Kapitals' neue Richtungen in der politischen Ökonomie in der Art der Österreichischen, Lausanner und Cambridger Schule, der jungen historischen Schule und anderen entstanden) üblich war. Heute handelt es sich um eine Veränderung, die schon in sich den tiefen Widerspruch enthält, der für den absterbenden Kapitalismus kennzeichnend ist. Das ist nicht einfach Apologie der bürgerlichen Ordnung, sondern eine Apologie, die schon die unvermeidliche Anerkennung der inneren Schwächen der kapitalistischen Wirtschaft in sich trägt. In dieser Apologie wird die Quelle für die Stärke und das Aufblühen der kapitalistischen Wirtschaft nicht in dieser Wirtschaft selbst gesucht, sondern in äußeren, außerökonomischen Kräften. Das ist eine Apologie, in der die erfolgreiche Entwicklung der kapitalistischen Wirtschaft als Zufälligkeit behandelt wird, die von der willkürlichen Veränderung des wirtschaftspolitischen Kurses des bürgerlichen Staates abhängt. Obwohl die modernen bürgerlichen Apologeten die kapitalistische Wirtschaft preisen, sind sie gezwungen, ihr gleichzeitig ein Armutszeugnis auszustellen. Sie müssen zugeben, daß diese Wirtschaft an verschiedenen Alterskrankheiten leidet und zur Heilung und Aufmunterung gewaltige künstliche Einspritzungen von staatlichen Mitteln erfordert.

Die inneren Widersprüche der bürgerlichen Apologetik zeigen sich gegenwärtig auch darin, daß die Vorzüge des kapitalistischen Systems nur bedingt verteidigt werden. Diese Vorzüge können nur nach bestimmten wirtschaftspolitischen Maßnahmen wirksam werden. In diesen einschränkenden Formulierungen spiegelt sich die widersprüchliche Situation wider, in der sich die modernen bürgerlichen Ökonomen befinden. Sie können die kapitalistische Ordnung nicht mehr in so kategorischer Form verteidigen wie früher. Sie können die kapitalistischen Widersprüche nicht völlig verschweigen."[62]

Herbert Meissner brachte bei der Lektüre des Manuskripts dieses Buches folgende interessante Überlegungen zu den von Bljumin unter 2 und 3 genannten „wichtigsten Momenten der Krise der bürgerlichen Politischen Ökonomie" vor: „Wenn der ‚Mechanismus der kapitalistischen Konkurrenz' objektiv nicht mehr ‚automatisch', nicht mehr ohne Eingriffe des Staates funktioniert, und wenn die Bourgeoisie versucht, diese neue Realität theoretisch zu erfassen – kann man das als Zeichen eines ideologischen Krisenzustandes der bürgerlichen Politischen Ökonomie bezeichnen?" So formuliert, erscheint mir dieser Einwand durchaus berechtigt. Auf der anderen Seite kann man aber auch folgendes sagen: Da die bürgerliche Politische Ökonomie an einem solch hoffnungslosen Bemühen scheitern muß, gerät sie in eine neue Art von Krise.

Bei anderer Gelegenheit hat sich Meissner auch mit der Problematik der „künstlichen Faktoren in der Art staatlicher Einmischung in die Wirtschaft" (Bljumins Punkt 3) auseinandergesetzt. Meissner schreibt: „Eine Reihe anderer von Bljumin dargestellter Momente können jedoch auf Grund neuerer Überlegungen nicht mehr als Beweis eines Krisenzustandes der bürgerlichen Ökonomie dienen. Das betrifft die ‚Orientierung auf das Wirken künstlicher Faktoren in der Art der staatlichen Einmischung in die Wirtschaft: Appell an den bürgerlichen Staat als eine Kraft, die angeblich in der Lage sei, die ökonomischen Schwierigkeiten des gegenwärtigen Kapitalismus zu überwinden'. Unter staatsmonopolistischen Bedingungen ist der Staat kein künstlicher Faktor, sondern eine ökonomische Potenz. Die Berücksichtigung der Funktion des Staates im kapitalistischen Reproduktionsprozeß durch die bürgerliche Theorie ist – auch wenn keine wissenschaftliche Lösung geboten wird – nicht Ausdruck eines ideologischen Krisenzustandes. Das betrifft auch die ‚erzwungene Anerkennung der Tatsache, daß die freie Konkurrenz der Vergangenheit angehört, daß die Konkurrenz unter den heutigen Bedingungen durch die Monopole erschwert wird'. Das bedeutet zwar eine Anpassung an neue Bedingungen, hat aber mit einem Krisenzustand nichts zu tun. Auch die von Bljumin angeführten ‚neuen Formen der sozialen Demagogie' und ‚die Veränderung des Verhältnisses zwischen den Grundrichtungen in der bürgerlichen ökonomischen Literatur' lassen sich schwerlich als Elemente einer ideologischen Krise deuten."[62a]

Wir werden auf die Problematik des „künstlichen Faktors" Staat gleich bei der Behandlung von Keynes zurückkommen. Was aber den Einwand von Meissner betrifft, daß seine Berücksichtigung nicht Anzeichen einer Krise der bürgerlichen

[62] *I. G. Bljumin*, a. a. O., S. 50 f.

[62a] Bürgerliche Ökonomie im modernen Kapitalismus. Herausgegeben von *Herbert Meissner*, Berlin 1967, S. 713.

Ideologie ist, so hat er zweifellos recht, sie ist im Gegenteil ein Zeichen außerordentlich lebendiger Wachsamkeit der bürgerlichen Ideologie, die schnell dort eingreift, wo Apologetik notwendig ist. Auf der anderen Seite aber kann die bürgerliche Politische Ökonomie der Bourgeoisie natürlich dem Monopolkapital noch viel weniger helfen, die wichtigsten gesellschaftlichen Widersprüche zu verstehen oder gar zu lösen, als sie es vorher dem Kapital der freien Konkurrenz gegenüber tun konnte. In dieser Beziehung befindet sie sich in einer noch viel stärkeren Krise.

Bljumin zeigt, wie Meissner sehr richtig beobachtet hat, in den Punkten 2 und 3 keine Krisencharakteristika der bürgerlichen Politischen Ökonomie auf. Wohl aber nennt er in ihnen von der Realität geforderte Reaktionen der bürgerlichen Politischen Ökonomie, die sie in einen noch viel tieferen Krisenzustand führen müssen.

Der weltbekannteste Apologet in der Endkrise der Politischen Ökonomie der Bourgeoisie, präziser, des Monopolkapitals war John Maynard Keynes.

Keynes hat mit seiner Theorie genau die Bedürfnisse des Staatsmonopolistischen Kapitalismus getroffen und ist mit Rathenau zusammen sein bedeutendster politökonomischer Ideologe. Überdies ist er ein blendender Schriftsteller. Darum ist sein Ansehen unter den bourgeoisen Wirtschaftspolitikern und Politökonomen sehr groß. Mit Recht bemerkt Bljumin:

„Die bürgerlichen Ökonomen schufen einen richtiggehenden Kult um Keynes. Sie brachten die Version von der ‚Keynesschen Revolution', von einer ‚neuen Wirtschaftslehre' auf. (Maurice Copeland schrieb über die ‚Keynessche Reformation' in der politischen Ökonomie.)[63] Als Illustration zu der begeisterten Einschätzung von Keynes seitens der bürgerlichen Literatur seien folgende Formulierungen angeführt. Der amerikanische bürgerliche Ökonom C. Ayres erklärte auf der Tagung der Amerikanischen Ökonomischen Gesellschaft im Jahre 1946, daß die Keynessche Theorie ‚eine Revolution im ökonomischen Denken ist, die nur mit der Darwinschen Revolution oder vielleicht sogar mit der Kopernikanischen Revolution verglichen werden kann'[64]. Der frühere französische Premierminister Mendès-France schrieb in dem ... von ihm gemeinsam mit Ardant verfaßten Buch, daß ‚die Keynessche Theorie eine echte intellektuelle Revolution ist, analog der Entdeckung der nichteuklidischen Geometrie und ihrer Anwendung in der modernen Physik'[65] ...

Der frühere Leiter des Ökonomischen Beirats beim Präsidenten der USA, A. Burns, hat wiederholt betont, daß wegen der Maßnahmen des Kampfes gegen Wirtschaftskrisen zwischen Republikanern und Demokraten keine Meinungsverschiedenheiten bestehen. J. Galbraith schreibt darüber folgendes: ‚Es besteht die weit verbreitete Vorstellung, eine der wichtigsten ideologischen Fragen sei, ob eine Regierung keynesianisch ist oder nicht. In Wirklichkeit läuft diese Frage bei einer Berührung mit der

63 *M. A. Copeland,* The Keynesian Reformation. Delhi, 1952, S. 5 f.

64 *C. Ayres,* The impact of the great depression on economic thinking. In: „American Economic Review", Cambridge, Mass., Mai 1946, S. 112.

65 *P. Mendès-France* und *G. Ardant,* La science économique et l'action. Paris 1954, S. 37.

realen Möglichkeit der Krise auf nicht mehr und nicht weniger hinaus als darauf, ob man zum politischen Selbstmörder werden will oder nicht. Der von einem strengen traditionellen Standpunkt in bezug auf die Staatsfinanzen – das heißt von einer tiefen Verehrung für die Doktrin von den gesunden Finanzen – beherrschte starke Präsident Hoover brachte es fertig, den Selbstmord zu wählen. Anscheinend war er der letzte, dem sich eine solche Möglichkeit bot. Keine einzige bestehende oder zukünftige Administration hat in der Wirklichkeit eine nichtkeynesianische Wahl. Wenn eine ernsthafte Krise ausbricht, kann sie das Budget nicht ausbalancieren und der Natur, der Arbeitslosigkeit, den landwirtschaftlichen Preisen und den Demokraten nicht erlauben, ihren Weg zu gehen.'[66]"[67]

Den Grund der Begeisterung dieser Leute für Keynes arbeitet Bljumin so heraus: „Wie der holländische Historiker der ökonomischen Theorie L. Zimmermann zu Recht feststellt, behandeln sowohl Marx als auch Keynes die Frage des Zusammenbruches des Kapitalismus. Jedoch gibt es seiner Meinung nach zwischen diesen beiden Autoren einen sehr wesentlichen Unterschied. ‚Marx beweist, daß das Ende kommen muß. Keynes zeigt, unter welchen Bedingungen es nicht zu kommen braucht.'[68] Den gleichen Unterschied hebt der amerikanische bürgerliche Ökonom L. Klein hervor, der ein Buch mit dem marktschreierischen Titel ‚Die Keynessche Revolution' herausgab. Klein schreibt: ‚Keynes wollte anpreisen und verteidigen' (den Kapitalismus), ‚Marx wollte' (den letzteren) ‚kritisieren und zerstören'[69]."[70]

Auch in die Gewerkschaftsbewegung drangen die Ideen von Keynes ein. Siskind schreibt:

„William Z. Foster, führender amerikanischer Marxist und Vorsitzender des Nationalkomitees der Kommunistischen Partei, war der erste, der warnend auf den weitreichenden Einfluß der Keynesschen Ideen innerhalb der Gewerkschaftsbewegung hinwies. ‚Die Arbeiterbewegung in den Vereinigten Staaten', schrieb er in einem der ersten Artikel über die Keynessche Doktrin von der Hand eines amerikanischen Marxisten, ‚verfolgt in ihrer Wirtschaftspolitik weitgehend die Keynessche Linie. Die AFL, die CIO, die Arbeiter im Kohlenbergbau, die Eisenbahnverbände und viele unabhängige Gewerkschaften treten alle mehr oder weniger für die Keynessche Theorie ein, daß die Industriezweige in vollem Gang bleiben und Vollbeschäftigung bieten können, wenn die kapitalistische Regierung die Kapitalinvestitionen steigert und systematisch die Kaufkraft der Arbeiter stärkt. Wenn man von den Gewerkschaften überhaupt sagen kann, daß sie eine bestimmte gesellschaftliche Perspektive aufweisen, so haben sie die Keynessche Doktrin zum Ziel, die von Henry Wallace als der »fortschrittliche Kapitalismus« bezeichnet wird.' Der Einfluß

[66] *J. K. Galbraith*, Economics and the art of controversy. New Brunswick 1955, S. 100 f.

[67] *I. G. Bljumin*, Die Krise der modernen bürgerlichen Politischen Ökonomie. Berlin 1962, S. 343 und 346.

[68] *L. J. Zimmermann*, Geschichte der theoretischen Volkswirtschaftslehre. Köln-Deutz 1954, S. 107.

[69] *L. Klein*, The Keynesian revolution. New York 1947, S. 131.

[70] *I. G. Bljumin*, a. a. O., S. 350 f.

der Keynesschen Ideen, behauptet Foster, beschränkt sich jedoch nicht auf die Gewerkschaftsführer.

,Die kleinen Gewerkschafter und die Masse der Arbeiter sind ebenfalls weitgehend von der These eines Keynes – oder Roosevelt – beeinflußt, daß die Arbeitsprogramme der Regierung und die erweiterte soziale Fürsorge genügen, alle ihre gesellschaftlichen Probleme zu lösen, und daß sie eine endgültige Garantie gegen die Beschäftigungslosigkeit sind.'[71]"[72]

In der Periode der Allgemeinen Krise des Kapitalismus, in der die Widersprüche des Kapitalismus sich ungeheuerlich zugespitzt haben, während das Streben nach Sicherung von Monopolprofiten die Ausbeutungsgier der Kapitalisten grauenhaft gesteigert hat, ist es die Aufgabe der Apologeten:

1. die „Stabilität" des kapitalistischen Systems „nachzuweisen" – wobei zugegeben werden kann, daß das System „reparaturbedürftig" ist;

2. die Ausbeutung und ihre Folgen als eine Wohltat für die Werktätigen darzustellen.

Die Führung in der Apologetik des Kapitalismus übernahm in den dreißiger Jahren das Mitglied der gerissensten Bourgeoisie, der englischen, J. M. Keynes, später Lord Keynes[73], den Lenin schon auf dem 2. Kongreß der Kommunistischen Internationale als einen „ausgesprochenen Bourgeois", „englischen Spießer" und „heftigen Gegner des Bolschewismus" charakterisiert hatte.

Keynes stellt sich speziell die Aufgabe, eine politökonomische Lehre[74] zu entwickeln, die eine „Reparatur" des kapitalistischen Systems bringen soll, die also auf neue Weise seine Zersetzung und perspektivelose Position verschleiern soll, und die faktisch die Konzentration von Produktionsmitteln in den Händen einer winzigen Minderheit von Monopolkapitalisten auf der einen Seite und die enorme Verschärfung der Ausbeutung der Arbeiterklasse auf der anderen Seite betreibt.

Untersuchen wir zunächst seine Anweisungen, wie man möglichst viel Kapital in den Händen der Monopole konzentrieren kann.

Indem (und nicht obgleich!) Keynes von den „empörenden Mängeln der Wirtschaftsordnung" des Kapitalismus spricht (und sie zugleich noch empörender durch Senkung der Reallöhne zu machen sucht), bemüht er sich um eine Beschleunigung des Konzentrationsprozesses im Interesse des Monopolkapitals.

Das Zentralproblem liegt für Keynes darin, die Investitionsrate so stark wie möglich zu steigern. Das Ausmaß der Investitionen aber hängt nach Keynes ab „von den physischen Lieferungsmöglichkeiten in den Produktionsmittelindustrien, vom

[71] *W. Z. Foster,* Two major variants of Keynesism. In: Political Affairs. New York 1949.

[72] *G. Siskind,* John Maynard Keynes – ein falscher Prophet. Berlin 1959, S. 13 f.

[73] Vgl. zum folgenden *J. Kuczynski,* Die politökonomische Apologetik des Monopolkapitals in der Periode der allgemeinen Krise des Kapitalismus, Berlin 1952, u. Bd. 13 seiner „Geschichte der Lage der Arbeiter".

[74] Siehe zum folgenden *J. M. Keynes,* General theory of employment, interest and money. London 1936.

Grad des Vertrauens in den künftigen Profit, von der psychologischen Haltung zur Liquidität und zum Geldvolumen"[75].

Es entwickelt sich nach Keynes in allen Kreisen der Bevölkerung, die zumindest etwas sparen können, eine Tendenz, lieber einen gewissen Teil ihres Geldes für sie liquide zu halten, als es längerfristig zu investieren, als es fest anzulegen. Das gilt sowohl für die größten Unternehmer als auch für die kleinen Sparer.

Und Keynes hatte in gewisser Weise recht mit der Beobachtung dieser „Tendenz" (ohne daß seine Schlußfolgerungen aus ihr deshalb richtig sind). War doch bei den kleineren Sparern diese „psychologische Haltung" bedingt durch die Erfahrungen der Wirtschaftskrisen, durch die Unsicherheit der Beschäftigung usw. Und bei den großen Kapitalisten ergab sie sich einerseits ebenfalls aus den Erfahrungen der zyklischen Krisen wie andererseits aus der „Unsicherheit des Kapitalexportes" in einer durch koloniale Befreiungskriege und Staatsbankrotte charakterisierten „allgemeinen Weltunsicherheit".

Aus ganz ähnlichen Gründen ergibt sich auch die von Keynes festgestellte Tatsache, daß der „Grad des Vertrauens in den künftigen Profit" ungenügend sei.

Das heißt, die tiefe Erschütterung aller Grundlagen des kapitalistischen Systems, ihre Zersetzung und Zerstörung, die insbesondere auch durch die große zyklische Wirtschaftskrise 1929 bis 1933 zahlreichen Schichten, und selbst großen Kapitalisten, zumindest zeit- und bruchstückweise klar wurde, hat das Monopolkapital zu einer Kampagne der „Wiedergewinnung der richtigen psychologischen Haltung" gezwungen.

Ausgangspunkt für diese von Keynes geleitete Kampagne war die Feststellung der oben gegebenen Tatsachen. Die Folgerung, die Keynes zieht, ist, daß „man" und vor allem der Staat nun für eine Besserung der „psychologischen Haltung" gegenüber den Investitionen, gegenüber der Konzentration von Produktion und Kapital in den Händen des Monopolkapitals sorgen muß. Staatsmonopolistischer Kapitalismus aus „psychologischer Not" heraus!

Zu dem, was vom Staat gefordert wird, gehört:

1. Die Politik der Inflation, die, wie wir noch sehen werden,

a) eine „risikolose", nicht durch Streiks gefährdete Senkung der Reallöhne erlaube, und die, wie Keynes ebenfalls feststellt,

b) den Schuldner, also den Monopolisten, der Gelder aufnimmt, begünstigt, da er Zinsen und Kapital entwertet (an die kleineren Sparer über die Banken) zurückzahlen kann.

2. Die Politik des sinkenden Zinsfußes, um den Monopolisten die Aufnahme von Schulden zusätzlich zu erleichtern.

3. Höhere Investitionen durch den Staat selbst.

Der dritte Punkt bedarf einer näheren Erklärung.

Zunächst ist hervorzuheben, daß staatliche Investitionen im allgemeinen entweder aus Steuergeldern oder durch zusätzlichen Gelddruck (Inflation) gezahlt werden. Das heißt, die „psychologische Haltung" der Bevölkerung zur Frage der Investitionen soll dadurch geändert werden, daß man ihnen durch staatlichen Zwang einen Teil ihres Einkommens für Investitionszwecke konfisziert.

[75] Ebendort, S. 248.

Sodann sind unter staatlichen Investitionen heute zu verstehen:

einerseits staatliche Beihilfen zu den privaten Investitionen der Monopolkapitalisten,

andererseits Staatsausgaben für (verstaatlichte oder Gemeinde-) Unternehmen, an deren privatem Eigentum das Monopolkapital kein Interesse hat, die jedoch entweder reichlich Aufträge an die private Industrie, also an das Monopolkapital geben, also gewissermaßen die staatlichen Investitionsgelder indirekt an das Monopolkapital weitergeben, oder die besonders billig und zu Verlustpreisen Monopolindustrien beliefern und so auf diese Weise das Monopolkapital subventionieren, oder die alles beides tun.

Schließlich sind zu den staatlichen Investitionen in einer der genannten oder in noch weiter modifizierten Formen ein Großteil der Ausgaben für die Kriegsvorbereitung zu zählen; modifiziert zum Beispiel in den USA in der Form zunächst vom Staat gebauter und dem Monopolkapital in Pacht überlassener Fabriken, die später ganz billig an das Monopolkapital verkauft werden.

Man braucht eigentlich nichts mehr hinzuzufügen, um verständlich zu machen, daß Keynes sofort als „der große Theoretiker" gepriesen wurde und heute noch so gepriesen wird:

a) von den Rechten Verrätern der englischen Labour Party, die in ihm den „Theoretiker ihrer Verstaatlichungspolitik" im Dienste des Monopolkapitals sehen;

b) von den deutschen Faschisten, die 1936 gleich nach Erscheinen seines Buches feststellten, daß Keynes die Theorie für ihre Praxis geliefert hätte;

c) von allen Propagandisten der Aufrüstungswirtschaft, insbesondere nach dem zweiten Weltkrieg in den USA, denen Keynes die „theoretische Begründung" für die staatsmonopolistische Inflationspolitik zur Erhöhung der Rüstungsprofite des Monopolkapitals gegeben hat.

Keynes hat ihnen allen eine neue raffiniertere „Grundlage" der Theorie des „gelenkten Kapitalismus", der „kapitalistischen Planung", des Betruges der Massen der Werktätigen geliefert.

Was den Faschismus betrifft, so liegen Äußerungen von beiden Seiten vor, die anzeigen, wie gut die Theorie von Keynes zu ihm paßt. Keynes selbst hat im Vorwort zur deutschen Ausgabe festgestellt, wie sich seine Theorie besonders für einen „totalen Staat" kapitalistischer Prägung eignet[75a], und andererseits hat Schacht, einer der einflußreichsten Männer in der Gestaltung der faschistischen Wirtschaftspolitik, zur Zeit des Erscheinens des Buches von Keynes, bemerkt: „Wir selber haben in Deutschland diese Überlegung" – die Arbeit mit einem defizitären Rüstungsbudget, um die Wirtschaft zu beleben – „seit 1933, also schon vor Keynes, mit vollem Erfolg angewandt".[75b]

Man könnte vielleicht glauben, daß Keynes für einen steigenden Konsum sei Bljumin bemerkt dazu:

[75a] Vorwort zur deutschen Ausgabe, München und Leipzig 1936, S. IX.

[75b] *H. Schacht*, Kapitalmarktpolitik. Hamburg 1957, S. 7.

„Eine der wichtigsten Ursachen für die Zunahme der wirtschaftlichen Schwierigkeiten des heutigen Kapitalismus sieht Keynes im zu geringen Anwachsen des Nationaleinkommens und in der Verringerung des Teiles, der davon individuell verbraucht wird. Als Gegenmittel empfiehlt er, gegen die Neigung zum Sparen zu kämpfen und den individuellen Verbrauch zu stimulieren. Auf den ersten Blick scheint es, als ob Keynes die Stimulierung des Verbrauchs für alle Klassen der bürgerlichen Gesellschaft empfiehlt, da er vom Klassencharakter des Verbrauchs in der bürgerlichen Gesellschaft absieht. Er stellt ein einheitliches Gesetz des Verbrauchs für alle Klassen auf und ignoriert, daß der Verbrauch der Arbeiter einen völlig anderen Charakter trägt als die Konsumtion der Kapitalisten ...

Keynes bemüht sich, den Klassencharakter des Verbrauchs zu verschweigen, obwohl seine Lehre vom ‚Hang zum Verbrauch' ganz bestimmte Klassenziele verfolgt. Keynes tritt in Worten für ein Anwachsen des persönlichen Verbrauchs ein, ist aber in Wirklichkeit kein Verteidiger jeglicher Art der Erhöhung des persönlichen Verbrauchs. Jedenfalls ist er mit einer Steigerung des Verbrauchs der Arbeiterklasse nicht einverstanden. Das von ihm empfohlene System von Maßnahmen, die die Inflation begünstigen, kann keinesfalls die Kaufkraft der Arbeiter steigern. Faktisch liegt der Sinn der Keynesschen Vorschläge in der Erweiterung des verschwenderischen Verbrauchs der herrschenden Klassen. Nicht zufällig hob Keynes solche reaktionären Ideologen des parasitären Verbrauchs auf den Schild wie Malthus."[76]

Wie aber steht es mit dem Verbrauch der Arbeiterklasse? Der soll natürlich gesenkt werden, und zwar sehr direkt durch Reallohnsenkung. Untersuchen wir ganz konkret die von Keynes propagierte Methodik der Steigerung der Ausbeutung und Gewinnung von Monopolprofiten durch Senkung der Reallöhne.

In seinen Bemerkungen über Lohn und Beschäftigung geht Keynes davon aus, daß eine Untersuchung über den Verlauf von Geld- und Reallöhnen „wohl zeigen würde", daß diese zumeist in umgekehrter Richtung sich bewegen. Wenn die Geldlöhne steigen, dann sinken die Reallöhne, und umgekehrt. Schon diese auf den ersten Seiten seines Buches[77] stehende Bemerkung hat etwas auch für bürgerliche Verhältnisse Dummfreches. Sollte Keynes unfähig gewesen sein, sich selbst etwa durch die Lektüre der Lohnstatistiken, die andere gemacht haben, davon zu überzeugen, ob der von ihm so leicht dahingesetzte Zusammenhang zwischen Geld- und Reallöhnen der Wirklichkeit entspricht? Aber er war wohl „zu sehr Theoretiker", um sich ernsthaft um die wirklichen Vorgänge zu kümmern.

Nach dieser unwahren Feststellung über den Verlauf von Real- und Geldlöhnen kommt er zu der „Beobachtung", daß sich Reallöhne und Beschäftigung in entgegengesetzter Richtung bewegen.[78] Während des Aufschwunges innerhalb des Wirtschaftszyklus ist es also nach Keynes so: Geldlöhne steigen, Reallöhne gehen zurück, Beschäftigung nimmt zu. In der Krise und Depression aber sinken die Geldlöhne, steigen die Reallöhne und geht die Beschäftigung zurück.

[76] *I. G. Bljumin*, a. a. O., S. 354 f.

[77] *J. M. Keynes*, a. a. O., S. 9 f.

[78] Ebendort, S. 17.

Noch eine zweite Bemerkung von Keynes ist hier zu erwähnen. Seiner Ansicht nach sind die Geldlöhne weniger beweglich als die Reallöhne[79], eine „Tatsachenfeststellung", die dazu dienen soll, um mit „erklären" zu helfen, daß zum Beispiel in Zeiten der Krise die Reallöhne steigen, statt zu fallen, und so angeblich die Arbeitslosigkeit endlos ausdehnen. Wie so oft sehen wir hier, daß in der bürgerlichen Theorie die Schuld an der Arbeitslosigkeit der Arbeiterklasse und ihren Organisationen zugeschoben wird, denn diese werden ja mit ihrer Tarifpolitik verantwortlich gemacht für die „Unbeweglichkeit der Geldlöhne" und für die angebliche Steigerung der Reallöhne. Faktisch wissen wir natürlich, daß die Sachlage genau umgekehrt ist, wie Keynes sie darstellt. Faktisch sind im allgemeinen die Geldlöhne weit beweglicher als die Reallöhne, faktisch steigen und fallen Geldlöhne, Reallöhne und Beschäftigung innerhalb des Wirtschaftszyklus gleichzeitig, faktisch sinken natürlich die Reallöhne in der Krise.

Auf Grund seiner „Theorie" entwickelt Keynes nun eine „aktive Wirtschaftspolitik", die auf dem Gebiet der Löhne wie folgt vor sich gehen soll. Er rät, die Geldlöhne nicht anzutasten. Diese sollen ruhig stabil bleiben. Solange aber Arbeitslosigkeit herrscht, soll man die Reallöhne durch Preissteigerungen senken. Dadurch schlage man zwei Fliegen mit einer Klappe. Erstens einmal mache man es für den Unternehmer attraktiver, zu produzieren. Und zweitens kommt man in keinen Konflikt mit den Gewerkschaften. Die sind nämlich nach Keynes immer bereit, mit ihrer Streikwaffe loszuschlagen, wenn die Geldlöhne gesenkt werden. Aber sie würden nicht daran denken, jedesmal, wenn die Lebenshaltungskosten heraufgehen, zu streiken.[80] Außerdem würde man mit dieser Taktik eine dritte Fliege schlagen. Eine Politik der Geldlohnsenkung würde zu einer Deflation führen und so die Schuldner stärker belasten[81]; eine Steigerung der Preise aber hätte inflationistische Wirkungen und würde die Lage der Schuldner, das heißt der Monopolisten und Großgrundbesitzer – denn diese sind zumeist Schuldner und nicht Gläubiger – erleichtern.

Keynes entwickelt hier die Wirtschaftspolitik imperialistischer Kriegsvorbereitungen im Bündnis mit der Rechten Gewerkschafts- und sozialdemokratischen Führung. Er ist daher heute der berüchtigste Ideologe des amerikanischen, des internationalen Monopolkapitals in der Periode der Allgemeinen Krise des Kapitalismus und der Weltkriege.

Darum erklärt er auch, genau entsprechend den Erfordernissen der imperialistischen Rüstungs- und Kriegswirtschaft: „Wenn also die Beschäftigung steigt, dann ... muß die Bezahlung pro Arbeitseinheit in Form von Lohngütern (Konsumwaren) im allgemeinen sinken, und die Profite müssen steigen."[82] „Es ist natürlich richtig, daß jede Steigerung der Beschäftigung ein Opfer an Realeinkommen für die, die schon beschäftigt waren, bedeutet."[83]

In seinem Rechenschaftsbericht an den XVIII. Parteitag sagte Stalin: „Denn was heißt es, die Wirtschaft eines Landes auf das Geleise der Kriegswirtschaft überleiten?

[79] Ebendort, S. 232. [80] Ebendort, S. 15.
[81] Ebendort, S. 268. [82] Ebendort, S. 17.
[83] Ebendort, S. 81.

Das heißt, der Industrie eine einseitige, auf den Krieg eingestellte Richtung geben, die Produktion von Gegenständen für den Kriegsbedarf, die mit dem Verbrauch der Bevölkerung nichts zu tun haben, maximal erweitern, die Produktion und besonders die Belieferung des Marktes mit Massenbedarfsartikeln maximal einschränken, folglich also, den Verbrauch der Bevölkerung einschränken und über das Land eine Wirtschaftskrise heraufbeschwören."[84]

Das heißt, wenn wir diese Feststellungen mit denen von Keynes vergleichen, erkennen wir: Keynes macht die Ökonomie der Kriegswirtschaft zur Ökonomie „jeder Wirtschaft". Für Keynes existiert – wenn die Beschäftigung steigen und die Arbeitslosigkeit herabgehen soll – die (kapitalistische) Wirtschaft überhaupt nur noch als Kriegswirtschaft. Wenn die Arbeiter eine Besserung der Arbeitslosigkeitssituation wünschen, dann müssen sie sich nach Keynes in Bedingungen fügen, die denen der imperialistischen Kriegswirtschaft entsprechen. Die Rüstungs- und Kriegswirtschaft der Imperialisten ist damit zum Vorbild aller menschlichen Wirtschaft gemacht worden.

Keynes ist also nicht nur der führende „Theoretiker" der herrschenden Klasse in der Steigerung der Ausbeutung, sondern auch in der Apologetik zur Vorbereitung eines Weltkrieges.

In einer Bemerkung zur Arbeit von Bljumin über die bürgerliche Politische Ökonomie Englands sagt Meissner: „Der Analyse der wichtigsten Auffassungen bürgerlicher Ökonomen, vor allem von J. M. Keynes, wird ein kurzer Überblick über die Entwicklung der englischen Vulgärökonomie von Malthus bis heute vorausgeschickt. Bei all dem stellt Bljumin einige Hauptprobleme in den Mittelpunkt: die ideologische Rechtfertigung der Angriffe auf den Lebensstandard der Arbeiterklasse, die theoretische Verteidigung der Monopole, die Illusionen von der Beseitigung der Krisen und die Beschönigung von Militarisierung und Rüstungswirtschaft."[85] Und wahrlich, das sind Hauptprobleme bei Keynes!

In seinem allgemeiner noch gefaßten Buch über „Die Krise der modernen bürgerlichen Politischen Ökonomie" hebt Bljumin ganz scharf einen entscheidenden Faktor hervor, der mir von zentraler Bedeutung erscheint und der bisher noch ungenügend beachtet und präzise charakterisiert ist, obgleich er immer wieder erwähnt wird und auch ausführlicher dargestellt wird, insbesondere wenn Keynes, wenn allgemein die modernen bürgerlichen Ökonomen als Apologeten des staatsmonopolistischen Kapitalismus charakterisiert werden.

Zum ersten Male taucht dieser Gedanke bei Bljumin, verbunden mit einem Zitat aus einer Rede von Chruschtschow auf. Bljumin schreibt: „Besondere Bedeutung hat folgende Tatsache: ‚Die inneren Kräfte der kapitalistischen Wirtschaft, auf Grund deren sie in der Vergangenheit einen Aufschwung der Produktion erzielte, lassen in ihrer Wirkung immer mehr nach. Jetzt braucht der Kapitalismus, um die Produktion zu heben, in zunehmendem Maße künstliche Faktoren'."[86]

[84] *J. W. Stalin,* Fragen des Leninismus, Moskau 1947, S. 683.

[85] Vorwort zu *I. G. Bljumin,* a. a. O., S. 13 f.

[86] Ebendort, S. 22.

Immer wieder stellt Bljumin die Theorie der „Automatik" und der „künstlichen Faktoren" gegenüber:

„Die Krise der bürgerlichen politischen Ökonomie in der gegenwärtigen Etappe drückt sich vor allem in dem deutlichen Bankrott vieler Dogmen aus, die im Laufe des 19. Jahrhunderts und in den ersten Jahrzehnten des 20. Jahrhunderts das Fundament der bürgerlichen Apologetik bildeten. Zu diesen Dogmen gehört auch die Vorstellung von der freien Konkurrenz als dem besten automatischen Regulator der Produktion . . .[87]

Früher war das sogenannte automatische Funktionieren des kapitalistischen Mechanismus für die bürgerlichen Ökonomen eine offensichtliche Wahrheit. Man meinte, wenn zum Beispiel irgendwo Arbeitslosigkeit entsteht, daß durch das Sinken des Reallohnes und die darauf folgende Steigerung der Nachfrage nach Arbeitskräften alsbald diese Arbeitslosigkeit wieder überwunden werde. Man meinte, das kapitalistische System verfüge über genügend innere Kräfte, um beliebige ökonomische Schwierigkeiten, beliebige Disproportionen, jedwede Krise und Arbeitslosigkeit zu überwinden.

Diese These war das Herzstück der traditionellen bürgerlichen Apologetik. Aber unter den Bedingungen der allgemeinen Krise des Kapitalismus wird es für die bürgerlichen Ökonomen immer schwieriger, diese These aufrechtzuerhalten. Sie sind gezwungen, sich zu korrigieren. Sie machen dabei die verschiedensten Vorbehalte. Ob sie es wollen oder nicht, die bürgerlichen Ökonomen erkennen damit an, daß unter den gegenwärtigen Bedingungen das Wirken der inneren Kräfte des Kapitalismus immer schwieriger wird. Das wird von den bürgerlichen Ökonomen allerdings nur verzerrt dargelegt. Sie bemühen sich, zu zeigen, daß künstliche Faktoren gefunden werden können, die fähig sind, das normale Funktionieren der kapitalistischen Wirtschaft wieder zu erreichen. Unter den Bedingungen der allgemeinen Krise des Kapitalismus verändert sich die bürgerliche Apologetik also wesentlich: Die Lobpreisung der inneren Kräfte des Kapitalismus und des automatisch wirkenden Mechanismus der kapitalistischen Konkurrenz wird ersetzt durch die Lobpreisung künstlicher Faktoren in der Art der staatlichen Einmischung in die Wirtschaft.

Dieser überaus wichtige Gedanke zieht sich durch die ganze moderne bürgerliche politische Ökonomie. Er wird am systematischsten von dem französischen Ökonomen E. James formuliert. ‚Die Ökonomen gehen jetzt davon aus', schreibt er, ‚daß die Wirtschaft unserer Zeit immer mehr ihren konkreten Charakter verliert, daß das Prinzip des »laissez faire« die Wirkung des Konkurrenzmechanismus nicht gewährleistet und daß auch die Freiheit des Menschen und sein Wohlstand durch dieses Prinzip nicht mehr gesichert werden können. Sie kamen zu der Schlußfolgerung, daß die Wirkung des Geldmechanismus unvermeidlich ökonomisches Ungleichgewicht bedingt, das, anstatt durch entgegenwirkende automatische Reaktionen korrigiert zu werden, zeitweilig infolge kumulativer Prozesse die Tendenz hat, sich unbegrenzt zu verstärken, oder nach entsprechenden Reaktionen nur durch Ungleichgewicht in entgegengesetzter Richtung ersetzt wird.' Aus dieser pessimistischen Einschätzung

[87] Ebendort, S. 25.

des gegenwärtigen Zustandes der kapitalistischen Wirtschaft resultiert ein bestimmter Schluß, den der Autor folgendermaßen formuliert: ‚Wenn die freie Wirtschaft kein spontanes Gleichgewicht sichert, so ist folglich die stabilisierende Einmischung von außen gerechtfertigt.‘

Den konsequentesten Ausdruck dieses Mangels an Vertrauen zu der Wirksamkeit der inneren Kräfte des Kapitalismus finden wir in der sogenannten Theorie der ‚Stagnation des Kapitalismus‘.

Ihrem mangelnden Glauben an die Wirksamkeit der inneren Kräfte des Kapitalismus versuchen die bürgerlichen Ökonomen durch ihren Glauben an die rettende Rolle des bürgerlichen Staates zu begegnen. Die Rechtfertigung der staatlichen Einmischung in die Wirtschaft ist eine der wichtigsten Tendenzen, durch die die moderne bürgerliche politische Ökonomie gekennzeichnet ist...

Eine Eigentümlichkeit der gegenwärtigen Etappe der Entwicklung der bürgerlichen politischen Ökonomie besteht nicht nur darin, daß die Rechtfertigung staatlicher Eingriffe in die Wirtschaft allgemein verbreitet ist (darunter auch in solchen Ländern wie England, wo früher die Ideologie des Freihandels uneingeschränkt herrschte), sondern auch darin – das ist das Wichtigste –, daß die Verteidigung der staatlichen Einmischung in der heutigen Zeit in qualitativ neuen Formen auftritt, die den veränderten ökonomischen Bedingungen entsprechen. Die gegenwärtig wichtigste Besonderheit dieser Verteidigung besteht in der Unterschlagung einer grundlegenden und entscheidenden Tatsache – des Zusammenhangs zwischen der sich verstärkenden staatlichen Einmischung in die Wirtschaft und der allumfassenden Macht der kapitalistischen Monopole...

Die Lobpreisung der ökonomischen Rolle des Staates wurde zu einem der wichtigsten Merkmale der bürgerlichen Apologetik in der Periode der allgemeinen Krise des Kapitalismus. Die bürgerlichen Ökonomen bemühen sich, die Massen glauben zu machen, daß das Eingreifen des modernen bürgerlichen Staates die Mängel des kapitalistischen Wirtschaftsmechanismus beheben könne.

Dieses Appellieren an den Staat als einer Kraft, die angeblich fähig ist, eine normale Entwicklung der kapitalistischen Wirtschaft zu gewährleisten, ist ein deutlicher Ausdruck der Krise des bürgerlichen ökonomischen Denkens. Das Bestreben, beim Staat Sicherheit gegenüber den Stürmen zu finden, von denen die kapitalistische Wirtschaft erschüttert wird, zeigt anschaulich, daß die Bourgeoisie selbst die Unsicherheit und Labilität ihrer Lage fühlt und bemüht ist, ihre Schwierigkeiten mit Hilfe der verschiedensten außerordentlichen Maßnahmen und Mittel zu überwinden.“[88]

Überlegen wir zunächst die Rolle des Staates in der Geschichte des Kapitalismus.

Bljumin bemerkt: „Aus der Geschichte des Kapitalismus ist bekannt, daß die Bourgeoisie die staatliche Einmischung in die Wirtschaft zu Beginn der kapitalistischen Entwicklung weitgehend ausnutzte. Dies betrifft also die Periode der ursprünglichen Akkumulation des Kapitals. Die verschiedenen Momente der ursprünglichen Akkumulation charakterisierend, schrieb Marx: ‚Alle aber benutzen die Staatsmacht,

[88] Ebendort, S. 29 ff.

die konzentrierte und organisierte Gewalt der Gesellschaft, um den Verwandlungsprozeß der feudalen in die kapitalistische Produktionsweise treibhausmäßig zu fördern und die Übergänge abzukürzen. Die Gewalt ist der Geburtshelfer jeder alten Gesellschaft, die mit einer neuen schwanger geht.' "[89]

Eine etwas simplifizierte Darstellung durch Bljumin, insbesondere wenn man berücksichtigt, daß das erste Wort „Alle" im Zitat von Marx sich auf ganz spezifische Institutionen und Maßnahmen bezieht, von denen ein großer Teil die ganze Geschichte des Kapitalismus charakterisiert – eine Simplifizierung durch Bljumin, deren sich Kuczynski ursprünglich ebenso schuldig gemacht hat.

Etwas simplifiziert, da, wie wir wissen, genau die entgegengesetzte Tendenz ebenfalls bestand – der Kampf der Merkantilisten gegen Staatseinmischung und die Anfänge der Laisser Faire-Theorie.

Die nächste Periode kennzeichnet Bljumin so:

„In dem Maße, wie sich die kapitalistische Produktionsweise festigt und sich eine adäquate materiell-technische Basis schafft, verzichtet die Bourgeoisie auf die Ausnutzung der alten Formen staatlicher Eingriffe in die Wirtschaft, wie sie für die Periode des Merkantilismus kennzeichnend waren, und geht zur Politik des ‚laissez faire' und des Freihandels über. Die Vertreter der klassischen politischen Ökonomie haben den Glauben der Bourgeoisie an die automatische Wirkungsweise der Gesetze der kapitalistischen Konkurrenz und daran, daß diese die besten Ergebnisse zeitige und es nur in besonderen und außerordentlichen Fällen zweckmäßig sei, mit staatlichen Mitteln einzugreifen, theoretisch gerechtfertigt und begründet. Marx charakterisierte das System der freien Konkurrenz und die ihm eigene Politik des ‚laissez faire' als adäquate Form der kapitalistischen Entwicklung. ‚... die auf das Kapital gegründete Produktion setzt sich nur in ihren adäquaten Formen durch, sofern und soweit sich die freie Konkurrenz entwickelt, denn sie ist die freie Entwicklung der auf das Kapital gegründeten Produktionsweise.' ‚Solange das Kapital schwach ist', schrieb Marx, ‚sucht es selbst noch nach den Krücken vergangner oder mit seinem Erscheinen vergehnder Produktionsweisen. Sobald es sich stark fühlt, wirft es die Krücken weg und bewegt sich seinen eignen Gesetzen gemäß.'

Die Ablehnung der staatlichen Einmischung in die Wirtschaft durch die klassische Schule der politischen Ökonomie spiegelte die Überzeugung der jungen Bourgeoisie wider, daß sie ihre Angelegenheiten ohne jegliche Hilfe von seiten des Staates bestens in Ordnung halten könne. Damit war der Glauben an die ununterbrochene Wirkung des Mechanismus der kapitalistischen Konkurrenz engstens verbunden. Die Verteidigung der Politik des ‚laissez faire' war Ausdruck der Überzeugung von der Überlegenheit der ökonomischen Gesetze des Kapitalismus, die beim spontanen Kampf der Kapitale wirksam sind und sich unabhängig von der ökonomischen Politik des Staates durchsetzen.

Gleichzeitig drückte die Opposition gegen die staatliche Einmischung in die Wirtschaft das Bestreben der Bourgeoisie aus, die unproduktiven Ausgaben, die durch die Staatsfunktionen und die Erhaltung des Regierungsapparates entstehen, auf ein

[89] Ebendort, S. 32.

Minimum zu reduzieren. Die Ideologen der damals noch progressiven Bourgeoisie haben richtig verstanden, daß eine der Bedingungen des stürmischen Wachstums der Produktivkräfte in der maximalen Einschränkung der unproduktiven Ausgaben besteht, was seinerseits wieder die Einschränkung der staatlichen Tätigkeit auf dem Gebiet der Wirtschaft voraussetzt."[90]

Auch hier jedoch sollte man bedenken, daß Bljumin zwei Seiten vorher feststellen muß: „Die deutsche Literatur des 19. Jahrhunderts propagierte den Kult des junkerlich-bourgeoisen Staates als absoluten und höchsten Wert, als Quelle aller Entwicklung, einschließlich der ökonomischen. Die Grundlage eines solchen Staatskultes waren die spezifischen Bedingungen der Entwicklung des deutschen Kapitalismus und besonders die Tatsache, daß Deutschland bedeutend später staatlich vereinigt wurde, als dies in anderen Ländern der Fall war. Die deutsche Bourgeoisie verlangte nach einer starken Staatsmacht, um die Zersplitterung Deutschlands in viele Kleinstaaten zu überwinden, die die Entwicklung des Kapitalismus hemmte."[91]

Es scheint mir auch sehr zweifelhaft, ob man in Frankreich während des 19. Jahrhunderts oder in Rußland bis zum ersten Weltkrieg von einer Laisser Faire-Politik oder -Politischen Ökonomie sprechen kann.

Ganz eindeutig aber hat Bljumin recht, wenn er das letzte Stadium des Kapitalismus so charakterisiert:

„In der Periode des Imperialismus und der allgemeinen Krise des Kapitalismus veränderte sich die Einschätzung der ökonomischen Funktionen des Staates durch die Bourgeoisie. Die Opposition gegen staatliche Eingriffe in die Wirtschaft wurde abgelöst durch den Aufruf, diese Staatseinmischung zu verstärken.

Diese Umwertung der Werte zeugt nicht von Stärke, sondern von der Schwäche der Bourgeoisie. Sie demonstriert nicht nur die Krise in der ökonomischen und politischen Sphäre, sondern auch auf dem Gebiet der bürgerlichen Ideologie. Auf diese Weise tritt zutage, daß die Bourgeoisie selbst ihre Unfähigkeit fühlt, aus eigener Kraft der ökonomischen Schwierigkeiten Herr zu werden."[92]

In der Tat, wenn man während der ganzen Zeit des Imperialismus ein Charakteristikum für die Linie der Bourgeoisie und ihrer Politischen Ökonomie feststellen will, dann ist es das immer stärker zunehmende Verlangen nach und die entsprechende Praxis immer stärkerer Einsetzung des Staates zur „Direktion" der Wirtschaft.

Während die frühen Politökonomen, die Merkantilisten ebenso wie die Physiokraten, die Linie hatten: Man lasse die objektiven ökonomischen Gesetze wirken und störe sie nicht durch menschengemachte Gesetze, denn die objektiven Gesetze bringen uns die größten Profite und, wie man es auch formulierte, das höchste Glück für die ganze Gesellschaft –

haben die Monopolbourgeoisie und ihre Ökonomen des niedergehenden Kapitalismus die, wenn auch nicht so offen ausgesprochene, Linie: Man muß die objektiven ökonomischen Gesetze mit allen Staatsmitteln, das heißt mit menschengemachten

[90] Ebendort, S. 32 f.
[91] Ebendort, S. 30.
[92] Ebendort, S. 33.

Gesetzen bekämpfen, um unsere Profite zu erhöhen und, wie man es auch formuliert, um den Wohlfahrtsstaat zu sichern.

Darum scheint es mir auch richtiger, statt, wie Chruschtschow es tat, von künstlichen, von subjektiven Faktoren zu sprechen.

So wichtig und richtig es ist, vom staatsmonopolistischen Kapitalismus als einer objektiv notwendigen, gesetzmäßigen Erscheinung zu sprechen, muß man doch gleichzeitig sehen, daß er in der Wirtschaftspolitik nichts anderes darstellt als den Versuch, mit subjektiven Mitteln die objektiven Gesetze zu bekämpfen.

Auch in dieser Beziehung stellt der staatsmonopolistische Kapitalismus den schärfsten Gegensatz zum Sozialismus dar, dessen System sich die Aufgabe stellt, mit subjektiven Mitteln die objektiven Gesetze zu fördern.

Keynes war *der* moderne Ökonom der „Staatseinmischung", des Dirigismus, der auf der Basis der Vulgärökonomie des 19. Jahrhunderts ein ihr entgegengesetztes Gebäude errichtete, der an die Stelle der von der alten Vulgärökonomie postulierten objektiven Gesetzmäßigkeiten den Staat als Dirigenten der Wirtschaft setzte. Wenn Sey meinte, daß die objektiven ökonomischen Gesetze eine Krise unmöglich machten, so meint Keynes, daß die dirigierende Tätigkeit des Staates die Vermeidung von Krisen, die die objektiven ökonomischen Gesetze herbeiführen, möglich macht.

Vergleichen wir Keynes mit den Apologeten des 19. Jahrhunderts, dann können wir sagen:

Say stellte ebenso wie Bastiat die Ökonomie des Kapitalismus als eine edle Harmonie dar – was objektiv falsch war.

Keynes aber versucht, einen Vulkan, dessen Ausbrüche wie fürchterliche Kakophonien klingen, Natur-Disharmonien gleich, durch einen Dirigenten, den Staat, zu Harmonien, zu melodischem Benehmen zu zwingen.

Der staatsmonopolistische Kapitalismus, ökonomisch, objektiv-gesetzmäßig entstanden, ist zugleich die Basis für den unsinnigsten Subjektivismus in der Realität der Ökonomie und der Gesellschaft ebenso wie in der Politischen Ökonomie.

Mir scheint darum auch der subjektivistische Dirigismus *das* entscheidende Kriterium der Politischen Ökonomie im Stadium des Imperialismus. *Dabei ist unter subjektivistischem Dirigismus ein Dirigismus zu verstehen, der sich gegen die objektiven Gesetze richtet.*

Auch hier wird wieder deutlich, was die Klassiker meinen, wenn sie, wie Engels und Lenin, erklären, daß der Kapitalismus, daß insbesondere das Monopol, direkt an den Sozialismus heranführt, und zugleich uns zeigen, wie das Monopol, wie das letzte Stadium des Kapitalismus das genaue Gegenteil des Sozialismus ist: Dirigismus sowohl im staatsmonopolistischen Kapitalismus wie im Sozialismus – „nur" eben im Kapitalismus gegen die objektiven Gesetzmäßigkeiten des Kapitalismus, im Sozialismus für die objektiven Gesetzmäßigkeiten des Sozialismus.

Der Dirigismus als Theorie bringt auch eine Wandlung in der Rolle der Politökonomen.

Wir wissen, wie eng oft in der Frühzeit des Kapitalismus die praktische (!) Verbindung zwischen Wirtschaft und Politischer Ökonomie war, wie oft Praktiker der Profitscheffelei und Theoretiker der Politischen Ökonomie in einer Person verbunden waren.

Wir wissen, wie sich die Rolle der Politökonomen im Laufe der Zeit änderte und sie zu reinen Propagandisten und Apologeten des Kapitals herabsanken. Wie auch so oft Praxis und Theorie völlig auseinanderfielen – nicht in dem Sinne, daß sie einen entgegengesetzten Inhalt hatten, sondern so, daß die Theorie in ihrer Abstraktheit nichts mehr mit der Praxis zu tun hatte ... man denke nur an die völlige Zusammenhanglosigkeit von Böhm-Bawerks Grenznutzenlehre und seiner eigenen Praxis als Finanzminister. Den letzten und extremsten Höhepunkt dieser Entwicklung stellt eine reichlich verspätete Äußerung des italienischen Politökonomen Luigi Einaudi dar: „Der Wirtschaftswissenschaftler weiß nicht, darf nicht wissen und darf nicht sich befangen und belästigen lassen von dem Gedanken, daß seine Theoreme, seine Schemata, seine Instrumente der Forschung einigen oder vielen, einem einzigen oder allen oder niemandem dienen oder dienen sollen."[93] Er fordert von dem Politökonomen, ein „reiner Ästhet" zu sein.[94]

All das änderte sich mit der Entwicklung des staatsmonopolistischen Kapitalismus und seiner Theorie des Dirigismus. Bljumin bemerkt sehr richtig:

„Die Krise der bürgerlichen politischen Ökonomie tritt in widersprüchlichen Formen in Erscheinung. Diese Krise schließt unter anderem eine Zunahme der Aktivität der bürgerlichen Theoretiker keineswegs aus; im Gegenteil, sie ist geradezu davon begleitet. Die Anerkennung der Gefahren, die der kapitalistischen Welt drohen, steigerte das Interesse an der ökonomischen Theorie und rief eine wachsende Zahl der verschiedensten Projekte hervor, die alle möglichen Rezepte zur Heilung und Rettung der kranken kapitalistischen Wirtschaft anbieten. An dieser fieberhaften Tätigkeit der bürgerlichen Ökonomen ist nichts Absonderliches. Solange als Grundprinzip der Wirtschaftspolitik das ‚laissez faire' anerkannt war, erfüllte die bürgerliche politische Ökonomie im wesentlichen propagandistische Funktionen. Sie konnte sich damals nicht mit der Ausarbeitung praktischer Maßnahmen des Staates für das Wirtschaftsleben beschäftigen, da die Herrschaft des ‚laissez faire' die Bedeutung der aktiven Rolle der Wirtschaftspolitik praktisch aufhob. Unter diesen Bedingungen mußten sich die bürgerlichen Ökonomen damit begnügen, die Vorzüge des kapitalistischen Mechanismus anzupreisen. In dieser historischen Situation entstand auch die Vorstellung, daß die Lehre von der Wirtschaftspolitik nicht unmittelbar mit der politischen Ökonomie verknüpft sei. Begründer dieser Auffassung war niemand anders als J. B. Say, einer der Stammväter der bürgerlichen Vulgärökonomie.

Allerdings konnten die bürgerlichen Ökonomen auch unter den Bedingungen des vormonopolistischen Kapitalismus nicht völlig den wirtschaftspolitischen Problemen, zum Beispiel der Zollpolitik oder der Geld- und Kreditpolitik, ausweichen. Diese

93 *L. Einaudi*, Wirtschaftswissenschaft und Wirtschaftswissenschaftler von heute. In: Zeitschrift für Nationalökonomie, Bd. XIV, Wien 1954, Heft 2 bis 4, S. 197.

94 Ebendort, S. 196.

Fragen spielten aber nur eine untergeordnete Rolle. Sie wurden in der Regel nicht stärker beachtet, wenn die Grundfragen der ökonomischen Theorie erörtert wurden.

Die unfreiwillige Anerkennung des Krisenzustandes des Kapitalismus stellte den bürgerlichen Ökonomen neben ihren propagandistischen auch praktische Aufgaben. Außer der Rechtfertigung des Kapitalismus mußten die bürgerlichen Ökonomen nun auch die Aufgabe übernehmen, ihn zu retten. Die Anpreisung des automatischen Funktionierens der Marktgesetze konnte die Bourgeoisie nicht mehr befriedigen. Sie begann, von ihren gelehrten Lakaien nicht nur eine passive Bewunderung des Spiels von Angebot und Nachfrage auf dem Markt, sondern auch die Ausarbeitung von ‚Plänen' und Projekten der aktiven staatlichen Einmischung in das Wirtschaftsleben zur Verhinderung von Krisen und Inflationen zu fordern. Unter diesem Einfluß veränderte sich die traditionelle Vorstellung von der Beziehung zwischen politischer Ökonomie und Wirtschaftspolitik. Letztere begann nicht nur, einen immer wichtigeren Platz in den Arbeiten der bürgerlichen Ökonomen einzunehmen, sondern die Begründung dieser oder jener wirtschaftspolitischen Maßnahmen wurde zu einer der wichtigsten Aufgaben bürgerlicher Arbeiten über die allgemeinen Fragen der politischen Ökonomie ...

Im Zusammenhang mit diesen Prozessen vergrößert sich in den kapitalistischen Ländern der Staatsapparat, und das Netz der verschiedensten Regierungseinrichtungen, die sich mit ökonomischen Fragen beschäftigen, weitet sich ununterbrochen aus. Parallel dazu werden von den großen Monopolen verstärkt Arbeiten zur Konjunkturforschung verlangt. Gleichzeitig wird immer lauter die Anwendung der Statistik gefordert. So werden führende bürgerliche Ökonomen von der Regierung und den Monopolen immer mehr als Konsultanten, Experten usw. in die Arbeit einbezogen. Es ist nicht verwunderlich, daß in den Biographien der bekanntesten bürgerlichen Ökonomen der Gegenwart sehr oft jene Organe, Institutionen und Firmen erwähnt werden, denen sie dienten. Die modernen bürgerlichen Ökonomen müssen sich viel intensiver mit praktischen Fragen befassen als früher.

In der bürgerlichen Literatur wird immer häufiger die These propagiert, die Wirtschaftswissenschaftler seien für das Schicksal des Kapitalismus verantwortlich. Der australische Ökonom H. G. Brown erklärt, daß für den Fall des Sieges des Sozialismus oder Kommunismus den Wirtschaftswissenschaftlern die Verantwortung zufalle. Die bürgerlichen Autoren rufen dazu auf, die bestehende ‚Entfremdung' zwischen politischer Ökonomie und Wirtschaftspolitik zu überwinden. Immer öfter wird von ihnen behauptet, daß die politische Ökonomie vor allem praktische Aufgaben zu lösen habe, daß sie an die Medizin erinnere und wie diese als unmittelbares Ziel die Krankheiten (in diesem Falle soziale Krankheiten) zu heilen habe. Der amerikanische Ökonom Sidney Schaeffler schreibt: ‚Der Ökonom, der sich auf die Ausarbeitung wirtschaftspolitischer Maßnahmen spezialisiert hat, hat »wirtschaftlicher Arzt« im wahrsten Sinne des Wortes zu sein. Er muß verschiedene Funktionen ausüben, wie sie der medizinische Arzt auch in bezug auf seine Patienten erfüllt'."[95]

Es ergibt sich die paradoxe und für den Untergang eines Systems absolut typische

[95] *I. G. Bljumin*, a. a. O., S. 76 ff.

Situation: Der Theoretiker wird wieder mit der Praxis verbunden, aber jetzt, um eine absolut unmögliche Aufgabe zu erfüllen. *Der Wissenschaftler, dessen höchste Aufgabe es als Wissenschaftler ist, die Gesetze zu erkennen, wird eingesetzt als Scharlatan, um die Gesetze zu bekämpfen.*

Allgemein die Situation der bürgerlichen Politökonomen heute kennzeichnend schreibt Meissner:

„Es ist kein sehr großer Teil professioneller bürgerlicher Ökonomen mehr, der sich ausschließlich der ideologischen Verteidigung des kapitalistischen Systems widmet. Der größte Teil versucht, neben der ideologischen vor allem auch der praktischen Funktion gerecht zu werden, und bewegt sich dabei in den dadurch bedingten Widersprüchen. Und ein weiterer Teil versucht, allen ideologischen Fragen aus dem Wege zu gehen, treibt konkrete Spezialforschung mit ernst zu nehmenden Resultaten. Dies ist Ausdruck eines Zerfallsprozesses der bürgerlichen Ökonomie, im Verlaufe dessen die bürgerliche Apologetik selbst für den bürgerlichen Ökonomen Glaubhaftigkeit wie theoretisches Interesse verliert und die bürgerliche Ideologie immer weniger in der Lage ist, wichtige Teile der bürgerlichen Intelligenz unmittelbar für sich arbeiten zu lassen.

All das ist Ausdruck einer tiefgehenden Wandlung in der bürgerlichen Ideologiestruktur. Es ist nicht nur eine Veränderung bürgerlicher Theorien und ihre Anpassung an neue Verhältnisse, wie wir sie in der Theoriengeschichte schon oft hatten. Es ist ein Zersetzungsprozeß, der die Existenzkrise des kapitalistischen Systems in der Ideologie widerspiegelt und die ganze Unsicherheit dieses Systems in Gegenwart und Zukunft im Rahmen des wirtschaftswissenschaftlichen Bereichs abbildet.“[95a]

7. Absolute Resignation

Die Politische Ökonomie des Monopolkapitals ist jedoch gegenwärtig noch einen Schritt über Keynes hinausgewachsen: zur Entwicklung der Theorie des Nullwachstums – was nicht ausschließt, daß es nicht auch noch zahlreiche Politökonomen gibt, die sich noch nicht in „absoluter Resignation“ befinden. Die ganze Bedeutung dieser letzten Phase der Politischen Ökonomie des Kapitals kann man an folgendem ermessen:

Bljumin schreibt noch 1959:

„Das wichtigste Moment, das die Entwicklung der bürgerlichen politischen Ökonomie in der Periode der allgemeinen Krise des Kapitalismus kennzeichnet, ist das Aufwerfen eines neuen Problems: Wie kann man die Existenz und das normale Funktionieren des kapitalistischen Systems gewährleisten? Für die Ökonomen des 19. Jahrhunderts hat ein solches Problem nicht bestanden. Für sie war die ungehemmte Entwicklung des Kapitalismus eine selbstverständliche Wahrheit. Für die modernen bürgerlichen Autoren wurde jedoch diese Frage zum aktuellsten und drohendsten Problem. Einige von ihnen haben offen die Möglichkeit der Erhaltung des

95a *H. Meissner* (Hg.), Bürgerliche Ökonomie im modernen Kapitalismus, a. a. O., S. 712 f.

Kapitalismus angezweifelt. Selbst so ein überzeugter Verteidiger monopolistischer Interessen wie der englische Ökonom John Hicks schrieb in seinem bekannten Buch ‚Wert und Kapital‘: ‚Ich glaube nicht, daß man mit der Möglichkeit rechnen kann, das kapitalistische System oder etwas ihm Ähnliches könne auf lange Sicht am Leben bleiben, sofern man unter diesem Begriff das System des freien Unternehmertums einschließlich der Freiheit des Kredits versteht.‘ Einige bürgerliche Ökonomen haben direkt ausgesprochen, daß die Möglichkeit eines Zusammenbruchs des Kapitalismus nicht ausgeschlossen ist. So schrieb zum Beispiel der Professor der Universität Ohio H. Hayes: ‚Es ist möglich, daß das bestehende System des privaten Unternehmertums nicht gerettet werden kann.‘

In dem unter der Redaktion von Professor L. Robbinson von der New-Yorker Universität herausgegebenen Lehrmaterial heißt es: ‚Hinsichtlich der Schwächen des kapitalistischen Systems herrscht sogar unter den schärfsten Verteidigern des Kapitalismus völlige Einmütigkeit. Der Streit geht nur darum, welche dieser Unzulänglichkeiten des kapitalistischen Systems ihm angeboren sind und welche man beseitigen kann, ohne sie durch neue noch ernstere Mängel zu ersetzen.‘

Einige bürgerliche Autoren stellen direkt die Frage, ob der Kapitalismus zu retten sei. Typisch dafür ist ein im Jahre 1948 in den USA herausgegebener Sammelband mit dem bezeichnenden Titel ‚Rettung des amerikanischen Kapitalismus‘. In allen Beiträgen zu diesem Sammelband wird der Standpunkt vertreten, daß außerordentliche Maßnahmen nötig sind, um die kapitalistische Wirtschaft zu heilen und eine Stabilität zu erreichen. Der Redakteur des Sammelbandes, Seymour Harris, hat in dem einleitenden Aufsatz die Lage des modernen Kapitalismus in folgender Weise gekennzeichnet: ‚Die Schwierigkeiten, denen der Kapitalismus begegnet, schienen in den dreißiger Jahren unüberwindlich. Es ist möglich, daß sie jetzt noch größer sind. Es gibt keinerlei Garantie, daß dieses geflickte ökonomische System den Erfolgen des Sozialismus standhalten kann.‘ Seymour Harris drückt die Überzeugung aus, daß das kapitalistische System ohne Umwandlungen keiner Prüfung standhalten kann. ‚Wenn wir keine chirurgische Operation an unserem ökonomischen System vornehmen, bleibt es nicht am Leben.‘ Für die Stimmungen, die die Krise der bürgerlichen politischen Ökonomie nähren, sind folgende Bemerkungen von Harris außerordentlich kennzeichnend: ‚Wir sind dem Kapitalismus zugetan. Aber wir setzen voraus, daß er beweisen muß, daß er das effektivste ökonomische System ist.‘ “[96]

All das ist richtig für die Zeit, in der Bljumin schreibt und auf die er zurückblickt.

Aber auch all diese Zweifler am „freien Unternehmertum“ und an der „hohen Qualität“ des Kapitalismus sind sich noch einig, daß die Wirtschaft ständig wachsen muß, daß es ständig irgendwie wirtschaftlich aufwärts gehen muß. Keiner von ihnen wäre je auf die Idee gekommen zu erklären: Stillstand, Nullwachstum ist das Beste für die Menschheit.

Bei der Betrachtung des Endes der Politischen Ökonomie des Kapitals ist es von Nutzen, sich des „flachsten und daher gelungensten Vertreters vulgär-ökonomischer

[96] I. G. Bljumin, a. a. O., S. 26 ff.

Apologetik" (Marx), des „Klassikers" gewissermaßen der Vulgärökonomie, Bastiats, zu erinnern. Bergmann schreibt über ihn so:

„In den ‚Sophismes économiques' (1846) heißt es: ‚Was ist für den Menschen und die Gesellschaft besser? Der Überfluß oder der Mangel? – Wie! wird man ausrufen, kann darüber noch eine Frage existieren? Hat man jemals behauptet, ist es möglich zu versichern, daß der Mangel die Grundlage des menschlichen Wohlbefindens bildet? – Ja, dies ist behauptet worden; man behauptet es alle Tage, und ich scheue mich nicht zu sagen, daß die Theorie des Mangels die bei weitem größere Popularität besitzt'. Als Äußerungen dieser verbreiteten ‚théorie de la disette' bezeichnet Bastiat die Ansichten, daß zu viel produziert wird, daß die Preise zu niedrig und durch staatliche Intervention (Schutzzölle!) erhöht werden müssen. Diese Ansicht, welche die hohen Preise und somit die Seltenheit, den Mangel der Güter verherrlicht, entsteht nach Bastiat aus der Beobachtung des Interesses des einzelnen Produzenten. Das unmittelbare Interesse der Produktion ist jedoch ein antisoziales, dagegen dasjenige der Konsumtion ein allgemeines, mit den Bedürfnissen der Menschheit übereinstimmendes.

Den gleichen Gedankengang verfolgt Bastiat in dem – kurz vor seinem Tode verfaßten – Aufsatz ‚Abondance'."[97]

Natürlich profitiert der einzelne Kapitalist am meisten, wenn er eine Mangelware verkaufen kann und Schutzzölle, die die Einfuhr einschränken und verteuern, können ganzen Industriezweigen von Nutzen sein – aber welch ein Wahnsinn ist es, daraus eine „Theorie des Mangels" machen zu wollen!

Auch Keynes wäre natürlich nie darauf gekommen, eine Theorie des Nullwachstums zu entwickeln.

So wie die „Theorie des Dirigismus" kennzeichnend, ja das entscheidende Charakteristikum der Endkrise der Politischen Ökonomie der Bourgeoisie ist, so ist die „Theorie des Nullwachstums" ihr Abschluß, das Ende aller Politischen Ökonomie der Bourgeoisie: Der Gesellschaft wird die Aufgabe gestellt, ökonomisch stillzustehen.

Herbert Meissner gibt mir zu bedenken, ob man bei der Theorie des Nullwachstums wirklich von einem „Ende aller Politischen Ökonomie" sprechen kann – und in der Tat soll man sich bei solchen Urteilen stets an den weltanschaulichen Seufzer Adenauers erinnern: „Oh Gott, der Du uns nur einen beschränkten Verstand gegeben hast, warum hast Du uns die Fähigkeit zu unbeschränkter Dummheit gegeben?!" Doch wieviel tiefer kann die Theorie noch sinken?!

Die Theorie des Nullwachstums[98] wurde vor allem im Auftrag des sogenannten „Club of Rome", einer monopolgeborenen „informellen Vereinigung" von Monopolisten und Intellektuellen, in einer „Grenzen des Wachstums"[99] genannten Studie entwickelt.

[97] *E. von Bergmann,* Die Wirtschaftskrisen. Geschichte der Nationalökonomischen Krisentheorien. Stuttgart 1895, S. 125 f.

[98] Vgl. zum folgenden auch *J. Kuczynski,* Das Gleichgewicht der Null. Berlin 1973.

[99] *D. Meadows/E. Zahn/P. Milling,* Die Grenzen des Wachstums, Stuttgart 1972.

Die Schlußfolgerungen dieser Studie lauten:

„1. Wenn die gegenwärtige Zunahme der Weltbevölkerung, der Industrialisierung, der Umweltverschmutzung, der Nahrungsmittelproduktion und der Ausbeutung von natürlichen Rohstoffen unverändert anhält, werden die absoluten Wachstumsgrenzen auf der Erde im Laufe der nächsten hundert Jahre erreicht. Mit großer Wahrscheinlichkeit führt dies zu einem ziemlich raschen und nicht aufhaltbaren Absinken der Bevölkerungszahl und der industriellen Kapazität.

2. Es erscheint möglich, die Wachstumstendenzen zu ändern und einen ökologischen und wirtschaftlichen Gleichgewichtszustand herbeizuführen, der auch in weiterer Zukunft aufrechterhalten werden kann. Er könnte so erreicht werden, daß die materiellen Lebensgrundlagen für jeden Menschen auf der Erde sichergestellt sind und noch immer Spielraum bleibt, individuelle menschliche Fähigkeiten zu nutzen und persönliche Ziele zu erreichen.

3. Je eher die Menschheit sich entschließt, diesen Gleichgewichtszustand herzustellen, und je rascher sie damit beginnt, um so größer sind die Chancen, daß sie ihn auch erreicht."[100]

Das Ganze ist, wie auch die Autoren feststellen, eine Aufforderung zum „Übergang vom Wachstum zum Gleichgewicht".[101]

Mit der Frage der Weltbevölkerung brauchen wir uns hier nicht weiter zu beschäftigen. Von jedem Standpunkt aus ist offenbar, daß die Bevölkerungsvermehrung in den Entwicklungsländern gegenwärtig und in der nächsten Zukunft zu stark ist, als daß unter beliebigen Produktionsverhältnissen in der nächsten Zukunft eine ausreichende Ernährung zugesichert werden könnte. Und für die weitere Zukunft überlassen wir Marxisten es den Menschen, aus den späteren Verhältnissen heraus zu entscheiden, ob und in welchem Tempo sie sich weiter vermehren wollen, solange jede Familie die Freiheit hat, über ihre Größe zu entscheiden unter den Bedingungen eines ausreichenden materiellen Lebensstandards. Wir verfügen über keine andere Theorie oder Ratschlagsammlung. Das heißt, wir sind unbedingt für eine Einschränkung der Wachstumsrate der Bevölkerung in den Entwicklungsländern, was die nächste Zukunft betrifft, ohne deswegen bereit zu sein, etwa irgendeine Auffassung hinsichtlich des Jahres 2025 zu äußern.

Was die Nahrungsmittelproduktion betrifft, so weisen die Autoren mit Recht darauf hin, daß, wenn die Bevölkerung sich im gegenwärtigen Tempo vermehrt, der Boden wohl nicht ausreicht, um sie auf die Dauer ernähren zu können. Sie nehmen zwar eine starke Verbesserung der Bodenerträge als möglich an. Aber man wird ihnen zustimmen, daß es zumindest zweifelhaft ist, ob Technisierung, Chemisierung und Züchtung mit einer so schnellen Weltbevölkerungsvermehrung wie der gegenwärtigen auf die Dauer mitkommen, und überdies ist ein „Mitkommen" viel zu wenig; wir brauchen ein wesentlich schnelleres Wachstum der Nahrungsmittelproduktion als das der Bevölkerung. Selbstverständlich läßt es sich denken, daß man natürliche durch künstliche Nahrungsmittel ersetzt; aber das kann nur eine Not-

[100] Ebendort, S. 17.

[101] Ebendort.

lösung sein, da es wahrlich kein Vergnügen für die Menschen ist, auf die natürlichen Nahrungsmittel verzichten zu müssen – wieviel weniger gut schmecken schon die industriebetriebsmäßig gezüchteten Hühner als die natürlich, gut gefüttert aufwachsenden! So groß die Nahrungsmittelnot heute in der Welt auch ist, so denken wir Marxisten doch gar nicht daran, der Menschheit für die spätere Zukunft vom Nahrungsmittelgenuß (Genuß von genießen!) abzuraten zugunsten einer chemischen Fütterung.

Es ist in diesem Zusammenhang auch interessant, daß die so stark vom materiellen Wachstum abratenden Autoren keine Verminderung des Wachstums der Nahrungsmittelproduktion empfehlen.

Eine der Grenzen, die die Autoren für das Wachstum der Industrie sehen, ist die Knappheit an Rohstoffen bzw. die Schwierigkeit ihrer umfassenden Regenerierung.

So wie die Begrenztheit der Steigerung der Nahrungsmittelproduktion der Bevölkerungssteigerung eine Grenze setze, so richte die Begrenztheit der Rohstoffvorkommen vor der Steigerung der Industrieproduktion eine Schranke auf.

Nun wird niemand leugnen, daß es nur eine endliche Zahl von Rohstoffen in dieser Welt gibt. Aber es ist unsinnig zu behaupten, daß diese Begrenztheit der vorhandenen Rohstoffe irgendeine Rolle für die Industrieproduktion der nächsten 100 oder 1000 oder 100 000 Jahre spielen kann. Sehr richtig antwortet Rechtziegler auf die Argumentation der baldigen Erschöpfung der Rohstoffe:

„Eine der Grundthesen der Buches („Die Grenzen des Wachstums" – J. K.) lautet, die nicht regenerierbaren Rohstoffvorräte würden sich im 21. Jahrhundert erschöpfen. Diese Behauptung unterstellt, daß sich der Verbrauch der einzelnen sich nicht regenerierenden Rohstoffe künftig so entwickelt wie bisher, also exponentiell wächst. Übersehen wird, daß der technische Fortschritt zunehmend zur Substitution von Rohstoffen führt, daß die Entwicklung bei den einzelnen Rohstoffarten äußerst ungleichmäßig ist und daß die tatsächlichen Rohstoffvorräte erheblich größer sind, als von den Autoren vermutet wird. Die heute bekannten Rohstoffvorräte sind meist größer als die vor 20 Jahren nachgewiesenen. Alle Prognosen, die eine baldige Verknappung der Rohstoffvorräte voraussagten, erwiesen sich als falsch. Bisher werden lediglich die Bodenschätze ausgebeutet, die in der Nähe der Erdoberfläche liegen. In tiefere Schichten der Erde ist der Mensch noch nicht vorgedrungen, und der Abbau von Bodenschätzen auf dem Meeresboden hat kaum begonnen. Durch den wissenschaftlich-technischen Fortschritt wächst schließlich die Zahl jener bisher ungenutzten Materialien, die sich in wertvolle Rohstoffe verwandeln lassen, wie z. B. Uran. Das, was jeweils als Rohstoffreserve nachweisbar wird, ist also keineswegs eine statistische, sondern eine dynamische Größe, die sich mit dem wissenschaftlich-technischen Fortschritt entwickelt.

Sicher ist der Hinweis der Autoren richtig und muß sehr ernst genommen werden, daß die Vorräte einzelner Rohstoffe absolut begrenzt sind und die bekannten Vorräte bei einigen Rohstoffen nur noch 50 bis 100 Jahre reichen, falls der Raubbau an ihnen anhält. Es gilt also, um den sorgsamen Umgang mit diesen Vorräten zu ringen und dem kapitalistischen Raubbau an ihnen den Kampf anzusagen. Denn das Kapitalverwertungsinteresse des privaten Einzelkapitals schließt die Beachtung der Fernwirkungen seines Agierens aus und kennt keine Rücksicht auf künftige Generationen.

Das imperialistische System erweist sich zunehmend außerstande, die neuen Dimensionen des Stoffwechsels zwischen Mensch und Natur im Interesse der Masse der Menschen zu beherrschen. Notwendig ist deshalb, die Ursachen dieser Entwicklung, die kapitalistische Profitwirtschaft und das Monopol des privaten Grundeigentums, zu überwinden. Im dritten Band des ‚Kapitals' schrieb Karl Marx:

‚Vom Standpunkt einer höhern ökonomischen Gesellschaftsformation wird das Privateigentum einzelner Individuen am Erdball ganz so abgeschmackt erscheinen, wie das Privateigentum eines Menschen an einem andern Menschen. Selbst eine ganze Gesellschaft, eine Nation, ja alle gleichzeitigen Gesellschaften zusammengenommen, sind nicht Eigentümer der Erde. Sie sind nur ihre Besitzer, ihre Nutznießer, und haben sie als boni patres familias den nachfolgenden Generationen verbessert zu hinterlassen.'

Die Intensivierung des Stoffwechsels zwischen Mensch und Natur unter den Bedingungen der wissenschaftlich-technischen Revolution erfordert, die Herrschaft des Menschen über die Natur so zu gestalten, daß weder dem Menschen noch seiner natürlichen Umwelt kurz- und langfristig Schaden zugefügt wird, daß die Natur als Quelle des gesellschaftlichen Reichtums nicht zerstört, nicht Raubbau an ihr getrieben, sondern daß sie planmäßig erweitert reproduziert und daß sie in den Dienst der Völker gestellt wird."[102]

Überdies ist die Analogie zwischen der Industrie und der Bevölkerung, die die Autoren aufstellen, grundfalsch. Während es unsinnig ist, von einem starken Bedarf nach Bevölkerungsvermehrung zu sprechen und ganz im Gegenteil die Menschen auch in den sozialistischen Ländern, zumindest gegenwärtig, keineswegs ein Bedürfnis nach erweiterter Reproduktion der Familie zeigen, also ihrem eigenen Wachstum eine Grenze von sich aus gesetzt haben, besteht selbstverständlich gegenwärtig und auch für die absehbare Zukunft ein starker Bedarf nach einer wachsenden Zahl von Industrieprodukten.

Das heißt, während der Ruf nach einer Begrenzung der Bevölkerungsvermehrung überall dort, wo die Menschen die Freiheit und die Mittel haben, die Größe ihrer Familie zu begrenzen, zu spät kommt und überflüssig ist, weil bereits einfache Reproduktion herrscht, ist der Ruf nach Beschränkung der Industrieproduktion, um die Rohstoffe zu schonen, ein Ruf nach Beschränkung des Lebensstandards, ein Aufruf zum Rückschritt, der wahrlich keine Berechtigung hat.

Selbstverständlich sind wir alle nicht nur für eine Begrenzung des Wachstums der Umweltverschmutzung und Umweltschädigung sondern für ihre Abschaffung. Wir sehen aber diese Problematik nicht so wie die Autoren der „Grenzen des Wachstums", die schreiben:

„Da die Schadstofffreisetzung eine recht komplizierte Funktion aus Bevölkerung, Industrialisierung und eines spezifisch technologischen Entwicklungsstandes ist, wird

[102] *E. Rechtziegler,* Grenzen des Wachstums oder Krise des Imperialismus? in: IPW-Berichte, Heft 8, Berlin 1972, S. 20 f.

es sehr schwierig zu bestimmen, wie rasch die Kurve der gesamten Umweltverschmutzung ansteigt. Wenn die 7 Milliarden Erdbewohner des Jahres 2000 ein Nationalprodukt in Höhe der heutigen Bürger der USA hätten, müßte man, ausgehend vom heutigen Wert, mit mindestens der zehnfachen Umweltbelastung durch Schadstoffe rechnen. Wir wissen nicht, ob das ökologische System unserer Erde dies verkraften könnte ... Wir wissen jedoch, daß es eine Maximalgrenze gibt. In eng begrenzten Bezirken wurde sie bereits überschritten. Die sicherste Art, sie global zu erreichen, liegt in dem exponentiellen Wachstum der Bevölkerung und der ebenso exponentiell zunehmenden schadstofffreisetzenden Handlungsweise jeder einzelnen Person."[103]

Also Steigerung des materiellen Lebensstandards bringt eine weitere Schädigung der Umwelt. Die Menschheit scheint vor der Alternative zu stehen: Erhöhung des materiellen Lebensstandards und Senkung der Möglichkeit eines gesunden Lebens und hohen Alters – oder zurück zur Lebensweise des Urmenschen in gesunder Luft.

Wir Marxisten, alle fortschrittlichen Menschen, die nicht dem Profitstreben auf Kosten von Natur und Menschen huldigen, kennen eine solche Alternative nicht. Selbstverständlich, erklären wir, wird es möglich sein, die Industrieproduktion laufend zu erhöhen und gleichzeitig Umweltschädigung und Umweltverschmutzung laufend zu senken.

Warum aber meinen wir nicht nur, daß die Gedankengänge der Autoren falsch sind, daß sie Tatsachen und Zusammenhänge nicht richtig sehen, sondern daß sie das Ende der bürgerlichen Politischen Ökonomie, „absolute Resignation" bringen?

Rechtziegler hat kurz und knapp zusammengefaßt, was Nullwachstum der Industrie vom Standpunkt des kapitalistischen Systems bedeutet:[104]

„Der Vorschlag der Autoren, das Wachstum der Produktivkräfte zu drosseln, ein ‚Null-Wachstum' anzustreben und auf diese Weise das imperialistische System stabilisieren zu helfen, ignoriert zunächst einmal schon das Wesen der kapitalistischen Produktionsweise und müßte sie folglich selbst auf ihrem verschrobenen Gedankengang zu der Erkenntnis führen, daß der Kapitalismus überlebt ist. Denn das Ziel der kapitalistischen Produktion, die maximale Verwertung des Kapitals, kann nur realisiert werden, wenn das Kapital akkumuliert und gesellschaftliche Arbeit freisetzt, also die Arbeitsproduktivität und die Produktivkräfte entwickelt. Da Wachstum im Kapitalismus stets Wachstum des Kapitals ist, würde ‚Null-Wachstum' die Abschaffung des Kapitalismus bedeuten, denn das Kapital kann ohne zu akkumulieren nicht existieren. Deshalb ist es auch gar nicht verwunderlich, wenn der Unternehmerbrief des Deutschen Industrieinstituts diese Studie als ein ‚Spiel mit Computern' bezeichnete. Wörtlich heißt es dort: ‚Das Ergebnis hat mit der Wirklichkeit nichts mehr zu tun, weil die Grenzen einer realistischen Aussage überschritten wurden.'"[105]

Richtig, völlig richtig! Die Politische Ökonomie des Nullwachstums ist die Politi-

[103] *D. Meadows*, u. a., a. a. O., S. 72 f.

[104] *E. Rechtziegler*, a. a. O., S. 23.

[105] Unternehmerbrief des Deutschen Industrieinstituts, Köln, 17/1972, S. 7 – Ähnlich auch „Finanzierung und Entwicklung", Vierteljahresheft des Währungsfonds und der Weltbankgruppe, Nr. 4, 9. Jg., Hamburg, Dezember 1972, S. 2 ff. – J. K.

sche Ökonomie der einfachen Reproduktion, einer stagnierenden Wirtschaft, des Nullwachstums des Kapitals, das heißt des Selbstmords des Kapitalismus.

Genau aus diesem Grunde aber kann sie nur als Apologetik der Stagnation dienen, nicht als Apologetik des Systems des Kapitalismus.

Die Politische Ökonomie des Nullwachstums ist ein seltener Fall unsinnigen Vorprellens der Ideologie weit über den Stand der Entwicklung der materiellen Verhältnisse, der Produktionsweise hinaus. Die Wirtschaft des Kapitals befindet sich auf dem Weg zu ihrem Ende – die Theorie des Nullwachstums aber ist die Ideologie des Endes selbst, und zwar eines Endes, das nicht endet. Ein solcher Zustand aber wird vom Kapitalismus niemals erreicht werden, da er lange vorher von der Arbeiterklasse zerstört worden sein wird, da er lange vorher von der sozialistischen Gesellschaft mit permanentem Wachstum, mit permanent erweiterter gesellschaftlicher Reproduktion abgelöst sein wird.

Namenregister

Aftalion, A. 210
Alpatow, M. A. 91
Althusser, L. 60, 62
Ardant, G. 215
Aristoteles 22, 28, 62, 109–116, 126, 137, 157
Armstrong, C. 121 f.
Aron, R. 33, 60
Augustus, G. J. C. O. 199
Ayres, C. 215

Babbage, Ch. 24
Barbier, H. A. 198
Barbot, J. 38
Bastiat, F. 193–197, 199–205, 209, 227, 232
Baudeau, N. 71
Baudelaire, Ch. 197, 199
Bazard, S. A. 99
Becher, J. J. 16, 151
Becker, Ph. 191
Behrens, Fr. 70, 119, 128, 134, 156 f., 160
Bergmann, E. v. 232
Bismarck, O. v. 88
Blanc, L. 198
Blanqui, L. A. 198
Blaug, M. 112 f.
Bljumin, I. G. 207 f., 211–216, 219 f., 222–226, 228–231
Bodin, J. 113, 123 f.
Boeckh, A. 22
Böhm-Bawerk, E. v. 228
Boisguillebert, P. de 50
Bombach, G. 210
Bonnet, Ch. 44, 46
Bonneval, R. de 48
Borgius, W. 89
Born, M. 22
Boulainviellier, H. de 53
Braybrooke, R. 161
Brown, H. G. 229
Bücher, K. 113
Buckle, H. Th. 48
Buffon, G. L. L. 59
Burlamaqui, J. J. 38, 44
Burns, A. 215

Calonne, Ch. A. de 104
Cantillon, R. 113, 166
Carcassonne, E. 61 f.
Carl, M. 113
Cassel, G. 210
Cassirer, E. 60
Child, J. 25 f., 39, 70, 135–156, 171 f.
Chruschtschow, N. S. 222, 227
Clark, J. M. 210
Clarke, S. 45 f.
Colbert, J. B. 70, 131
Comte, A. 48, 54
Condillac, E. B. de 195
Condorcet, M. J. 59, 71 f., 177
Copeland, M. 215
Cousin, V. 92
Cromwell, O. 151, 161
Cromwell, Th. 135

D'Alembert, J. 55, 57, 62
Daniel 29
Darwin, Ch. 46, 184, 215
Davanzati, B. 124
Davenant, Ch. 25, 39, 70, 135–154, 156 f., 171 f.
Dee, J. 12
Descartes, R. 44
D'Holbach, P. Th. 16
Diderot, D. 54, 57
Dietzgen, J. 191
Digges, Th. 12
Dilthey, W. 7, 61
Dubos, J. B. 82
Dühring, E. 32, 195
Dumesnil, A. 187
Dupont de Nemours, P. S. 71
Durkheim, E. 33, 54

Einaudi, L. 228
Einstein, A. 18, 22, 29, 46
Engels, Fr. 13, 15 ff., 22, 27 f., 30, 32, 37, 44, 49, 58, 80, 86–91, 94, 105, 118, 130, 147, 161, 165, 175 f., 189 ff., 197, 202, 227
Euklid, 15
Evelyn, J. 162

Fail, Nöel du 123
Fawcett, H. 189
Ferguson, A. 48
Feuerbach, L. 16, 91
Fichte, J. G. 22
Flaubert, G. 199
Fontenelle, B. de 82
Foster, F. Z. 216 f.
Fourier, Ch. 195
Fox, Ch. J. 95
Franklin, B. 100
Fueter, E. 95

Galbraith, J. K. 33, 215
Ganilh, Ch. 203
Garnier, C. J. 203
Gautier, Th. 197
Gide, Ch. 194 f., 200
Godwin, W. 177, 182
Göhring, M. 59 f.
Gomara, L. de 123
Gooch, G. P. 93
Goethe, J. W. 12
Gresham, Th. 123
Grotius, H. 38, 44, 145
Guizot, Fr. P. G. 18, 26, 87–93, 96
Gustav III 71

Haac, O. A. 104
Hales, J. 122–124
Harris, S. 231
Harris, W. 154
Harrod, R. F. 210
Hausset, Mme de 72
Hayes, H. 231
Heckscher, E. F. 122, 128, 146, 149 ff.
Hegel, G. W. Fr. 11, 15 f., 18 f., 22, 26, 39, 48, 54, 59, 66
Heimann, E. 110 ff., 115
Heinrich VIII 138
Helvetius, C. A. 16
Heraklit 27
Herder, J. G. 59
Herodot 12
Heron 21
Hettner, H. Th. 61
Heymann, H. G. 25, 27
Hicks, J. 231
Hilferding, R. 117, 128, 140, 205
Hobbes, Th. 42, 150, 160
Hobson, J. A. 25, 27
Hoffmann, W. G. 209
Holland, J. 161
Hoover, H. 216
Horsefield, J. K. 136
Hufeland, Chr. W. 22
Humboldt, A. v. 24, 34
Humboldt, W. v. 15, 22, 24 f., 34
Hume, D. 45, 137
Huxley, A. 33

James (Jakob) I 137, 145
James (Jacob) II 95
James, E. 223
Jellinek, G. 61
Jevons, W. St. 195
Johnson, E. A. J. 127 f.
Joseph II 71
Jungfrau von Orléans 102

Kant, I. 15
Karl I 71, 145, 161
Karl II 160
Karl VII 62
Karl X 88, 92 f.
Karl Friedrich 71
Katharina II 71
Kestner, Fr. 25, 27
Keynes, J. M. 176, 185 f., 207, 212–222, 227, 230, 232
Klein, L. 216
Klemperer, V. 60 f.
Kon, I. S. 91 f.
Kopernikus, N. 215
Krahl, Fr. 186
Krauss, W. 58, 61 f.
Kuczynski, J. 128, 207, 211, 225

Lafargue, L. 88
Lafayette, M. J. P. de 94 f.

Laffemas, B. 122
Laffitte, J. 90, 92, 94 f.
Lamartine, A. de 93
Landsdowne, Lord 162
Lenin, W. I. 17 f., 21, 24–28, 30, 32, 37, 57 f., 63, 89 f., 121, 176, 191, 205 f. 217, 227
Leopold 71
Letwin, W. 148
Lisle, Leconte de 199
Ludwig XI 62
Ludwig XIV 54, 197
Ludwig XV 58, 70 f.
Ludwig XVI 66, 71, 73 ff.
Ludwig XVIII 88, 92
Luther, M. 125
Luxemburg, R. 205
Lykurg 62

Mach, E. 25
McCulloch, J. R. 161
Madrolle, A. M. 197
Malebranche, N. 45
Malestroit, M. de 123
Malthus, Th. R. 31, 33, 176–187, 189, 195 f., 213, 220
Malynes, G. 124
Manley, Th. 139
Marcuse, H. 21, 27, 33
Marivaux, P. de 82
Marx, K. 7, 9, 12 f., 15 ff., 22 f., 25, 27 f., 30–33, 37, 44, 46, 49, 58, 63–69, 71, 75, 78, 80 f., 83, 86–90, 92–95, 98, 105, 110–112, 114–121, 125 f., 128–134, 138, 141 ff., 155–162, 165–171, 176–182, 184, 188–194, 196 f., 200, 202, 205 f., 210, 213, 216, 224 f., 235
Massie, J. 172
Melchior von Ossa 122
Meinecke, Fr. 60
Meissner, H. 205–211, 214 f., 222, 229, 232
Mendès-France, P. 215
Meyer, E. 113
Michelet, J. 26, 87–93, 100–105
Mignet, Fr. A. M. 16, 18, 26, 87–93, 96
Mill, J. St. 189, 192 f., 210
Milles, Th. 122
Mirabeau, V. R. de 67, 69, 71
Misselden, E. 124 f., 135
Mombert, P. 127
Monod, G. 104
Montchrétien, A. de 113
Montesquieu, Ch. de 7, 16, 26 f., 37–63, 75, 78, 82–85, 89, 105
Morgan, L. H. 89
Moses 145
Mun, Th. 25, 33, 45, 70, 127, 135–156, 158, 171 f.

Napoléon I 197
Napoléon III 101, 199
Necker, J. 73, 76, 104
Newton, I. 15 f., 19, 27, 29, 44, 46
Niebuhr, B. G. 22
Nieuwenhuis, F. D. 88
Nisard, D. 197
Noel, E. 101
North, D. 133

Oranien, Wilhelm v. 165
Ormonde, Lord J. B. 162
Ostwald, W. 25
Owen, R. 94

Pendell, E. 186 f.
Pepys, S. 161
Périer, C. 95
Petty, W. 26, 63, 113, 121, 155–172, 180
Petyt, W. 123
Philippe, Louis 88, 90, 92, 94
Planck, M. 19, 29
Plato 22, 25 f., 27, 30, 109
Plechanow, G. W. 92, 95–99
Poincaré, H. 18, 25, 46
Pollexfen, H. 154
Pollock, Fr. 60
Preiser, E. 209
Proudhon, P. J. 32
Pufendorf, S. 38, 44

Quesnay, Fr. 26, 63, 67–71, 77, 82–85, 92 113, 155, 157
Quinet, E. 101

Ramsay, W. 57
Ranke, L. 96, 100
Rathenau, W. 207
Raudot, Cl. M. 197

Rechtziegler, E. 234, 236
Ricardo, D. 15 f., 19, 26, 31, 63, 82, 85, 92, 112 f., 157, 176–180, 182, 184 ff., 193–196
Rist, Ch. 194 f., 200
Ritter, K. 22
Riviere, M. de 69, 71
Robbinson, L. 231
Robespierre, M. 59
Roosevelt, F. D. 217
Roscher, W. 196
Rousseau, J. J. 59

Sacharow, A. D. 49f
Sainte-Beuve, Ch. A. 93
Saint-Simon, Cl. de 93 f., 99, 195
Saint-Simon, L. de 50
Salomon 169
Samuelson, P. 210
Savigny, Fr. C. v. 22
Say, J. B. 95, 194–197, 227 f.
Schacht, H. 219
Schaeffler, S. 229
Schiller, Fr. 24
Schleiermacher, Fr. D. E. 22
Schmalz, Th. A. H. 202 f.
Schumpeter, J. A. 115, 210
Scott, W. 100
Seckendorf, V. L. v. 131
Serra, A. 113
Shackleton, R. 38
Shepherd, R. P. 76
Simon, J. 90, 93
Siskind, G. 216
Sismondi, J. Ch. L. de 58, 96, 177
Smith, A. 63, 68 f., 82, 85, 92, 113, 128, 131 f., 137, 155 ff., 168, 177, 181 f., 193–196, 203, 210
Sokrates 113
Sorel, A. 59
Sorge, F. A. 191
Staël, G. de 102
Stalin, J. W. 116, 221
Stanislaus 71
Stark, W. 113
Strafford, Lord Th. W. 161
Struve, P. B. 28, 32
Stuart, Ch. 95
Sully, M. de 125

Taine, H. 48
Teller, E. 49
Tertullian, Q. S. F. 56
Thales 12
Thierry, J. N. A. 18, 26, 87–101, 103 ff.
Thiers, L. A. 18, 26, 87–93
Thomas von Aquino 115 f.
Thukydides 39, 43, 196 f.
Tickell, R. 38
Treder, J. 18
Trower, H. 179
Tschernyschewski, N. 189
Turgot, R. J. 26, 37, 63–86, 89, 92, 98, 104 f., 155, 195

Veblen, Th. 33
Viner, J. 127
Vogt, W. 187
Voltaire, F. M. A. 55, 59, 71, 75

Wallace, H. 216
Webb, B. 33
Webb, S. 33
Weber, M. 33, 60
Weulersse, G. 72 f.
Weydemeyer, J. 37, 98
Wilhelm der Eroberer 96, 98
Wolgin, W. P. 60, 62, 76 f.
Würgler, H. 185

Zimmermann, L. 216

Abrüstung — Wissenschaft — Verantwortung

Herausgegeben von Herbert Meißner/Karlheinz Lohs

1978. V, 199 Seiten — 6 Tabellen — 8° — 4,80 M
Bestell-Nr. 753 642 7 (6542)

Anläßlich einer Plenarveranstaltung der Akademie der Wissenschaften der DDR im September 1977 zum Verhältnis von Wissenschaft und Abrüstung entstand der Gedanke, Mitglieder und leitende Mitarbeiter der Akademie um Stellungnahme zu aktuellen Fragen der Abrüstung aus der Sicht ihres jeweiligen Wissenschaftsgebietes zu bitten. Dies erschien nicht nur legitim, weil jedes Fachgebiet Berührungspunkte mit dieser Problematik aufweist. Auch die Tatsache, daß Physiker und Biologen, Chemiker und Wirtschaftswissenschaftler, Juristen und Historiker, Philosophen und Soziologen der Akademie in verschiedensten Gremien auf nationaler und internationaler Ebene an den Bemühungen um Abrüstung und Friedenssicherung teilnehmen, erleichterte dieses Vorhaben. In Vorbereitung der UN-Sondertagung über Abrüstung im Mai—Juni 1978 wurden diese Beiträge in einem Sammelband der Öffentlichkeit vorgelegt, um national und international zur Meinungsbildung beizutragen.

Bestellungen durch eine Buchhandlung erbeten

THEORIA CUM PRAXI

AKADEMIE-VERLAG · BERLIN
DDR-108 Berlin, Leipziger Str. 3—4

Bei Fragen zur Produktsicherheit wenden Sie sich bitte an:
If you have any questions regarding product safety,
please contact:

Walter de Gruyter GmbH
Genthiner Straße 13
10785 Berlin
productsafety@degruyterbrill.com